U0171398

中国流域常见水生生物图集

下册

王业耀 等 编著

科 学 出 版 社

北 京

内 容 简 介

本书是一部介绍我国流域水生生物的图集。主要介绍我国流域水生生物（藻类、底栖动物、浮游动物）的情况，提供了水生生物的名录、图片及物种形态、生活环境、环境指示意义等的内容。

本书适合开展水生生物监测的研究机构和环境监测部门参考阅读。

图书在版编目（CIP）数据

中国流域常见水生生物图集：上下册 / 王业耀等编著. —北京：科学出版社，2020.12
　ISBN 978-7-03-062728-5

　Ⅰ. ①中… Ⅱ. ①王… Ⅲ. ①水生生物－中国－图集
Ⅳ. ①Q17-64

中国版本图书馆CIP数据核字（2019）第242349号

责任编辑：岳漫宇　郝晨扬 / 责任校对：严　娜
责任印制：赵　博 / 封面设计：图阅盛世

科 学 出 版 社 出版

北京东黄城根北街 16 号
邮政编码：100717
http://www.sciencep.com

涿州市殷润文化传播有限公司印刷
科学出版社发行　各地新华书店经销
*

2020年12月第 一 版　开本：787×1092　1/16
2025年1月第三次印刷　印张：67
字数：1 588 000

定价：980.00元（全二册）
（如有印装质量问题，我社负责调换）

目　录

第一篇　绪　论

第二篇 藻 类

第三篇　底　栖　动　物

第四篇　浮游动物

第十四章

硅藻门（Bacillariophyta）

硅藻细胞的壳面呈圆形、三角形、多角形、椭圆形、卵形、线形、披针形、菱形、舟形、新月形、"S"形、棒形、提琴形等，辐射对称或两侧对称。硅藻细胞的壳面最常见的纹饰是由细胞壁上的许多小孔紧密或较稀疏排列而成的线纹，线纹由中心向四周呈放射状排列或平行、近平行排列。壳面中部或偏于一侧具1条纵向的无纹平滑区，称为"中轴区"；中轴区中部，横线纹较短，形成面积较大的"中央区"；中央区中部，由于壳内壁增厚而形成"中央节"，如壳内壁不增厚，仅具圆形、椭圆形或横矩形的无纹区，称为"假中央节"；中央节两侧，沿中轴区中部有1条纵向的裂缝，称"壳缝"；壳缝两端的壳内壁各有1个增厚部分，称为"极节"；有的种类无壳缝，仅有较狭窄的中轴区，称为"假壳缝"；有的种类的壳缝是1条纵走的或围绕壳缝的管沟，以极狭的裂缝与外界相通，管沟的内壁具数量不等的小孔，与细胞内壁相连，称"管壳缝"；壳缝与运动有关。硅藻细胞的色素体为小圆盘状、片状、星状，1个、2个或多个，呈黄绿色或黄褐色，有些种类具无淀粉鞘的裸露的蛋白核，光合作用产物主要是金藻昆布糖和脂肪。硅藻是水生动物的食料。浮游硅藻是海洋中主要的初级生产力。硅藻分布极广，生长在淡水、半咸水、海水中，或在潮湿的土壤、岩石、树皮的表面，高等水生植物丛中及苔藓中，一年四季都能生长繁殖。

一、中心纲（Centricae）

植物体为单细胞，或由细胞连成链状群体，或共同套在一胶质管中，多为浮游种类，少数分泌胶质黏附在基质上。壳体呈圆盘形、鼓形、球形、圆柱形、长圆柱形或盒形，壳面为圆形、三角形、多角形或不规则形，极少为椭圆形，细胞壁无或具突起或棘刺；壳面上的纹饰主要呈辐射状排列，无壳缝或假壳缝。大多数种类的色素体呈小盘状，多数。

营养繁殖为细胞分裂，是主要的繁殖方法。无性生殖产生复大孢子、小孢子或休眠孢子。此纲绝大多数是海生浮游种类，淡水种类很少。

（一）圆筛藻目（Coscinodiscales）

细胞低矮，圆柱形，无角或突起，但常具或不具长的刺，刺通常是供构成群体用的。海产和淡水产。主要特征为：单细胞或壳面与壳面相连接成链状群体。细胞通常是圆盘形、鼓形或圆柱形。壳面平、凸起或凹入，横点为圆形，很少呈椭圆形。壳面具放射状不规则的线纹或网纹。没有角状凸起和结节。壳常有边缘刺。

1. 圆筛藻科（Coscinodiscaceae）

植物体为单细胞，或由细胞连成链状，或共同套在一胶质管中，或由细的胶质丝联结成树状群体，多为浮游，少数分泌胶质黏附在基质上。细胞圆盘形、鼓形或圆柱形，极少数为球形或透镜形。壳面圆形，很少数为椭圆形，平、凸起、凹入，壳面具放射状排列的点纹连成的线纹或网纹，有时点纹间具狭的无纹的空白间隙，常具边缘刺，少数具长刺，带面观长方形或椭圆形，壳套很发达，带面多数有线纹或其他花纹。色素体呈小圆盘状，多个。

（1）直链藻属（Melosira）

形态特征：植物体由细胞的壳面相互连成链状群体，多为浮游。细胞圆柱形，极少数圆盘形、椭圆形或球形。壳面圆形，很少数为椭圆形，平或凸起，有或无纹饰，有的带面常具环沟，环沟间平滑，其余部分平滑或具纹饰，壳面常有棘或刺。色素体小圆盘状，多个。

采集地：辽河流域、苏州各湖泊、太湖流域、福建闽江流域、闽东南诸河流域、汀江流域、甬江流域、松花江流域、珠江流域（广州段）、山东半岛流域（崂山水库）、长江流域（南通段）、三峡库区（湖北段）、丹江口水库、山东半岛流域（崂山水库）、滇池流域、嘉陵江流域（重庆段）、三江口水库。

引自《福建省大中型水库常见淡水藻类图集》

50μm

采自福建闽江流域、闽东南诸河流域、汀江流域

直链藻（*Melosira* sp.）

1）变异直链藻（*Melosira varians*）

形态特征：群体链状，细胞彼此紧密连成；群体细胞圆柱形，壳盘面平，盘缘向下弯曲，具散生的圆点纹，壳盘缘除两端细胞具不规则的长刺外，其他细胞具小短刺；壳套面环状，壳壁略薄而均匀；假环沟狭窄，无环沟和颈部；内外壳套线平行。细胞直径为7～35μm，高4.5～14（～27）μm。

生境：生长在各种浅水水体中，偶然性浮游种类，常在夏天的富营养湖泊或中污染水体中大量出现，喜微碱性或碱性水体，pH为6.4～9，适宜pH约为8.5，为有机污染水体的指示种类。

　　采集地：辽河流域、苏州各湖泊、太湖流域、福建闽江流域、闽东南诸河流域、汀江流域、甬江流域、松花江流域、珠江流域（广州段）、山东半岛流域（崂山水库）。

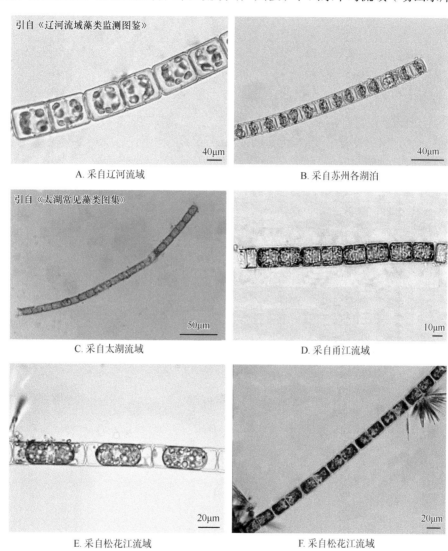

A. 采自辽河流域　　　　　　　　　　　　B. 采自苏州各湖泊

C. 采自太湖流域　　　　　　　　　　　　D. 采自甬江流域

E. 采自松花江流域　　　　　　　　　　　F. 采自松花江流域

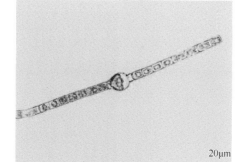

G. 采自苏州各湖泊

变异直链藻（*Melosira varians*）

2）颗粒直链藻（*Melosira granulata*）

形态特征：群体长链状，细胞以壳盘缘刺彼此紧密连成；群体细胞圆柱形，壳盘面平，具散生的圆点纹，壳盘缘除两端细胞具不规则的长刺外，其他细胞具小短刺；点纹形状不规则，常呈方形或圆形，端细胞为纵向平行排列，其他细胞均为斜向螺旋状排列，点纹多型，为粗点纹、粗细点纹、细点纹；壳套面发达，壳壁厚，环沟和假环沟呈"V"形；具深镶的较薄的环状体；颈部明显。点纹10μm内8～15条，每条具8～12个点纹。细胞直径为4.5～21μm，高5～24μm。

生境：生长在江河、湖泊、水库、池塘、沼泽等各种水体中，尤其在富营养湖泊或池塘中大量出现，浮游生活，pH为6.3～9.0，适宜的pH为7.9～8.2。

采集地：辽河流域、苏州各湖泊、福建闽江流域、闽东南诸河流域、汀江流域、太湖流域、长江流域（南通段）、三峡库区（湖北段）、丹江口水库、山东半岛流域（崂山水库）、甬江流域、珠江流域（广州段）。

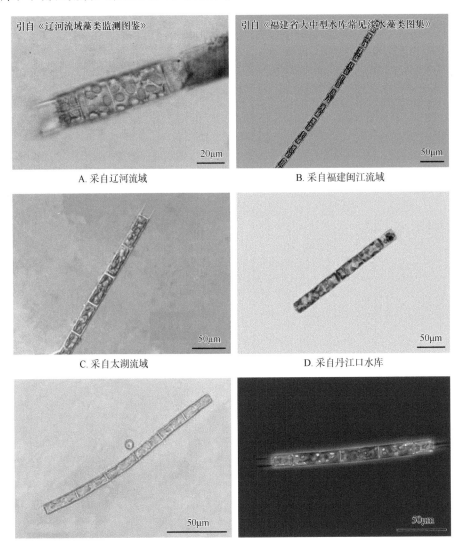

A. 采自辽河流域

B. 采自福建闽江流域

C. 采自太湖流域

D. 采自丹江口水库

E. 采自甬江流域

F. 采自甬江流域

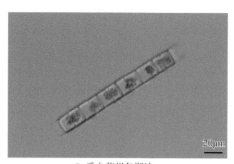

G. 采自苏州各湖泊

颗粒直链藻（*Melosira granulata*）

3）颗粒直链藻极狭变种（*Melosira granulata* var. *angustissima*）

形态特征： 此变种与原变种不同之处在于：链状群体细而长，壳体高度大于直径的数倍到10倍。点纹10μm内10～14条；细胞直径为3～4.5μm，高11.5～17μm。

生境： 生长在江河、湖泊、水库、池塘中，在富营养湖泊或池塘中大量出现，浮游生活，pH为6.2～9，喜碱性水体。

采集地： 辽河流域、滇池流域、山东半岛流域（崂山水库）、苏州各湖泊、福建闽江流域、闽东南诸河流域、汀江流域、嘉陵江流域（重庆段）、三江口水库、珠江流域（广州段）、松花江流域。

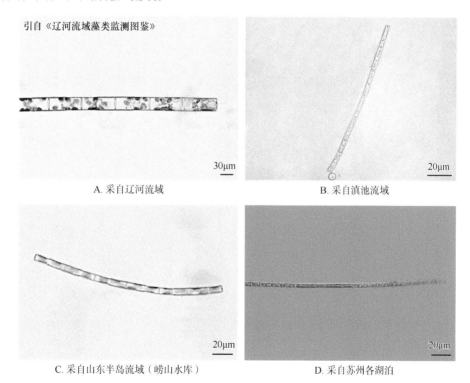

引自《辽河流域藻类监测图鉴》

A. 采自辽河流域

B. 采自滇池流域

C. 采自山东半岛流域（崂山水库）

D. 采自苏州各湖泊

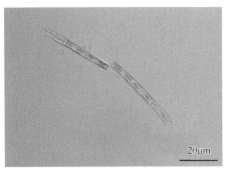

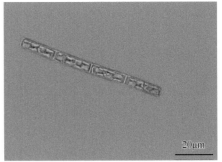

E. 采自松花江流域　　　　　　　　　　F. 采自珠江流域（广州段）

颗粒直链藻极狭变种（*Melosira granulata* var. *angustissima*）

4）颗粒直链藻极狭变种螺旋变型（*Melosira granulate* var. *angustissima* f. *spiralis*）

形态特征： 此变型与变种的不同之处在于：链状群体弯曲形成螺旋形。点纹10μm内约16条。细胞直径为2.5～5.5μm，高7.5～19.5μm。大量繁殖易导致湖库水华。

生境： 生活于江河、湖泊、水库、池塘中。

采集地： 辽河流域、福建闽江流域、闽东南诸河流域、汀江流域、苏州各湖泊。

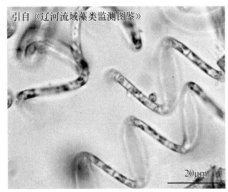

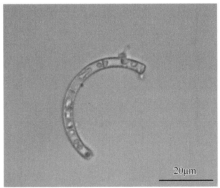

A. 采自辽河流域　　　　　　　　　　B. 采自苏州各湖泊

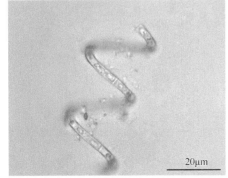

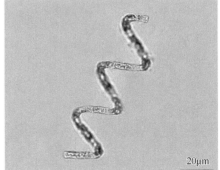

C. 采自苏州各湖泊　　　　　　　　　　D. 采自苏州各湖泊

颗粒直链藻极狭变种螺旋变型（*Melosira granulate* var. *angustissima* f. *spiralis*）

（2）浮生直链藻属（*Aulacoseira*）

形态特征：壳体呈长圆柱形，壳面互相连接成链状。壳面上的点纹大小均匀，点纹的排列密集，具有壳针。该属主要鉴别特征为在壳套的边缘部位有硅质的加厚，孔纹在壳套上排列规则，通常呈圆形。在硅质加厚区内侧具有唇形突。上、下壳面合部具有舌状瓣和密集的网孔。

采集地：辽河流域、甬江流域、太湖流域、三峡库区（湖北段）。

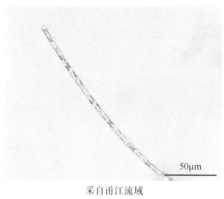

采自甬江流域

浮生直链藻（*Aulacoseira* sp. 1）

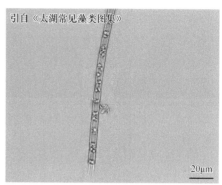

采自太湖流域

浮生直链藻（*Aulacoseira* sp. 2）

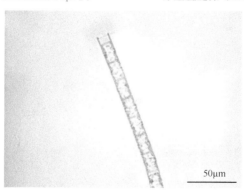

采自三峡库区（湖北段）

浮生直链藻（*Aulacoseira* sp. 3）

1）*Aulacoseira subarctica*

形态特征：群体链状，细胞彼此紧密连成；群体细胞圆柱形，壳盘面平坦，具细点纹，点纹在近壳缘处较大，壳盘缘略弯曲，具小短刺；壳带面发达，壁厚，假环沟小，环沟略平，具深入的环状体；颈部短；壳套线直，点纹细，纵向平行排列，偶尔斜向或弯曲不规则。点纹10μm内具8~16条，每条具12~18个点纹。细胞直径为8~16μm，高10~17μm。无性生殖产生复大孢子，球形，无脐凸。

生境：生长在江河、湖泊、水库、池塘等水体中，尤其在春、秋季大量出现，浮游生活。

采集地：辽河流域。

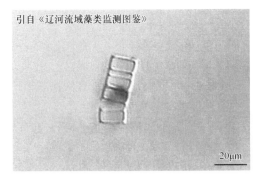

引自《辽河流域藻类监测图鉴》

20μm

Aulacoseria subarctica

（3）小环藻属（*Cyclotella*）

形态特征：植物体为单细胞或由胶质或小棘连接成疏松的链状群体，多为浮游。细胞鼓形，壳面圆形，绝少为椭圆形，呈同心圆褶皱的同心波曲，或与切线平行褶皱的切向波曲，绝少平直；纹饰有边缘区和中央区之分，边缘区具辐射状线纹或肋纹，中央区平滑或具点纹、斑纹，部分种类壳缘具小棘；少数种类带面具间生带。色素体小盘状，多个。淡水及海水产，是浮游的种类，有的也生活在泥土中。

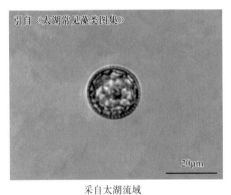

引自《太湖常见藻类图集》

20μm

采自太湖流域

小环藻（*Cyclotella* sp. 1）

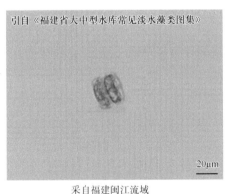

引自《福建省大中型水库常见淡水藻类图集》

20μm

采自福建闽江流域

小环藻（*Cyclotella* sp. 2）

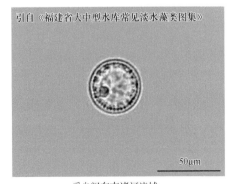

引自《福建省大中型水库常见淡水藻类图集》

50μm

采自闽东南诸河流域

小环藻（*Cyclotella* sp. 3）

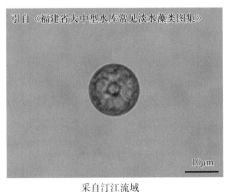

引自《福建省大中型水库常见淡水藻类图集》

10μm

采自汀江流域

小环藻（*Cyclotella* sp. 4）

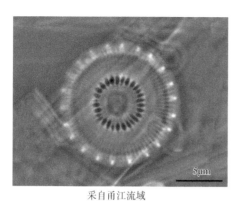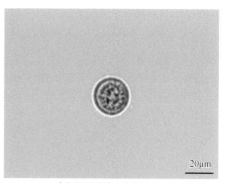

采自甬江流域	采自长江流域（南通段）
小环藻（*Cyclotella* sp. 5）	小环藻（*Cyclotella* sp. 6）

图片由中国科学院水生生物研究所刘国祥提供

采集地：苏州各湖泊、福建闽江流域、闽东南诸河流域、汀江流域、太湖流域、辽河流域、松花江流域、甬江流域、珠江流域（广州段）、三峡库区（湖北段）、嘉陵江流域（重庆段）、长江流域（南通段）。

1）具星小环藻（*Cyclotella stelligera*）

形态特征：单细胞，圆盘形，壳面圆形，呈同心波曲；边缘区较狭，具辐射状排列的粗线纹，在10μm内12～16条；中央区具星状排列的短线纹，中心具1个单独的点纹。细胞直径为5.5～24.5μm。

生境：喜碱、广盐，丛生或偶然性浮游，最适pH为7.5～8.0，秋季在富营养水体中能大量生长。

采集地：苏州各湖泊、福建闽江流域、闽东南诸河流域、汀江流域、太湖流域。

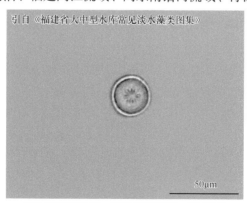

引自《福建省大中型水库常见淡水藻类图集》

采自福建闽江流域、闽东南诸河流域、汀江流域

具星小环藻（*Cyclotella stelligera*）

2）梅尼小环藻（*Cyclotella meneghiniana*）

形态特征：单细胞，鼓形；壳面圆形，呈切向波曲；边缘区宽度约为半径的1/2，具辐射状排列的粗而平滑的楔形肋纹，在10μm内5～9条（绝少到12条）；中央区平滑或具细小的辐射状点线纹，极少数具1或2个粗点。细胞直径为7～30μm。电镜观察：中央支持突1～7个，具1轮边缘支持突，边缘区有1个唇形突。

生境：生长在湖泊、池塘、水库、河流中，在沿岸带的水草丛中附生、偶然性浮游或真性浮游。淡水或半咸水，pH为6.4～9，最适pH为8～8.5，在清洁的贫营养到α-中污带性水体中均能生长。

采集地：苏州各湖泊、辽河流域、福建闽江流域、闽东南诸河流域、汀江流域、松花江流域、珠江流域（广州段）、太湖流域。

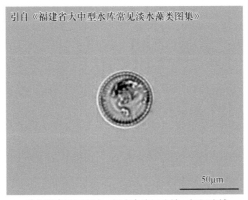

引自《福建省大中型水库常见淡水藻类图集》

50μm

采自福建闽江流域、闽东南诸河流域、汀江流域

梅尼小环藻（*Cyclotella meneghiniana*）

（4）冠盘藻属（*Stephanodiscus*）

形态特征：植物体为单细胞或连成链状群体，浮游。细胞圆盘形，少数为鼓形、柱形；壳面圆形，平坦或呈同心波曲；壳面纹饰为成束辐射状排列的网孔，在电镜下称室孔，其内壳面具有筛膜，壳面边缘处每束网孔为2～5列，向中部成为单列，在中央排列不规则或形成玫瑰纹区，网孔束之间具辐射无纹区（或称肋纹），每条辐射无纹区或相隔数条辐射无纹区在壳套处的末端具1短刺，在电镜下可见在刺的下方有支持突，有时在壳面上也有支持突，壳面支持突的数目超过1个时，排为规则或不规则的轮，唇形突1个或数个；带面平滑，具少数间生带。色素体小盘状，数个，较大而呈不规则形状的仅1或2个。

繁殖为细胞分裂；无性生殖：每个细胞产生1个复大孢子，球形、椭圆形。

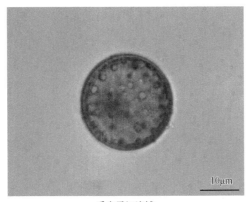

10μm

采自甬江流域

冠盘藻（*Stephanodiscus* sp.）

主要是淡水浮游种类，生长在池塘、浅水湖泊、沟渠、沼泽、水流缓慢的河流及溪流中。

采集地：甬江流域、闽东南诸河流域、汀江流域。

（二）根管藻目（Rhizosoleniales）

植物体为单细胞或由少数细胞连成暂时性的链状群体，浮游。细胞长棒形或长圆柱形，多数种类的细胞壁薄，轻度硅质化，很透明，具细点纹；带面具许多鳞片状、环状、半环状或领状的间生带，使两壳面的距离延长成直的长圆柱形，间生带以末端互相连接呈"Z"形或螺旋形，无隔片；壳面圆形或椭圆形，两端常具对称或不对称排列的长角毛或棘刺。色素体小颗粒状、小圆盘状，多数，较大的色素体盘状或片状。

繁殖为细胞分裂；无性生殖产生复大孢子、休眠孢子、小孢子。

主要为海洋的浮游种类，内陆水体的种类很少。此目仅有1科。

1. 管形藻科（Solenicaceae）

植物体为单细胞或由少数几个细胞连成暂时性的链状群体，浮游。细胞常呈长棒形、长圆柱形，细胞壁薄，轻度硅质化，具细点纹；带面具许多鳞片状、环状、领状、半环状的间生带，使两壳面的距离延长成直的长圆柱形，间生带以末端互相连接呈"Z"形或螺旋形，无隔片；壳面圆形或椭圆形，两端常具对称或不对称排列的长角毛或棘刺。色素体小颗粒状、小圆盘状，多数，较大的色素体盘状或片状。

营养繁殖为细胞分裂；无性生殖产生复大孢子、休眠孢子、小孢子。此科在我国内陆水体中仅发现1属。

（1）根管藻属（Rhizosolenia）

形态特征：植物体为单细胞或由几个细胞连成直的、弯的或螺旋状的链状群体，浮游。细胞长棒形、长圆柱形，直的、略弯，细胞壁很薄，具规律排列的细点纹，在光学显微镜下不能分辨；带面常具多数呈鳞片状、环状、领状的间生带；壳面圆形或椭圆

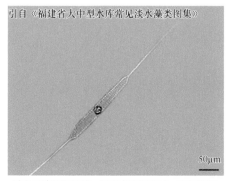

引自《福建省大中型水库常见淡水藻类图集》

50μm

采自福建闽江流域、闽东南诸河流域、汀江流域

根管藻（*Rhizosolenia* sp. 1）

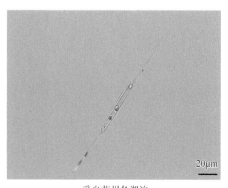

20μm

采自苏州各湖泊

根管藻（*Rhizosolenia* sp. 2）

形，具帽状或圆锥状凸起，凸起末端延长成或长或短的刚硬的棘刺。色素体小颗粒状或小圆盘状，多数，少数种类为较大的盘状或片状。

采集地：福建闽江流域、闽东南诸河流域、汀江流域、苏州各湖泊、山东半岛流域（崂山水库）。

1）长刺根管藻（*Rhizosolenia longiseta*）

形态特征：细胞长棒形，侧扁，有背腹之分；带面具发达的半环形的间生带；壳面椭圆形，具弯圆锥形的帽状体，末端具1条细长、刚硬的棘刺，刺长接近于或明显超过细胞长度。色素体小圆盘状，2～4个。细胞长70～200μm，直径为4～10μm；刺长80～200μm。

生境：池塘、水库、湖泊、河流中，多数生长在富营养的水体中，浮游。

采集地：苏州各湖泊、山东半岛流域（崂山水库）、福建闽江流域、闽东南诸河流域、汀江流域。

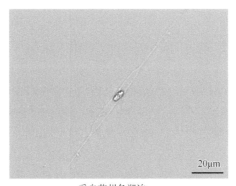

采自苏州各湖泊

长刺根管藻（*Rhizosolenia longiseta*）

（三）盒形藻目（Biddulphiales）

植物体为单细胞或由细胞的角毛或刺互相连成链状群体。细胞短盒形，极少为圆柱形；带面具间生带或无，无隔片；壳面椭圆形、圆形，极少为多角形，平滑或具点纹，每个角上具略长的角毛、长刺或隆起。色素体小颗粒状、小盘状，多数，或大形片状，1个到多个。

营养繁殖为细胞分裂；无性生殖产生复大孢子、休眠孢子、小孢子。

绝大多数为海洋种类，内陆水体中的种类很少。

此目在我国内陆水体中仅发现2科，本书列1科。

1. 盒形藻科（Biddulphicaceae）

植物体为单细胞或互相连成疏松的链状群体。细胞扁圆柱形、长圆柱形，平滑或具通常难以分辨的细点纹；带面具多数间生带；壳面椭圆形或圆形，在每一端或每边中部具隆起、角突或棘刺；壳缘凹入、凸出、平直或呈波状。色素体小盘状、片状，多个。

营养繁殖为细胞分裂；无性生殖产生复大孢子、休眠孢子、小孢子。

主要是海洋种类，内陆水体中的种类很少，浮游或附生。

（1）四棘藻属（*Attheya*）

形态特征：植物体为单细胞或者2或3个细胞互相连成暂时性的链状群体。细胞扁圆柱形，细胞壁极薄，平滑或具通常难以分辨的细点纹；带面长方形，具许多半环状间生带，末端楔形，无隔片；壳面扁椭圆形，中部凹入或凸出，由每个角状凸起延长成1条粗而长的刺。色素体小盘状，多个。

采集地：福建闽江流域、闽东南诸河流域、汀江流域、苏州各湖泊、山东半岛流域（崂山水库）。

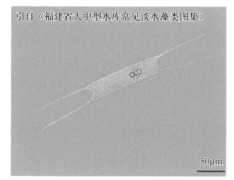

引自《福建省大中型水库常见淡水藻类图集》

采自福建闽江流域、闽东南诸河流域、
汀江流域

四棘藻（*Attheya* sp. 1）

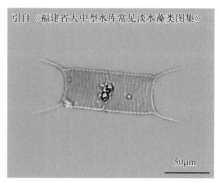

引自《福建省大中型水库常见淡水藻类图集》

采自福建闽江流域、闽东南诸河流域、
汀江流域

四棘藻（*Attheya* sp. 2）

1）扎卡四棘藻（*Attheya zachariasi*）

形态特征：单细胞或者2或3个细胞互相连成暂时性的短链状群体；细胞扁椭圆形，细胞壁极薄；带面具多数环状的间生带，末端楔形。色素体小盘状，4个。细胞长35～110μm，宽11.5～42μm；刺长12.5～100μm。

生境：池塘、湖泊、河流，多为富营养水体，浮游。

采集地：苏州各湖泊、福建闽江流域、闽东南诸河流域、汀江流域、山东半岛流域（崂山水库）。

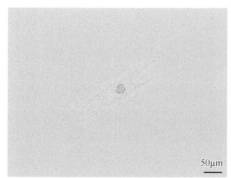

A. 采自苏州各湖泊

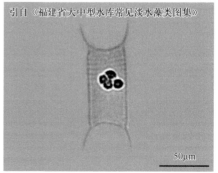

引自《福建省大中型水库常见淡水藻类图集》

B. 采自福建闽江流域、闽东南诸河流域、
汀江流域

扎卡四棘藻（*Attheya zachariasi*）

（2）水链藻属（*Hydrosera*）

形态特征：细胞连成疏散的群体。壳体长盒形，环带较高。壳套上具与壳面相同的粗网孔，环带上具细网孔。壳面三角形，具3个伸出的角隅，形似六角形，每个角隅的末端（游离端）呈钝圆形至截形。壳面具粗网孔，在角隅（角突）上的网孔细而与壳面网孔区分，称为假眼斑。色素体小颗粒状，多个。

采集地：闽东南诸河流域、汀江流域。

1）黄埔水链藻（*Hydrosera whampoensis*）

采集地：闽东南诸河流域、汀江流域。

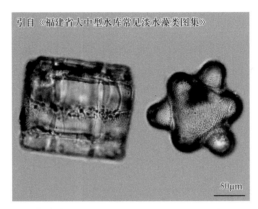

黄埔水链藻（*Hydrosera whampoensis*）

二、羽纹纲（Pennatae）

壳面线形到披针形、卵形、舟形、新月形、弓形、"S"形等；具壳缝或假壳缝，在壳缝或假壳缝的两侧具由细点连成的横线纹或横肋纹。有些种类在横线纹或横肋纹上又具纵线纹。带面多为长方形，两侧对称或不对称，间生带有或无。有些属具有与壳面平行或垂直的隔膜。根据壳缝状况，本纲共分5目。

（一）无壳缝目（Araphidiales）

植物体为单细胞，或细胞连成带状、"Z"形或星状群体，浮游或分泌胶质黏附在基质上。壳体椭圆形、菱形、圆柱形、长圆柱形或披针形；壳面线形、披针形、椭圆形、菱形、棒形等，具假壳缝，在假壳缝的两侧具由点纹连成的横线纹或横肋纹；带面多数长方形，两侧不对称或对称，具或无间生带，有些属具有与壳面平行或垂直的隔膜。

1. 脆杆藻科（Fragilariaceae）

植物体为单细胞，或细胞连成带状、"Z"形或星状群体。壳体椭圆形、菱形、圆柱形、长圆柱形或披针形；壳面线形、披针形、椭圆形、菱形、棒形等，少数种类一端膨大，也有少数种类具波形的边缘，两侧对称；上、下壳面均具假壳缝；带面多数长方形，两侧对称或不对称，常具间生带和隔膜。色素体小颗粒状，多个，罕为较大的片状。

营养繁殖为细胞分裂，是主要的繁殖方法；无性生殖产生复大孢子。主要生长在湖泊沿岸带，是偶然性浮游种类，真性浮游种类很少，常着生。

（1）平板藻属（*Tabellaria*）

形态特征：细胞连成带状或"Z"形的群体；壳面线形，中部常明显膨大，两端略膨大；上、下壳面均具假壳缝，假壳缝狭窄，两侧具由细点纹连成的横线纹；带面长方形，通常具许多间生带，间生带间具纵隔膜。色素体小盘状，多个。

采集地：福建闽江流域、闽东南诸河流域、汀江流域、苏州各湖泊、辽河流域、松花江流域、山东半岛流域（崂山水库）。

1）绒毛平板藻（*Tabellaria flocculosa*）

形态特征：细胞常连成"Z"形的群体；壳面线形，中部及两端明显膨大；横线纹细，在中部略呈放射状，10μm内12～19条；带面两端各具多数纵向的长形隔膜，隔膜达细胞中部。细胞长12～80μm，宽5～16μm。

生境：生长在稻田、水坑、池塘、湖泊、水库、山溪、泉水、河流石上、沼泽中、潮湿土表，浮游或附着于基质上。

采集地：福建闽江流域、闽东南诸河流域、汀江流域、辽河流域。

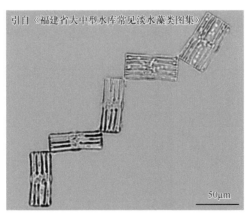

引自《福建省大中型水库常见淡水藻类图集》

50μm

采自福建闽江流域、闽东南诸河流域、汀江流域

绒毛平板藻（*Tabellaria flocculosa*）

2）窗格平板藻（*Tabellaria fenestrata*）

形态特征：细胞常连成直的丝状，但不是"Z"形的群体；壳面长线形，中部及两端明显膨大；横线纹细，平行，10μm内14～20条；带面两端各具2个纵向的长形隔膜，隔膜达细胞中部。细胞长20.5～140μm，宽3～9μm。

生境：生长在池塘、湖泊、水库、溪流、河流中，多为富营养的水体，浮游。

采集地：福建闽江流域、闽东南诸河流域、汀江流域、松花江流域、山东半岛流域（崂山水库）。

引自《福建省大中型水库常见淡水藻类图集》

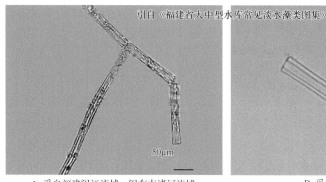
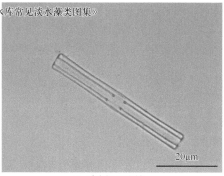

A. 采自福建闽江流域、闽东南诸河流域　　　　　B. 采自汀江流域

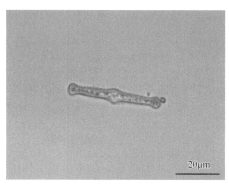

C. 采自松花江流域

窗格平板藻（*Tabellaria fenestrata*）

（2）等片藻属（*Diatoma*）

形态特征：细胞常连成带状或锯齿状群体。壳面观呈披针形到线形，壳面和带面均具肋纹和细线纹。黏液孔（唇形突）很清楚；带面长方形，具1到多数间生带、无隔膜。色素体椭圆形，多个。每个母细胞形成1个复大孢子。

采集地：辽河流域、山东半岛流域（崂山水库）、三峡库区（湖北段）、丹江口水库、松花江流域、甬江流域、嘉陵江流域（重庆段）。

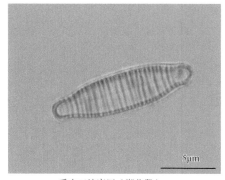
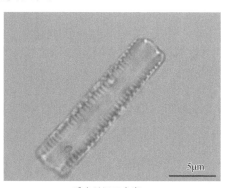

采自三峡库区（湖北段）　　　　　　　　采自丹江口水库

等片藻（*Diatoma* sp. 1）　　　　　　　等片藻（*Diatoma* sp. 2）

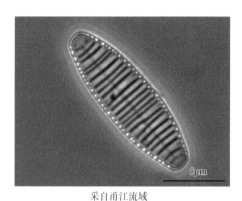

采自甬江流域

等片藻（*Diatoma* sp. 3）

图片由中国科学院水生生物研究所刘国祥提供

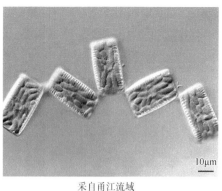

采自甬江流域

等片藻（*Diatoma* sp. 4）

图片由中国科学院水生生物研究所刘国祥提供

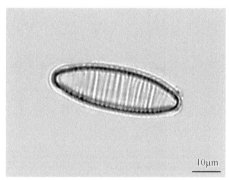

采自嘉陵江流域（重庆段）

等片藻（*Diatoma* sp. 5）

1）纤细等片藻（*Diatoma tenue*）

　　形态特征：细胞连成星形群体；壳面线形到线形披针形，线形的两端圆或略膨大，线形披针形的两端略尖，壳面一端的末端1条肋纹上具1个唇形突；假壳缝线形，其两侧具横线纹和肋纹，线纹很细，在10μm内16～20条，肋纹在10μm内5～10条；带面细长线形。细胞长21～120μm，宽2～4.5μm。

　　生境：生长在池塘、湖泊、水库、河流、沼泽中。

　　采集地：辽河流域、松花江流域。

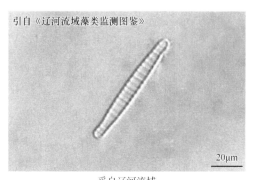

引自《辽河流域藻类监测图鉴》

采自辽河流域

纤细等片藻（*Diatoma tenue*）

2）冬季等片藻（*Diatoma hiemale*）

形态特征：细胞连成带状群体；壳面线形披针形到线形，两端尖或喙状，壳面一端具1个唇形突；假壳缝在中部较宽，向两端变狭，其两侧具横肋纹和横线纹，肋纹粗，在10μm内2～6条，线纹在10μm内16～20条；带面长方形，角圆，边缘肋纹间具细线纹，间生带较多。细胞长16～103μm，宽6.5～16μm。

生境：生长在池塘、湖泊、河流中。

采集地：松花江流域。

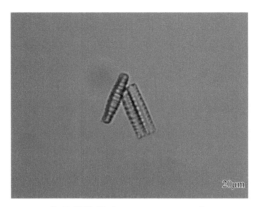

冬季等片藻（*Diatoma hiemale*）

3）长等片藻（*Diatoma elongatum*）

形态特征：植物体由细胞连成带状群体；壳面线形或椭圆披针形；假壳缝狭窄，两侧具横线纹和肋纹；带面长方形，具1个到多数间生带，无隔膜。色素体椭圆形，多个。线纹在10μm内16～20条。细胞长76～117μm，宽8.3～14μm。

生境：生长在池塘、湖泊、河流中。

采集地：松花江流域。

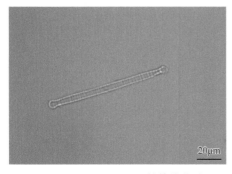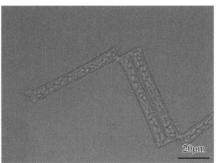

长等片藻（*Diatoma elongatum*）

（3）扇形藻属（*Meridion*）

形态特征：淡水产。细胞互相连成扇形或螺旋形群体。壳面棒形或倒卵形，纵轴对称，横轴不对称；假壳缝狭窄，其两侧具横细线纹和肋纹；带面楔形，具1或2个间生带，壳内具许多发育不全的横隔膜。色素体小盘状，多个，每个色素体具1个蛋白核。

采集地：苏州各湖泊、辽河流域。

1）环状扇形藻（*Meridion circulare*）

形态特征：细胞互相连成扇形群体；壳面棒形，上端呈明显的宽、广圆形，下端较狭，壳面上端近壳缘具1个唇形突；假壳缝狭窄，其两侧具横细线纹和肋纹，线纹在10μm内12～20条，肋纹在10μm内2～6条；带面楔形，具1或2个间生带，壳内具许多发育不全的横隔膜。细胞长12～80μm，宽4～8μm。

生境：生长在淡水小水体中，特别是流水水体，有的也在微咸水中。

采集地：辽河流域、苏州各湖泊。

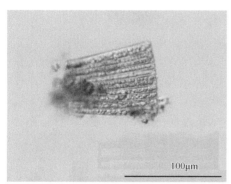

引自《辽河流域藻类监测图鉴》

100μm

10μm

A. 采自苏州各湖泊　　　　　　　　　　B. 采自辽河流域

环状扇形藻（*Meridion circulare*）

（4）蛾眉藻属（*Ceratoneis*）

形态特征：壳面呈明显的弓形或直线形，两端头状；腹侧中部具略凸出的假节，假节处无线纹或具浅线纹；具假壳缝，假壳缝两侧具横线纹。主要生活在高原或高山的清水溪流中。

采集地：辽河流域、松花江流域。

1）弧形蛾眉藻（*Ceratoneis arcus*）

形态特征：壳面弓形，两端略呈头状；腹侧中部具略凸出的假节，假节处无线纹或具浅线纹；假壳缝狭窄，明显，其两侧具横线纹，在10μm内13～18条；带面线形，两侧平行，无间生带和隔膜。细胞长15～150μm，宽4～10μm。

生境：常生长在山区的流水中，附着于基质上。

采集地：辽河流域、松花江流域。

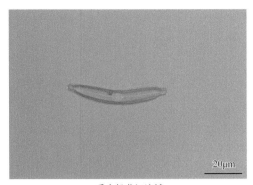

采自松花江流域

弧形蛾眉藻（*Ceratoneis arcus*）

2）弧形蛾眉藻直变种（***Ceratoneis arcus* var. *recta***）

采集地：松花江流域。

3）弧形蛾眉藻双头变种（***Ceratoneis arcus* var. *amphioxys***）

形态特征：此变种与原变种的不同之处在于：细胞较宽和短，两端呈喙头状，壳面背缘明显凸出，腹缘在中心区的两侧膨大，腹侧中部假节狭窄，较凸出，因而呈现3个波形；线纹在10μm内14～19条。细胞长22～45μm，宽4.5～7μm。

生境：生长在山区的流水中，附着在基质上。

采集地：辽河流域。

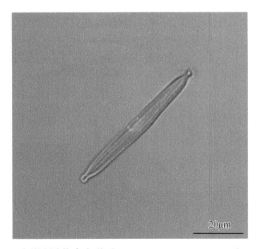

弧形蛾眉藻直变种（*Ceratoneis arcus* var. *recta*）

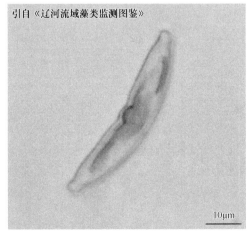

弧形蛾眉藻双头变种（*Ceratoneis arcus* var. *amphioxys*）

（5）脆杆藻属（*Fragilaria*）

形态特征：植物体由细胞互相连成带状群体，或以每个细胞的一端相连成"Z"状群体；壳面细长线形、长披针形、披针形到椭圆形，两侧对称，中部边缘略膨大或缢缩，两侧逐渐狭窄，末端钝圆、小头状、喙状；上、下壳的假壳缝狭线形或宽披针形，其两侧具横点状线纹；带面长方形，无间生带和隔膜，但某些海生和咸水种类具间生带。色素体小盘状，多个，或片状，1～4个，具1个蛋白核。淡水或海水产。

采集地：太湖流域、福建闽江流域、闽东南诸河流域、汀江流域、苏州各湖泊、辽河流域、长江流域（南通段）、东湖、汉江、山东半岛流域（崂山水库）、三峡库区（湖北段）、丹江口水库、甬江流域、嘉陵江流域（重庆段）、珠江流域（广州段）。

采自长江流域（南通段）

脆杆藻（*Fragilaria* sp. 1）

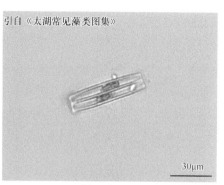

引自《太湖常见藻类图集》

采自太湖流域

脆杆藻（*Fragilaria* sp. 2）

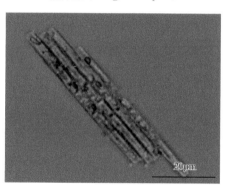

采自汉江

脆杆藻（*Fragilaria* sp. 3）

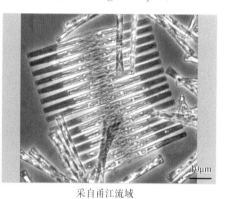

采自甬江流域

脆杆藻（*Fragilaria* sp. 4）

图片由中国科学院水生生物研究所刘国祥提供

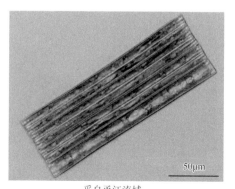

采自甬江流域

脆杆藻（*Fragilaria* sp. 5）

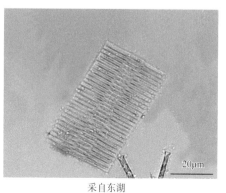

采自东湖

脆杆藻（*Fragilaria* sp. 6）

1）钝脆杆藻（*Fragilaria capucina*）

形态特征：细胞常互相连成带状群体；壳面长线形，近两端逐渐略狭窄，末端略膨大，钝圆形；假壳缝线形，横线纹细，在10μm内8～17条，中心区矩形，无线纹。细胞长25～220μm，宽2～7μm。

生境：生长在池塘、沟渠、湖泊、水库及缓流的河流中，偶然性浮游种类，也存在于半咸水中。

采集地：辽河流域、苏州各湖泊、福建闽江流域、闽东南诸河流域、汀江流域、山东半岛流域（崂山水库）、甬江流域、珠江流域（广州段）、太湖流域、嘉陵江流域（重庆段）。

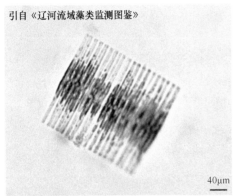
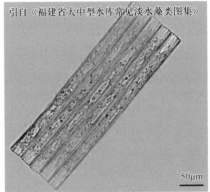

A. 采自辽河流域

B. 采自福建闽江流域、闽东南诸河流域、汀江流域

钝脆杆藻（*Fragilaria capucina*）

2）钝脆杆藻披针形变种（*Fragilaria capucina* var. *lanceolata*）

形态特征：此变种与原变种的不同为壳面披针形，从近中部向两端逐渐狭窄，末端略呈头状，线纹在10μm内13～15条。细胞长22～82μm，宽3.5～7μm。

生境：生长在水坑、池塘、湖泊、水库、溪流、泉水、沼泽中。

采集地：辽河流域。

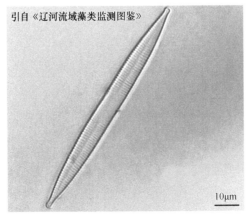

钝脆杆藻披针形变种（*Fragilaria capucina* var. *lanceolata*）

3）变绿脆杆藻（*Fragilaria virescens*）

形态特征：细胞常互相连成带状群体；壳面线形，两侧平直或略凸出，两端突然变狭延长，末端钝圆、喙状；假壳缝狭线形，无中央区，横线纹很细，在10μm内12～19条，带面长方形。细胞长8～32μm，宽3.5～10μm。

生境：生长在池塘、湖泊、水库、山溪及泉水中。

采集地：辽河流域。

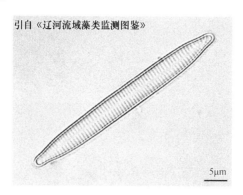

变绿脆杆藻（*Fragilaria virescens*）

4）变绿脆杆藻头端变种（*Fragilaria virescens* var. *capitata*）

形态特征：此变种与原变种的主要不同是，本变种壳面末端延长呈头状。壳面长50～66μm，壳面宽3～7μm。在10μm内有线纹12～19条。

生境：河湾、沼泽、湿地等。

采集地：辽河流域。

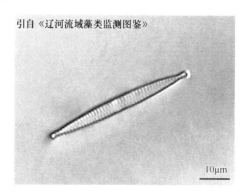

变绿脆杆藻头端变种（*Fragilaria virescens* var. *capitata*）

5）羽纹脆杆藻（*Fragilaria pinnata*）

形态特征：细胞常互相连成带状群体；壳面线形或较狭的椭圆形，末端钝圆形；假壳缝狭、线形或中部略宽呈披针形，无中央区，横线纹粗，在10μm内7～12条；带面长方形。细胞长6～30μm，宽3～6μm。

生境：生长在池塘、沟渠、湖泊、水库中，淡水或半咸水均有分布。

采集地：辽河流域。

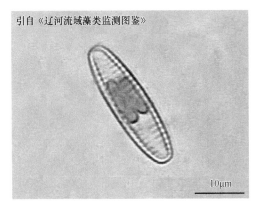

羽纹脆杆藻（*Fragilaria pinnata*）

6）沃切里脆杆藻远距变种（*Fragilaria vaucheriae* var. *distans*）

形态特征：壳体常连成短或长链状群体，偶单生；壳面线状至线状披针形，向两端逐渐变窄，末端喙状或圆头状。假壳缝窄线形。中央区通常仅在壳面的一侧，且此侧常略膨出。横线纹平行或略辐射状排列，偶尔相对中央区的线纹略短。横线纹粗，在10μm内有7~10条。

生境：小溪、水沟、湖泊及水库中。

采集地：辽河流域。

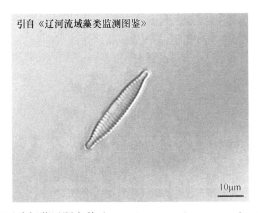

沃切里脆杆藻远距变种（*Fragilaria vaucheriae* var. *distans*）

7）克罗顿脆杆藻（*Fragilaria crotonensis*）

形态特征：细胞以壳面连成带状群体。带面观中部及两端贯壳轴加宽，群体中细胞仅在中部或两端相连，相连的中部到两端之间形成一个披针形区域。壳面线形，中部较宽，末端略呈头状。壳面长34~89μm，壳面宽2~4μm，横线纹平行排列，在10μm内有12~18条。壳面中部有一个长方形中央区。

生境：河、湖、水库、水坑、水塘、盐池、潮湿地表、沼泽、水沟。

采集地：苏州各湖泊。

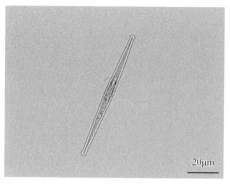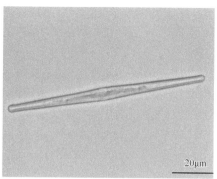

克罗顿脆杆藻（*Fragilaria crotonensis*）

（6）针杆藻属（*Synedra*）

形态特征：植物体为单细胞，或丛生呈扇形或以每个细胞的一端相连成放射状群体，罕见形成短带状，但不形成长带状群体；壳面线形或长披针形，从中部向两端逐渐狭窄，末端钝圆或呈小头状；假壳缝狭、线形，其两侧具横线纹或点纹，壳面中部常无花纹；带面长方形，末端截形，具明显的线纹带；无间插带和隔膜；壳面末端有或无黏液孔（胶质孔）。色素体带状，位于细胞的两侧、片状，2个，每个色素体常具3个到多个蛋白核。本属分布广，生活在淡水和咸水中。

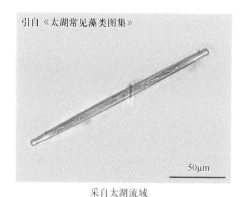

引自《太湖常见藻类图集》

采自太湖流域

针杆藻（*Synedra* sp. 1）

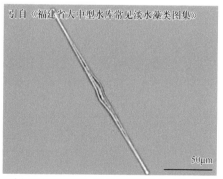

引自《福建省大中型水库常见淡水藻类图集》

采自福建闽江流域、闽东南诸河流域、汀江流域

针杆藻（*Synedra* sp. 2）

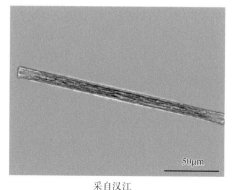

采自汉江

针杆藻（*Synedra* sp. 3）

采自甬江流域

针杆藻（*Synedra* sp. 4）

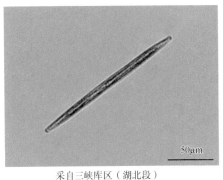 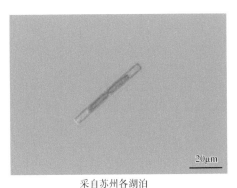

采自三峡库区（湖北段）　　　　　　　采自苏州各湖泊

针杆藻（*Synedra* sp. 5）　　　　　　针杆藻（*Synedra* sp. 6）

采集地：太湖流域、福建闽江流域、闽东南诸河流域、汀江流域、苏州各湖泊、辽河流域、长江流域（南通段）、东湖、汉江、山东半岛流域（崂山水库）、三峡库区（湖北段）、丹江口水库、甬江流域、松花江流域、太湖流域、嘉陵江流域（重庆段）、珠江流域（广州段）。

1）尖针杆藻（*Synedra acus*）

形态特征：壳面披针形，中部宽，从中部向两端逐渐狭窄，末端圆形或近头状；假壳缝狭窄，线形；中央区长方形，横线纹细、平行排列，在10μm内10～18条；带面细线形。细胞长62～300μm，宽3～6μm。

生境：生长在池塘、湖泊等各种淡水中。

采集地：辽河流域、苏州各湖泊、长江流域（南通段）、三峡库区（湖北段）、丹江口水库、珠江流域（广州段）、太湖流域、山东半岛流域（崂山水库）、嘉陵江流域（重庆段）。

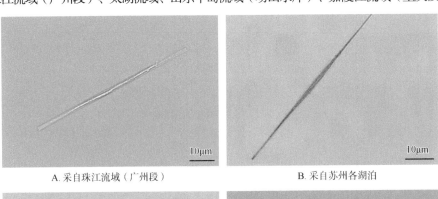

A. 采自珠江流域（广州段）　　　　　　　B. 采自苏州各湖泊

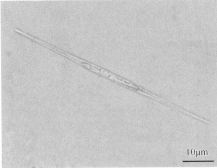 

C. 采自三峡库区（湖北段）　　　　　　　D. 采自丹江口水库

尖针杆藻（*Synedra acus*）

2）爆裂针杆藻（*Synedra rumpens*）

形态特征：壳体环面观线形，向末端渐狭，有时由2或3个壳体组成短的链。壳面观线形，向末端变细，顶端膨大呈小头状。假壳缝窄线形，中央区通常呈长大于宽的无纹横带状；边缘微膨大，中央区常显得较厚。横线纹为不明显的点纹，平行排列，在10μm内有18～20条。壳面长27～70μm，壳面宽2～4μm。本种与其他变种的主要差异在于本种壳面中央区没有明显膨大，仅仅是微微膨大。

生境：常见于淡水湖泊、水库、池塘或缓流的山溪石头上。

采集地：辽河流域。

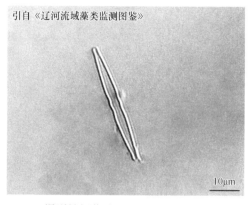

爆裂针杆藻（*Synedra rumpens*）

3）爆裂针杆藻梅尼变种（*Synedra rumpens* var. *meneghiniana*）

形态特征：壳体环面观线形，中央区膨大。壳面线形或线状披针形，末端尖，有时略呈喙状。假壳缝很窄，有时不明显；中央区往往长小于宽，两侧略膨大。横线纹平行排列，在10μm内有12～14条。壳面长27～57μm，壳面宽3～4μm。本变种与原变种形态很相似，但本变种的线纹比原变种粗。

生境：生活在矿物质含量低的淡水环境中、沼泽中、山溪石头上、水坑中、潮湿土表里、湖水中等。

采集地：辽河流域。

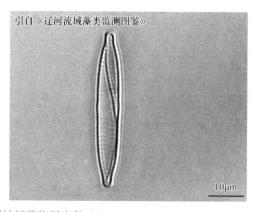

爆裂针杆藻梅尼变种（*Synedra rumpens* var. *meneghiniana*）

4）头端针杆藻（*Synedra capitata*）

形态特征：壳体环面观线形。壳面线形，具有突然膨大呈头状的楔形末端。假壳缝明显，无中央区。壳面末端具黏液孔。横线纹呈平行排列，于近末端略呈放射状排列，在10μm内有8～11条。壳面长125～357μm，壳面宽7～10μm。本种与其他种的区别在于本种壳面末端形态特征。

生境：广泛分布于淡水的湖泊或缓慢流水的河流、水库、水沟、沼泽化水坑、水塘等水体中。

采集地：辽河流域。

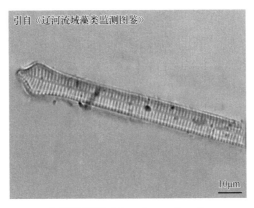

头端针杆藻（*Synedra capitata*）

5）肘状针杆藻缢缩变种（*Synedra ulna* var. *constracta*）

形态特征：本变种与原变种的主要区别是：壳面宽线形，中部缢缩，末端延长呈喙缘状。假壳缝窄，中央区较大。壳面长37～73μm，壳面宽6～9μm。横线纹平行排列，在10μm内有12～15条。

生境：普生性种类，在各种淡水环境中常见到。

采集地：辽河流域、珠江流域（广州段）、苏州各湖泊。

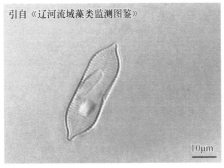

A. 采自辽河流域　　　　　　　　　　　　　B. 采自珠江流域（广州段）

C. 采自苏州各湖泊

肘状针杆藻缢缩变种（Synedra ulna var. constracta）

6）两头针杆藻（*Synedra amphicephala*）

形态特征：壳面线形到线形披针形，从中部向两端逐渐尖细，末端明显呈头状；假壳缝狭线形，中央区通常无，横线纹细，在10μm内11～18条，通常10μm内15或16条；带面长方形，向两端逐渐狭窄。细胞长9～75μm，宽2～4μm。

生境：生长在水坑、池塘、湖泊、水库、溪流、沼泽中。

采集地：苏州各湖泊。

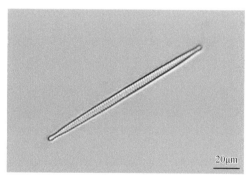

两头针杆藻（*Synedra amphicephala*）

7）肘状针杆藻（*Synedra ulna*）

形态特征：壳面线形到线形披针形，末端略呈宽钝圆形，有时呈喙状，末端宽。两端孔区各具1个唇形突和1或2个刺；假壳缝狭窄、线形，中央区横长方形或无，有时在中央区边缘具很短的线纹；横线纹较粗，由点纹组成，平行排列，两端横线纹偶见放射排列，在10μm内8～14条；带面线形。细胞长50～389μm，宽3～9μm。

生境：生长在水坑、池塘、湖泊、河流、沼泽中。

采集地：苏州各湖泊、福建闽江流域、闽东南诸河流域、汀江流域、长江流域（南通段）、山东半岛流域（崂山水库）、松花江流域、珠江流域（广州段）、太湖流域、甬江流域。

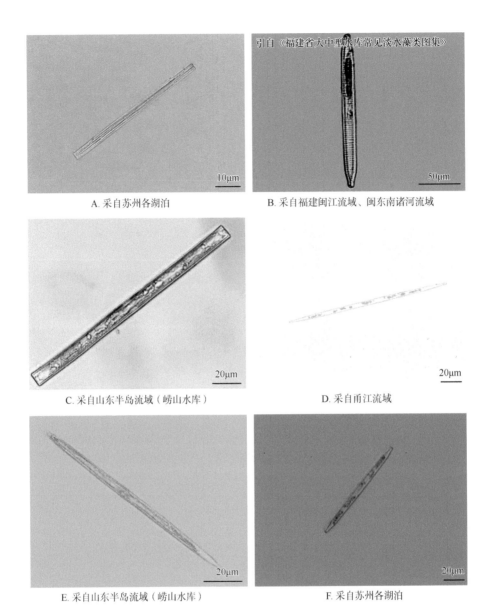

引自《福建省大中型水库常见淡水藻类图集》

A. 采自苏州各湖泊　　10μm

B. 采自福建闽江流域、闽东南诸河流域　　50μm

C. 采自山东半岛流域（崂山水库）　　20μm

D. 采自甬江流域　　20μm

E. 采自山东半岛流域（崂山水库）　　20μm

F. 采自苏州各湖泊　　20μm

肘状针杆藻（*Synedra ulna*）

8）肘状针杆藻二头变种（*Synedra ulna* var. *biceps*）

形态特征：此变种与原变种的不同为壳面宽长线形，末端圆头状，无中央区；靠近末端中部具1个明显的黏液孔；横线纹明显，平行排列，在10μm内8～12条。细胞长127～242μm，宽4～7μm。

生境：生长在稻田、池塘、湖泊、河流、泉水、水库、沼泽中。

采集地：苏州各湖泊、山东半岛流域（崂山水库）。

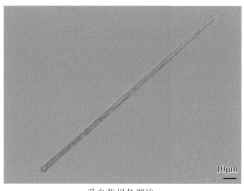

采自苏州各湖泊

肘状针杆藻二头变种（*Synedra ulna* var. *biceps*）

（7）星杆藻属（*Asterionella*）

　　形态特征：植物体为单细胞，细胞为长形，常形成星状群体，壳面线形，末端头状膨大，一端比另一端大。壳面沿长轴对称，假壳缝狭窄，不明显。横线纹在光镜下不清楚。生活在淡水和咸水中。

　　采集地：太湖流域、福建闽江流域、闽东南诸河流域、汀江流域、苏州各湖泊、汉江、辽河流域、长江流域（南通段）、山东半岛流域（崂山水库）、甬江流域、嘉陵江流域（重庆段）。

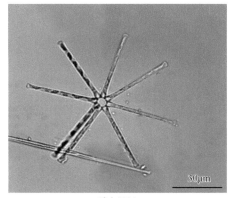

采自汉江

星杆藻（*Asterionella* sp. 1）

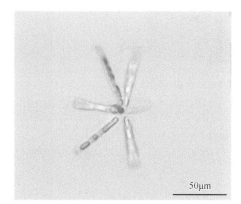

采自太湖流域

星杆藻（*Asterionella* sp. 2）

1）华丽星杆藻（*Asterionella formosa*）

　　形态特征：壳体形成星状群体，群体中的壳体彼此附着的这一端较壳体的其他部位宽大。壳面线形，沿着壳面两端逐渐稍变窄，壳面末端头状；一端宽大（指壳体彼此附着一端）呈粗大头状，而另一端较小，呈小头状或不明显小头状。假壳缝极窄，常不明显。壳面长40～130μm，壳面宽1～3μm；横线纹清晰，在10μm内有24～28条。

生境：本种为浮游生物种，最常出现在水库、水沟、水田等中营养或富营养的水体中，也存在于潮湿的岩壁上。

采集地：辽河流域、汉江、福建闽江流域、闽东南诸河流域、汀江流域、长江流域（南通段）、山东半岛流域（崂山水库）、甬江流域、太湖流域、苏州各湖泊、嘉陵江流域（重庆段）。

引自《辽河流域藻类监测图鉴》

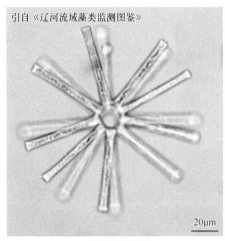

A. 采自辽河流域

引自《福建省大中型水库常见淡水藻类图集》

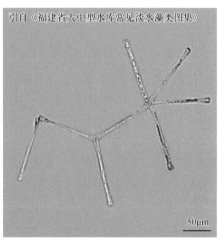

B. 采自福建闽江流域

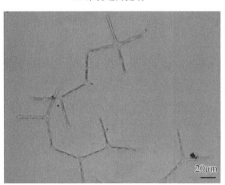

C. 采自山东半岛流域（崂山水库）

D. 采自甬江流域

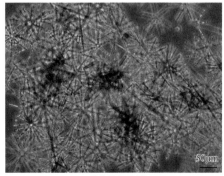

E. 采自甬江流域

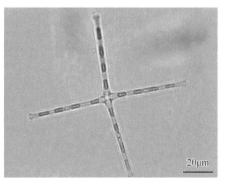

F. 采自甬江流域

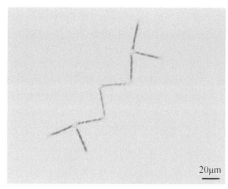

G. 采自苏州各湖泊

H. 采自苏州各湖泊

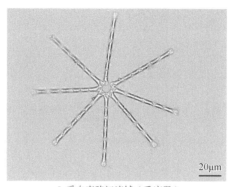

I. 采自嘉陵江流域（重庆段）

华丽星杆藻（Asterionella formosa）

图片D、E由中国科学院水生生物研究所刘国祥提供

（二）拟壳缝目（Raphidionales）

植物体为单细胞或细胞互相连成带状群体；细胞月形、弓形，背缘凸出，上、下壳面两端的腹缘均具短的壳缝，壳缝由腹侧向末端延伸，经过壳缘而弯入壳面；具极节，无中央节。色素体片状，大型，2个。本目仅1科。

1. 短缝藻科（Eunotiaceae）

植物体为单细胞或细胞互相连成带状群体；细胞月形、弓形，背缘凸出，上、下壳面两端的腹缘均具短的壳缝，壳缝由腹侧向末端延伸，经过壳缘而弯入壳面；具极节，无中央节。色素体片状，大型，2个。

（1）短缝藻属（Eunotia）

形态特征：植物体为单细胞或细胞互相连成带状群体；细胞月形、弓形，背缘凸出，拱形或呈波状弯曲，腹缘平直或凹入，两端形态、大小相同，每一端具1个明显的极节，上、下壳面两端均具短壳缝，短壳缝从极节斜向腹侧边缘，无中央节，具横线纹，由点纹紧密排列而成；带面长方形或线形，常具间生带，无隔膜。色素体通常片状，大型，2个，无蛋白核。淡水产。多生长于软水池塘和水沟中，数量常不多，特别生活在清水或贫营养的水体中。浮游或附着于基质上。

　　采集地：福建闽江流域、闽东南诸河流域、汀江流域、苏州各湖泊、辽河流域。

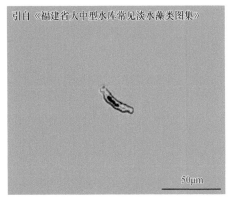

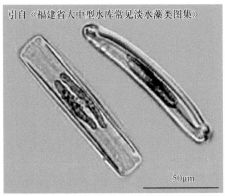

采自福建闽江流域、闽东南诸河流域、汀江流域

短缝藻（*Eunotia* sp. 1）

采自福建闽江流域、闽东南诸河流域、汀江流域

短缝藻（*Eunotia* sp. 2）

1）篦形短缝藻（*Eunotia pectinalis*）

　　形态特征：壳面狭长线形，背缘平直或略凸出，腹缘直或略凹入，背缘和腹缘的大部分近平行，背缘近末端略斜向延伸，末端钝圆，极节明显，位于近末端的腹缘，横线纹平行排列，在10μm内7～12条，近末端的略呈放射排列；带面长方形。细胞长26～140μm，宽4～10μm。

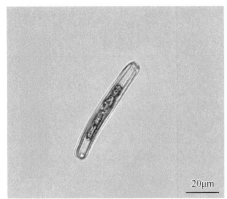

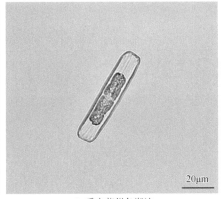

A. 采自苏州各湖泊

B. 采自苏州各湖泊

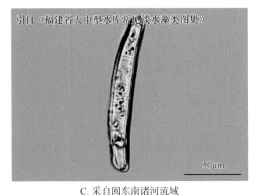

C. 采自闽东南诸河流域

篦形短缝藻（*Eunotia pectinalis*）

生境：生长在池塘、湖泊、水库、溪流、泉水、河流、沼泽中，在贫营养型、低盐度的水体中更为多见，浮游或附着在基质上。

采集地：苏州各湖泊、福建闽江流域、闽东南诸河流域。

2）篦形短缝藻较小变种（*Eunotia pectinalis* var. *minor*）

形态特征：此变种与原变种的不同为壳面弓形，背缘凸出，有时具2个浅波，腹缘略凹入，壳面两端略狭，末端圆，中部横线纹在10μm内13～16条。细胞长21～49μm，宽4～14μm。

生境：生长在稻田、池塘、湖泊、河流、溪流、沼泽中。

采集地：苏州各湖泊。

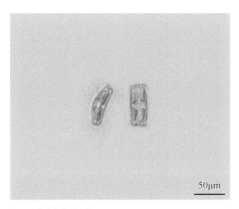

篦形短缝藻较小变种（*Eunotia pectinalis* var. *minor*）

3）锯形短缝藻（*Eunotia serra*）

形态特征：壳体较大，壳面呈弓形，腹缘近平直，壳面背缘具有5个明显隆起的弧形突起，呈"锯齿状"，两端钝圆，略向背侧弯曲；壳面长144.5μm，宽33.9μm，由点纹组成的横线纹呈放射状排列，10μm内约有20条。

采集地：福建闽江流域、闽东南诸河流域。

引自《福建省大中型水库常见淡水藻类图集》

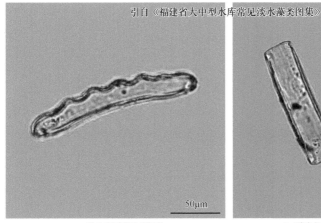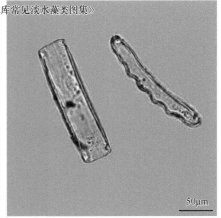

A. 采自福建闽江流域　　　　　　　　　B. 采自闽东南诸河流域

锯形短缝藻（*Eunotia serra*）

4）月形短缝藻（*Eunotia lunaris*）

形态特征：壳面弯线形，背缘略呈弧形，腹缘略凹入，背缘和腹缘的中间部分平行，近末端略变狭，末端钝圆，短壳缝位于近末端的腹缘，横线纹平行排列，在10μm内14～17条，近末端的略呈放射状排列。细胞长20～166μm，宽3～6μm。

生境：生长在稻田、水坑、池塘、湖泊、水库、山溪、河流、沼泽中，喜低盐度的水体。

采集地：辽河流域、苏州各湖泊、福建闽江流域、闽东南诸河流域。

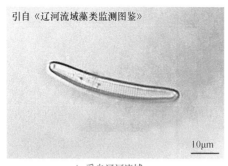

引自《辽河流域藻类监测图鉴》

A. 采自辽河流域　　　　　　　　　　B. 采自苏州各湖泊

月形短缝藻（*Eunotia lunaris*）

5）强壮短缝藻（*Eunotia valida*）

形态特征：壳面弯线形，背缘突出，略呈弧形，腹缘凹入，背缘和腹缘几乎平行，末端圆，略呈头状，极节大，位于近末端的腹缘，横线纹在10μm内8～16条；带面长方形。细胞长26～150μm，宽3～7.5μm。

生境：生长在泉水、河流、沼泽等生境，喜酸性、冷水性水体，有的着生在潮湿的岩壁上。

采集地：苏州各湖泊、福建闽江流域、闽东南诸河流域。

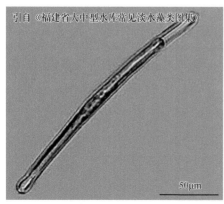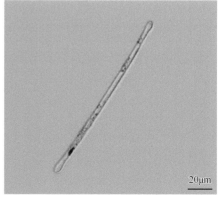

引自《福建省大中型水库常见淡水藻类图集》

A. 采自福建闽江流域、闽东南诸河流域　　　　B. 采自苏州各湖泊

强壮短缝藻（*Eunotia valida*）

6）弧形短缝藻（*Eunotia arcus*）

形态特征：壳面弓形，背缘外凸呈拱形，中部平直，腹缘明显凹入，两端显著缢缩并向背缘反曲，末端头状，极节大、明显，位于近末端的腹缘，横线纹平行排列，

在10μm内11～18条，近末端的略呈放射状排列；带面长方形。细胞长25～70μm，宽3～11μm。

　　生境：生长在稻田、水坑、池塘、湖泊、河流、泉水、沼泽中。

　　采集地：苏州各湖泊。

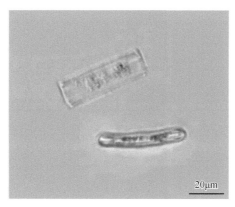

弧形短缝藻（*Eunotia arcus*）

（三）双壳缝目（Biraphidinales）

本目主要特征是：细胞2个壳面同形，每一个壳都有真壳缝。多数的淡水硅藻都属于这一个目，本目分为3科。

1. 舟形藻科（Naviculaceae）

植物体为单细胞，少数由胶质互相粘连成群体；壳面两端及两侧对称，壳面舟形、披针形、椭圆形或菱形，上、下壳面均具壳缝，具中央节和极节；上、下壳面花纹相同。色素体片状，大形，1或2个。

本科是淡水硅藻类中最大的一个科，但也在咸水和海水中存在。

（1）布纹藻属（*Gyrosigma*）

　　形态特征：植物体为单细胞，偶尔在胶质管内；壳面"S"形，从中部向两端逐渐尖细，末端渐尖或钝圆，中轴区狭窄，"S"形到波形，中部中央节处略膨大，具中央节和极节，壳缝"S"形弯曲，壳缝两侧具纵线纹和横线纹十字形交叉构成的布纹；带面呈宽披针形，无间生带。色素体片状，2个，常具几个蛋白核。

　　生境：生长在淡水、半咸水或海水中，浮游，仅1种附着在基质上。

　　采集地：闽东南诸河流域、汀江流域、苏州各湖泊、辽河流域、长江流域（南通段）、汉江、山东半岛流域（崂山水库）、三峡库区（湖北段）、丹江口水库、甬江流域、嘉陵江流域（重庆段）、珠江流域（广州段）。

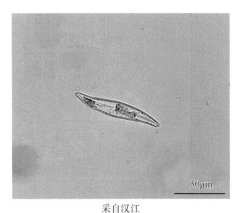

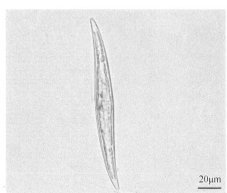

采自汉江

布纹藻（*Gyrosigma* sp. 1）

采自三峡库区（湖北段）

布纹藻（*Gyrosigma* sp. 2）

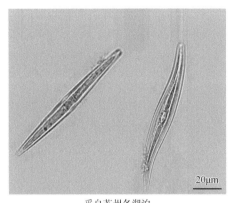

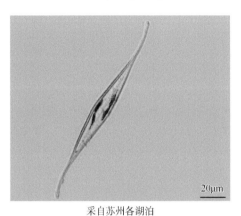

采自苏州各湖泊

布纹藻（*Gyrosigma* sp. 3）

采自苏州各湖泊

布纹藻（*Gyrosigma* sp. 4）

1）尖布纹藻（*Gyrosigma acuminatum*）

形态特征：壳面披针形，略呈"S"形弯曲，近两端圆锥形，末端钝圆，中央区长椭圆形，壳缝两侧具纵线纹和横线纹十字形交叉构成的布纹，纵线纹和横线纹相等粗细，在10μm内16～22条。细胞长82～200μm，宽11～20μm。

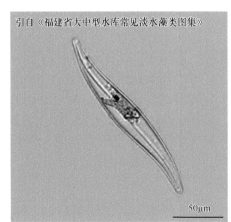

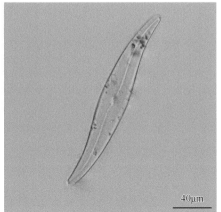

A. 采自福建闽江流域

B. 采自苏州各湖泊

尖布纹藻（*Gyrosigma acuminatum*）

生境：生长在湖泊、池塘、泉水、河流中。

采集地：苏州各湖泊、福建闽江流域、珠江流域（广州段）。

2）锉刀布纹藻（*Gyrosigma scalproides*）

形态特征：壳面线形至舟形，从中间向两端很缓慢地渐狭，微微弯曲略呈"S"形，末端狭圆形，通常近端处略有缢缩。轴区和壳缝在中线上，靠近末端略微偏心。中央节小，呈椭圆形。壳面点条纹在中节两侧辐射状排列，其余点条纹与中线垂直，横条纹较纵条纹略明显，横线纹在10μm内18～26条，纵条纹在10μm内28～33条；壳面长53～97μm，壳面宽9～16μm。

生境：淡水，常生活在江河、湖泊、溪流、水库、水塘、稻田、水井、海泥，以及潮湿土表等流水和静水环境中，在微咸水环境中也常见。

采集地：辽河流域。

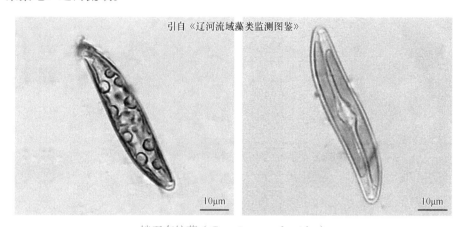

引自《辽河流域藻类监测图鉴》

锉刀布纹藻（*Gyrosigma scalproides*）

3）波罗的海布纹藻中华变种（*Gyrosigma balticum* var. *sinensis*）

形态特征：壳面微微"S"形或狭舟形，线形，末端钝圆形、亚圆锥形或解剖刀形。壳缘直，微微向内弯曲或轻微波浪状或中度拱曲。轴区和壳缝呈波状，偏心或略在中线上。外壳缝近远端弯向相对方向。中节伸长为椭圆形或斜圆形。点条纹粗，横线纹和纵线纹间距相等，在中央区每侧纵线纹弯曲向外，纵线纹和横线纹的数目大致相等，在10μm内有11～18条。壳面长190～398μm，壳面宽14～34μm（Cleve于1894年、Hustedt于1930年记录本种壳面宽20～40μm，而Van Heurck于1986年记录的宽不超过32μm）。

本变种与原变种的主要区别：壳面棍形，壳缘呈三波浪状，波峰在近端和中节两侧，末端刀形。壳缝略偏心并呈波浪状。中节斜圆。横点条纹较纵点条纹略明显。纵点条纹在10μm内有17～20条，横点条纹在10μm内有14或15条。壳面长120～141μm，壳面宽13～22μm。

生境：海水或微咸水，生活在潮间带和微咸水湖中，底栖种。

采集地：苏州各湖泊。

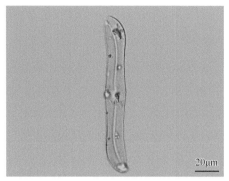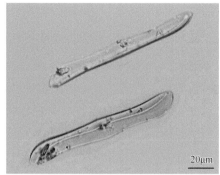

波罗的海布纹藻中华变种（*Gyrosigma balticum* var. *sinensis*）

4）扭转布纹藻帕尔开变种（*Gyrosigma distortum* var. *parkeri*）

形态特征：壳面微微弯曲呈"S"形，披针形，从中部靠近末端突然变窄并明显伸长，略呈扭转状，末端圆形。壳缝在中线上，微弯曲呈"S"形。横线纹与中线垂直，在10μm内有23～25条，纵线纹直线交叉，在10μm内有24～27条。壳面长80～96μm，壳面宽16～20μm。

本变种与原变种的主要区别：壳面比原变种粗，从中部向两端伸长和扭曲较轻。横线纹在10μm内有21～22条，纵线纹在10μm内有22～23条。壳面长82～131μm，壳面宽15～21μm。

生境：淡水、微咸水或咸水，常生活在湖泊、河口、水库环境中。

采集地：苏州各湖泊。

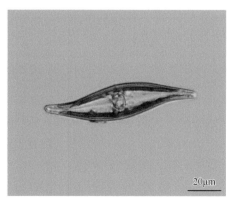

扭转布纹藻帕尔开变种（*Gyrosigma distortum* var. *parkeri*）

5）长尾布纹藻（*Gyrosigma macrum*）

形态特征：壳面膨大的部分呈狭梭形，近壳端突然伸长，呈很长的嘴状突。壳缝在中线上，中节小而圆形。横点条纹比纵点条纹明显，横点条纹在10μm内有27或28条，纵点条纹在10μm内有30条以上。壳面长125～130μm，壳面宽7.8～9.4μm。Cleve于1894年、Cleve～Euler于1952年记录壳面长200～270μm，壳面宽约10μm。

生境：海水或半咸水，生活在含有高浓度的硫和钠的碳化物湖，以及潮间带的泥表中。

采集地：苏州各湖泊。

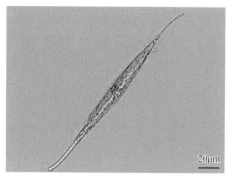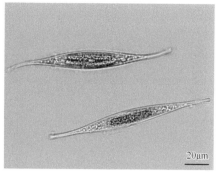

长尾布纹藻（*Gyrosigma macrum*）

6）斯潘塞布纹藻（*Gyrosigma spencerii*）

形态特征：壳面披针形，略呈"S"形弯曲，近两端逐渐狭窄呈圆锥形，末端圆，中轴区和壳缝略波状，中央区小、长椭圆形，壳缝两侧具纵线纹和横线纹十字形交叉构成的布纹，纵点条纹比横点条纹略细，纵点条纹在10μm内21～26条，横点条纹在10μm内20～24条。壳面长50～116μm，壳面宽10～16μm。

生境：淡水、半咸水和海水，常生长在江河、湖泊、池塘、水沟、水库、泉水、稻田等流水和静水，以及海水中。

采集地：苏州各湖泊。

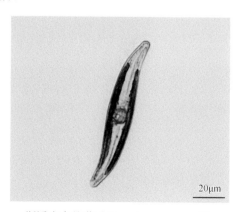

斯潘塞布纹藻（*Gyrosigma spencerii*）

7）库津布纹藻（*Gyrosigma kuetzingii*）

形态特征：壳面披针形，略呈"S"形，末端渐尖，钝圆形。中轴区及壳缝略呈"S"形，极节略偏心，壳缝远端呈反向弯曲。中央区小，长椭圆形。纵线纹比横线纹细。壳面中部横线纹在10μm内有20～23条，纵线纹较细，在10μm内有22～28条。壳面长67～115（～140）μm，壳面宽9～14（～18）μm。

生境：普生性种类。喜碱，微盐类，常出现在小溪、江河、湖泊及水库中。

采集地：辽河流域、苏州各湖泊、长江流域（南通段）、山东半岛流域（崂山水库）。

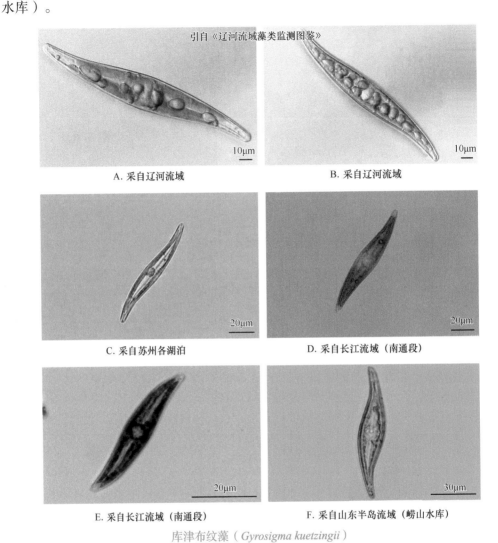

引自《辽河流域藻类监测图鉴》

A. 采自辽河流域　　　　　　　　　　B. 采自辽河流域

C. 采自苏州各湖泊　　　　　　　　　D. 采自长江流域（南通段）

E. 采自长江流域（南通段）　　　　　F. 采自山东半岛流域（崂山水库）

库津布纹藻（*Gyrosigma kuetzingii*）

（2）双壁藻属（*Diploneis*）

形态特征：植物体为单细胞；壳面椭圆形、线形到椭圆形、线形、卵圆形，末端钝圆；壳缝直，壳缝两侧具中央节侧缘延长形成的角状凸起，其外侧具宽或狭的线形到披针形的纵沟，纵沟外侧具横肋纹或由点纹连成的横线纹；带面长方形，无间生带和隔片。色素体片状，2个，每个具1个蛋白核。

采集地：闽东南诸河流域、苏州各湖泊、辽河流域、长江流域（南通段）、山东半岛流域（崂山水库）。

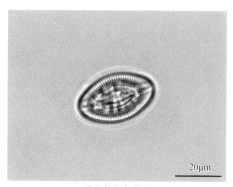

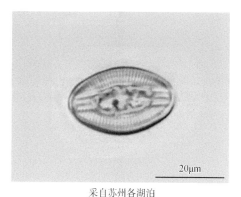

采自苏州各湖泊 | 采自苏州各湖泊
双壁藻（*Diploneis* sp. 1） | 双壁藻（*Diploneis* sp. 2）

1）美丽双壁藻（*Diploneis puella*）

形态特征：壳面椭圆形，末端广圆形；中央节中等大小，方形，角状凸起明显，两侧纵沟狭窄，线形，中部较宽；横肋纹细，略呈放射状排列，在10μm内10～22条，肋纹间具小点纹，在10μm内29～30个。细胞长12～27μm，宽6～14μm。

生境：生长在水坑、池塘、湖泊、河流、泉水、沼泽中，淡水和半咸水。

采集地：闽东南诸河流域、苏州各湖泊。

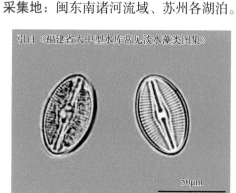

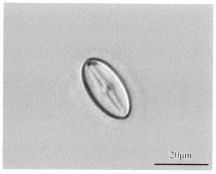

A. 采自闽东南诸河流域 | B. 采自苏州各湖泊

美丽双壁藻（*Diploneis puella*）

2）卵圆双壁藻（*Diploneis ovalis*）

形态特征：壳面椭圆形到线形椭圆形，两侧缘边略凸出；中央节很大，近圆形，角状凸起明显、近平行，两侧纵沟狭窄，在中部略宽并明显弯曲；横肋纹粗，略呈放射状排列，在10μm内8～14条，肋纹间具小点纹，在10μm内14～21个。细胞长20～100μm，宽9.5～35μm。

生境：生长在稻田、水坑、池塘、湖泊、水库、河流、泉水、沼泽中，淡水和半咸水。

采集地：辽河流域、苏州各湖泊、长江流域（南通段）、山东半岛流域（崂山水库）、闽东南诸河流域。

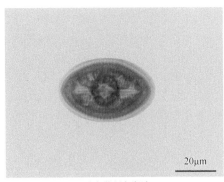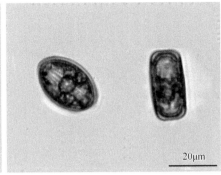

A. 采自苏州各湖泊　　　　　　　　　　B. 采自长江流域（南通段）

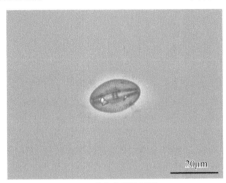

C. 采自苏州各湖泊

卵圆双壁藻（*Diploneis ovalis*）

3）卵圆双壁藻长圆变种（*Diploneis ovalis* var. *oblongella*）

形态特征：此变种与原变种的不同为壳面线形椭圆形，两侧平行，末端广圆形，横肋纹在10μm内7～18条，肋纹间具小点纹，在10μm内15～28个。细胞长14.5～111μm，宽7～44.5μm。

生境：生长在池塘、湖泊、水库、河流、泉水中，淡水和半咸水。

采集地：辽河流域。

引自《辽河流域藻类监测图鉴》

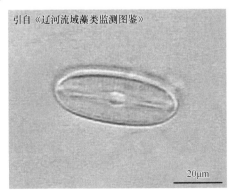

卵圆双壁藻长圆变种（*Diploneis ovalis* var. *oblongella*）

（3）长蓖藻属（*Neidium*）

形态特征：植物体为单细胞；壳面线形、狭披针形、椭圆形，两端逐渐狭窄，末端钝圆、近头状或近喙状；壳缝直，近中央区的一端呈相反方向弯曲，在近极节的一端常分叉；中轴区狭线形，中央区小，圆形、横卵形或斜方形；壳面有点纹连成的横线纹，两侧近壳缘的横线纹有规律地间断形成1到数条纵长的空白条纹或纵线纹；带面长方形，具间生带，无隔片。色素体4个或2个，每个色素体具1个蛋白核。

生境：主要生长在淡水中，极少数生长在半咸水中。

采集地：苏州各湖泊。

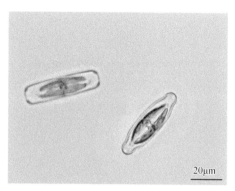

长蓖藻（*Neidium* sp.）

1）伸长长蓖藻较小变种（*Neidium productum* var. *minor*）

形态特征：壳面宽线状椭圆形，近末端较突然地强烈变窄并或多或少延长呈喙状或头状末端。轴区窄，线形，在中部和末端间微微扩大，中央区呈不正规的略斜椭圆形。壳缝直，位于壳面中线，壳面近端缝弯向相反方向，远端缝不很明显二分叉。壳面横线纹由明显的点纹组成，点线纹或多或少斜向排列，点线纹在10μm内有16～20条。纵肋纹1条或几条，靠近壳面边缘，其中有1条距离其他纵肋纹较远。壳面长45～100μm，壳面宽13～30μm。

本变种与原变种的主要区别：本变种壳面近两端明显缢缩，末端宽头状。轴区窄，中央区比原变种大，呈横椭圆形。壳缝近端缝和远端的特征更明显。壳面横线纹更细密，在10μm内有22或23条。壳面长39～58μm，壳面宽10～15μm。

生境：淡水，生活在溪流小水坑、水塘、缓流石表、水稻田等环境中。

采集地：苏州各湖泊。

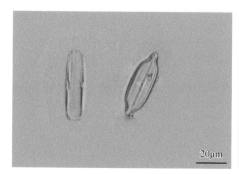
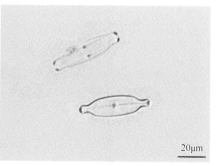

伸长长蓖藻较小变种（*Neidium productum* var. *minor*）

（4）肋缝藻属（*Frustulia*）

形态特征：植物体为单细胞，浮游，有时胶质形成管状，管内每个细胞互相平行排列，着生；壳面披针形、长菱形、菱形披针形、线形披针形、舟形，中轴区中部具1短的中央节，2条硅质肋条从中央节向极节延伸，其顶端与极节相接，壳缝位于两肋条之间，壳缝两侧具纵线纹和横线纹，平行或略呈放射状排列；带面呈长方形，无间生带和隔膜；色素体片状，2个。由2个母细胞的原生质体结合形成2个复大孢子。生长在淡水中，有的在半咸水中。

采集地：福建闽江流域、闽东南诸河流域、汀江流域、辽河流域、苏州各湖泊、珠江流域（广州段）。

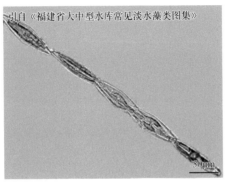

引自《福建省大中型水库常见淡水藻类图集》

采自闽东南诸河流域

肋缝藻（*Frustulia* sp.）

1）普通肋缝藻（*Frustulia vulgaris*）

形态特征：壳面披针形到线形披针形，近两端明显变狭，呈喙状，中央节圆；横线纹很密，在中部的略疏、呈放射状，近两端向末端辐合，壳面中部在10μm内24或25条，两端的在10μm内可达34条。细胞长32～70μm，宽8～13μm。

生境：生长在池塘、湖泊、流泉中。

采集地：福建闽江流域、闽东南诸河流域、苏州各湖泊。

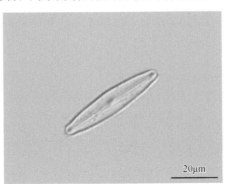

采自苏州各湖泊

普通肋缝藻（*Frustulia vulgaris*）

2）菱形肋缝藻（*Frustulia rhomboides*）

形态特征：壳面菱形披针形，向两端明显狭窄，末端圆，中轴区狭、明显；横线纹与壳面中央的壳缝垂直，有时略斜向两端，两端略呈放射状，在10μm内23～30条。细胞长45～160μm，宽11.5～30μm。

　　生境：生长在略呈偏酸性的池塘、湖泊、沼泽中。

　　采集地：福建闽江流域、闽东南诸河流域、汀江流域、珠江流域（广州段）。

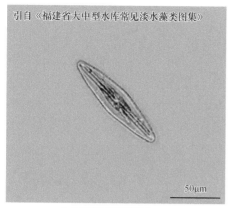

A. 采自福建闽江流域

B. 采自福建闽江流域

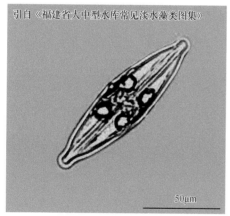

C. 采自闽东南诸河流域

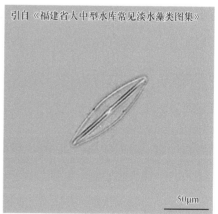

D. 采自汀江流域

菱形肋缝藻（*Frustulia rhomboides*）

3）类菱形肋缝藻萨克森变种波缘变型（*Frustulia rhomboides* var. *saxonica* f. *undulata*）

　　形态特征：壳面菱形披针形或长菱形，末端不延长，狭尖或截圆形。轴区和中心区狭窄或略宽，但很清楚。壳面横线纹在中部几乎与壳缝垂直或横线纹平行排列，逐渐向末端辐射状排列，许多纵肋纹与横线纹交叉略显不规则，横线纹在10μm内有21～28条，纵线纹在10μm内有18～27条。壳面长45～73.5μm，壳面宽12～18μm。

　　本变种与原变种的主要区别：壳面椭圆形至菱形披针形，从壳面中部渐变至近端，末端尖圆形。壳面横线纹在10μm内可达36条，纵线纹密而细，在10μm内约有40条。本变种的构造比原变种更致密。

　　本变型与变种的主要区别：壳面边缘呈微微三波状，末端明显拉长呈钝状圆形。壳面长44～52μm，壳面宽8～11μm。

生境：淡水，常生活在小溪岩石和潮湿岩壁上，以及水较清的小池塘、小湖、稻田、水沟等流水和静水或半气生的环境中。

采集地：苏州各湖泊。

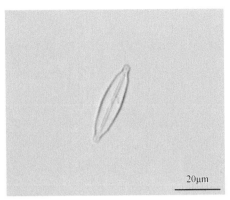

类菱形肋缝藻萨克森变种波缘变型（*Frustulia rhomboides* var. *saxonica* f. *undulata*）

（5）美壁藻属（*Caloneis*）

形态特征：植物体为单细胞，壳面线形、狭披针形、线形披针形、椭圆形或提琴形，中部两侧常膨大；壳缝直，具圆形的中央节和极节，壳缝两侧横线纹互相平行，中部略呈放射状，末端有时略向极节；壳面侧缘内具1至多条与横线纹垂直交叉的纵线纹；带面长方形，无间生带和隔片。色素体片状，2个，每个具2个蛋白核。生长在淡水、半咸水或海水中，浮游或附生。

采集地：福建闽江流域、苏州各湖泊、山东半岛流域（崂山水库）、嘉陵江流域（重庆段）、辽河流域、珠江流域（广州段）。

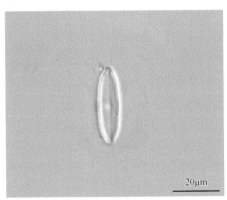

采自苏州各湖泊

美壁藻（*Caloneis* sp.）

1）舒曼美壁藻（*Caloneis schumanniana*）

形态特征：壳面线形椭圆形，中部略凸出，末端广圆形；壳缝直，中轴区狭长披针形，中央区椭圆形扩大，两侧各具1月形增厚，横线纹略呈放射状，在10μm内16～26条，两侧近壳缘各具1条与横线纹交叉的纵线纹。细胞长22～101μm，宽5.5～16μm。

生境：湖泊、池塘、水沟、水坑、泉水、河流、沼泽中，淡水或半咸水。
采集地：山东半岛流域（崂山水库）。

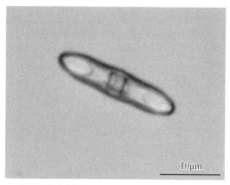

舒曼美壁藻（*Caloneis schumanniana*）

2）偏肿美壁藻（*Caloneis ventricosa*）

形态特征：壳面线形披针形，侧缘具3个波状凸起，末端楔形到广圆形；壳缝直，从近极节略弯向一侧，伸向中央节；中轴区线形披针形，中央区圆形，横线纹略呈放射状排列，在10μm内14～27条，两侧及近壳缘各具1条与横线纹交叉的纵线纹。细胞长25～120μm，宽6～20μm。

生境：生长在湖泊、水库、池塘、水沟、水坑、泉水、河流、沼泽中，淡水及半咸水中。
采集地：福建闽江流域、辽河流域、珠江流域（广州段）、苏州各湖泊、山东半岛流域（崂山水库）。

引自《福建省大中型水库常见淡水藻类图集》

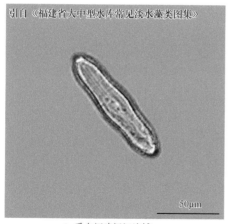

引自《辽河流域藻类监测图鉴》

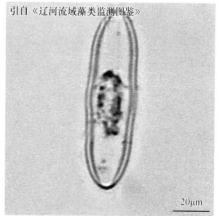

A. 采自福建闽江流域

B. 采自辽河流域

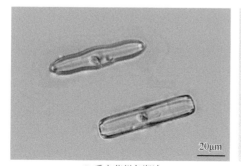

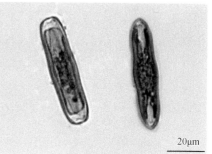

C. 采自苏州各湖泊

D. 采自山东半岛流域（崂山水库）

偏肿美壁藻（*Caloneis ventricosa*）

（6）辐节藻属（*Stauroneis*）

形态特征：植物体为单细胞，少数连成带状群体；壳面长椭圆形、狭披针形、舟形，末端头状、钝圆形或喙状；中轴区狭，壳缝直，极节很细，中央区增厚并扩展到壳面两侧，增厚的中央区无花纹，称为辐节；壳缝两侧具横线纹或点纹，略呈放射状平行排列，辐节和中轴区将壳面花纹分成4个部分；具间生带，但是无真的隔片，假隔片有或无。色素体片状，2个，每个具2～4个蛋白核。由2个母细胞的原生质体分别形成2个配子，互相成对结合形成2个复大孢子。

采集地：苏州各湖泊、辽河流域、三峡库区（湖北段）、丹江口水库、珠江流域（广州段）、嘉陵江流域（重庆段）、福建闽江流域。

采自三峡库区（湖北段）

辐节藻（*Stauroneis* sp.）

1）双头辐节藻（*Stauroneis anceps*）

形态特征：壳面椭圆披针形到线形披针形，两端喙状延长，末端呈头状；壳缝直、狭窄，中轴区狭窄，中央区横带状，点纹组成的横线纹略呈放射状排列，在10μm内12～30条。细胞长21～96μm，宽5～24μm。

生境：生长在水坑、池塘、湖泊、河流、泉水、沼泽中。

采集地：辽河流域、苏州各湖泊、三峡库区（湖北段）、丹江口水库、珠江流域（广州段）、嘉陵江流域（重庆段）。

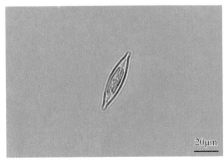

A. 采自苏州各湖泊

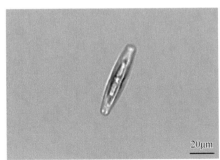

B. 采自苏州各湖泊

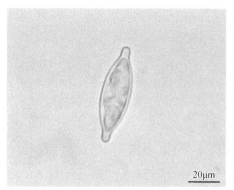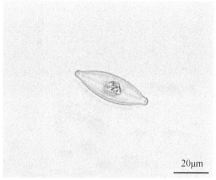

C. 采自三峡库区（湖北段）   D. 采自珠江流域（广州段）

双头辐节藻（*Stauroneis anceps*）

2）尖辐节藻（*Stauroneis acuta*）

形态特征：细胞常连成带状群体，壳面菱形披针形，中部略凸起，两端具明显的假隔片，末端钝圆；壳缝直，中轴区宽、线性。中央区横带状，辐节宽，点纹组成的横线纹略呈放射状排列，在10μm内11～16条，点纹在10μm内10～16个；带面具明显的间生带。细胞长70～170μm，宽11～40μm。

生境：生长在水坑、池塘、湖泊、河流、泉水、沼泽中。

采集地：珠江流域（广州段）、福建闽江流域。

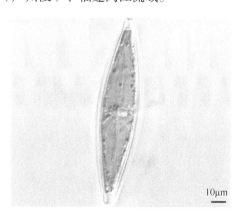

尖辐节藻（*Stauroneis acuta*）

图片由哈尔滨师范大学范亚文提供

3）紫心辐节藻宽角变型（*Stauroneis phoenicenteron* f. *angulata*）

形态特征：壳面披针形，末端钝、宽圆形，多少变细延长。轴区相当宽，线形，中央辐节横向直达壳缘，呈线形或微微至壳缘宽度变大。壳缝直，两端壳缝中部变宽，近端和远端缝细，远端缝长，弯钩向同一方向。壳面横线纹由明显的点纹组成，点线纹全部辐射状排列，在10μm内有10～14条。壳面长52.5～145μm，壳面宽9～28μm。

本变型与原变种的主要区别：壳面披针形，两侧壳缘波曲状，末端明显收缩延长呈钝圆形。轴区线形，中央辐节横向扩大，但不达壳缘，边缘有几条短线纹。壳面横线纹由细密点纹组成，点线纹在10μm内有23～25条（1959年Hustedt记录为20条）。壳面长

43～47μm，壳面宽8.5～9.5μm。

生境：淡水，生活在小的浅水池环境中。

采集地：苏州各湖泊。

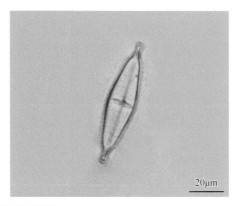

紫心辐节藻宽角变型（*Stauroneis phoenicenteron* f. *angulata*）

4）史密斯辐节藻（*Stauroneis smithii*）

形态特征：壳面椭圆披针形至线形，两侧边缘呈三波曲，中部波凸最宽，末端短，延长呈窄喙状。假隔膜明显，通常到达延长末端的基部。轴区窄，线形，中央辐节窄线形，横向直达壳缘。壳缝直，细丝状。壳面构造细致，横线纹由明显的点纹组成，点线纹在中部与中线垂直，逐渐向两端微微辐射状排列，点线纹在10μm内有28～30条。壳面长14～36μm，壳面宽4～9μm。

生境：淡水，常生活在江河、湖泊、水塘、水池、山溪、潮湿岩壁、山泉、湖边草滩、稻田、水井等流水和静水、半气生环境中。

采集地：苏州各湖泊。

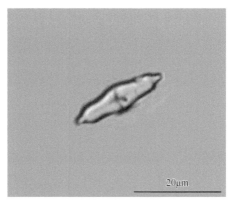

史密斯辐节藻（*Stauroneis smithii*）

（7）泥栖藻属（*Luticola*）

形态特征：壳面披针形长椭圆形，末端宽圆或具有喙状凸起。单生或成链状群体生活。中央区明显，呈长方形，一侧具有1个明显的孤点。壳缝直，位于壳面中央，壳缝末端弯向壳面同侧。点纹明显，在光镜下也能观察到。线纹由单列点纹组成。

生境：土壤和苔藓。

采集地：辽河流域、珠江流域（广州段）。

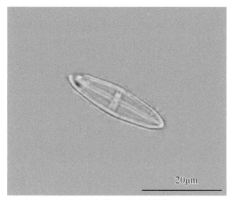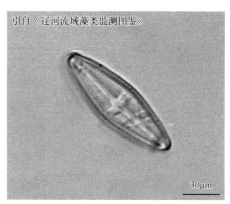

引自《辽河流域藻类监测图鉴》

采自珠江流域（广州段）

泥栖藻（*Luticola* sp. 1）

采自辽河流域

泥栖藻（*Luticola* sp. 2）

（8）羽纹藻属（*Pinnularia*）

形态特征：植物体为单细胞或连成带状群体，上下左右均对称；壳面线形、椭圆形、披针形、线形披针形、椭圆披针形，两侧平行，少数种类两侧中部膨大或呈对称的波状，两端头状、喙状，末端钝圆；中轴区狭线形、宽线形或宽披针形，有些种类超过壳面宽度的1/3，中央区圆形、椭圆形、菱形、横矩形等，具中央节和极节；壳缝发达，直或弯曲，或构造复杂而形成复杂壳缝，其两侧具粗或细的横肋纹，每条肋纹是1条管沟，每条管沟内具1或2个纵隔膜，将管沟隔成2或3个小室，有的种类由于肋纹的纵隔膜形成纵线纹，一般壳面中间部分的横肋纹比两端的横肋纹略为稀疏。带面长方形，无间生带和隔片。色素体片状、大，2个，各具1个蛋白核。

采集地：福建闽江流域、闽东南诸河流域、汀江流域、苏州各湖泊、辽河流域、山东半岛流域（崂山水库）、松花江流域。

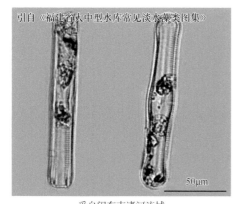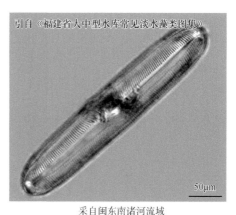

引自《福建省大中型水库常见淡水藻类图集》

引自《福建省大中型水库常见淡水藻类图集》

采自闽东南诸河流域

羽纹藻（*Pinnularia* sp. 1）

采自闽东南诸河流域

羽纹藻（*Pinnularia* sp. 2）

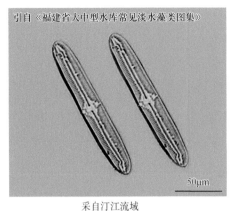

引自《福建省大中型水库常见淡水藻类图集》

50μm

采自汀江流域

羽纹藻（*Pinnularia* sp. 3）

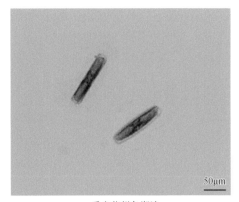

50μm

采自苏州各湖泊

羽纹藻（*Pinnularia* sp. 4）

1）大羽纹藻（*Pinnularia major*）

形态特征：壳面线形，中部略膨大，末端广圆形；中轴区宽度约为壳面宽度的1/5～1/4，中央区通常比中轴区略加宽，椭圆形，有时不对称；壳缝线形，其中两侧的横肋纹粗，在中部呈放射状斜向中央区，两端斜向极节，在10μm内4.5～5条，在壳面两侧各具2条明显的纵线纹与横肋纹近垂直相交。细胞长140～200μm，宽25～40μm。

生境：稻田、水坑、池塘、湖泊、河流、溪流、沼泽中，喜低矿物质含量的水体。

采集地：苏州各湖泊、山东半岛流域（崂山水库）、松花江流域。

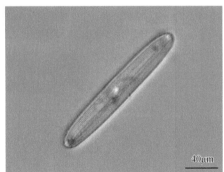

40μm

A. 采自松花江流域

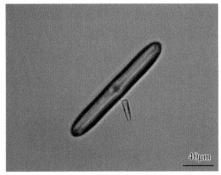

40μm

B. 采自山东半岛流域（崂山水库）

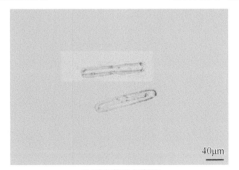

40μm

C. 采自苏州各湖泊

大羽纹藻（*Pinnularia major*）

2）分歧羽纹藻（*Pinnularia divergens*）

形态特征：壳面线形到线形披针形，两端略延长呈喙状，末端圆形；中轴区宽度约为壳面宽度的1/4～1/3，向中央区逐渐加宽，中央区横宽带状，中央区每一侧有1个圆形的增厚；壳缝线形，其两侧横肋纹在中部明显放射状斜向中央节，近两端明显斜向极节，在10μm内9～12条。细胞长50～140μm，宽13～20μm。

生境：生长在低矿物质含量和冷水性的水体中，普生性种类。

采集地：辽河流域。

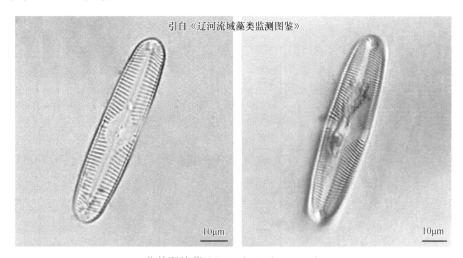

分歧羽纹藻（*Pinnularia divergens*）

3）间断羽纹藻（*Pinnularia interrupta*）

形态特征：壳面线形，两侧缘平行或略凸出，两端变狭呈喙状到头状；中轴区狭、线形，近中央区略加宽，中央区大、菱形，有时圆或横带状；壳缝线形，其两侧的横肋纹在中部明显呈放射状斜向中央区，两端斜向极节，在10μm内9～16条。细胞长30～80μm，宽6.5～16μm。

生境：生长在稻田、水坑、池塘、湖泊、水库等，喜低矿物质含量的水体。

采集地：辽河流域、福建闽江流域、珠江流域（广州段）、苏州各湖泊。

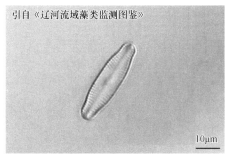 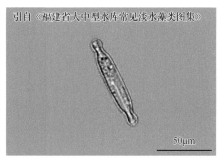

A. 采自辽河流域　　　　　　　　　　　　B. 采自福建闽江流域

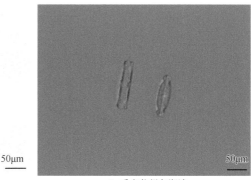

50μm　　　　　　　50μm

C. 采自珠江流域（广州段）　　　　　　　D. 采自苏州各湖泊

间断羽纹藻（*Pinnularia interrupta*）

4）弯羽纹藻（*Pinnularia gibba*）

形态特征：壳面线形披针形，两侧缘中部略凸出，末端宽头状，常略呈楔形；中轴区宽，其宽度在不同个体中有变化，宽度大于壳面宽度的1/3，中央区宽椭圆形；壳缝线形，其两侧的横肋纹粗，在中部呈放射状斜向中央区，近两端斜向极节，在10μm内9～13条。细胞长50～140μm，宽7～14μm。

生境：生长在稻田、水坑、池塘、湖泊、河流、溪流、沼泽中。

采集地：苏州各湖泊、福建闽江流域。

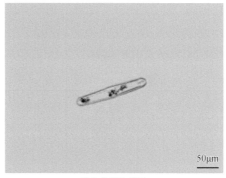

50μm

采自苏州各湖泊

弯羽纹藻（*Pinnularia gibba*）

5）微绿羽纹藻（*Pinnularia viridis*）

形态特征：壳面线形到线形椭圆形，两侧缘略凸出，末端广圆形；中轴区狭，约为壳面宽度的1/5，中央区小、近圆形；壳缝构造复杂、略呈波状，其两侧的横肋纹几乎均为平行排列，在中部略呈放射状斜向中央区，两端略斜向极节，在10μm内6～12条，壳面两侧具2条明显的纵线纹与横肋纹近垂直相交。细胞长48～179μm，宽10～30μm。

生境：生长在稻田、水坑、池塘、湖泊、河流、溪流、沼泽中。

采集地：苏州各湖泊、山东半岛流域（崂山水库）、福建闽江流域、闽东南诸河流域、汀江流域。

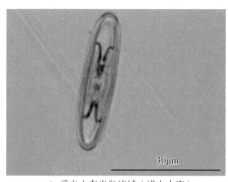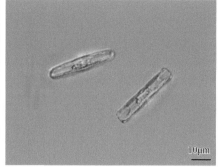

A. 采自山东半岛流域（崂山水库）　　　　　B. 采自苏州各湖泊

微绿羽纹藻（*Pinnularia viridis*）

6）中狭羽纹藻（*Pinnularia mesolepta*）

形态特征：壳面线形，两侧缘各具3个波纹，中间的1个波纹比另2个略小，近两端明显收缩，末端喙状到头状；中轴区宽度小于壳面宽度的1/4，中央区大、菱形或横宽带状；壳缝线形，两侧的横肋纹在中部明显呈放射状斜向中央区，两端斜向极节，在10μm内10～14条。细胞长30～65μm，宽6～12μm。

生境：喜低矿物含量、弱酸性到中性的水体，生长在稻田、水坑、池塘、湖泊、水库、河流、溪流、沼泽中。

采集地：辽河流域、苏州各湖泊、福建闽江流域。

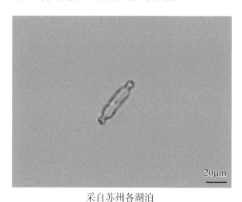

采自苏州各湖泊

中狭羽纹藻（*Pinnularia mesolepta*）

7）著名羽纹藻（*Pinnularia nobilis*）

形态特征：壳面线形，两侧中部略膨大，末端广圆形；中轴区宽度为壳面宽度的1/4～1/3，中央区圆形，有时不对称；壳缝构造复杂，呈波状，其两侧的横肋纹在中部呈放射状斜向中央区，两端斜向极节，在10μm内4.5～5条，壳面两侧具2条明显的纵线纹与横肋纹近垂直相交。细胞长200～350μm，宽34～50μm。

生境：生长在水坑、池塘、湖泊、河流、溪流、沼泽中。

采集地：苏州各湖泊。

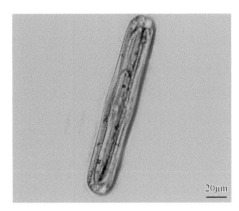

著名羽纹藻（*Pinnularia nobilis*）

（9）舟形藻属（*Navicula*）

形态特征：植物体为单细胞，浮游；壳面线形、披针形、菱形、椭圆形，两侧对称，末端钝圆、近头状或喙状；中轴区狭窄、线形或披针形；壳缝线形，具中央节和极节，中央节圆形或椭圆形，有的种类极节扁圆形，壳缝两侧具点纹组成的横线纹，或布纹、肋纹、窝孔纹，一般壳面中间部分的线纹数比两端的线纹数略为稀疏，在种类的描述中，在10μm内的线纹数指壳面中间部分的线纹数；带面长方形、平滑，无间生带，无真的隔片。色素体片状或带状，多为2个，罕为1个、4个、8个。由2个母细胞的原生质体分裂，分别形成2个配子，互相成对结合形成2个复大孢子。本属是硅藻门中最大的属，已记载超过1000种，海产和淡水产。

采集地：福建闽江流域、闽东南诸河流域、汀江流域、苏州各湖泊、辽河流域、长江流域（南通段）、东湖、汉江、山东半岛流域（崂山水库）、三峡库区（湖北段）、丹江口水库、甬江流域、嘉陵江流域（重庆段）、珠江流域（广州段）。

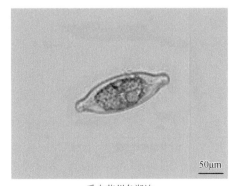

采自苏州各湖泊

舟形藻（*Navicula* sp. 1）

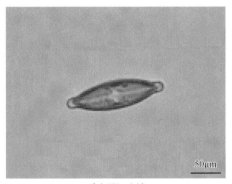

采自甬江流域

舟形藻（*Navicula* sp. 2）

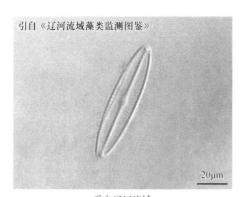

采自辽河流域

舟形藻（*Navicula* sp. 3）

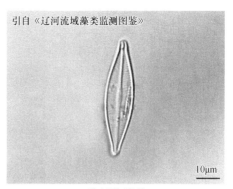

采自辽河流域

舟形藻（*Navicula* sp. 4）

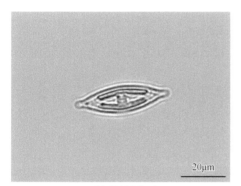

采自苏州各湖泊

舟形藻（*Navicula* sp. 5）

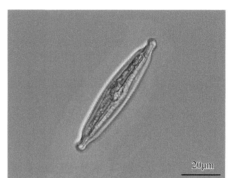

采自苏州各湖泊

舟形藻（*Navicula* sp. 6）

1）长圆舟形藻（*Navicula oblonga*）

形态特征：壳面线形披针形，末端广圆形，中轴区狭窄，约为壳面宽的1/4；壳缝线状，具明显的端节。中心区横向圆形（略菱形）。横线纹粗，大部分呈放射状排列，接近壳面末端横线纹弯曲。末端线纹斜向极节。线纹在10μm内有6～9条。壳面长70～220μm，壳面宽13～24μm。

生境：淡水普生性种类，更喜生长在富含矿物质、碱性或半咸水的水体中。

采集地：辽河流域。

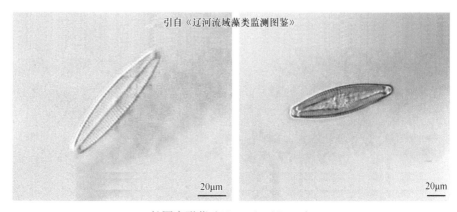

长圆舟形藻（*Navicula oblonga*）

2）类嗜盐舟形藻（*Navicula halophilioides*）

形态特征：细胞很小，带面观呈窄长方形。壳面披针形，末端略呈喙状。壳面长13～24μm，壳面宽3～6μm；壳缝直线形，很细，中轴区窄线形，中心区不放宽。横线纹垂直于中轴区或轻微呈放射状排列。壳面中部线纹稍长，清晰，在10μm内约为18条。

生境：为半咸水种类。

采集地：辽河流域河口地区。

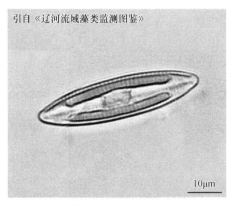

引自《辽河流域藻类监测图鉴》

10μm

类嗜盐舟形藻（*Navicula halophilioides*）

3）扁圆舟形藻（*Navicula placentula*）

形态特征：壳面椭圆披针形，向两端逐渐狭窄，两端略延长，末端钝喙状；中轴区狭窄、线形，中央区中等大小，圆形到横椭圆形，壳缝两侧的横线纹粗，全部呈放射状斜向中央区，在10μm内6～9条。细胞长30～70μm，宽14～28μm。

生境：多生长在贫营养的水体中，pH偏碱性，有时生长在温暖的水体中。

采集地：辽河流域、苏州各湖泊、福建闽江流域。

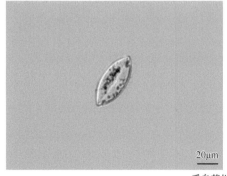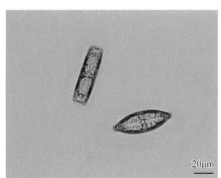

20μm　　　　20μm

采自苏州各湖泊

扁圆舟形藻（*Navicula placentula*）

4）放射舟形藻（*Navicula radiosa*）

形态特征：壳面线形披针形，两端逐渐狭窄，末端狭、钝圆；中轴区狭窄，中央区小、菱形，中轴区和中央节比壳面其他区域的硅质较厚一些，壳缝两侧绝大部分的横线纹略呈放射状斜向中央区，两端略斜向极节，在10μm内8～12条。细胞长36.5～120μm，宽5～19μm。

生境：生长在各种类型的、pH为中性的淡水水体中，在中国采于稻田、水坑、池塘、湖泊、水库、河流、溪流、沼泽、潮湿岩壁上。

采集地：苏州各湖泊、辽河流域、福建闽江流域、闽东南诸河流域。

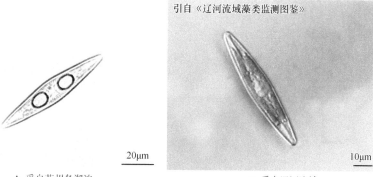

引自《辽河流域藻类监测图鉴》

20μm

A. 采自苏州各湖泊

10μm

B. 采自辽河流域

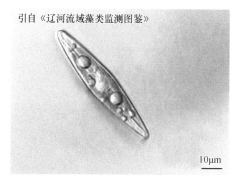

引自《辽河流域藻类监测图鉴》

10μm

C. 采自辽河流域

放射舟形藻（*Navicula radiosa*）

5）放射舟形藻柔弱变种（*Navicula radiosa* var. *tenella*）

形态特征：此变种与原变种的不同之处在于壳面披针形，中轴区狭，在中央区略扩大，中央区中间的1条横线纹比其他的横线纹长，几乎达中央节，横线纹较粗，两端近平行，在10μm内13～17条。细胞长27～31μm，宽5～6μm。

生境：生长在稻田、水坑、池塘、湖泊等。

采集地：辽河流域。

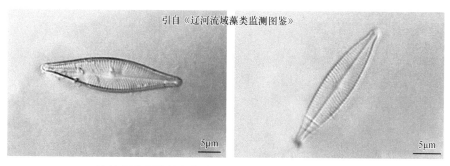

引自《辽河流域藻类监测图鉴》

5μm

5μm

放射舟形藻柔弱变种（*Navicula radiosa* var. *tenella*）

6）尖头舟形藻含糊变种（*Navicula cuspidata* var. *ambigua*）

形态特征： 此变种与原变种的不同之处在于细胞两端具明显的喙状凸出，横线纹较细，在10μm内14～20条，纵线纹在10μm内25～32条。细胞长49～79.5μm，宽13～22μm。

生境： 生长在稻田、水坑、池塘、水库、湖泊、河流、沼泽中。

采集地： 辽河流域。

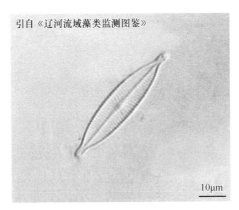

引自《辽河流域藻类监测图鉴》

尖头舟形藻含糊变种（*Navicula cuspidata* var. *ambigua*）

7）简单舟形藻（*Navicula simplex*）

形态特征： 壳面披针形，末端喙状；中轴区狭窄，中央区小，圆形，壳缝两侧的横线纹略呈放射状斜向中央区，两端斜向极节，在10μm内12～20条。细胞长15～45μm，宽4～10μm。

生境： 生长在水坑、池塘、湖泊、河流、溪流、沼泽中。

采集地： 苏州各湖泊、福建闽江流域、闽东南诸河流域、长江流域（南通段）。

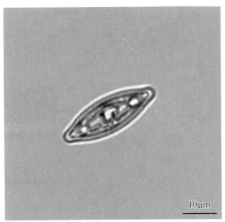 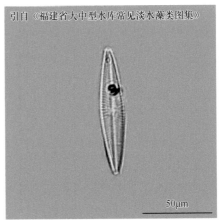

引自《福建省大中型水库常见淡水藻类图集》

A. 采自苏州各湖泊　　　　　　　B. 采自福建闽江流域、闽东南诸河流域

C. 采自长江流域（南通段）

简单舟形藻（*Navicula simplex*）

8）嗜苔藓舟形藻疏线变种（*Navicula bryophila* var. *paucistriata*）

形态特征：壳面宽线形，两侧缘平行，末端突然渐狭，略延长呈喙状或宽头状；中轴区极窄，线形，中心区稍大，近圆形，末顶端具线纹。本变种与原变种的主要差异在于横线纹较疏，在10μm内11～13条。壳面长33～34μm，宽7～7.5μm。

生境：淡水普生种，常与苔藓混生。

采集地：辽河流域。

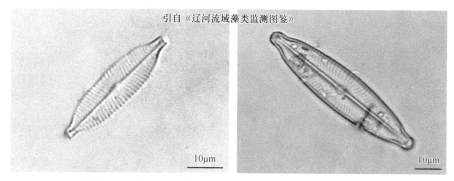

引自《辽河流域藻类监测图鉴》

嗜苔藓舟形藻疏线变种（*Navicula bryophila* var. *paucistriata*）

9）隐头舟形藻（*Navicula cryptocephala*）

形态特征：壳面披针形，两端延长，末端呈头状到喙头状；中轴区狭窄，中央区横向放宽，常呈不规则形；壳缝两侧的横线纹很细，呈放射状斜向中央区，两端近平行或斜向极节，在10μm内16～24条。细胞长13～45μm，宽4～9μm。

生境：生长在稻田、水坑、池塘、湖泊、水库、河流、溪流、沼泽中，着生在潮湿岩壁上，淡水或半咸水。

采集地：福建闽江流域、闽东南诸河流域。

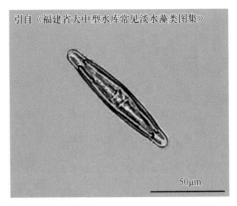

引自《福建省大中型水库常见淡水藻类图集》
50μm

隐头舟形藻（*Navicula cryptocephala*）

10）喙头舟形藻（*Navicula rhynchocephala*）

形态特征：壳面披针形，两端凸出呈喙状到头状；中轴区狭窄，中央区大、圆形，中轴区和中央节比壳面其他区域的硅质要厚一些；壳缝两侧的横线呈放射状斜向中央区，两端的近平行或略斜向极节，在10μm内9～18条。细胞长24～60μm，宽5～13μm。

生境：生长在稻田、水坑、池塘、湖泊、水库、河流、溪流、沼泽中，淡水或半咸水，高矿物质含量的水体。

采集地：山东半岛流域（崂山水库）、苏州各湖泊。

30μm
20μm

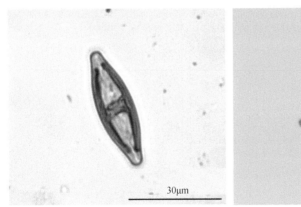

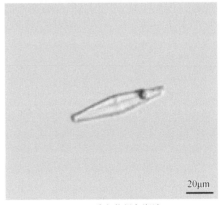

A. 采自山东半岛流域（崂山水库）　B. 采自苏州各湖泊

喙头舟形藻（*Navicula rhynchocephala*）

11）短小舟形藻（*Navicula exigua*）

形态特征：壳面椭圆形，两端略伸长呈头状，末端圆；中轴区狭窄，中央区横向放宽；壳缝两侧的横线纹略呈放射状斜向中央区，在中央区两侧呈长短交替排列，在10μm内10～19条。细胞长15～35μm，宽5～15μm。

生境：生长在水坑、池塘、湖泊、水库、河流、溪流、沼泽中。

采集地：珠江流域（广州段）、苏州各湖泊。

A. 采自珠江流域（广州段）　　B. 采自苏州各湖泊

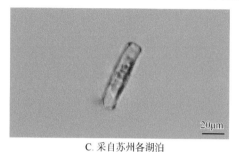

C. 采自苏州各湖泊

短小舟形藻（*Navicula exigua*）

12）弯月形舟形藻（***Navicula menisculus***）

形态特征：壳面椭圆形到披针形，两侧明显凸出，向两端逐渐变狭，末端尖圆形；中轴区狭窄、线形，中央区近横卵圆形；壳缝两侧的横线纹呈放射状斜向中央区，近两端的略斜向极节，横线纹在10μm内10～17条。细胞长11.5～33μm，宽3.5～10μm。

生境：生长在稻田、水坑、池塘、湖泊、水库、河流、溪流、泉水、沼泽中，着生在潮湿岩壁上，淡水或微咸水。

采集地：苏州各湖泊。

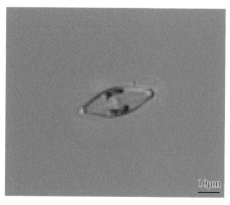

弯月形舟形藻（*Navicula menisculus*）

（10）柳条藻属（***Craticula***）

形态特征：细胞单生。细胞形态多样化，壳体呈舟形，披针形或线披针形，轮廓和末端形态多样。由于细胞的渗透压作用使其形成了特殊的内壳结构。带面矩形，最常观察到的是其壳面观。中央区较小，呈椭圆形。壳面横线纹密集，平行排列。

采集地：苏州各湖泊、福建闽江流域、闽东南诸河流域。

1）*Craticula cuspidata*

形态特征：壳面菱形披针形或披针形，向两端逐渐狭窄，末端呈喙状；中轴区狭窄，中央区略放宽；壳缝两侧的横线纹平行排列，与纵向平行排列的纵线纹十字形交叉成布纹，横线纹由点纹组成，在10μm内11～19条，纵线纹在10μm内22～28条。细胞长49.5～170μm，宽14.5～37μm。

生境：生长在稻田、水坑、池塘、湖泊、河流、沼泽中。

采集地：苏州各湖泊、福建闽江流域、闽东南诸河流域。

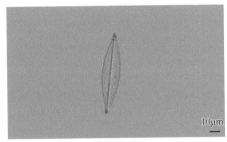
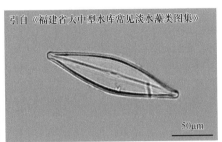

引自《福建省大中型水库常见淡水藻类图集》

| A. 采自苏州各湖泊 | B. 采自福建闽江流域、闽东南诸河流域 |

Craticula cuspidata

（11）双肋藻属（*Amphipleura*）

形态特征：细胞单个，舟状，常以壳面出现。壳面纺锤形至线状披针形，两端钝圆；中央节窄而长，长度达壳面长的一半或一半以上，在壳面两端分叉为平行的两条肋纹，肋纹至顶端与极节联合；壳缝很短，夹在两端平行的两条肋纹之间；壳面横线纹很细，由点纹组成，通常排列成纵向的微波状线纹。色素体1个或2个，板状，平行位于壳环面的两侧。有复大孢子。

采集地：福建闽江流域、闽东南诸河流域、汀江流域、松花江流域、苏州各湖泊。

1）明晰双肋藻（*Amphipleura pellucida*）

形态特征：壳面纺锤形，末端尖钝圆形；中节纵向明显延长，中肋分叉短；壳缝短，位于硅质分叉肋之间，其长度为15～20μm；壳面横线纹细密，中部线纹垂直排列，仅在两端呈辐射状排列，在10μm内37～40条。纵线纹构造微细，难以统计。壳面长83.5～123μm，壳面宽7.5～9.5μm。

采集地：松花江流域、苏州各湖泊、福建闽江流域、闽东南诸河流域、汀江流域。

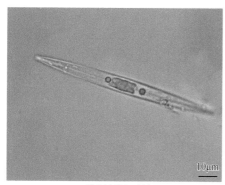
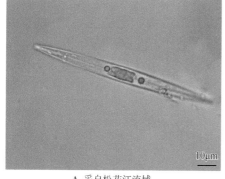

A. 采自松花江流域　　　　　　　B. 采自苏州各湖泊

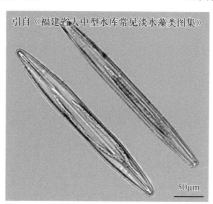

引自《福建省大中型水库常见淡水藻类图集》

C. 采自福建闽江流域、闽东南诸河流域、
汀江流域

明晰双肋藻（*Amphipleura pellucida*）

（12）茧形藻属（*Amphiprora*）

形态特征：细胞中部明显缢缩。相连带有横列点纹组成的纵纹。壳面呈舟形或梭形，末端锐圆或尖形，稍弯曲。中轴区隆起成为"S"形的龙骨突，龙骨突基部与壳面部分连接处通常有1条多少呈弯曲状的接合线。轴区不明显，中心区小或缺如，具中节和端节。龙骨突上有点条纹，点纹通常较粗，呈横列状或"X"状排列。壳面具横列点条纹，一般微细。色素体通常1个，板状或锯齿状，位于壳环面或相连带处。茧形藻属的龙骨突与双菱藻属（*Surirella*）和菱形藻属（*Nitzschia*）多少有些相似，但前者在龙骨突上系着壳缝，而后两者则系着管壳缝。

生境：细胞单独生活或形成链状群体，大部分生活于半咸水和海水中，分布于淡水中的极为少数。

采集地：甬江流域、嘉陵江流域（重庆段）。

1）翼茧形藻（*Amphiprora alata*）

形态特征：细胞单独生活，壳环面椭圆形，中部深缢缩。相连带具有数条纵纹，连接线非波状，但常有1列明显的点纹。龙骨突"S"形，具粗点纹。壳缝强"S"形。壳面横条纹由点纹组成，横纹细弱，在10μm内14～22条。壳面长39～87.6μm，壳面宽

24～43μm。

采集地：甬江流域。

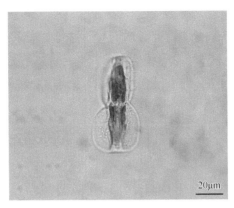

翼茧形藻（*Amphiprora alata*）

（13）鞍型藻属（*Sellaphora*）

1）瞳孔鞍型藻（*Sellaphora pupula*）

形态特征：壳面通常呈线形、椭圆形、披针形；中央区圆形或椭圆形，中轴区明显，线形，内壳面观察发现壳面两末端具有"T"形硅质增厚；点纹呈小圆形，较简单；线纹由单列点纹组成；近缝端向一侧偏转，远缝端弯曲至壳套上。

生境：生长在稻田、水坑、池塘、湖泊、河流、溪流、沼泽中。

采集地：福建闽江流域、闽东南诸河流域、汀江流域。

引自《福建省大中型水库常见淡水藻类图集》

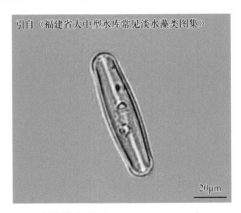

瞳孔鞍型藻（*Sellaphora pupula*）

2）*Sellaphora laevissima*

形态特征：壳面长28～62μm，宽7～10μm。壳面线形，两侧近平行，末端宽圆；中轴区线形，中央区较大，呈蝴蝶结形或矩形，两侧具放射状排列的短线纹，10μm内19～21条。

采集地：福建闽江流域、闽东南诸河流域、汀江流域。

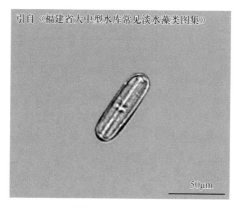

引自《福建省大中型水库常见淡水藻类图集》

Sellaphora laevissima

2. 桥弯藻科（Cymbellaceae）

植物体多数为单细胞，少数为群体，浮游或着生，着生种类的细胞位于短胶质柄的顶端或在分枝或不分枝的胶质管中；壳面两侧不对称，明显有背腹之分，新月形、镰刀形、线形、半椭圆形、半披针形、舟形、菱形披针形，末端钝圆或渐尖；中轴区两侧略不对称，略偏于腹侧，具中央节和极节；壳缝略弯曲，其两侧具横线纹或点纹；带面长方形、椭圆形，具或无间生带，无隔膜。色素体侧生，片状，1个、2个或4个。

生长在淡水、半咸水和海水中。

（1）双眉藻属（*Amphora*）

形态特征：植物体多数为单细胞，浮游或着生；壳面两侧不对称，明显有背腹之分，新月形、镰刀形，末端钝圆形或两端延长呈头状；中轴区明显偏于腹侧一侧，具中央节和极节；壳缝略弯曲，其两侧具横线纹；带面椭圆形，末端截形，间生带由点连成长线形，无隔膜。色素体侧生，片状，1个、2个或4个。本属已记载300多种，多数为海产。

采集地：苏州各湖泊、辽河流域、松花江流域、福建闽江流域、闽东南诸河流域、甬江流域、山东半岛流域（崂山水库）。

采自苏州各湖泊

双眉藻（*Amphora* sp. 1）

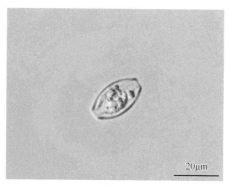

采自苏州各湖泊

双眉藻（*Amphora* sp. 2）

1）卵圆双眉藻（*Amphora ovalis*）

形态特征：壳面新月形，背缘凸出，腹缘凹入，末端钝圆形；中轴区狭窄，中央区仅在腹侧明显；壳缝略呈波状，由点纹组成的横线纹在腹侧中部间断，末端斜向极节，在背侧呈放射状排列，在10μm内9～16条；带面广椭圆形，末端截形，两侧边缘弧形。壳面长20～140μm，宽6～9.5μm。

生境：生长在稻田、水坑、池塘、湖泊、水库、河流、溪流、沼泽及潮湿岩壁上。

采集地：辽河流域、苏州各湖泊、松花江流域、山东半岛流域（崂山水库）、闽东南诸河流域、甬江流域。

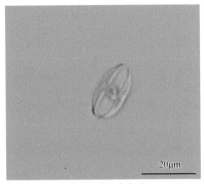 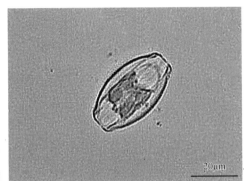

A. 采自苏州各湖泊　　　　　　　　　　B. 采自松花江流域

卵圆双眉藻（*Amphora ovalis*）

（2）桥弯藻属（*Cymbella*）

形态特征：植物体为单细胞，或为分枝或不分枝的群体，浮游或着生。着生种类细胞位于短胶质柄的顶端或在分枝或不分枝的胶质管中；壳面两侧不对称，明显有背腹之分，背侧凸出，腹侧平直或中部略凸出或略凹入，新月形、线形、半椭圆形、半披针形、舟形、菱形披针形，末端钝圆或渐尖；中轴区两侧略不对称，具中央节和极节；壳缝略弯曲，少数近直，其两侧具横线纹，一般壳面中间部分的横线纹比近两端的横线纹略为稀疏；带面长方形，无间生带和隔膜。色素体1个，片状，侧生。多数生长在淡水中，少数在半咸水中。

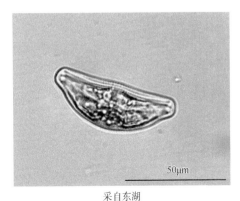 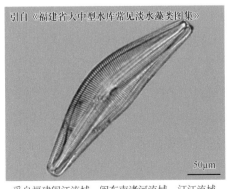

引自《福建省大中型水库常见淡水藻类图集》

采自东湖　　　　　　　　　　采自福建闽江流域、闽东南诸河流域、汀江流域

桥弯藻（*Cymbella* sp. 1）　　　　　　桥弯藻（*Cymbella* sp. 2）

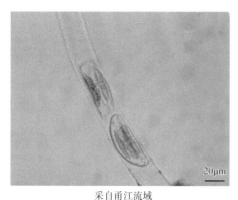

采自甬江流域

桥弯藻（*Cymbella* sp. 3）

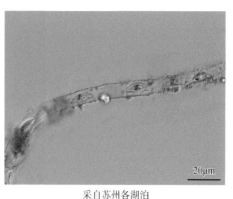

采自苏州各湖泊

桥弯藻（*Cymbella* sp. 4）

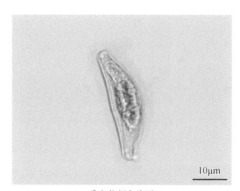

采自苏州各湖泊

桥弯藻（*Cymbella* sp. 5）

采集地：长江流域（南通段）、东湖、汉江、山东半岛流域（崂山水库）、三峡库区（湖北段）、丹江口水库、甬江流域、福建闽江流域、闽东南诸河流域、汀江流域、苏州各湖泊、嘉陵江流域（重庆段）、辽河流域、珠江流域（广州段）。

1）埃伦桥弯藻（*Cymbella ehrenbergii*）

形态特征：壳面广椭圆形到菱形披针形，有背腹之分，背缘凸出。腹缘中部略凸出，两端常略呈喙状，末端钝圆；中轴区宽、披针形，中央区圆形扩大；壳缝直、略偏于腹侧；横线纹粗，呈放射状斜向中央区，背侧中部10μm内5～9条，腹侧中部10μm内7～10条。细胞长50～220μm，宽15～50μm。

生境：生长在水坑、池塘、湖泊、水库、河流、溪流、沼泽中。

采集地：苏州各湖泊。

2）切断形桥弯藻（*Cymbella excisiformis*）

形态特征：壳面广椭圆形至菱形披针形，两侧不对称，末端钝圆形，常略呈喙形，壳面长50～120μm，壳面宽15～50μm；中轴区呈宽披针形，中心区呈圆形；壳缝直，略偏于腹侧；横线纹粗，呈放射状排列，在10μm内背侧中部有5～9条，两端有9～15条，腹侧中部有7～10条，两端有11～16条。末顶端具线纹。

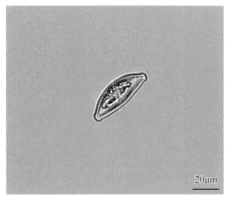

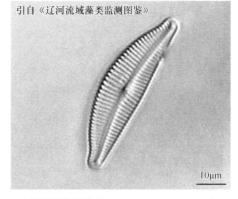

引自《辽河流域藻类监测图鉴》

埃伦桥弯藻（*Cymbella ehrenbergii*）　　　　切断形桥弯藻（*Cymbella excisiformis*）

生境：淡水普生性种类。广泛分布于河流、湖泊、水库的沿岸带。

采集地：辽河流域。

3）近缘桥弯藻（*Cymbella affinis*）

形态特征：壳面近披针形到近椭圆形，有明显的背腹之分，背缘凸出，腹缘略凸出或近平直，两端短喙状，末端钝圆到截形；中轴区狭窄，中央区略扩大，近圆形；壳缝偏于腹侧，腹侧中央区具1个单独的点纹，横线纹放射状斜向中央区，两端略斜向极节，在背侧中部10μm内7～13条，腹侧中部10μm内8～14条，较密。细胞长20～70μm，宽6～16μm。

生境：生长在稻田、水坑、池塘、水库、湖泊、河流、溪流、沼泽、潮湿岩壁上。

采集地：苏州各湖泊、福建闽江流域、汀江流域。

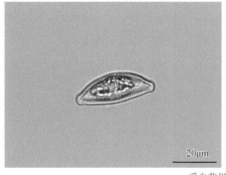

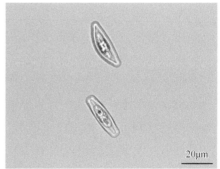

采自苏州各湖泊

近缘桥弯藻（*Cymbella affinis*）

4）膨胀桥弯藻（*Cymbella tumida*）

形态特征：壳面新月形，有明显背腹之分，背缘凸出，腹缘近平直，在中部略凸出，两端延长呈喙状，末端宽截形；中轴区狭窄，中央区大、圆形；壳缝略偏于腹侧，弯曲呈弓形，近末端分叉，1条短的突然弯向腹侧，1条长的呈镰刀形弯向腹侧；中央节与腹侧模线纹之间具1个单独的点纹，横线纹由点纹组成，略呈放射状斜向中央区，背侧中部10μm内8～13条，腹侧中部10μm内8～14条，点纹在10μm内16～22个。细胞长37～105μm，宽15～23μm。

生境：生长在稻田、水坑、池塘、湖泊、水库、河流、溪流、沼泽中。

采集地：苏州各湖泊、福建闽江流域、闽东南诸河流域、汀江流域、长江流域（南通段）、山东半岛流域（崂山水库）、珠江流域（广州段）、嘉陵江流域（重庆段）、辽河流域。

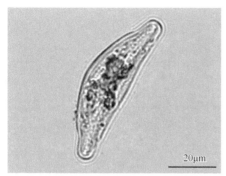

A. 采自苏州各湖泊

引自《福建省大中型水库常见淡水藻类图集》

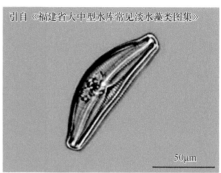

50μm

B. 采自福建闽江流域、闽东南诸河流域、汀江流域

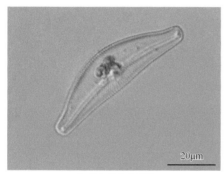

20μm

C. 采自苏州各湖泊

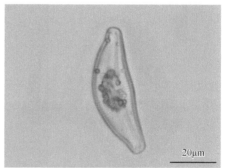

20μm

D. 采自苏州各湖泊

引自《辽河流域藻类监测图鉴》

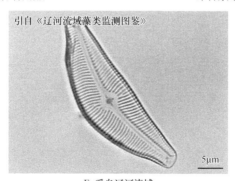

5μm

E. 采自辽河流域

膨胀桥弯藻（*Cymbella tumida*）

5）细小桥弯藻（*Cymbella pusilla*）

形态特征：壳面半披针形，有背腹之分，背缘凸出，呈弓形，腹缘平直或中部略凸出，末端钝圆；中轴区狭窄，向中央区逐渐略加宽，呈狭披针形，中央区略扩大；壳缝略偏于腹侧，直，近末端转向腹缘，横线纹在中部长短交替，略呈放射状斜向中央区，两端略斜向极节，背侧中部10μm内14～20条，腹侧中部10μm内15～21条。细胞长17～40μm，宽3.5～7.5μm。

生境：生长在稻田、水坑、池塘、湖泊、水库、河流、溪流、泉水、沼泽中，一般为贫、中营养水体。

采集地：苏州各湖泊。

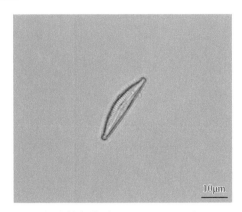

细小桥弯藻（*Cymbella pusilla*）

6）箱形桥弯藻（*Cymbella cistula*）

形态特征：壳面新月形，有明显的背腹之分，背缘凸出，腹缘凹入，其中部略凸出，末端钝圆到截圆；中轴区狭窄，中央区略扩大，多少呈圆形；壳缝偏于腹侧、弓形，末端呈钩形斜向背缘，腹侧中央区具3～6个单独的点纹；横线纹呈放射状斜向中央区，在中部近平行，背侧中部10μm内5～12条，腹侧中部10μm内6～11条，横线纹明显由点纹组成，点纹10μm内18～20个。细胞长31～180μm，宽10～36μm。

生境：生长在稻田、水坑、池塘、湖库、河流、溪流、泉水、沼泽及潮湿岩壁上。

采集地：辽河流域、山东半岛流域（崂山水库）、福建闽江流域、闽东南诸河流域、汀江流域。

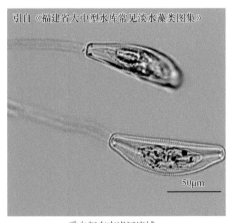

引自《福建省大中型水库常见淡水藻类图集》

采自闽东南诸河流域

箱形桥弯藻（*Cymbella cistula*）

7）新月形桥弯藻（*Cymbella cymbiformis*）

形态特征：壳面新月形，有背腹之分，背缘凸出，腹缘除中部略凸出外略凹入或平直，逐渐向两端呈圆锥形，末端钝圆；中轴区狭窄，中央区绝大多数略向腹侧扩大；壳缝略偏于腹侧，弓形，末端呈钩形斜向背缘，腹侧中央区具1个单独的点纹，横线纹明显呈放射状斜向中央区，背侧中部10μm内有6～9条，腹侧中部10μm内有10～14条，横线纹由点纹组成，点纹10μm内18～20个。细胞长30～100μm，宽9～16μm。

生境：生长在稻田、水坑、池塘、湖泊、水库、河流、溪流、泉水、沼泽及潮湿岩壁上。

采集地：辽河流域、福建闽江流域、闽东南诸河流域、苏州各湖泊。

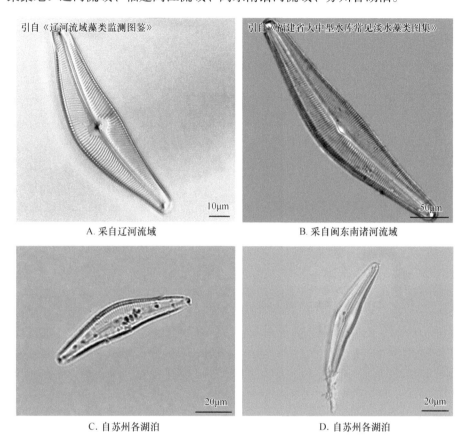

引自《辽河流域藻类监测图鉴》　　引自《福建省大中型水库常见淡水藻类图集》

A. 采自辽河流域　　B. 采自闽东南诸河流域

C. 自苏州各湖泊　　D. 自苏州各湖泊

新月形桥弯藻（*Cymbella cymbiformis*）

8）偏肿桥弯藻西里西亚变种（*Cymbella ventricosa* var. *silesiaca*）

形态特征：本变种与原变种的主要区别在于本变种壳面常比原变种大，线纹数及线纹的点纹数均较原变种少。另外，本变种在中心区的背侧有1个比较清晰的孤立点纹。壳面长18～40μm，壳面宽7～9μm，横线纹在壳面中部每10μm内有11～13条，两端在10μm内有16条，点纹在10μm内有26～28个。

生境：淡水沿岸种类。多大量生活于各类水体的附着物和两栖生物上。

采集地：辽河流域。

9）两头桥弯藻（*Cymbella amphicephala*）

形态特征：壳面近披针形，略不对称，背缘凸出，腹缘中间略凸出或在中间近平直，两端略延长并狭窄，呈头状；中轴区狭窄，中央区不扩大或略扩大；壳缝线形，略偏于腹侧、近直向；横线纹斜向中央区，在背侧中部10μm内10～20条，在腹侧中部

10μm内10～22条。细胞长21～38μm，宽5～11μm。

生境：生长在稻田、水坑、池塘、湖泊、水库、河流、溪流、沼泽中。

采集地：苏州各湖泊。

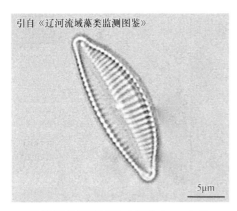

引自《辽河流域藻类监测图鉴》

偏肿桥弯藻西里西亚变种（*Cymbella ventricosa* var. *silesiaca*）

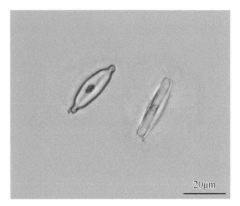

两头桥弯藻（*Cymbella amphicephala*）

10）欣顿桥弯藻（*Cymbella cantonatii*）

形态特征：壳面具背腹之分，半椭圆形，背缘适度地呈弓形弯曲，腹缘略呈弓形弯曲或近于平直，两端圆形；壳缝略偏于腹侧或几乎中位，几乎呈线形；近缝端具明显膨大的中央珠孔，但不弯向腹侧，远缝端端缝几乎呈40°～45°折向背侧；中轴区窄，线形，略弯；中央区大小可变，约为壳面宽度的1/4～1/3，近圆形或椭圆形；在腹侧中央线纹的端部具4～8个孤点，线纹呈放射状排列，在10μm内有9或10条（中）和约14条（端），壳面长49～54μm，宽12～16μm，长与宽之比为3.2～4.1。

生境：淡水性，适合贫营养和富钙的水体环境。

采集地：苏州各湖泊。

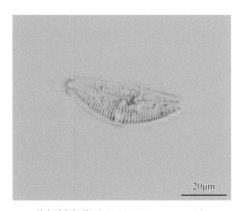

欣顿桥弯藻（*Cymbella cantonatii*）

11）尖头桥弯藻（*Cymbella cuspidata*）

形态特征：壳面宽线形披针形到近椭圆形，有背腹之分，背缘凸出，腹缘中部平直，两端略伸长呈圆锥形到尖头状；中轴区狭窄，中央区扩大呈圆形；壳缝直，略偏于腹侧，横线纹由点纹组成，呈放射状斜向中央区，背侧中部10μm内6～9条，腹侧中部10μm内7～12条。细胞长22～100μm，宽10～28μm。

　　生境：生长在稻田、水坑、池塘、湖泊、水库、河流、溪流、沼泽中，中性到偏酸性的水体。

　　采集地：苏州各湖泊。

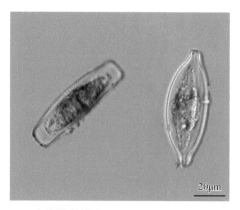

尖头桥弯藻（*Cymbella cuspidata*）

12）平滑桥弯藻（*Cymbella laevis*）

　　形态特征：壳面半披针形，有明显的背腹之分，背缘凸出，腹缘中部略凸出，两端圆锥形，末端钝圆；中轴区狭窄，中央区不扩大或略扩大；壳缝略偏于腹侧，横线纹粗，略呈放射状斜向中央区，背侧中部10μm内7～16条，腹侧中部10μm内10～17条。细胞长18～35μm，宽5～10μm。

　　生境：生长在水坑、池塘、湖泊、水库、河流、溪流、沼泽、潮湿岩壁上。

　　采集地：苏州各湖泊、福建闽江流域、闽东南诸河流域、汀江流域。

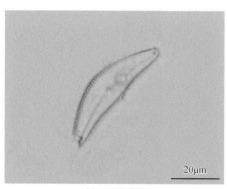

采自苏州各湖泊

平滑桥弯藻（*Cymbella laevis*）

13）微细桥弯藻（*Cymbella parva*）

　　形态特征：壳面半披针形，有背腹之分，背缘凸出，腹缘平直或中部略凸出，背缘逐渐向两端狭窄，末端钝圆形、略呈喙状；中轴区狭窄，中央区略扩大；壳缝略偏于腹侧、直，并具宽的分叉，在末端弯向背侧；横线纹粗，呈放射状斜向中央区，背侧中部10μm内6～10条，腹侧中部10μm内9～12条，点纹10μm内19～20条。细胞长25～70μm，宽6～13μm。

生境：生长在水坑、池塘、湖泊、水库、河流、溪流、沼泽、潮湿岩壁上。

采集地：苏州各湖泊、汀江流域。

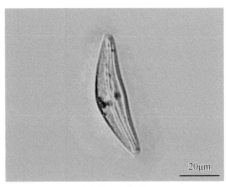

采自苏州各湖泊

微细桥弯藻（*Cymbella parva*）

（3）内丝藻属（*Encyonema*）

形态特征：壳面背腹之分明显，背侧高度弓形，腹侧直或几乎平直，腹缘几乎平直或略弓形弯曲，向两端略窄，端部宽圆形；壳缝几乎中位，线形，几乎直向。壳面长14.1～16.9μm，宽4.4～5.3μm。近缝端膨大，弯向背侧；中轴区窄，线形；中央区不规则。在10μm内线纹有7～10条。

采集地：辽河流域、太湖流域。

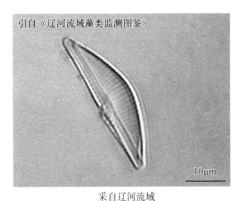

引自《辽河流域藻类监测图鉴》

采自辽河流域

内丝藻（*Encyonema* sp. 1）

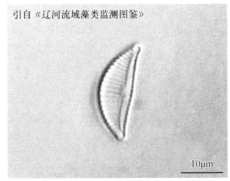

引自《辽河流域藻类监测图鉴》

采自辽河流域

内丝藻（*Encyonema* sp. 2）

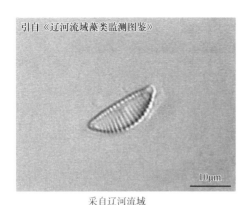

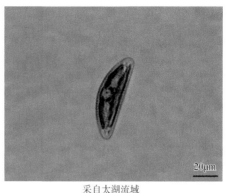

采自辽河流域

内丝藻（*Encyonema* sp. 3）

采自太湖流域

内丝藻（*Encyonema* sp. 4）

1）平卧内丝藻（*Encyonema prostratum*）

形态特征：壳面半椭圆形，两侧不对称，背侧边缘明显弓形弯曲，腹侧边缘平稳地凸出或膨胀，末端宽椭圆形，常稍长，略弯向腹侧；中轴区线形，偏向腹侧在近壳面的中线上，中心区较小，圆形或近菱形或不清楚；壳缝几乎直线形，近端节为圆形并突然向背侧弯曲；远端在近末端节处突然向腹侧弯曲；横线纹宽粗，壳面中部呈放射状排列，两端平行或斜向极节。在末顶端连续存在线纹。横线纹在壳面中部10μm内有7～9条，末端有10或11条；在10μm内有点纹20个。壳面长40～80μm，壳面宽14～30μm。

生境：淡水寡盐类种及微咸水种类。广泛生活于淡水各类型水体及潮湿岩石上的底栖生物及附着物上。

采集地：辽河流域。

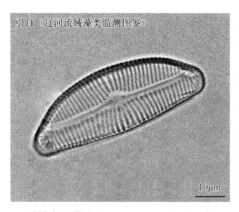

平卧内丝藻（*Encyonema prostratum*）

（4）弯肋藻属（*Cymbopleura*）

形态特征：壳面两侧不对称，有轻微的背腹之分，多呈近宽椭圆形，末端呈钝圆形或圆形；壳缝略偏于腹侧，远缝端弯向壳面背缘。该属的主要鉴别特征为无顶孔区，所以该属中的种类不会产生胶质柄，缺失孤点。细胞一般单生，多在溪水和湖水中常见。

采集地：苏州各湖泊。

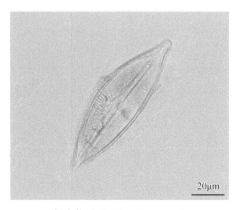

弯肋藻（*Cymbopleura* sp.）

1）不等弯肋藻（*Cymbopleura inaequalis*）

形态特征：壳面菱形披针形，背腹之分较为强烈，由中间向两侧变狭，末端延长呈喙状，尖圆，长51～57μm，宽19～23μm；中轴区略宽，中央区菱形，近缝端末端略膨大；横线纹辐射状排列，10μm内具有8～10条。

采集地：苏州各湖泊。

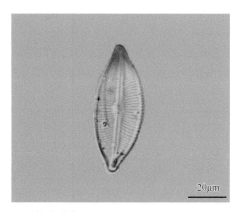

不等弯肋藻（*Cymbopleura inaequalis*）

（5）瑞氏藻属（*Reimeria*）

形态特征：壳面略具背腹之分，线形或线状披针形，外形略与桥弯藻属相似，背缘呈弓形，腹缘呈弓形或平直，中部略膨大凸出，壳缝几乎中位且直，有1个孤点，线纹平行或略呈放射状排列。

采集地：辽河流域。

1）波状瑞氏藻（*Reimeria sinuata*）

形态特征：壳面线形，两侧略不对称，腹侧边缘从几乎平稳凸出至呈波状，背侧边缘略凸起，末端广圆，个别也有稍长的末端。壳面长12～40μm，壳面宽3～9μm；中轴区极窄；中心区在壳面腹侧横向放宽，可到达壳缘。壳缝略偏于腹侧，通常为直线形，也有的略弯曲。端隙狭小，伸向腹侧缘。在背侧中心节旁与横线纹之间有1个单独的点纹；横线纹略呈放射状排列，有的几乎呈平行排列，在10μm内背侧有8～15条，腹侧有10～14条。

生境：为淡水沿岸带的普生性种类。在贫营养与富营养水体中均可存在，特别在岩石与苔藓植物的附着物上大量存在。

采集地：辽河流域。

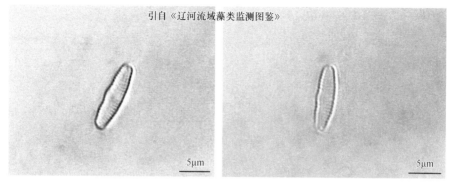

引自《辽河流域藻类监测图鉴》

波状瑞氏藻（*Reimeria sinuata*）

3. 异极藻科（Gomphonemaceae）

植物体为单细胞，或为不分枝或分枝的树状群体，浮游或着生，着生种类的细胞位于胶质柄的顶端或在分枝的胶质管中；壳面上、下两端不对称，或两端及两侧均不对称，前端宽于末端，线形、椭圆形、披针形、舟形、菱形披针形，末端钝圆或渐尖；中轴区两侧对称，具中央节和极节；上、下壳面具真壳缝，壳缝两侧具横线纹或点纹；带面长方形、楔形、椭圆形，具或无间生带，无隔膜。色素体侧生，片状，1个，具1个蛋白核，光合作用产物主要为脂肪，呈小球形。主要生长在淡水、半咸水中，海水种类较少。

（1）异极藻属（*Gomphonema*）

形态特征：植物体为单细胞，或为不分枝或分枝的树状群体，细胞位于胶质柄的顶端，以胶质柄着生于基质上，有时细胞从胶质柄上脱落，成为偶然性的单细胞浮游种类；壳面上、下两端不对称，上端宽于下端，两侧对称，呈棒形、披针形、楔形；中轴区狭窄、直，中央区略扩大，有些种类在中央区一侧具1个、2个或多个单独的点纹，具中央节和极节；壳缝两侧具由点纹组成的横线纹；带面多呈楔形，末端截形，无间生带，少数种类在上端具横隔膜。色素体侧生，片状，1个。

采集地：东湖、福建闽江流域、闽东南诸河流域、汀江流域、山东半岛流域（崂山水库）、甬江流域、辽河流域、苏州各湖泊、太湖流域、长江流域（南通段）、嘉陵江流域（重庆段）、珠江流域（广州段）。

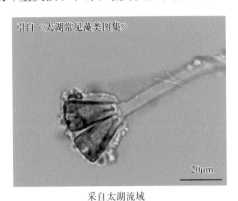

引自《太湖常见藻类图集》

采自太湖流域

异极藻（*Gomphonema* sp. 1）

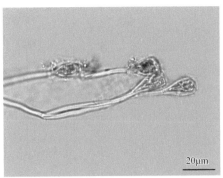

采自苏州各湖泊

异极藻（*Gomphonema* sp. 2）

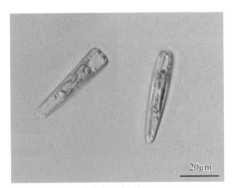

采自苏州各湖泊

异极藻（*Gomphonema* sp. 3）

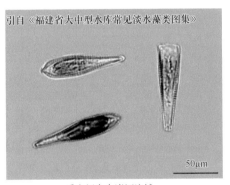

引自《福建省大中型水库常见淡水藻类图集》

采自闽东南诸河流域

异极藻（*Gomphonema* sp. 4）

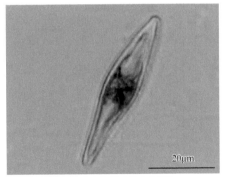

采自山东半岛流域（崂山水库）

异极藻（*Gomphonema* sp. 5）

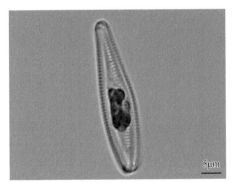

采自甬江流域

异极藻（*Gomphonema* sp. 6）

1）缠结异极藻（*Gomphonema intricatum*）

　　形态特征：壳面线形棒状，前端宽钝圆头状，中部膨大，下端明显逐渐狭窄；中轴区中等宽度，中央区宽，在其一侧具1个单独的点纹；壳缝两侧的横线纹呈放射状排列，在中间部分10μm内8～11条。细胞长25～70μm，宽5～9μm。

生境：生长在稻田、水坑、池塘、湖泊、水库、河流、溪流、泉水、沼泽中，喜弱碱性水体，附着在潮湿的岩壁上。

采集地：辽河流域。

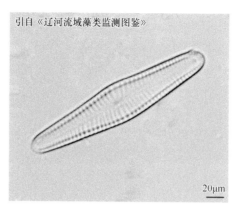

缠结异极藻（*Gomphonema intricatum*）

2）短纹异极藻（*Gomphonema abbreviatum*）

形态特征：壳面线形棒状，上部末端比下部宽大，呈钝圆形，下部明显狭窄，细长，或上、下末端在形状上极为相似，壳面长7.5～30（～34）μm，壳面宽2.5～6μm；中轴区与中心区连合形成宽披针形空白无纹区；壳缝直；中心区无单独的孤立点纹；横线纹极短，略呈放射状排列，壳面上部在10μm内有12～20条，下部在10μm内有12～14条。

生境：淡水普生性种类。在微咸水体、河流、湖泊及水库中均有采集地。

采集地：辽河流域。

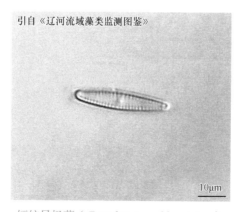

短纹异极藻（*Gomphonema abbreviatum*）

3）尖顶异极藻（*Gomphonema augur*）

形态特征：壳面棒状，最宽处位于上端近顶端处，前端平圆形，顶端中间凸出呈尖楔形或喙状，向下逐渐狭窄，下部末端尖圆；中轴区狭窄、线性，中央区一侧具1个单独的点纹，壳面两侧中部横线纹近平行，两端逐渐呈放射状排列，在中间部分10μm内9～18条。细胞长17.5～54μm，宽5.5～15μm。

生境：生长在稻田、水坑、池塘、湖泊、水库、河流、溪流、沼泽中。

采集地：苏州各湖泊、福建闽江流域。

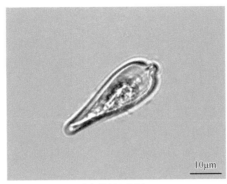

采自苏州各湖泊

尖顶异极藻（*Gomphonema augur*）

4）尖异极藻（*Gomphonema acuminatum*）

形态特征：壳面呈楔状，棒形，上端宽大，延长收缩成喙头状顶端，中部略凸出，下端明显逐渐狭窄，壳面长20～70μm，壳面宽5～11μm；中轴区狭窄，中心区稍宽，在其一侧有1个单独的点纹；横线纹呈放射状排列，在10μm内中部有6～10条，两端有10～12条。

生境：淡水普生性种类。广泛分布于各类淡水水体的沿岸带，特别是静止的硬水中。

采集地：辽河流域、苏州各湖泊、福建闽江流域。

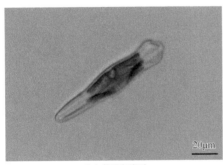

A. 采自苏州各湖泊

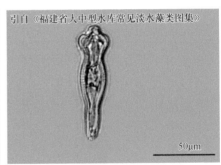

B. 福建闽江流域

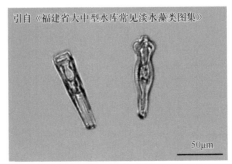

C. 福建闽江流域

尖异极藻（*Gomphonema acuminatum*）

5）尖异极藻花冠变种（*Gomphonema acuminatum* var. *coronatum*）

形态特征：此变种与原变种的不同之处在于细胞壳面上端具翼状凸出，前部和中部之间收缢深，横线纹在中间部分10μm内8～12条。细胞长41～100μm，宽6～10μm。

生境：生长在稻田、水坑、池塘、湖泊、水库及沼泽中。

采集地：辽河流域、苏州各湖泊、福建闽江流域。

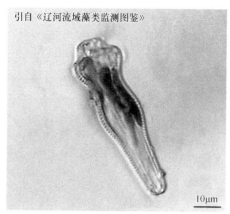

引自《辽河流域藻类监测图鉴》

A. 采自苏州各湖泊　　　　　　　　B. 采自福建闽江流域

尖异极藻花冠变种（*Gomphonema acuminatum* var. *coronatum*）

6）塔形异极藻（*Gomphonema turris*）

形态特征：壳面略双缢缩，上端末端呈楔圆形；中心区对称或一侧稍横向伸延；壳面长28.5～47（～59）μm，壳面宽6～8.5（～11）μm，横线纹在壳面中部10μm内8～10条，上、下两端有12～16条。

生境：广泛生长在各种淡水水体中。

采集地：辽河流域、福建闽江流域。

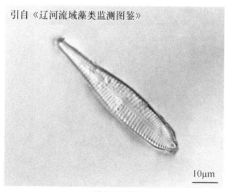
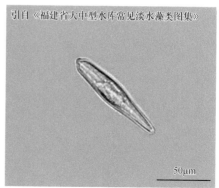

引自《辽河流域藻类监测图鉴》　　　　引自《福建省大中型水库常见淡水藻类图集》

A. 采自辽河流域　　　　　　　　B. 采自福建闽江流域

塔形异极藻（*Gomphonema turris*）

7）具球异极藻（*Gomphonema sphaerophorum*）

形态特征：壳面宽披针形，两端伸长，上部有1明显的缢缩的头状末端，下端窄长、有微凹小头端，或壳面棒状具头状顶端及稍狭窄的下端。壳面长23～30（～47）μm，壳面宽5～9μm，中轴区窄披针形，中央区小，有1个独立点纹。横线纹略呈放射状排列，在

10μm内中部有10～16条，两端有18～20条。

生境：本种为稀有的淡水种类。

采集地：辽河流域、福建闽江流域、闽东南诸河流域。

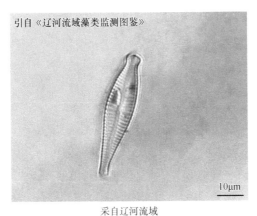

引自《辽河流域藻类监测图鉴》

采自辽河流域

具球异极藻（*Gomphonema sphaerophorum*）

8）偏肿异极藻（*Gomphonema ventricosum*）

形态特征：壳面棒形，壳面中部是壳面的最宽处，两端渐窄，下端比上端更窄细，上端的末端呈宽钝圆，下端的末端近头状。中轴区宽为壳面宽的1/4～1/3。壳面长30～56μm，壳面宽9～11μm；壳缝狭窄，线形，端节清晰，具明显长的极隙，轴区狭窄，中央区大，横向圆形，在中央节一侧有1个孤立点。横线纹呈放射状排列，在顶端几乎平行排列，在下端的末端呈放射状排列。在10μm内有11～13（～18）条。

生境：高山寒冷淡水种类。广泛分布在泉水和各种水体的附着物上。

采集地：辽河流域。

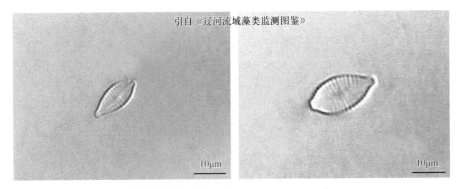

引自《辽河流域藻类监测图鉴》

偏肿异极藻（*Gomphonema ventricosum*）

9）塔形异极藻（*Gomphonema turris*）

形态特征：壳面梭形棒状，中部向上、下两端逐渐变狭，两侧略弧形，中部最宽；靠近端部处或较急剧地折向顶端，端部中央通常呈明显的喙状凸起，基部狭圆形。中轴区窄，线形；中央区明显，横矩形，两侧各具1短的中央线纹，一侧具1明显的孤点。壳面长55～70μm，宽8～13μm，10μm内线纹数为13～15条。

生境： 沼泽，水坑分布较多。

采集地： 苏州各湖泊、长江流域（南通段）、甬江流域。

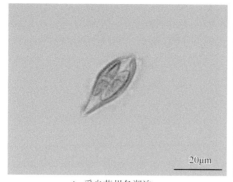

A. 采自苏州各湖泊　　　　　　　　　　　　B. 采自苏州各湖泊

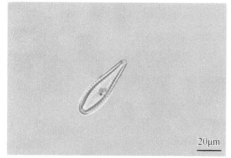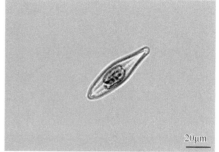

C. 采自长江流域（南通段）　　　　　　　　D. 采自苏州各湖泊

塔形异极藻（*Gomphonema turris*）

10）纤细异极藻（*Gomphonema gracile*）

形态特征： 壳面披针形，前端尖圆形，从中部向两端逐渐狭窄；中轴区狭窄、线形，中央区小、圆形并略横向放宽，在其一侧具1个单独的点纹；壳缝两侧的横线纹呈放射状排列，在中间部分10μm内9～17条。细胞长25～70μm，宽4～11μm。

生境： 生长在稻田、水坑、池塘、湖泊、水库、河流、溪流、泉水、沼泽中，喜贫营养水环境，适应较宽的pH及电导率，附着在潮湿的岩壁上。

采集地： 辽河流域、苏州各湖泊、福建闽江流域、闽东南诸河流域、汀江流域。

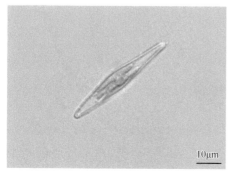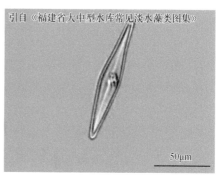

A. 采自苏州各湖泊　　　　　　　　　　　B. 采自闽东南诸河流域

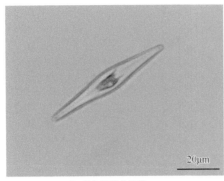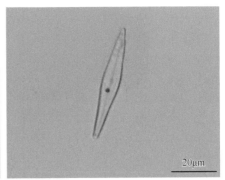

C. 采自苏州各湖泊　　　　　　　　　　　　　　D. 采自苏州各湖泊

纤细异极藻（*Gomphonema gracile*）

11）缢缩异极藻（*Gomphonema constrictum*）

形态特征：壳面棒状，上部宽，前端平广圆形或头状，上部和中部之间具有1个明显的缢缩，从中部到下端逐渐狭窄；中轴区狭窄，中央区横向放宽，其两侧的横线纹长短交替排列，在其一侧具1个单独的点纹，壳缝两侧由点纹组成的横线纹呈放射状排列，在中间部分10μm内10～14条。细胞长25～65μm，宽4.5～14μm。

生境：生长在稻田、水坑、池塘、湖泊、水库、河流、溪流、沼泽中。

采集地：辽河流域、福建闽江流域、闽东南诸河流域、汀江流域、嘉陵江流域（重庆段）。

引自《辽河流域藻类监测图鉴》

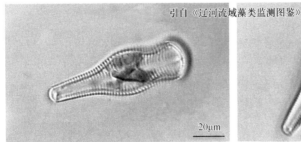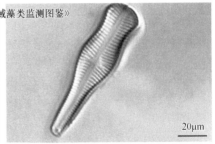

A. 采自辽河流域　　　　　　　　　　　　　　B. 采自辽河流域

引自《福建省大中型水库常见淡水藻类图集》

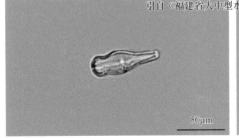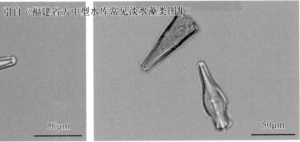

C. 采自闽东南诸河流域　　　　　　　　　　　D. 采自闽东南诸河流域

缢缩异极藻（*Gomphonema constrictum*）

12）缢缩异极藻头状变种（*Gomphonema constrictum* var. *capitatum*）

形态特征：细胞壳面上部和中部之间几乎无缢缩，上部前端广圆形，横线纹在中间部分10μm内10～15条。细胞长22～65μm，宽6～12μm。

生境：生长在稻田、水坑、池塘、湖泊、水库、溪流、河流、沼泽中。

采集地：苏州各湖泊、珠江流域（广州段）。

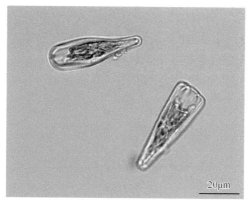

采自苏州各湖泊

缢缩异极藻头状变种（*Gomphonema constrictum* var. *capitatum*）

13）小型异极藻（*Gomphonema parvulum*）

形态特征：壳面为披针形，向上端略变狭，端部具喙状的短凸起；向下端逐渐变狭，基部膨大呈小头状；中轴区窄，线形；中央区小，横矩形；一侧具明显变短的中央线纹，另一侧具1明显的孤点；壳面长13～25μm，宽4～7.2μm，10μm内线纹数为9～12条，线纹在中部略近平行排列，在壳面两端近放射状排列。

生境：生长在水坑、池塘、湖泊、溪流、河流、沼泽中。

采集地：辽河流域、苏州各湖泊、珠江流域（广州段）、福建闽江流域、闽东南诸河流域、汀江流域。

引自《辽河流域藻类监测图鉴》

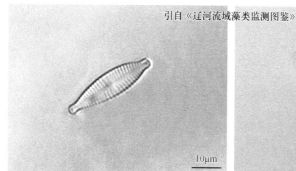

A. 采自辽河流域

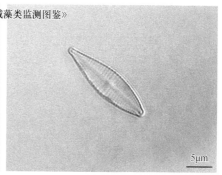

B. 采自辽河流域

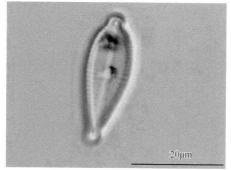

C. 采自苏州各湖泊

小型异极藻（*Gomphonema parvulum*）

14）窄异极藻（*Gomphonema angustatum*）

形态特征：壳面细长、棒状披针形，两端略延长和变狭，前端钝圆形；中轴区狭窄、线形，中央区一侧具1个单独的点纹，壳缝两侧横线纹呈放射状排列，在中间部分10μm内8～14条。细胞长12～45μm，宽3.5～9μm。

生境：生长在稻田、水坑、池塘、湖泊、水库、溪流、河流、沼泽中。

采集地：福建闽江流域、闽东南诸河流域、汀江流域、苏州各湖泊。

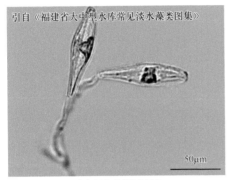
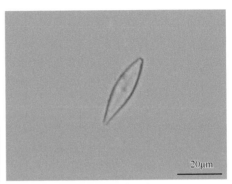

引自《福建省大中型水库常见淡水藻类图集》

A. 采自闽东南诸河流域　　　　　　　　B. 采自苏州各湖泊

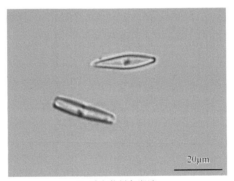

C. 采自苏州各湖泊

窄异极藻（*Gomphonema angustatum*）

15）窄异极藻延长变种（*Gomphonema angustatum* var. *productum*）

形态特征：细胞明显延长，前端略呈头状，横线纹在中间部分10μm内5～10条。细胞长19～44μm，宽5～9μm。

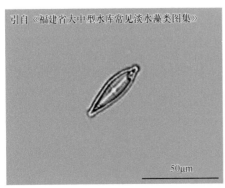
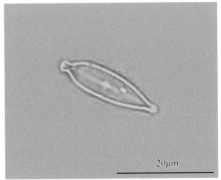

引自《福建省大中型水库常见淡水藻类图集》

A. 采自闽东南诸河流域　　　　　　　　B. 采自珠江流域（广州段）

窄异极藻延长变种（*Gomphonema angustatum* var. *productum*）

生境：生长在稻田、水坑、池塘、湖泊、水库、溪流、河流、沼泽中，喜贫营养到中营养、中性到弱碱性的水环境。

采集地：福建闽江流域、闽东南诸河流域、珠江流域（广州段）。

（2）异菱藻属（Anomoeoneis）

形态特征：植物体为单细胞；壳面披针形、菱形、椭圆形、椭圆披针形。壳缘两侧凸出，两端逐渐狭窄，末端钝圆或近头状；中轴区直、狭线形；壳缝直，壳缝两侧具点纹组成的横线纹，细、长短不一，其间被多条透明区隔断，呈现"Z"字形纵线；带面长方形，无间生带。色素体片状，1个，具1个蛋白核。由2个母细胞的原生质体分别形成2个配子，互相成对结合形成2个复大孢子。

生境：生长在淡水及半咸水中。

采集地：苏州各湖泊。

1）具球异菱藻（Anomoeoneis sphaerophora）

形态特征：壳面椭圆披针形，两侧壳缘凸出，近两端明显变狭，末端呈喙状到头状；壳缝直，末端呈镰刀形，向同一方向弯曲；中轴区很宽，线形，中央区大，呈不对称的提琴形；横线纹由相隔距离长短不一的点纹组成，呈现不规则排列的纵线纹，横线纹略呈放射状排列，在10μm内14～18条。细胞长40～80μm，宽13～22μm。

生境：生长在水坑、池塘、湖泊、河流、泉水、沼泽中，淡水及半咸水。

采集地：苏州各湖泊。

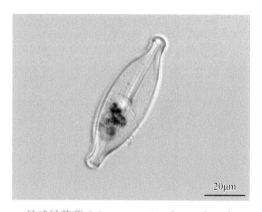

具球异菱藻（Anomoeoneis sphaerophora）

（3）异楔藻属（Gomphoneis）

形态特征：壳面多呈棒状。该属主要鉴别特征为壳面上、下两端不对称，上端略宽，下端略窄，末端钝圆。中轴区窄，线形。中央区呈蝶形，线纹略呈放射状排列。带面为楔形。在北美，异楔藻属在中西部和西部各州的湖泊及河流中尤为多样化。

采集地：辽河流域。

1 ）*Gomphoneis olivaceum*

形态特征：壳面卵形棒状，前端广圆形，中部最宽，下端逐渐狭窄；中轴区狭窄、线形，中央区横向放宽，无单独的点纹；横线纹略呈放射状排列，而在中部长度不规则，在中间部分10μm内10～16条。细胞长12.5～40μm，宽3.5～10μm。在扫描电镜下观察到壳面横线纹除中轴区和中央区外，由两列点纹组成。

生境：生长在稻田、水坑、池塘、湖泊、水库、河流、溪流、沼泽中，喜冷水性、含钙的硬水环境，附着在潮湿的岩壁上。

采集地：辽河流域。

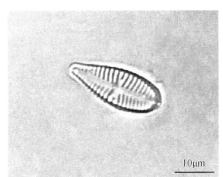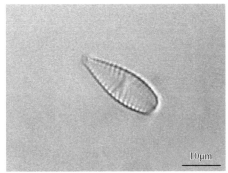

Gomphoneis olivaceum

（四）单壳缝目（Monoraphidinales）

植物体为单细胞或连成带状种类，多以具壳缝的一面附着在基质上，群体种类以胶质柄着生在基质上；1个壳面具有真壳缝，另一壳面具横线纹构成的假壳缝。

1. 曲壳藻科（Achnanthaceae）

植物体为单细胞或连成带状或树状的群体，单细胞的种类多以具壳缝的一面附着在基质上，群体种类以胶质柄着生在基质上；壳面椭圆形、宽椭圆形、线形、披针形、棒形，上、下两个壳面有一个壳面具真壳缝，具中节和极节，另一个壳面具横线纹构成的假壳缝；带面横向弯曲、纵长膝曲状弯曲或弧形，具纵隔膜或不完全的横隔膜。色素体片状，1或2个，或小盘状，多数。每2个细胞的原生质体结合形成1个复大孢子，也可能是单性生殖，每个配子发育成1个复大孢子。

（1）卵形藻属（*Cocconeis*）

形态特征：植物体为单细胞，以下壳着生在丝状藻类或其他基质上；壳面椭圆形、宽椭圆形，上、下两个壳面的外形相同，花纹各异或相似，上、下两个壳面有一个壳面具假壳缝，另一个壳面具直的壳缝，具中央节和极节，壳缝和假壳缝两侧具横线纹或点纹，带面横向弧形弯曲，具不完全的横隔膜。色素体片状，1个，蛋白核1或2个。在淡水和海水中生活。

　　采集地：福建闽江流域、闽东南诸河流域、汀江流域、辽河流域、苏州各湖泊、珠江流域（广州段）、太湖流域。

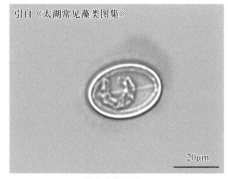

采自太湖流域

卵形藻（*Cocconeis* sp. 1）

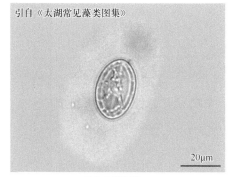

采自太湖流域

卵形藻（*Cocconeis* sp. 2）

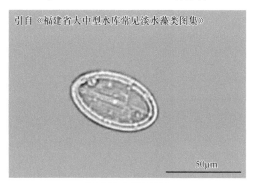

采自闽东南诸河流域

卵形藻（*Cocconeis* sp. 3）

1）扁圆卵形藻（*Cocconeis placentula*）

　　形态特征：壳面椭圆形，具假壳缝一面的横线纹由相同大小的小孔纹组成，具壳缝的一面和不具壳缝的另一面的中轴区均狭窄，具壳缝的一面中央区小，多少呈卵形；壳缝线形，其两侧的横线纹均在近壳的边缘中断，形成一个环绕在近壳缘四周的环状平滑区，由明显点纹组成的横线纹略呈放射状斜向中央区，在10μm内15～20条，不具壳缝的一面假壳缝狭，明显点纹组成的横线纹在10μm内18～22条。细胞长11～70μm，宽7～40μm。

　　生境：生长在稻田、水坑、池塘、湖泊、水库、河流、溪流、泉水、沼泽中，多为中性到碱性水体中，常着生在沉水植物及其他基质上。

　　采集地：苏州各湖泊、珠江流域（广州段）、太湖流域、福建闽江流域、闽东南诸河流域、汀江流域。

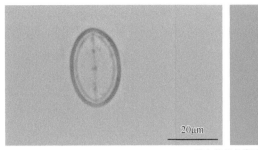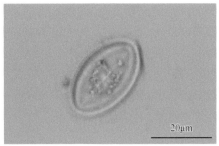

采自苏州各湖泊

扁圆卵形藻（*Cocconeis placentula*）

2）扁圆卵形藻多孔变种（*Cocconeis placentula* var. *euglypta*）

形态特征：此变种与原变种的不同之处在于细胞具假壳缝的一面横线纹粗、间断，横线纹间形成数条纵向波状空白条纹，在10μm内16～28条。细胞长13～38μm，宽7～20.5μm。

生境：生长在稻田、水坑、池塘、湖泊、水库、溪流、河流、沼泽中，多为中性到碱性水体，着生在潮湿的岩壁上。

采集地：辽河流域。

引自《辽河流域藻类监测图鉴》

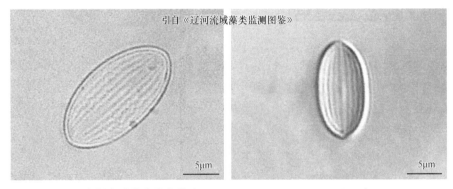

扁圆卵形藻多孔变种（*Cocconeis placentula* var. *euglypta*）

（2）曲壳藻属（*Achnanthes*）

形态特征：植物体为单细胞或以壳面互相连接形成带状或树状群体，以胶柄着生于基质上；壳面线形披针形、线形椭圆形、椭圆形、菱形披针形，上壳面凸出或略凸出，具假壳缝，下壳面凹入或略凹入，具典型的壳缝，中央节明显，极节不明显，壳缝和假壳缝两侧的横线纹或点纹相似，或一壳面横线纹平行，另一壳面呈放射状；带面纵长弯曲，呈膝曲状或弧形。色素体片状，1或2个，或小盘状，多数。2个母细胞互相贴近，每个细胞的原生质体分裂成2个配子，成对的配子结合，形成2个复大孢子。本属已记载约100种，生活在淡水和海水中，也有生活在潮湿岩石中。生活在淡水中的类群主要着生于丝状藻类、沉水高等植物或其他基质上，或亚气生。

采集地：福建闽江流域、闽东南诸河流域、汀江流域、辽河流域、太湖流域、苏州各湖泊。

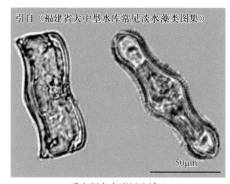

采自闽东南诸河流域

曲壳藻（*Achnanthes* sp. 1）

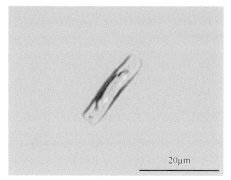

采自苏州各湖泊

曲壳藻（*Achnanthes* sp. 2）

（3）弯壳藻属（*Achnanthidium*）

形态特征：细胞小，两壳面异形，具壳缝的一面为R面，具假壳缝的一面为P面；壳面线形披针形至线形椭圆形，末端头状至亚喙状，长度<30μm（一般为10~20μm），宽度<5μm，带面呈浅"V"形；扫描电镜下观察发现横线纹由单列点纹组成，呈放射状或几乎平行，在中部采集地较疏（约30条/10μm），两端较密（约40条/10μm），靠近中轴区的点纹比边缘的更粗大（具缝壳一面更明显）；壳缝结构精细，近端缝很少膨大，末端缝呈直线形或偏向一侧，壳套上有一列延长成短线状的孔纹。

生境：弯壳藻属硅藻是淡水常见种类，一般具胶质柄，附着在各种基质上，通常能在江河、溪流和湖泊沿岸带旺盛生长，成为淡水底栖硅藻群落的主要成分。

采集地：甬江流域、福建闽江流域、闽东南诸河流域、汀江流域。

1）链状弯壳藻（*Achnanthidium catenatum*）

形态特征：细胞能以壳面相连，一般形成2个，最多3个细胞的短链状群体。壳面细长，末端头状至亚头状（小个体），中部明显膨大，壳面边缘呈波浪状；长7.6~19.3μm，宽2.6~4.1μm。带面纵长呈弓形，末端尖且向假壳缝面强烈弯曲，中部平直或向腹侧略微隆起。壳缝面凸起，中央区圆形；假壳缝面凹陷，中央区菱形至披针形；两壳面中轴区皆呈窄直线形。两壳面横线纹相似，略呈放射状（小个体不明显）偏向中央区，中部1~3条明显较疏，并向末端逐渐变密，10μm内有28~33条。链状弯壳藻是广温性种类，可在较宽的温度范围内大量繁殖，能适应低光强环境。链状弯壳藻的水华多发生在湖库水体，其采集地跨越热带、亚热带和温带。

采集地：甬江流域。

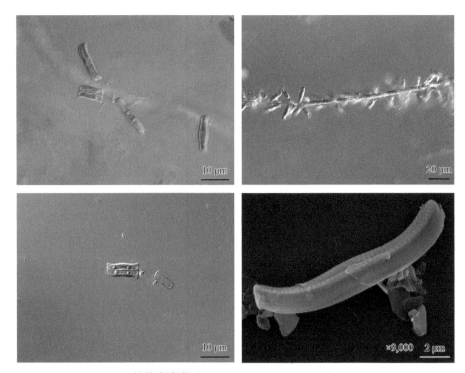

链状弯壳藻（*Achnanthidium catenatum*）

图片由水利部中国科学院工程生态研究所马沛明提供

（4）平面藻属（*Planothidium*）

形态特征：该属细胞单个存在，通常在无壳缝面的中央区一侧具明显的马蹄形加厚。壳缝面微凹，中轴区窄线形，中央区呈矩形或"蝴蝶结"形，壳面线纹均呈辐射状排列；无壳缝面凸，线纹密度与壳缝面相似，辐射状不明显，有时在壳面中间近平行。

采集地：辽河流域。

1）披针平面藻（*Planothidium lanceolatum*）

形态特征：壳体常连成丝状群体。壳面为披针形，中部明显较宽，末端钝广圆。具壳缝的壳面轴区狭线形，中央区宽长方形，壳缝线形，中央节明显稍宽圆，远端缝隙向同一方向弯曲。横线纹粗，略呈放射状排列，中部两侧线纹极短，数量不规则，有时在1侧边缘缺线纹。具假壳缝的壳面，假壳缝呈线形或线状披针形，假壳缝的壳面中部不对称，在一侧具马蹄形的无纹区；轴区与中央区连接形成线状披针形的无纹区。壳面长19～24μm，壳面宽6～7μm，横线纹在10μm内具假壳缝的壳面有12或13条，具壳缝的壳面有14条。

采集地：辽河流域。

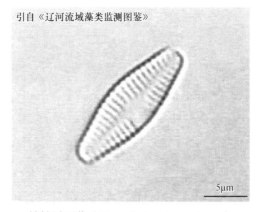

引自《辽河流域藻类监测图鉴》

披针平面藻（*Planothidium lanceolatum*）

（五）管壳缝目（Aulonoraphidinales）

植物体为单细胞或由壳面互相连成短带状群体；细胞上、下两个壳面具管壳缝。

1. 窗纹藻科（Epithemiaceae）

植物体为单细胞或由壳面互相连成短带状群体；细胞弓形、舟形，上、下两个壳面具发达的管壳缝，管壳缝常在壳面呈"V"形曲折或位于一侧壳缘的龙骨上，在管壳缝内壁上具通入细胞内的小孔或无，壳面具横肋纹，在横肋纹之间具横线纹或蜂窝状的窝孔纹，中央节或极节退化或完全没有。色素体侧生，片状，1个。

（1）棒杆藻属（*Rhopalodia*）

形态特征：植物体为单细胞；壳面弓形、新月形、肾形，背缘凸起、弧形，两端渐尖；背缘具1条龙骨，龙骨上具1条不明显的管壳缝，具不明显的中央节和极节，壳面具较粗的横肋纹，两横肋纹间具几条由点纹组成的细横线纹；带面长方形、狭椭圆形或棒状，两侧中部略横向放宽或平直，中部略缢缩，两端广圆形。色素体侧生，片状，1个。

采集地：福建闽江流域、苏州各湖泊。

1）弯棒杆藻（*Rhopalodia gibba*）

形态特征：壳面弓形，背缘弧形，腹侧平直，两端逐渐狭窄并弯向腹侧；背缘具1条龙骨，龙骨上具1条不明显的管壳缝，横肋纹在10μm内4～8条，2条横肋纹间具2或3条横线纹，在10μm内12～14条；带面线形，两侧中部略横向放宽，中部缢缩，两端广圆形。细胞长35～300μm，宽18～30μm。

生境：生长在稻田、水坑、池塘、湖泊、水库、河流、沼泽中，通常附着于基质上。

采集地：福建闽江流域、苏州各湖泊。

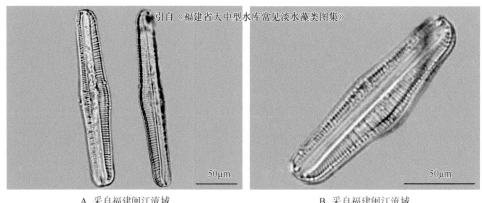

引自《福建省大中型水库常见淡水藻类图集》

A. 采自福建闽江流域 　　　　　　　　　B. 采自福建闽江流域

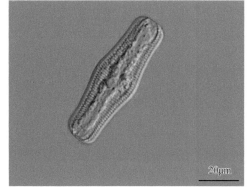　　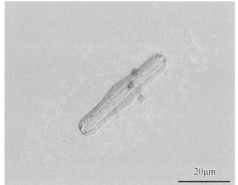

C. 采自苏州各湖泊 　　　　　　　　　D. 采自苏州各湖泊

弯棒杆藻（*Rhopalodia gibba*）

（2）窗纹藻属（*Epithemia*）

形态特征：植物体为单细胞，浮游或附着在基质上；壳面略弯曲，弓形、新月形，左右两侧不对称，有背侧和腹侧之分，背侧凸出，腹侧凹入或近平直，末端钝圆或近头状，腹侧中部具1条"V"形的管壳缝，管壳缝内壁具多个圆形小孔通入细胞内，具中央节和极节，但在光学显微镜下不易看到，壳面内壁具横向平行的隔膜，构成壳面的横肋纹，两条横肋纹之间具2列或2列以上与肋纹平行的横点纹或窝孔状的窝孔纹，有些种类在壳面和带面结合处具1纵长的隔膜；带面长方形。色素体1个，侧生，片状。每2个母细胞的原生质体分裂形成2个配子，2对配子结合形成2个复大孢子。生长在淡水和半咸水中，多数种类以腹面附着在水生高等植物或其他基质上。

采集地：辽河流域、松花江流域、苏州各湖泊。

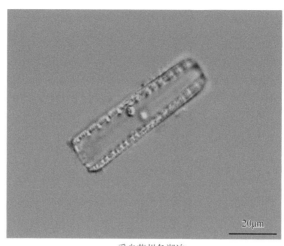

采自苏州各湖泊

窗纹藻（*Epithemia* sp.）

1）鼠形窗纹藻（***Epithemia sorex***）

　　形态特征：壳面弓形，背缘略凸出，腹缘略凹入，两端略延长，末端头状，略向背侧弯曲；腹侧中部具1条"V"形的管壳缝；横肋纹粗，呈放射状排列，具很薄的隔膜。细胞长15～65μm，宽7～15μm。

　　生境：生长在水坑、池塘、湖泊、河流、溪流、沼泽中。

　　采集地：辽河流域。

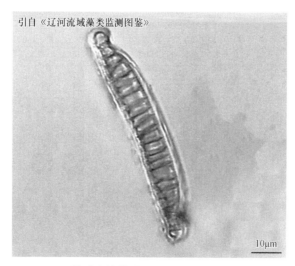

引自《辽河流域藻类监测图鉴》

鼠形窗纹藻（*Epithemia sorex*）

2）钝端窗纹藻（***Epithemia hyndmanii***）

　　形态特征：壳面新月形，背缘凸出、弧形，腹缘略凹入，末端钝圆；腹侧中部具1

条"V"形的管壳缝；横肋纹粗，呈放射状排列，具很薄的隔膜。细胞长120～230μm，宽20～26μm。

生境：生长在稻田、水坑、池塘、湖泊、水库、河流、沼泽中。

采集地：松花江流域。

钝端窗纹藻（*Epithemia hyndmanii*）

3）膨大窗纹藻（*Epithemia turgida*）

形态特征：壳面弓形，背缘凸出，腹缘平直或略凹入，两端略延长，背缘向腹缘逐渐狭窄，末端钝圆；腹侧中部具1条"V"形的管壳缝，横肋纹呈放射状排列，在10μm内3～6条，两横肋纹间具窝孔纹2或3条，在10μm内7～12条，呈放射状排列，隔膜不发达。细胞长30～220μm，宽10～19μm。

生境：生长在水坑、池塘、湖泊、河流、溪流、沼泽中，喜碱性水体。

采集地：苏州各湖泊。

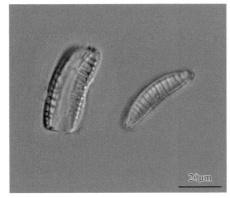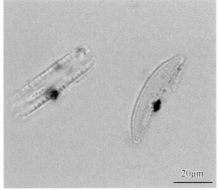

膨大窗纹藻（*Epithemia turgida*）

2. 菱形藻科（Nitzschiaceae）

植物体多为单细胞，或形成带状或星状的群体，或位于分枝或不分枝的胶质管中；细胞纵长，直或"S"形，罕为椭圆形，上、下两个壳面的一侧具龙骨突，龙骨突上具管壳缝，管壳缝内壁具许多通入细胞内的小孔，称"龙骨点"，壳面具横线纹或由点纹组成的横线纹；常无间生带和隔膜。色素体侧生，片状，2个，少数4～6个。2个母细胞原生质体分裂分别形成2个配子，成对配子结合形成2个复大孢子。

（1）菱板藻属（*Hantzschia*）

形态特征：植物体为单细胞；细胞纵长，直或"S"形，壳面弓形、线形或椭圆形，一侧或两侧边缘缢缩或不缢缩，两端尖形、渐尖或近喙状；壳面的一侧边缘具龙骨突，龙骨突上具管壳缝，管壳缝内壁具许多通入细胞内的小孔，称"龙骨点"，龙骨点明显，上、下两壳的龙骨突彼此平行相对，具小的中央节和极节，壳面具横线纹或点纹组成的横线纹；带面矩形，两端截形。色素体带状，2个。

采集地：福建闽江流域、闽东南诸河流域、苏州各湖泊。

1）双尖菱板藻（*Hantzschia amphioxys*）

形态特征：壳面弓形，背缘略凸出，腹缘凹入，两端明显逐渐狭窄，末端略呈喙状到头状；龙骨点在腹侧，在10μm内5～10个；横线纹在10μm内13～24条。细胞长20～105μm，宽5～10μm。

生境：生长在稻田、水坑、池塘、湖泊、水库、河流、沼泽中。

采集地：福建闽江流域、闽东南诸河流域、苏州各湖泊。

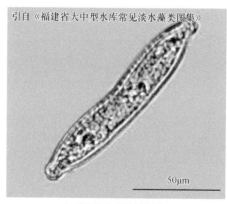
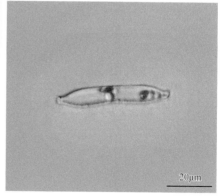

引自《福建省大中型水库常见淡水藻类图集》

50μm

20μm

A. 采自闽东南诸河流域　　　　　B. 采自苏州各湖泊

双尖菱板藻（*Hantzschia amphioxys*）

（2）菱形藻属（*Nitzschia*）

形态特征：植物体多为单细胞，或形成带状或星状群体，或生活在分枝或不分枝的胶质管中，浮游或附着；细胞纵长，直或"S"形，壳面线形、披针形，罕为椭圆形，两侧边缘缢缩或不缢缩，两端渐尖或钝，末端楔形、喙状、头状、尖圆形；壳面的一侧具龙骨突，龙骨突上具管壳缝，管壳缝内壁具许多通入细胞内的小孔，称为"龙骨点"，龙骨点明显，上、下两个壳的龙骨突彼此交叉相对，具小的中央节和极节，壳面具横线纹，细胞壳面和带面不成直角，因此横断面呈菱形。色素体侧生，带状，2个，少数4～6个。

采集地：辽河流域、福建闽江流域、闽东南诸河流域、汀江流域、山东半岛流域（崂山水库）、苏州各湖泊、丹江口水库、太湖流域、嘉陵江流域（重庆段）、珠江流域（广州段）。

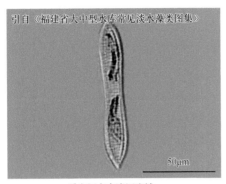

引自《福建省大中型水库常见淡水藻类图集》

采自闽东南诸河流域

菱形藻（*Nitzschia* sp. 1）

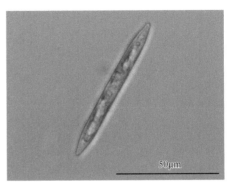

采自山东半岛流域（崂山水库）

菱形藻（*Nitzschia* sp. 2）

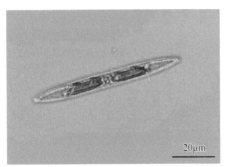

采自苏州各湖泊

菱形藻（*Nitzschia* sp. 3）

采自太湖流域

菱形藻（*Nitzschia* sp. 4）

1）谷皮菱形藻（*Nitzschia palea*）

形态特征：壳面线形、线形披针形，两侧边缘近平行，两端逐渐狭窄，末端楔形；龙骨点在10μm内10～15个；横线纹细，在10μm内30～40条。细胞长20～65μm，宽2.5～5.5μm。

生境：生长在稻田、水坑、池塘、湖泊、水库、河流、溪流、温泉、沼泽中。

采集地：辽河流域、苏州各湖泊、丹江口水库。

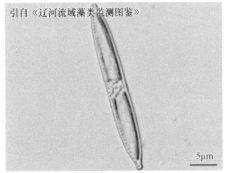

引自《辽河流域藻类监测图鉴》

A. 采自辽河流域

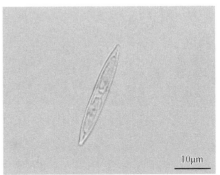

B. 采自丹江口水库

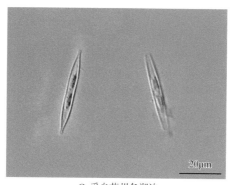

C. 采自苏州各湖泊

谷皮菱形藻（*Nitzschia palea*）

2）近线形菱形藻（*Nitzschia sublinearis*）

形态特征：壳面线形，两侧边缘近平行，末端略呈头状；龙骨明显偏于一侧，龙骨点小，在10μm内10～15个，横线纹细，在10μm内20～35条；带面线形到线形披针形，两侧平行或略凸出，两端逐渐狭窄、楔形，末端平截形。细胞长30～88μm，宽3～6μm。

生境：生长在稻田、水坑、池塘、湖泊、水库、河流、溪流及沼泽中。

采集地：辽河流域、山东半岛流域（崂山水库）。

引自《辽河流域藻类监测图鉴》

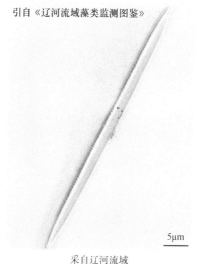

采自辽河流域

近线形菱形藻（*Nitzschia sublinearis*）

3）两栖菱形藻（*Nitzschia amphibia*）

形态特征：壳面线形到披针形，两端短楔形，逐渐狭窄，末端呈尖圆形；龙骨点在10μm内6～14个；横线纹粗，明显由点纹组成，在10μm内14～25条；带面长方形。细胞长10～50μm，宽2.5～5μm。

生境：生长在稻田、水坑、池塘、湖泊、水库、溪流、河流、沼泽中。

采集地：苏州各湖泊、珠江流域（广州段）。

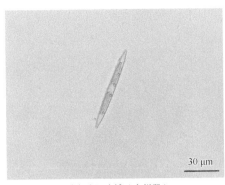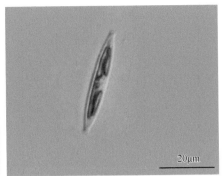

A. 采自珠江流域（广州段）   B. 采自苏州各湖泊

两栖菱形藻（*Nitzschia amphibia*）

4）线形菱形藻（*Nitzschia linearis*）

形态特征：壳面线形，两侧平行，具龙骨突的一侧边缘缢入，两端逐渐狭窄，末端凸出呈头状；龙骨点在10μm内8～14个，横线纹在10μm内28～32条。细胞长46～180μm，宽5～6μm。

生境：生长在稻田、水坑、池塘、湖泊、水库、溪流、河流、沼泽中。

采集地：苏州各湖泊。

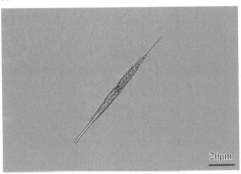

线形菱形藻（*Nitzschia linearis*）

5）类S形菱形藻（*Nitzschia sigmoidea*）

形态特征：细胞较大，一般带面比壳面宽，所以常示带面观；带面"S"形弯曲，壳面观直线形，倾斜观察时，壳面稍呈"S"形弯曲；长180～450μm，宽7～14μm；龙骨和龙骨突均明显，龙骨突有6～8个/10μm；横线纹细密，光镜下很难分辨。

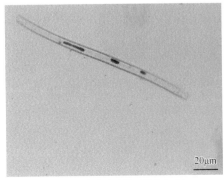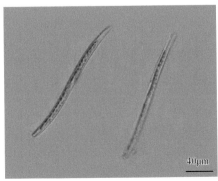

A. 采自山东半岛流域（崂山水库）   B. 采自苏州各湖泊

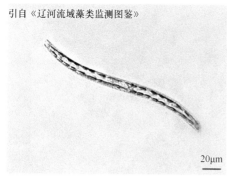

引自《辽河流域藻类监测图鉴》

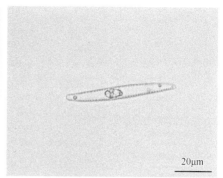

C. 珠江流域（广州段）　　　　　　　D. 采自山东半岛流域（崂山水库）

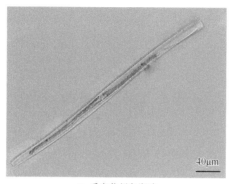

E. 采自苏州各湖泊

类S形菱形藻（*Nitzschia sigmoidea*）

生境：生长在湖泊、溪流、小水渠、草地渗出水、沼泽中。

采集地：山东半岛流域（崂山水库）、珠江流域（广州段）、苏州各湖泊。

6）针形菱形藻（*Nitzschia acicularis*）

形态特征：壳体轻微硅质化，纺锤形，末端急剧变窄，延长成喙状；壳面长43～100μm，宽3～5μm；龙骨突点状，中间两个距离不增大，17～20个/10μm；横线纹极细，光学显微镜下很难分辨。

生境：生长在沼泽、池塘中。

采集地：苏州各湖泊。

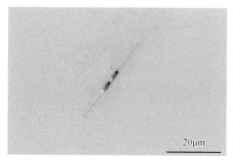

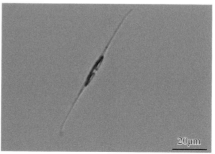

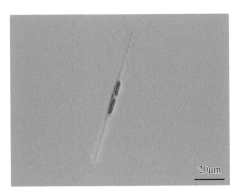

针形菱形藻（*Nitzschia acicularis*）

7）克劳氏菱形藻（***Nitzschia clausii***）

形态特征：壳面线形，略呈"H"状，末端略延长，圆头状；长26～55μm，宽4～6μm；龙骨突有9～13个/10μm；横线纹在光镜下看不清楚。

生境：生长在湖泊、河流、泉水、小水渠、沼泽，草丛附生、岩石上附着。

采集地：苏州各湖泊。

8）钝头菱形藻（***Nitzschia obtusa***）

形态特征：带面线形，末端稍呈"S"形弯曲；壳面观线形，末端呈不同程度的"S"形弯曲，末端钝圆；长120～211μm，宽7～11μm；壳缝龙骨在极节处离心程度大，中央节处离心程度小，龙骨突5～6个/10μm，中间两个距离较大；横线纹24～30条/10μm。

生境：生长在湖泊、湖边渗出水、小水渠、池塘、路边积水、沼泽中，岩石上附生。

采集地：苏州各湖泊。

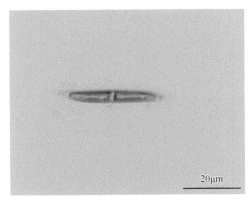

克劳氏菱形藻（*Nitzschia clausii*）

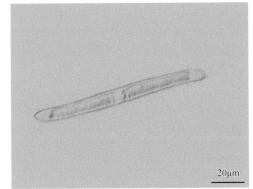

钝头菱形藻（*Nitzschia obtusa*）

9）弯菱形藻（***Nitzschia sigma***）

形态特征：带面明显"S"形弯曲，壳面稍微至明显的"S"形弯曲，中部线形至线形披针形，两端长楔形，末端朝反方向弯曲；长55～285μm，宽5～10μm；龙骨突位于壳面边缘，肋状，排列整齐，有8～11个/10μm，中间两个距离不增大；横线纹有17～26条/10μm。

生境：生长在河流、河流渗出水、小水渠、浅水滩、路边积水或沼泽中。

采集地：苏州各湖泊。

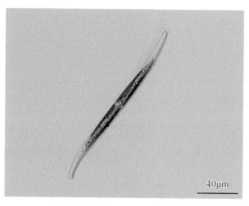

弯菱形藻（*Nitzschia sigma*）

10）洛伦菱形藻细弱变种（*Nitzschia lorenziana* var. *subtilis*）

形态特征：带面观和壳面观均呈不同程度"S"形弯曲；壳面窄披针形，朝两端逐渐长喙状延伸，末端尖圆；长100～170μm，宽4～7μm；龙骨突有6～10个/10μm，中间两个距离增大；横线纹清晰可见，13～18条/10μm。

生境：生长在路边小水渠、池塘、沼泽、深沟积水、路边积水中。

采集地：苏州各湖泊。

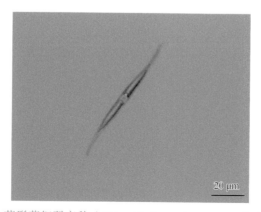

洛伦菱形藻细弱变种（*Nitzschia lorenziana* var. *subtilis*）

11）*Nitzschia soratensis*

形态特征：壳体较小，呈线形披针形，末端钝圆。龙骨突有4～7个/10μm；横线纹细密，在光镜下难以看清。细胞长15～24μm，宽3～5μm。

采集地：辽河流域。

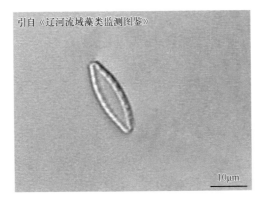

引自《辽河流域藻类监测图鉴》

Nitzschia soratensis

12）反曲菱形藻（*Nitzschia reversa*）

形态特征：带面观和壳面观均成不同程度"S"形弯曲，壳面纺锤形，末端急剧变窄，延长成喙状；长60～90μm，宽5～7μm；龙骨突有8～13个/10μm；横线纹密集，光学显微镜下很难分辨。

采集地：苏州各湖泊。

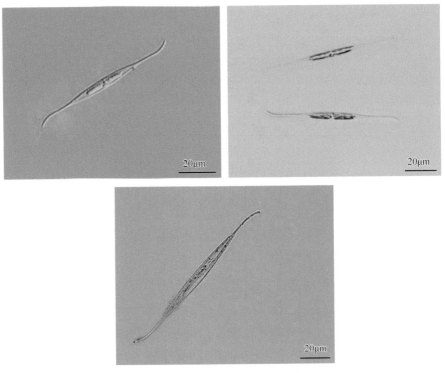

反曲菱形藻（*Nitzschia reversa*）

（3）盘杆藻属（*Tryblionella*）

形态特征：壳面宽大，椭圆形、线形或提琴形，末端钝圆或尖形。线纹单列至多排，通常被1至多条腹板断开，线纹由小圆孔组成，孔外侧多由膜封闭，罕见蜂窝状圆孔。具龙骨突和龙骨。外壳面中缝端非常近，稍微膨大或偏转。内壳面中缝端位于双螺旋舌上。带面窄，平滑或具稀疏的孔，由断开的环带组成。

采集地：辽河流域。

1）*Tryblionella hungarica*

形态特征：壳体较大，壳面呈线形，中部略收缩，端部呈尖圆形。壳面长94.3～120.3μm，宽8.3～9.3μm。横线纹较细，呈平行状排列，10μm内有16～18条。

采集地：辽河流域。

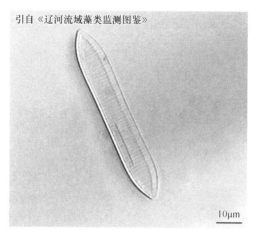

引自《辽河流域藻类监测图鉴》

10μm

Tryblionella hungarica

3. 双菱藻科（Surirellaceae）

植物体为单细胞；细胞壳面披针形、线形、椭圆形，呈横向上下波状起伏或平直或弯曲，上、下两个壳面的龙骨及翼状构造围绕整个壳缘，龙骨上具管壳缝，管壳缝通过翼沟与细胞内部相联系，翼沟间以膜相联系，构成中间间隙，壳面具横肋纹和横线纹；带面矩形，两侧平行或具明显的波状皱褶。色素体侧生，片状，1个。2个母细胞原生质体结合形成1个复大孢子。

（1）波缘藻属（*Cymatopleura*）

形态特征：植物体为单细胞，浮游；壳面椭圆形、纺锤形、披针形或线形，呈横向上下波状起伏，上、下两个壳面的整个壳缘由龙骨及翼状构造围绕，龙骨突上具管壳缝，管壳缝通过翼沟与壳体内部相联系，翼沟间以膜相联系，构成中间间隙，壳面具粗的横肋纹，有时横肋纹很短，使壳缘呈串珠状，肋纹间具横贯壳面的细的横线纹，横线纹明显或不明显；壳体无间生带，无隔膜；带面矩形、楔形，两侧具明显的波状皱褶。色素体片状，1个。2个母细胞原生质体结合形成1个复大孢子。种类很少，生活在淡水、半咸水中。此属种数少，多为单细胞浮游类型，仅采集地在淡水和半咸水中。

采集地：辽河流域、苏州各湖泊、山东半岛流域（崂山水库）、丹江口水库。

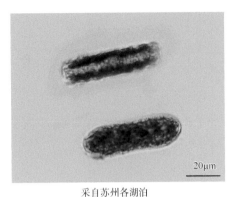

采自苏州各湖泊

波缘藻（*Cymatopleura* sp. 1）

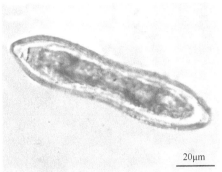

采自丹江口水库

波缘藻（*Cymatopleura* sp. 2）

1）草鞋形波缘藻（*Cymatopleura solea*）

形态特征：壳面宽线形，中部两侧缘缢缩，末端钝圆、楔形、渐狭，壳面长（30～）42～152（～300）μm，壳面宽（11～）13～28（～40）μm；龙骨点在10μm内有6～9个；横线纹到达轴区，在10μm内有7～9条；带面两侧具明显的波状褶皱。

生境：生长在稻田、水坑、池塘、湖泊、水库、溪流、河流、沼泽中。

采集地：辽河流域、苏州各湖泊、山东半岛流域（崂山水库）。

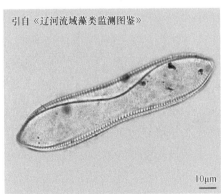

A. 采自辽河流域

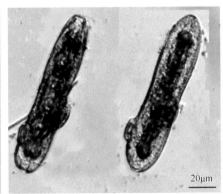

B. 采自辽河流域

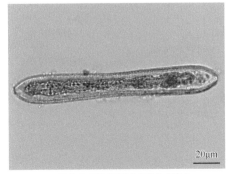

C. 采自山东半岛流域（崂山水库）

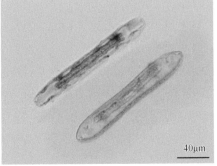

D. 采自苏州各湖泊

草鞋形波缘藻（*Cymatopleura solea*）

2）椭圆波缘藻（*Gymatopleura elliptica*）

形态特征：壳面广椭圆形，末端宽平圆形；龙骨点在10μm内7～8个；肋纹短，在10μm内2.5～5条，横线纹在10μm内15～20条。细胞长30～220μm，宽15～90μm。

生境：生长在水坑、池塘、湖泊、水库、河流等中，潮湿的岩壁上。

采集地：辽河流域。

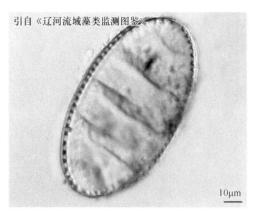

椭圆波缘藻（*Cymatopleura elliptica*）

3）草鞋形波缘藻细尖变种（*Cymatopleura solea* var. *apiculata*）

形态特征：壳面宽线形，等极，中部缢缩，末端钝圆、楔形；壳面具粗糙的波纹，一般中部有或没有；长42～200μm，宽20～40μm；龙骨突有7～10个/10μm；带面两侧具明显的波状皱褶。

生境：生长在河流、小水渠、小溪、沼泽、路边积水，石上附生。

采集地：苏州各湖泊。

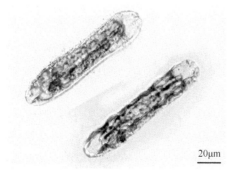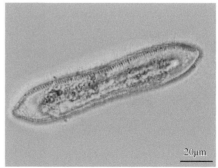

草鞋形波缘藻细尖变种（*Cymatopleura solea* var. *apiculata*）

（2）双菱藻属（*Surirella*）

形态特征：植物体为单细胞，浮游；壳面线形、椭圆形、卵圆形、披针形，平直或螺旋状扭曲，中部缢缩或不缢缩，两端同形或异形，上、下两个壳面的龙骨及翼状构造围绕整个壳缘，龙骨上具管壳缝，在翼沟内的管壳缝通过翼沟与细胞内部相联系，管壳缝内壁具龙骨点，翼沟通称肋纹，横肋纹或长或短，肋纹间具明显或不明显的横线纹，横贯壳面，壳面中部具明显或不明显的线形或披针形的空隙；带面矩形或楔形。色素体侧生，片状，1个。本属多分布在热带、亚热带的淡水和海水中。

采集地：福建闽江流域、闽东南诸河流域、汀江流域、丹江口水库、长江流域（南通段）、辽河流域、苏州各湖泊、太湖流域、山东半岛流域（崂山水库）、嘉陵江流域（重庆段）、珠江流域（广州段）。

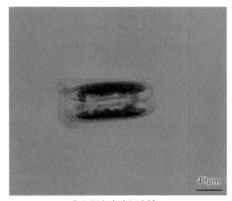

采自闽东南诸河流域

双菱藻（*Surirella* sp. 1）

采自长江流域（南通段）

双菱藻（*Surirella* sp. 2）

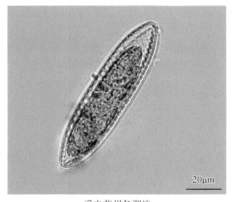

采自苏州各湖泊

双菱藻（*Surirella* sp. 3）

1）粗壮双菱藻（*Surirella robusta*）

形态特征：细胞两端异形；壳面卵形到椭圆形，上端的末端钝圆，下端的末端尖圆；龙骨发达，翼状突起清楚，翼发达，横肋纹呈放射状斜向中部，在10μm内0.6～1.5条；带面呈楔形。细胞长150～400μm，宽50～150μm。

生境：生长在稻田、水坑、池塘、湖泊、水库、河流、溪流、沼泽中。

采集地：辽河流域、苏州各湖泊、福建闽江流域、闽东南诸河流域、汀江流域、山东半岛流域（崂山水库）、太湖流域、嘉陵江流域（重庆段）。

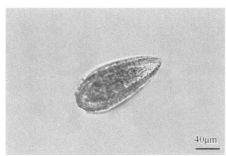

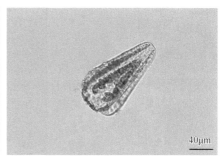

A. 采自苏州各湖泊　　　　　　　　　　　　B. 采自苏州各湖泊

引自《福建省大中型水库常见淡水藻类图集》

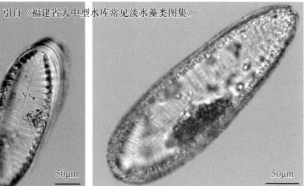

C. 采自闽东南诸河流域　　　　　　　　　　D. 采自闽东南诸河流域

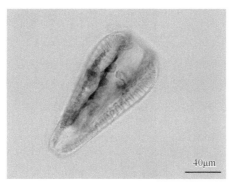

E. 采自苏州各湖泊

粗壮双菱藻（*Surirella robusta*）

2）端毛双菱藻（*Surirella capronii*）

形态特征：细胞两端异形、不等宽；壳面卵形，上端的末端钝圆形，下端的末端近圆形，上、下两端的中间具1个基部膨大的棘状凸起，上端大于下端，下端有时消失，棘状凸起顶端具1断刺；龙骨发达、宽，翼状突起明显；横肋纹略呈放射状斜向中部，在10μm内1.5～2条；带面广楔形。细胞长120～350μm，宽58～125μm。

生境：稻田、水坑、池塘、湖泊、河流、溪流、沼泽。

采集地：苏州各湖泊、福建闽江流域、闽东南诸河流域。

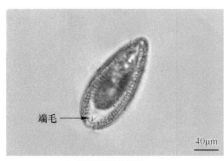

A. 采自苏州各湖泊

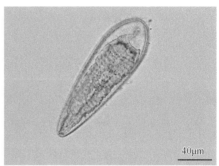

B. 采自苏州各湖泊

引自《福建省大中型水库常见淡水藻类图集》

C. 采自闽东南诸河流域

D. 采自苏州各湖泊

端毛双菱藻（*Surirella capronii*）

3）卵形双菱藻（*Surirella ovate*）

形态特征：细胞两端异形；壳面卵形，上端的末端钝圆，下端的末端尖圆；龙骨不发达，无翼状突起；横肋纹在10μm内3～7条，横线纹呈放射状斜向中部，在10μm内16～20条；带面略呈楔形。细胞长10～78μm，宽7～62μm。

生境：生长在稻田、水坑、池塘、湖泊、水库、河流等淡水水体中。

采集地：辽河流域。

引自《辽河流域藻类监测图鉴》

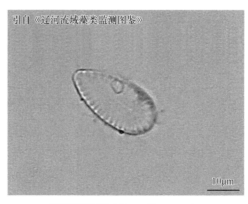

卵形双菱藻（*Surirella ovate*）

4）线形双菱藻（*Surirella linearis*）

形态特征：壳体带面观呈长方形，壁薄，末端圆角；壳面宽线形，两侧边缘平行或微凸；壳面长（20～）40～72（～125）μm，壳面宽9～15（～25）μm，末端钝圆或楔形。翼狭窄，翼状突起较明显；肋纹通常较狭窄，在10μm内有2或3条，几乎到达轴区，横线纹精细。

生境：淡水普生性种类。常出现在河流、湖泊、水库沿岸带及山区泉水中。

采集地：辽河流域、苏州各湖泊、福建闽江流域、闽东南诸河流域、山东半岛流域（崂山水库）、珠江流域（广州段）。

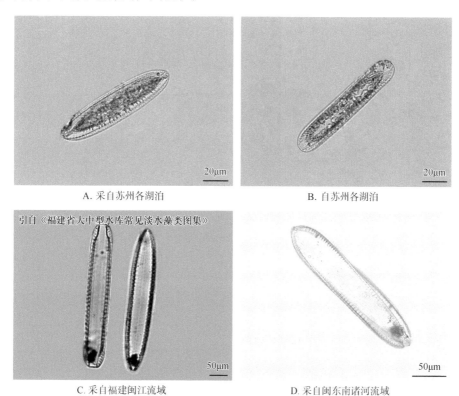

A. 采自苏州各湖泊

B. 自苏州各湖泊

C. 采自福建闽江流域

D. 采自闽东南诸河流域

E. 采自福建闽江流域、闽东南诸河流域

线形双菱藻（*Surirella linearis*）

5）螺旋双菱藻（*Surirella spiralis*）

形态特征：细胞两端异形；壳面线形椭圆形，两端逐渐狭窄，呈楔形，末端钝圆；

翼状突起清楚；横肋纹呈放射状斜向中部，在10μm内1.5～5条，横线纹在10μm内15～18条；带面呈"8"字形。细胞长50～200μm，宽25～91μm。

生境： 生长在稻田、水坑、池塘、湖泊、水库、溪流、河流、沼泽中。

采集地： 福建闽江流域、闽东南诸河流域。

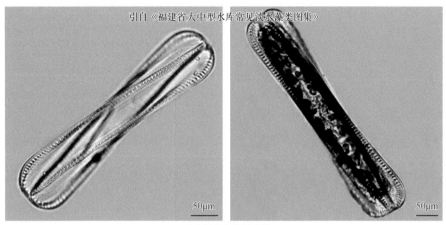

引自《福建省大中型水库常见淡水藻类图集》

采自闽东南诸河流域

螺旋双菱藻（*Surirella spiralis*）

6）粗壮双菱藻华彩变种（*Surirella robusta* var. *splendida*）

形态特征： 此变种与原变种的不同为细胞细小，横肋纹较细和排列紧密，在10μm内1.2～2.5条。细胞长75～250μm，宽28～60μm。

生境： 生长在水坑、池塘、湖泊、河流、溪流、沼泽中。

采集地： 苏州各湖泊、山东半岛流域（崂山水库）。

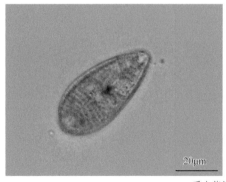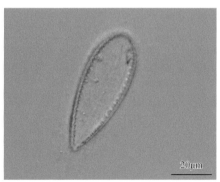

采自苏州各湖泊

粗壮双菱藻华彩变种（*Surirella robusta* var. *splendida*）

7）窄双菱藻（*Surirella angusta*）

形态特征： 壳体等极或稍异极，带面线形矩形；壳面线形，末端楔形；壳缘具假漏斗结构，其上有细密的线纹，光镜下看不清。龙骨突有50～80个/100μm。细胞长16～50μm，宽6～10μm。

采集地： 辽河流域。

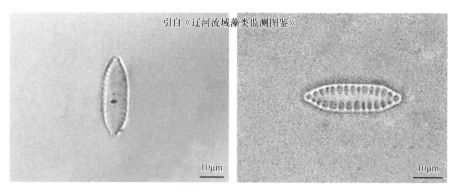

窄双菱藻（*Surirella angusta*）

8）泰特尼斯双菱藻（*Surirella tientsinensis*）

形态特征：壳面线形，两侧明显凹入，两端宽圆；龙骨突有60个/100μm；横线纹在光镜下看不清楚。细胞长44～60μm，宽10～13μm。

采集地：太湖流域。

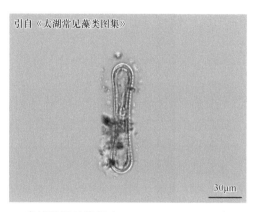

泰特尼斯双菱藻（*Surirella tientsinensis*）

第十五章

裸藻门（Euglenophyta）

多数裸藻为单细胞，具鞭毛的运动个体，仅少数种类具胶质柄，营固着生活。细胞呈纺锤形、圆柱形、卵圆形等。细胞裸露，无细胞壁。细胞质外层特化为表质，表质较坚硬的种类，细胞可保持一定形态；表质柔软的种类，细胞常会变形。表质光滑或具纵行、螺旋形的线纹、点纹或肋纹。有的种类细胞外具囊壳，囊壳常因铁质沉淀量不同而呈现不同的颜色。囊壳表面或光滑无纹饰或常具各种纹饰。裸藻细胞构造较复杂。细胞前端由胞口与外界相通，胞口下狭形颈部为胞咽，胞咽下方膨大为储蓄泡，储蓄泡周围有1至几个伸缩泡。有些无色素的种类，胞咽附近有呈棒状的杆状器，鞭毛1或2条，罕为3条，有的种类细胞前端具1橘红色眼点，多数种类无眼点。裸藻的色素有叶绿素a、叶绿素b和β-胡萝卜素等，植物体大多呈绿色，少数种类具特殊的裸藻红素，植物体呈血红色。色素体形状一般为盘状、片状或星芒状，蛋白核或有或无。贮存物质为副淀粉（裸藻淀粉），有些种类也有脂肪。副淀粉是一种遇碘不变色的非水溶性多糖类，反光性很强，具同心层理结构，有球形、盘形、环形、杆形或其他形状。裸藻的生殖方式主要是细胞纵分裂，细胞核先分裂，然后原生质体自前向后分裂，有些种类可形成孢囊，孢囊有保护孢囊、休眠孢囊及生殖孢囊之分，前两者当外界条件不良时形成，等环境好转再进行分裂。后者具弹性和渗透作用的外膜，可分裂成32个或64个子细胞。裸藻类主要分布于淡水水体，仅少数生活于沿岸水域。多喜欢生活在含有机物质丰富的静水小水体中，在阳光充足的温暖季节常大量生殖，形成绿色膜状、血红膜状或褐色云彩状水华。裸藻属、囊裸藻属是淡水中极为常见的种类，有些种类亦可在北方冰下水体中形成优势种群。无色种类在污水处理中常见的有袋鞭藻属、变胞藻属等，对污水具有一定的净化作用。血红裸藻可在养鱼池大量繁殖，是肥水、好水的标志，可作为某些滤食性鱼类的饵料。

一、裸藻纲（Euglenophyceae）

形态特征与门相同。

（一）裸藻目（Euglenales）

形态特征与门相同。

1. 双鞭藻科（Eutreptiaceae）

细胞多数或多或少呈纺锤形，少数为其他形状。表质多数柔软而使形状易变且具裸藻状蠕动，少数硬化而形状固定。鞭毛2条，几乎等长或不等长，但等粗，能整体活跃摆动。游泳鞭毛伸向前方运动，拖曳鞭毛弯向一侧或后方运动，但都不保持直向。色素体存在或缺乏。眼点和鞭毛隆体在绿色种类中存在，在无色种类中缺乏。营养方式有光合自养或渗透性的腐生营养。

（1）双鞭藻属（Eutreptia）

形态特征： 细胞变形，常为纺锤形或棍棒形。表质具螺旋形线纹。色素体圆盘形，多数，无蛋白核，或色素体由众多"条带"辐射状排列呈星芒状，单个，具蛋白核。副淀粉粒小，呈球形或杆形，数量不等。鞭毛2条，几乎等长。具眼点。主要是咸水产和海产，淡水中也有分布。

采集地： 辽河流域。

1）普蒂双鞭藻（Eutreptia pertyi）

形态特征： 细胞形状多变，常呈纺锤形、椭圆形或长矩圆形，前端狭圆形或宽圆形，后端渐细呈尾形，尾端钝尖。表质具细密的线纹，线纹自左上向右下旋转。色素体呈星芒状，具众多色素体条带，自中心向外呈辐射状排列，中心为蛋白核，蛋白核由于副淀粉粒的掩盖而不能见到。副淀粉粒小，圆球形，多数，常集中在细胞中部。鞭毛2条，略同体长相等。眼点明显。核后位。细胞长33～52μm，宽13～19μm。

生境： 生长在含盐量高的盐池或海边小水体中。

采集地： 辽河流域。

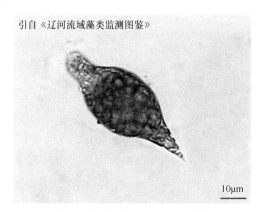

引自《辽河流域藻类监测图鉴》

10μm

普蒂双鞭藻（Eutreptia pertyi）

2.裸藻科（Euglenaceae）

细胞形状多样。表质有的柔软而使形状易变且具裸藻状蠕动，有的硬化而形状固定。鞭毛仅1条伸出体外，能整体活跃摆动，另1条已退化呈残根保留在"沟-泡"内。色素体多数存在，少数缺乏。眼点和鞭毛隆体在绿色种类中存在，在无色种类中多数缺乏而少数存在。营养方式有光合自养或渗透性的腐生营养。

（1）裸藻属（*Euglena*）

　　形态特征：细胞形状多少能变，多为纺锤形或圆柱形，横切面圆形或椭圆形，后端多少延伸成尾状或具尾刺。表质柔软或半硬化，具螺旋形旋转排列的线纹。色素体1至多个，呈星形、盾形或盘形，蛋白核有或无。副淀粉粒呈小颗粒状，数量不等；或为定形大颗粒，2至多个。细胞核较大，中位或后位。鞭毛单条。眼点明显。多数具明显的裸藻状蠕动，少数不明显。

　　采集地：辽河流域、东湖、福建闽江流域、闽东南诸河流域、汀江流域、丹江口水库、苏州各湖泊、太湖流域、山东半岛流域（崂山水库）、长江流域（南通段）、嘉陵江流域（重庆段）、珠江流域（广州段）。

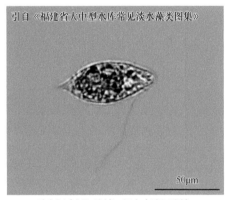

引自《福建省大中型水库常见淡水藻类图集》

50μm

采自福建闽江流域、闽东南诸河流域

裸藻（*Euglena* sp. 1）

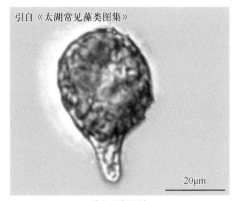

引自《太湖常见藻类图集》

20μm

采自太湖流域

裸藻（*Euglena* sp. 2）

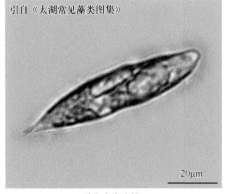

引自《太湖常见藻类图集》

20μm

采自太湖流域

裸藻（*Euglena* sp. 3）

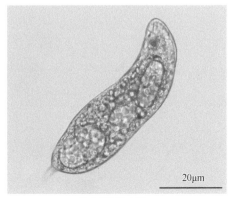

20μm

采自丹江口水库

裸藻（*Euglena* sp. 4）

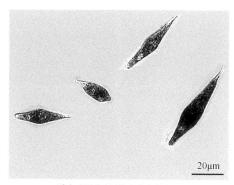

采自嘉陵江流域（重庆段）

裸藻（*Euglena* sp. 5）

1）绿色裸藻（*Euglena viridis*）

形态特征：细胞易变形，常为纺锤形或圆柱状纺锤形，前端圆形或斜截形，后端渐尖呈尾状。表质具自左向右的螺旋线纹，细密而明显。色素体星形，单个位于核的中部，具多个放射状排列的条带，长度不等，中央具副淀粉粒的蛋白核，蛋白核较小。副淀粉粒卵形或椭圆形，多数，大多集中在蛋白核周围。核常后位。鞭毛为体长的1～4倍。眼点明显，呈盘形。细胞长31～52μm，宽14～26μm。

生境：多生长在各种有机质丰富的小型静止水体中，大量繁殖时形成膜状水华。

采集地：苏州各湖泊、辽河流域。

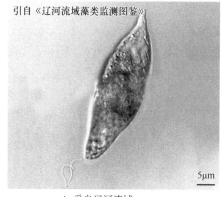

引自《辽河流域藻类监测图鉴》

A. 采自辽河流域

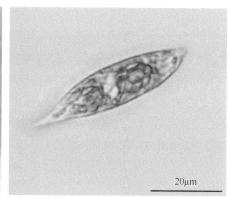

B. 采自苏州各湖泊

绿色裸藻（*Euglena viridis*）

2）血红裸藻（*Euglena sanguinea*）

形态特征：细胞易变形，常为圆柱状纺锤形，前端略斜截，后端渐尖呈尾状。表质具自左向右的螺旋线纹。色素体星形，多个，每一星形色素体由多个条带辐射排列而成，中央为具副淀粉鞘的蛋白核，色素体的条带在表质下与线纹近于平行并呈螺旋形排列。具裸藻红素。副淀粉粒多数，为卵形或短杆形小颗粒，分散在细胞内。核中位或中后位。鞭毛为体长的1～2倍。眼点明显，呈盘形。细胞长35～170μm，宽17～44μm。

生境：多分布于有机质丰富的水池、鱼塘中，常形成红色的膜状水华。

采集地：长江流域（南通段）、辽河流域、苏州各湖泊。

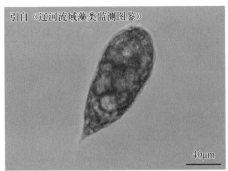

A. 采自长江流域（南通段）　　　　B. 采自辽河流域

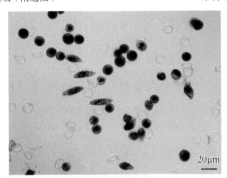

C. 采自苏州各湖泊

血红裸藻（*Euglena sanguinea*）

3）纤细裸藻（*Euglena gracilis*）

形态特征：细胞易变形，常为圆柱形到纺锤形，前端圆形或略斜截，较窄，后端圆形，具短尾突，有时渐尖呈尾状。表质具自左向右的螺旋线纹，有时线纹上具小颗粒。色素体圆盘形，边缘不整齐，但不呈瓣裂状，各具1个带副淀粉鞘的蛋白核。副淀粉粒为卵形或盘形小颗粒。核中位。鞭毛为体长的0.5～1倍。眼点明显。细胞长31～40μm，宽9～14μm。

生境：辽河流域广泛分布，常生长在各种静止水体、湖泊沿岸带及河流的缓流处。

采集地：辽河流域、苏州各湖泊。

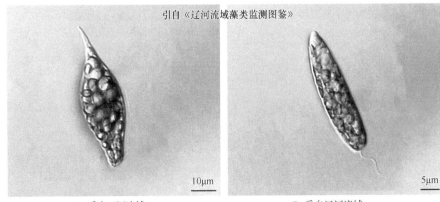

A. 采自辽河流域　　　　　　　　　B. 采自辽河流域

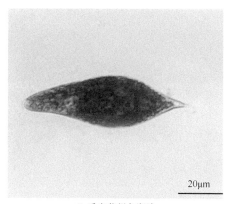 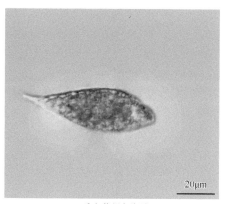

C. 采自苏州各湖泊　　　　　　　　　　D. 采自苏州各湖泊

纤细裸藻（*Euglena gracilis*）

4）多形裸藻（*Euglena polymorpha*）

形态特征：细胞易变形，常为圆柱状纺锤形或纺锤形，前端狭圆形且略斜截，后端渐细呈短尾状。表质具自左向右的螺旋线纹。色素体片状，4～10个或更多，边缘不整齐，呈裂瓣状，各具1个带副淀粉鞘的蛋白核。有时具裸藻红素。副淀粉粒为卵形或环形小颗粒，多数。核中位。鞭毛为体长的1～1.5倍。眼点深红色。细胞长70～87μm，宽7～25μm。

生境：水库、鱼池等水体中。

采集地：苏州各湖泊。

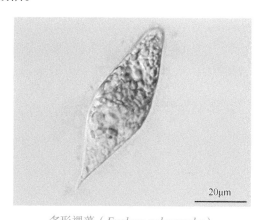

多形裸藻（*Euglena polymorpha*）

5）尾裸藻（*Euglena caudata*）

形态特征：细胞易变形，常为纺锤形，前端圆形，后端渐细呈尾状。表质具自左向右的螺旋线纹。色素体圆盘形，4～10个或更多，边缘不整齐，各具1个带副淀粉鞘的蛋白核。副淀粉粒为卵形或椭圆形小颗粒，多数。核中位。鞭毛为体长的1～1.5倍。眼点深红色。细胞长70～115μm，宽7～39μm。

生境：生长在各种静水体中。

采集地：苏州各湖泊、山东半岛流域（崂山水库）、福建闽江流域、闽东南诸河流域。

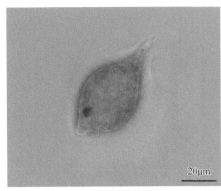

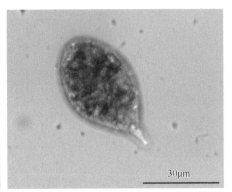

A. 采自苏州各湖泊　　　　　　　　B. 采自山东半岛流域（崂山水库）

尾裸藻（*Euglena caudata*）

6）带形裸藻（*Euglena ehrenbergii*）

形态特征：细胞易变形，常呈近带形，侧扁，有时呈扭曲状，前后两端圆形，有时截形。表质具自左向右的螺旋线纹。色素体小圆盘形，多数，无蛋白核。副淀粉粒常具1至多个呈杆形的大颗粒和许多呈卵形或杆形的小颗粒，有时仅有小颗粒而无大颗粒。核中位。鞭毛短，易脱落，为体长的1/16～1/2或更长。眼点明显，呈盘形。细胞长80～375μm，宽9～66μm。

生境：生长在有机质丰富的各种小水体中。

采集地：辽河流域、苏州各湖泊。

引自《辽河流域藻类监测图鉴》

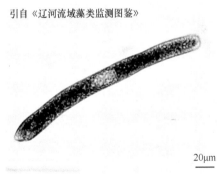

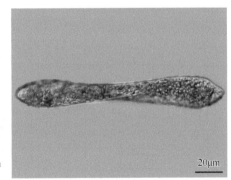

A. 采自辽河流域　　　　　　　　B. 采自苏州各湖泊

带形裸藻（*Euglena ehrenbergii*）

7）梭形裸藻（*Euglena acus*）

形态特征：细胞狭长纺锤形或圆柱形，略能变形，有时可呈扭曲状，前端狭窄呈圆形或截形，有时呈头状，后端渐细呈长尖尾刺。表质具自左向右的螺旋线纹，有时几成纵向。色素体小圆盘形或卵形，多数，无蛋白核。副淀粉粒较大，多数（常为十几个）长杆形，有时具卵形小颗粒。核中位。鞭毛较短，为体长的1/8～1/2。眼点明显，淡红色，呈盘形。细胞长60～195μm，宽5～28μm。

生境：生长在各种静止水体中。

采集地：辽河流域、苏州各湖泊、福建闽江流域、闽东南诸河流域、太湖流域、丹江口水库、山东半岛流域（崂山水库）、珠江流域（广州段）。

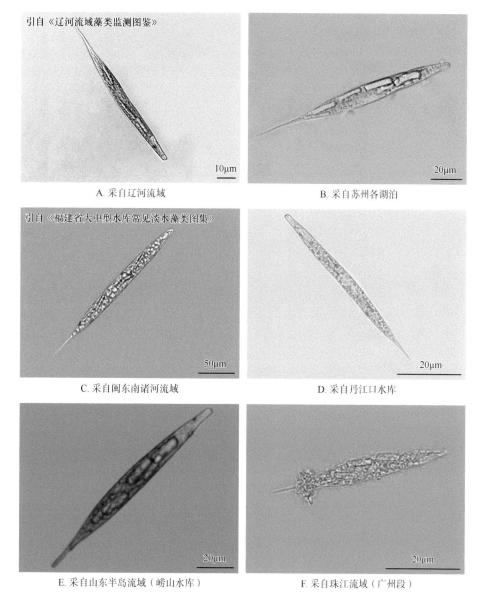

引自《辽河流域藻类监测图鉴》

10μm

A. 采自辽河流域

20μm

B. 采自苏州各湖泊

引自《福建省大中型水库常见淡水藻类图集》

50μm

C. 采自闽东南诸河流域

20μm

D. 采自丹江口水库

20μm

E. 采自山东半岛流域（崂山水库）

20μm

F. 采自珠江流域（广州段）

梭形裸藻（*Euglena acus*）

8）尖尾裸藻（*Euglena oxyuris*）

形态特征：细胞近圆柱形，稍侧扁，略变形，有时呈螺旋形扭曲，具窄的螺旋形纵沟，前端圆形或平截形，有时略呈头状，后端收缢成尖尾刺。表质具自右向左的螺旋线纹。色素体小盘形，多数，无蛋白核。副淀粉粒2个大的（有时多个）呈环形，分别位于核的前后两端，其余的为杆形、卵形或环形小颗粒。核中位。鞭毛为体长的1/4～1/2。眼点明显。细胞长100～450μm，宽16～61μm。

生境：广泛分布于各种静水体中。

采集地：苏州各湖泊、太湖流域、山东半岛流域（崂山水库）、珠江流域（广州段）、福建闽江流域、闽东南诸河流域、嘉陵江流域（重庆段）。

引自《太湖常见藻类图集》

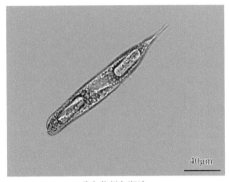 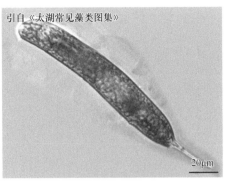

A. 采自苏州各湖泊　　　　　　　　　　　B. 采自太湖流域

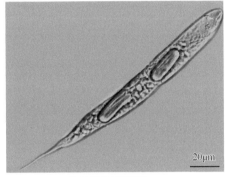 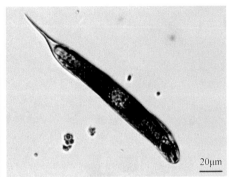

C. 采自苏州各湖泊　　　　　　　　　D. 采自山东半岛流域（崂山水库）

30μm

E. 采自珠江流域（广州段）

尖尾裸藻（*Euglena oxyuris*）

9）三棱裸藻（*Euglena tripteris*）

形态特征：细胞长，三棱形，略能变形，常沿纵轴扭转，有时直向不扭转，前端钝圆或呈角锥形，后端渐细或收缢成尖尾刺，横切面为三角形。表质具几乎纵向或自左向右的螺旋线纹。色素体小盘形或卵形，多数，无蛋白核。副淀粉粒2个大的呈长杆形，分别位于核的前后两端，少数位于核的一侧，其余的为卵形或杆形小颗粒。核中位。鞭毛为体长的1/8～1/2或更长。眼点明显，桃红色，表玻形或盘形。细胞长55～220μm，宽8～28μm。

生境：生长在各种静止水体中。

采集地：苏州各湖泊、福建闽江流域、闽东南诸河流域、丹江口水库。

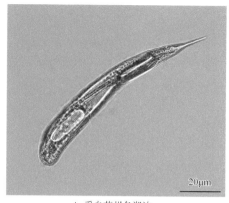

A. 采自苏州各湖泊

引自《福建省大中型水库常见淡水藻类图集》

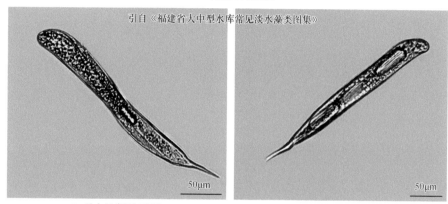

B. 采自福建闽江流域　　　　　　　　　　C. 采自福建闽江流域

三棱裸藻（*Euglena tripteris*）

（2）柄裸藻属（*Colacium*）

　　形态特征：淡水产。细胞前端具1胶柄，附生在其他浮游生物体上（如枝角类、轮虫、团藻和囊裸藻等），单细胞或连成不定形群体或树状群体。色素体圆盘形，多数，有或无蛋白核。具明显的食道和眼点。生殖时可形成单鞭毛的游动细胞。

　　采集地：辽河流域、松花江流域。

1）囊形柄裸藻（*Colacium vesiculosum*）

　　形态特征：细胞卵形或卵圆形，有的呈纺锤形，前端窄，后端宽，胶柄较短而粗，呈二分叉，单个或多个连成不定形群体。表质线纹不明显。色素体圆盘形，较大，直径为8～10μm，无蛋白核。副淀粉粒呈椭圆形，较小，多少不定，分散在细胞内。游动细胞的鞭毛为体长的1～2倍。眼点小。细胞长16～32μm，宽8～20μm。

　　生境：湖泊、池塘、水沟、河流。

　　采集地：辽河流域、松花江流域。

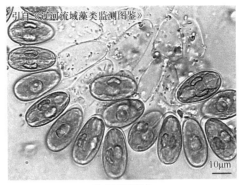

引自《辽河流域藻类监测图鉴》

采自辽河流域

囊形柄裸藻（*Colacium vesiculosum*）

2）树状柄裸藻（*Colacium arbuscula*）

形态特征：细胞椭圆形或椭圆状圆柱形，胶柄常呈多次双分叉，连成树状群体。表质具自左向右的螺旋形线纹。色素体圆盘形，多数，无蛋白核。副淀粉呈椭圆形的小颗粒，数量多少不等。细胞长15～32μm，宽8～12μm。

生境：湖泊、池塘、水沟、河流。

采集地：松花江流域。

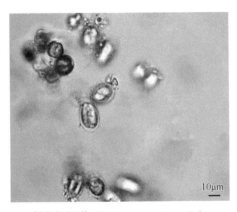

树状柄裸藻（*Colacium arbuscula*）

（3）囊裸藻属（*Trachelomonas*）

形态特征：细胞外具囊壳，囊壳球形、卵形、椭圆形、圆柱形或纺锤形等；囊壳表面光滑或具点纹、孔纹、颗粒、网纹、棘刺等纹饰；囊壳无色，由于铁质沉积而呈黄色、橙色或褐色，透明或不透明；囊壳的前端具圆形的鞭毛孔，有或无领，有或无环状加厚圈；囊壳内的原生质体裸露无壁，其他特征与裸藻属相似。种类很多，广泛分布于各种水体中，当它们大量生长繁殖时，可使水呈黄褐色。

采集地：东湖、福建闽江流域、闽东南诸河流域、汀江流域、太湖流域、辽河流域、苏州各湖泊、松花江流域、山东半岛流域（崂山水库）、嘉陵江流域（重庆段）。

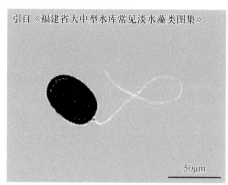

引自《福建省大中型水库常见淡水藻类图集》

50μm

采自福建闽江流域、闽东南诸河流域、汀江流域

囊裸藻（*Trachelomonas* sp. 1）

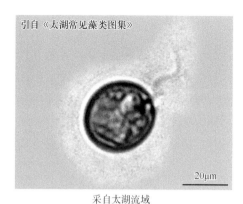

引自《太湖常见藻类图集》

20μm

采自太湖流域

囊裸藻（*Trachelomonas* sp. 2）

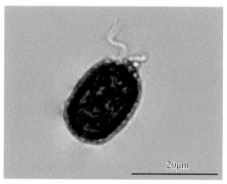

20μm

采自苏州各湖泊

囊裸藻（*Trachelomonas* sp. 3）

20μm

采自苏州各湖泊

囊裸藻（*Trachelomonas* sp. 4）

1）旋转囊裸藻（*Trachelomonas volvocina*）

形态特征：囊壳球形；表面光滑。黄色、黄褐色或红褐色，略透明。鞭毛孔有或无环状加厚圈，少数具低领；鞭毛为体长的2～3倍。囊壳直径为10～25μm。

生境：分布广泛的常见种，大量繁殖时，使水呈黄褐色。

采集地：福建闽江流域、闽东南诸河流域、汀江流域。

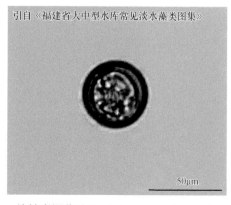

引自《福建省大中型水库常见淡水藻类图集》

50μm

旋转囊裸藻（*Trachelomonas volvocina*）

2）矩圆囊裸藻（*Trachelomonas oblonga*）

形态特征：囊壳椭圆形，表面光滑；鞭毛孔有或无环状加厚圈，少数具领状突起；黄色、黄褐色或红褐色，囊壳长12～20μm，宽10～15μm。

生境：水沟、沼泽、池塘、湖泊、水库。

采集地：苏州各湖泊、福建闽江流域、闽东南诸河流域、汀江流域。

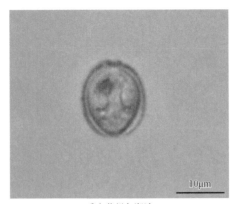

采自苏州各湖泊

矩圆囊裸藻（*Trachelomonas oblonga*）

3）糙纹囊裸藻（*Trachelomonas scabra*）

形态特征：囊壳椭圆形，有时后端略窄；表面粗糙，具不规则的颗粒。鞭毛孔具直领，较宽，领口平截，有时斜截或略扩展。浅黄色或黄褐色。囊壳长29～33μm，宽15～24μm；领高3～4μm，领宽9～10μm。

生境：沼泽、水沟、池塘、湖泊、鱼池、稻田和水库。

采集地：辽河流域、福建闽江流域、闽东南诸河流域。

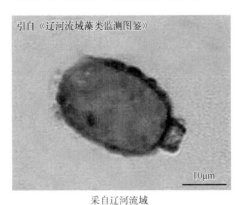

引自《辽河流域藻类监测图鉴》

采自辽河流域

糙纹囊裸藻（*Trachelomonas scabra*）

4）芒刺囊裸藻（*Trachelomonas spinulosa*）

形态特征：囊壳椭圆形；表面具密集细芒刺。鞭毛孔具直领，领口略开展，具齿刻。囊壳长20～33μm，宽15～26μm；领高3.5μm，领宽7μm。

生境：水池、湖泊、水库等静水水体及小水体中。

采集地：辽河流域、山东半岛流域（崂山水库）、闽东南诸河流域。

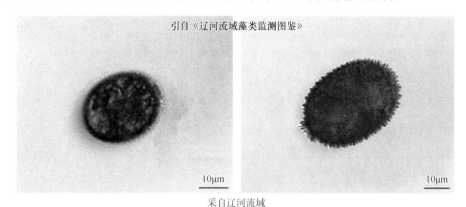

引自《辽河流域藻类监测图鉴》

采自辽河流域

芒刺囊裸藻（*Trachelomonas spinulosa*）

5）棘刺囊裸藻（*Trachelomonas hispida*）

形态特征：囊壳椭圆形，表面具锥形短刺或乳突，排列规则或不规则，密集或稀疏，刺或突起间常具点纹。鞭毛孔有或无环状加厚圈，少数具低领。黄褐色或红褐色。鞭毛为体长的1.5～2倍。囊壳长25～42μm，宽15～32μm。

生境：水沟、沼泽、池塘、湖泊、水库。

采集地：苏州各湖泊、松花江流域、福建闽江流域、闽东南诸河流域。

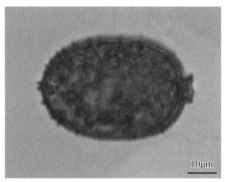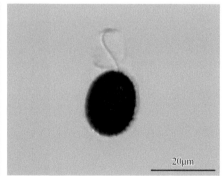

采自苏州各湖泊

棘刺囊裸藻（*Trachelomonas hispida*）

6）尾棘囊裸藻（*Trachelomonas armata*）

形态特征：囊壳椭圆形或卵圆形，前端窄，后端宽圆；表面光滑或具密集的点纹，后端具1圈长锥刺，8～11根，略向内弯，长度为1～9μm，有时呈乳头状突起。鞭毛孔有或无环状加厚圈，有时具领状突起或低领，领口平截或具细齿刻。透明或黄褐色。鞭毛约为体长的2倍。囊壳长32～40μm（不包括刺长），宽24～30μm。

生境：池塘、沼泽、湖泊、鱼池。

采集地：闽东南诸河流域、松花江流域。

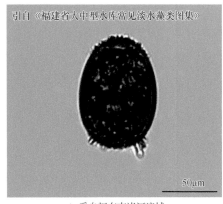

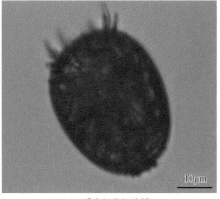

A. 采自闽东南诸河流域　　　　　　　　　　　B. 采自松花江流域

尾棘囊裸藻（*Trachelomonas armata*）

（4）陀螺藻属（*Strombomonas*）

　　形态特征：细胞具囊壳，囊壳较薄，前端逐渐收缩呈1长领，领与壳囊体之间无明显界线，多数种类的后端渐尖，呈1长尾刺。囊壳的表面光滑或具皱纹，无囊裸藻那样多的纹饰。原生质体特征与裸藻属相同。

　　采集地：福建闽江流域、闽东南诸河流域、长江流域（南通段）、松花江流域、苏州各湖泊。

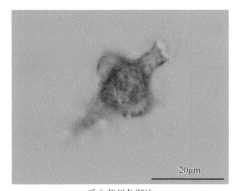

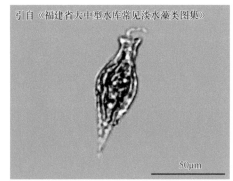

采自苏州各湖泊　　　　　　　　　　　　　采自福建闽江流域、闽东南诸河流域

陀螺藻（*Strombomonas* sp. 1）　　　　　　陀螺藻（*Strombomonas* sp. 2）

1）河生陀螺藻（*Strombomonas fluviatilis*）

　　形态特征：囊壳椭圆形或宽纺锤形，前端具圆柱形的直领，领口平截或斜截，具细齿刻，后端渐尖，呈短尖尾刺，直向或略弯；表面光滑或粗糙，有时具颗粒，稀疏而不规则。微黄或透明。囊壳长28～38μm，宽12～17μm；领高约5.5μm，领宽约4μm；尾刺长约4μm。

　　生境：湖边、稻田、鱼池。

　　采集地：苏州各湖泊。

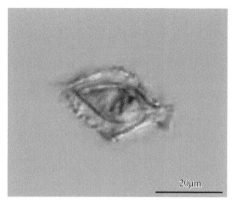

河生陀螺藻（*Strombomonas fluviatilis*）

2）剑尾陀螺藻（*Strombomonas ensifera*）

形态特征：囊壳长菱形，中部两侧常呈三角形或宽圆形，前端具长领，领口平截或斜截，后端渐尖，呈直而长的尖尾刺，粗壮，中空，具1横隔；表面光滑，有时粗糙。透明或淡褐色。囊壳长65～134μm，宽36～55μm；领宽8～10μm；尾刺长13～70μm。

生境：藕塘、静水沟。

采集地：长江流域（南通段）、松花江流域、苏州各湖泊。

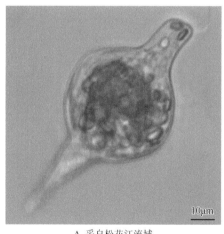

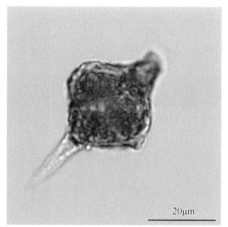

A. 采自松花江流域　　　　　　　　　　B. 采自苏州各湖泊

剑尾陀螺藻（*Strombomonas ensifera*）

（5）鳞孔藻属（*Lepocinclis*）

形态特征：细胞表质硬，形状固定，球形、卵形、椭圆形或纺锤形，辐射对称，横切面为圆形，后端多数呈渐尖形或具尾刺；表质具线纹或颗粒，纵向或螺旋形排列。色素体多数，呈盘状，无蛋白核；副淀粉常为2个大的，环形侧生。单鞭毛，具眼点。本属与裸藻属的区别是具有坚固的周质，因此它有稳定不变的外形。本属有些种是乙型中污带指示物种。

采集地：辽河流域、松花江流域、苏州各湖泊。

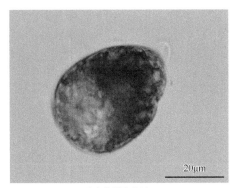

采自苏州各湖泊

鳞孔藻（*Lepocinclis* sp.）

1）喙状鳞孔藻（*Lepocinclis playfairiana*）

形态特征：细胞宽纺锤形，前端具两瓣不对称的唇片，呈喙状，后端延伸成圆柱形的长尾刺，略弯，长约为体长的1/3；表质光滑，或具不明显的螺旋形线纹.副淀粉2个，较大，环形，有时具卵形的小颗粒。鞭毛略短于体长。核近中央位。细胞长32～50μm，宽17～28μm；尾刺长10～16μm。

生境：池塘、水坑、河流。

采集地：辽河流域。

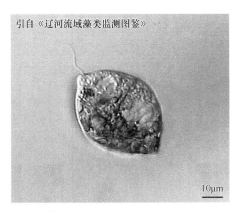

引自《辽河流域藻类监测图鉴》

喙状鳞孔藻（*Lepocinclis playfairiana*）

2）秋鳞孔藻（*Lepocinclis autumnalis*）

形态特征：细胞纺锤形，前端突出，平截，或呈"V"字形凹入，后端渐缩成1圆柱形的长尾刺；表质具自左向右螺旋形排列的线纹或颗粒。副淀粉2个，较大，环形，侧生，有时还具一些卵形或杆形的小颗粒。鞭毛约与体长相等。核后位或中位。细胞长36～43μm，宽15～23μm；尾刺长7～9μm，前端突出3～5μm。

生境：池塘、水库等静水水体中。

采集地：辽河流域。

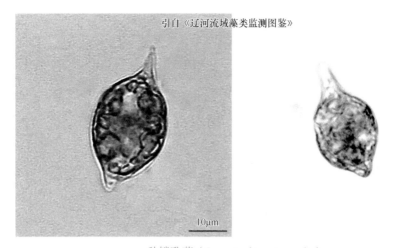

引自《辽河流域藻类监测图鉴》

10μm

10μm

秋鳞孔藻（*Lepocinclis autumnalis*）

（6）扁裸藻属（*Phacus*）

　　形态特征：细胞表质硬，形状固定，扁平，正面观一般呈圆形、卵形或椭圆形，有的呈螺旋形扭转，顶端具纵沟，后端多数呈尾状；表质具纵向或螺旋形排列的线纹、点纹或颗粒。绝大多数种类的色素体呈盘状，多数，无蛋白核；副淀粉较大，有环形、假环形、圆盘形、球形、线轴形或哑铃形等各种形状，常为1至数个，有时还有一些球形、卵形或杆形的小颗粒。单鞭毛，具眼点。许多种类喜生活在池塘和积水潭中。

　　采集地：苏州各湖泊、长江流域（南通段）、辽河流域、福建闽江流域、闽东南诸河流域、太湖流域、山东半岛流域（崂山水库）、松花江流域、珠江流域（广州段）、嘉陵江流域（重庆段）。

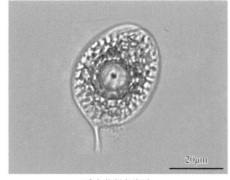

20μm

采自苏州各湖泊

扁裸藻（*Phacus* sp. 1）

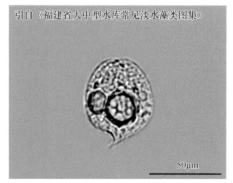

引自《福建省大中型水库常见淡水藻类图集》

50μm

采自福建闽江流域、闽东南诸河流域

扁裸藻（*Phacus* sp. 2）

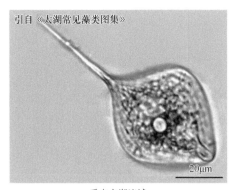

引自《太湖常见藻类图集》

采自太湖流域

扁裸藻（*Phacus* sp. 3）

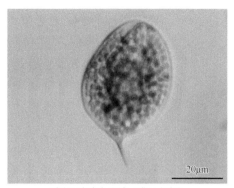

采自山东半岛流域（崂山水库）

扁裸藻（*Phacus* sp. 4）

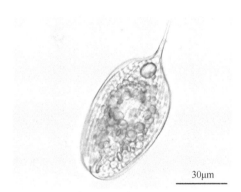

采自珠江流域（广州段）

扁裸藻（*Phacus* sp. 5）

1）哑铃扁裸藻（*Phacus peteloti*）

形态特征：细胞宽卵形或近圆形，有时形状不规则，较厚，前端略窄圆形，顶沟短或达中后端，宽圆，具短尾刺，尖锐并向侧呈钩状弯曲；表质具纵线纹。副淀粉1个，较大哑铃形或线轴形，有时还有1至数个小颗粒，环形或球形。鞭毛约与体长相等。细胞长32～40μm，宽23～30μm，厚9～17μm；尾刺长3～4μm。

生境：池塘等小水体。

采集地：山东半岛流域（崂山水库）。

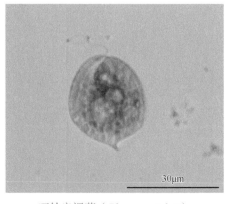

哑铃扁裸藻（*Phacus peteloti*）

2）钩状扁裸藻（*Phacus hamatus*）

形态特征：细胞长卵形，前端明显狭窄，后端较宽呈圆形，具尖尾刺，向一侧呈钩状弯曲；表质具纵线纹。副淀粉2个，较大，常呈同心相叠的假环形，有时有一些卵形的小颗粒。鞭毛约为体长的3/4。细胞长38～55μm，宽25～35μm，厚17μm；尾刺长约10μm。

生境：各种静止水体。

采集地：苏州各湖泊、长江流域（南通段）。

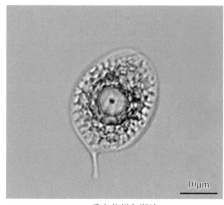 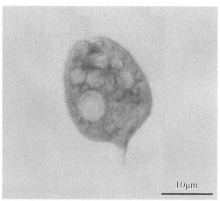

A. 采自苏州各湖泊　　　　　　　　B. 采自长江流域（南通段）

钩状扁裸藻（*Phacus hamatus*）

3）琵鹭扁裸藻（*Phacus platalea*）

形态特征：细胞显著扁平，宽卵形，两端呈圆形，前端略窄，后端具粗壮的尖尾刺，向一侧偏斜；表质具纵线纹。副淀粉1个，较大，呈圆盘形。细胞长46～56μm，宽32～35μm；尾刺长12～15μm。

生境：河流、水沟、池塘、水田等。

采集地：松花江流域。

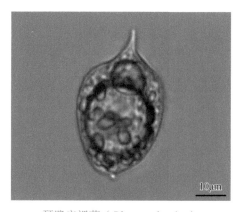

琵鹭扁裸藻（*Phacus platalea*）

4）三棱扁裸藻（*Phacus triqueter*）

形态特征：细胞长卵形，两端宽圆，前端略窄，后端具尖尾刺，向一侧弯曲，具龙骨状的背脊突起，高而尖，伸至后部，顶面观呈三棱形，腹面呈弧形或近平直；表质具纵线纹。副淀粉1或2个，较大，环形或圆盘形。鞭毛约与体长相等。细胞长37～68μm，宽30～45μm；尾刺长11～14μm。

生境： 水池、水洼、水库。

采集地： 苏州各湖泊、福建闽江流域、嘉陵江流域（重庆段）。

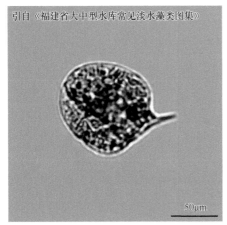

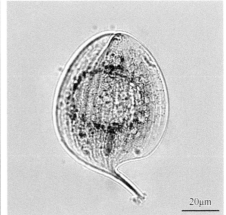

A. 采自福建闽江流域

B. 采自苏州各湖泊

三棱扁裸藻（*Phacus triqueter*）

5）扭曲扁裸藻（*Phacus tortus*）

形态特征： 细胞沿纵轴呈螺旋形扭转约1周，后端渐窄，呈1长而直的尖尾刺，有时略弯；表质具纵线纹。副淀粉1至数个，呈球形、环形或哑铃形。鞭毛约与体长相等。细胞长69～112μm，宽34～52μm；尾刺长17μm。

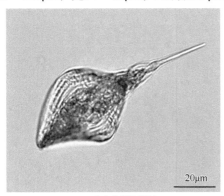

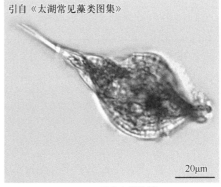

A. 采自苏州各湖泊

B. 采自太湖流域

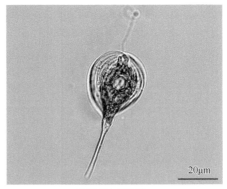

C. 采自太湖流域

扭曲扁裸藻（*Phacus tortus*）

生境：河流、池塘、水沟、水洼等。

采集地：苏州各湖泊、太湖流域。

6）旋形扁裸藻（*Phacus helicoides*）

形态特征：细胞沿纵轴旋转约2周，呈螺旋形，前端窄，具两叉状的唇片，后端渐细，呈1直而长的尖尾刺；表质具纵线纹，随细胞扭曲方向旋转。副淀粉1个，环形。细胞长70～120μm，宽30～54μm；尾刺长32μm。

生境：较肥沃的静止水体。

采集地：苏州各湖泊、山东半岛流域（崂山水库）。

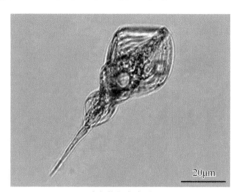

采自苏州各湖泊

旋形扁裸藻（*Phacus helicoides*）

7）长尾扁裸藻（*Phacus longicauda*）

形态特征：细胞宽卵形或梨形，前端宽圆，后端渐细，呈1细长的尖尾刺，直向或略弯曲；表质具纵线纹。副淀粉1至数个，较大，环形或圆盘形，有时有一些圆形或椭圆形的小颗粒。鞭毛约与体长相等。细胞长85～170μm，宽40～70μm；尾刺长45～88μm。

生境：各种水体。

采集地：苏州各湖泊、福建闽江流域、闽东南诸河流域、长江流域（南通段）、山东半岛流域（崂山水库）、嘉陵江流域（重庆段）、太湖流域。

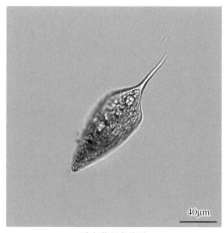

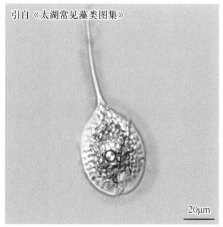

引自《太湖常见藻类图集》

A. 采自苏州各湖泊　　　　　　　　　　　　B. 采自太湖流域

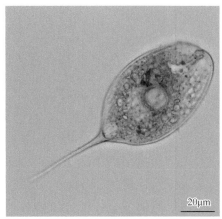

引自《福建省大中型水库常见淡水藻类图集》

20μm

50μm

C. 采自苏州各湖泊　　　　　　　D. 采自闽东南诸河流域

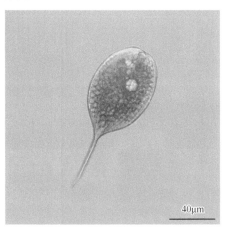

40μm

E. 采自长江流域（南通段）

长尾扁裸藻（*Phacus longicauda*）

8）梨形扁裸藻（*Phacus pyrum*）

形态特征： 细胞梨形，前端宽圆，顶端的中央微凹，后端渐细，呈1尖尾刺，直向或略弯曲，顶面观呈圆形；表质具7～9条肋纹，自左向右螺旋形排列。副淀粉2个，呈中间隆起的圆盘形，位于两侧，紧靠表质。鞭毛为体长的1/2～2/3。细胞长30～55μm，宽13～21μm；尾刺长12～14μm。

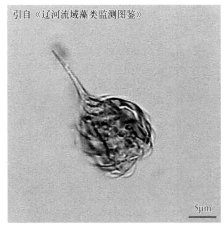

引自《辽河流域藻类监测图鉴》

5μm

20μm

A. 采自辽河流域　　　　　　　B. 采自苏州各湖泊

梨形扁裸藻（*Phacus pyrum*）

生境：河流、水池、水洼等水体。

采集地：辽河流域、苏州各湖泊、山东半岛流域（崂山水库）。

（7）变胞藻属（*Astasia*）

形态特征：细胞多数形态易变。有的仅略变，常呈纺锤形或圆柱形。表质具线纹。副淀粉粒的大小和数目因种而异。单鞭毛。无色素体。绝大多数为腐生性营养，罕为动物性的吞噬营养。

采集地：苏州各湖泊。

1）尾变胞藻（*Astasia klebsii*）

形态特征：细胞形状易变，常为纺锤形，前端平截或圆形，后端渐细并延伸成杆形或尖细的长尾。表质具不明显的螺旋形线纹，常不易见到。副淀粉粒小，杆形或卵圆形，分散在细胞内。鞭毛约与体长相等或略长。核中位，细胞长50～60μm，宽10～20μm。

生境：污水池、池塘。

采集地：苏州各湖泊。

第十六章

甲藻门（Dinophyta）

甲藻门绝大多数种类为单细胞，丝状的极少。细胞球形到针状，背腹扁平或左右侧扁；细胞裸露或具细胞壁，壁薄或厚而硬。纵裂甲藻类，细胞壁由左右2片组成，无纵沟或横沟。横裂甲藻类壳壁由许多小板片组成；板片有时具角、刺或乳头状突起，板片表面常具圆孔纹或窝孔纹。具2条鞭毛，可运动，细胞呈球形、卵形、针形至多角形等。甲藻分布十分广泛，海水、淡水、半咸水均有分布。多数种类生活于海洋中，几乎遍及世界各大海区，是海洋浮游生物的一个重要类群，在海洋生态系统中占有重要的地位。甲藻能通过光合作用，合成大量有机物，其产量可作为反映海洋生产力的指标。

一、甲藻纲（Dinophyceae）

根据Popovsky和Pfiester分类系统，本纲分为5亚纲。我国已报道的淡水甲藻类均属于甲藻亚纲。

（一）多甲藻目（Peridiniales）

单细胞，有时数个细胞连成链状群体，常具色素体，鲜绿色、黄色、褐色，细胞具明显的纵沟和横沟。具2条鞭毛。细胞壁硬，由大小相等的六角形或四边形的板片或大小不等的较大的多角形的板片组成，许多类群的板片数目、形态和排列方式是多甲藻目分类的主要依据。依据以上特征分为4科。

1. 裸甲藻科（Gymnodiniaceae）

细胞裸露或具柔软周质体（膜），周质体上具成排的小点状纹饰，常缺乏色素体，具纵沟和横沟；有时细胞具胞质胶被。具眼点或无。自养或腐生或二者兼有。

（1）裸甲藻属（*Gymnodinium*）

形态特征：淡水种类细胞卵形到近圆球形，有时具小突起，大多数近两侧对称。细胞前（上）后（下）两端钝圆或顶端钝圆、末端狭窄；上锥部和下锥部大小相等，或上锥部较大或下锥部较大。多数背腹扁平，少数显著扁平。横沟明显，通常环绕细胞1周，常为左旋，右旋罕见；纵沟或深或浅，长度不等，有的仅位于下锥部，多数种类略向上锥部延伸。上壳面无龙骨突起，细胞裸露或具薄壁，薄壁由许多相同的六角形的小片组成；细胞表面多数平滑，罕见具条纹、沟纹或纵肋纹。色素体多个，金黄色、绿色、褐色或蓝色，盘状或棒状，周生或辐射状排列；有的种类无色素体；具眼点或无；有的种类具胶被。

采集地： 汉江、辽河流域、福建闽江流域、闽东南诸河流域、苏州各湖泊。

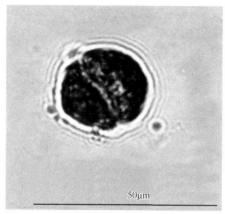

A. 采自汉江.

引自《福建省大中型水库常见淡水藻类图集》

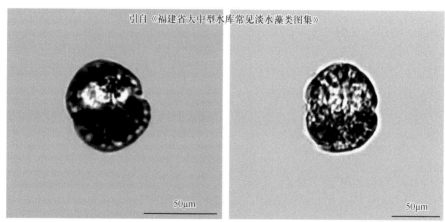

B. 采自福建闽江流域

C. 采自闽东南诸河流域

裸甲藻（*Gymnodinium* sp.）

1）裸甲藻（*Gymnodinium aeruginosum*）

形态特征： 细胞长形，背腹显著扁平。上锥部常比下锥部略大而狭，铃形，钝圆，下锥部也为铃形，稍宽，底部末端平，常具浅的凹入，横沟环状，深陷，沟边缘略凸出。纵沟宽，向上伸入上锥部，向下达下锥部末端。色素体多个，褐绿色、绿色，小盘状。无眼点。细胞长33~34（~40）μm，宽21~22（~35）μm。休眠时期具厚的胶被。

生境： 适应性较强，从贫营养型水体到富营养型水体均可生长。

采集地： 辽河流域。

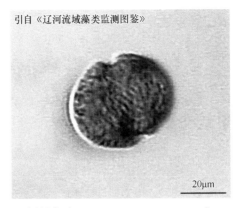

引自《辽河流域藻类监测图鉴》

20μm

裸甲藻（*Gymnodinium aeruginosum*）

（2）薄甲藻属（*Glenodinium*）

形态特征：细胞球形到长卵形，近两侧对称。横断面椭圆形或肾形，不侧扁；具明显的细胞壁，大多数为整块，少数由大小不等的多角形的板片组成，上壳板片数目不定，下壳规则的由5块沟后板和2块板底组成。板片表面通常平滑，无网状窝孔纹，有时具乳头状突起；横沟中间位或略偏于下壳，环状环绕，无或很少螺旋环绕；纵沟明显。色素体多个，盘状，金黄色到暗褐色。有的种类具眼点（位于纵沟处）。营养繁殖通常是细胞分裂。厚壁孢子球形、卵形或多角形，具硬壁。

采集地：辽河流域、苏州各湖泊、山东半岛流域（崂山水库）、福建闽江流域、闽东南诸河流域、汀江流域、太湖流域。

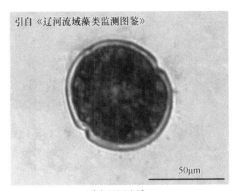

引自《辽河流域藻类监测图鉴》

50μm

采自辽河流域

薄甲藻（*Glenodinium* sp.）

1）薄甲藻（*Glenodinium pulvisculus*）

形态特征：细胞近球形，前后两端宽圆，后端有时较狭窄。上壳和下壳几乎相等。横沟略左旋，边缘略突出，纵沟直达末端。细胞壁薄。色素体多个，圆盘状，淡黄色。无眼点。

生境：常在春季和冬季温度低的水体中，真性浮游种类，分布广泛。

采集地：山东半岛流域（崂山水库）、辽河流域、太湖流域。

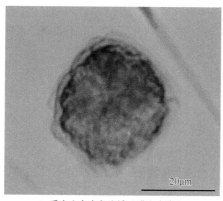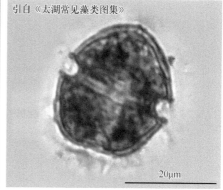

A. 采自山东半岛流域（崂山水库）　　　B. 采自太湖流域

薄甲藻（*Glenodinium pulvisculus*）

2. 沃氏甲藻科（Woloszynskiaceae）

细胞具薄的、由多数六角形小板片组成的小的壳，在上壳腹面常具龙骨突起，繁殖时沿此带裂开。

（1）沃氏甲藻属（*Woloszynskia*）

形态特征：略呈螺旋状环绕的横沟将细胞分成上锥部和下锥部；纵沟延伸至下锥部末端；细胞壁由很薄的、多数六角形小板片组成，具1个甲藻细胞核。部分种类具色素体，运动的和非运动的细胞可分裂形成2个动孢子。自养或动物式营养。

采集地：辽河流域。

1）伪沼泽沃氏甲藻（*Woloszynskia pseudopalustris*）

形态特征：细胞近球形或宽卵形，背腹略扁平，上锥部较下锥部大，上锥部顶端几乎为半圆形；下锥部末端显著凹入。上壳腹面横沟上沿具1指状龙骨突起，斜出伸向腹区。纵沟限制在下壳。细胞壁薄，透明。色素体多个，圆盘状、卵形，黄褐色，罕见红褐色。眼点小，位于腹区；细胞长（21～）26～42μm，宽（18～）21～34μm。

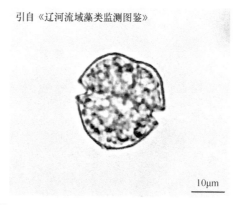

伪沼泽沃氏甲藻（*Woloszynskia pseudopalustris*）

生境：池塘等静止水体。

采集地：辽河流域。

3. 多甲藻科（Peridiniaceae）

多甲藻科是多甲藻目种类最多的1科。细胞球形、卵形、椭圆形，罕见螺旋形或透镜形，有的为长多角形。上壳板片的排列方式按一定规律变化，通常由12～14块板片组成。下壳板组成简单，由6或7块板片组成。上壳顶端具明显或不明显的顶孔，有的种类无顶孔。

（1）多甲藻属（*Peridinium*）

形态特征：淡水种类细胞常为球形、椭圆形到卵形，罕见多角形，略扁平，顶面观常呈肾形，背部明显凸出，腹部平直或凹入。纵沟、横沟显著，大多数种类横沟位于中间略下部分，多数为环状，也有左旋或右旋的，纵沟有的略伸向上壳，有的仅限制在下锥部，有的到达下锥部的末端，常向下逐渐加宽。沟边缘有时具刺状或乳头状突起。通常上锥部较长而狭，下锥部短而宽。有时顶极为尖形，具孔或无，有的种类底极显著凹陷。色素体常为多个，颗粒状，周生，黄绿色、黄褐色或褐红色。具眼点或无，有的种类具蛋白核。储藏物质为淀粉和油。细胞核大，圆形、卵形或肾形，位于细胞中部。已记载约200种。生活在淡水和海水中，有巨大的被甲，被甲由小板片集合组成。小板片表面有各种不同种类的分区；有乳头状、孔、刺、翼状突起等。海产的种类则常有1复杂的甲藻液泡系统。淡水种类较小（20～60μm），海产种类较大（达300μm）。海产种类与淡水种类的不同点是在其两极处有突起。

采集地：东湖、福建闽江流域、闽东南诸河流域、汀江流域、滇池流域、山东半岛流域（崂山水库）、辽河流域、苏州各湖泊、长江流域（南通段）。

1）二角多甲藻（*Peridinium bipes*）

形态特征：细胞卵形、梨形或球形，背腹扁平，具顶孔。横沟明显左旋。上壳和下壳大小不相等。纵沟向上明显伸入上壳，向下显著加宽，但不到达下壳末端。纵沟末端左右两边的板间带具2个短的、尖的、透明的翼状隆起，板片通常很厚，具明显的网状窝孔纹，板间带常很宽，具横纹，顶板较宽，具透明的梳状横纹（幼体则无）。色素体褐色，边缘位，细胞有时具油滴。细胞长40～60（～80～90）μm。宽略小于长。

生境：是湖泊、池塘广泛分布的常见种类。

采集地：苏州各湖泊。

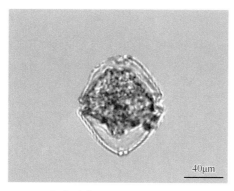

二角多甲藻（*Peridinium bipes*）

2）二角多甲藻神秘变种（*Peridinium bipes* var. *occultatum*）

采集地：福建闽江流域、闽东南诸河流域、汀江流域。

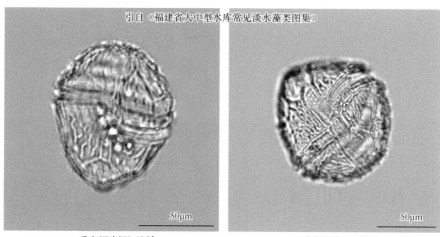

A. 采自福建闽江流域 　　　　B. 采自福建闽江流域

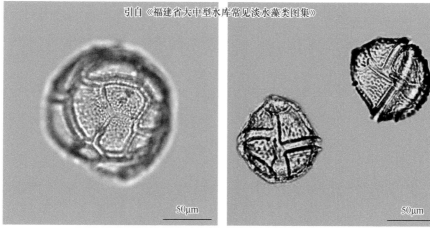

C. 采自闽东南诸河流域 　　　　D. 采自汀江流域

二角多甲藻神秘变种（*Peridinium bipes* var. *occultatum*）

3）楯形多甲藻（*Peridinium umbonatum*）

形态特征：细胞长卵形，背腹略扁平，具顶孔。上壳铃形，钝圆，显著大于下壳。横沟明显左旋；纵沟伸入上壳，向下显著或不显著扩大，但未到达下壳末端。下壳斜向凸出；底板多数大小相等；板间带宽，具横纹，板片常凸出，有时凹入，厚，具窝孔纹，窝孔纹纵向并行排列。色素体圆盘状，周生，褐色。细胞长25～35μm，宽21～32μm。生殖细胞球形或长形，壁坚硬。

生境：适应性较强，从贫营养型到富营养型各种水体广泛分布。

采集地：辽河流域、福建闽江流域。

引自《辽河流域藻类监测图鉴》

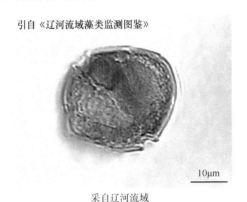

10μm

采自辽河流域

楯形多甲藻（*Peridinium umbonatum*）

4）微小多甲藻（*Peridinium pusillum*）

形态特征：细胞卵形，背腹扁平，具顶孔。横沟几乎为圆圈环绕，纵沟略深入上壳，较宽，向下略增宽，不到达下壳末端；上壳圆锥形，比下壳稍大。下壳为半球形，无刺，具2块大小相等的底板。底板板间带和纵沟边缘具微细的乳头突起。壳面平滑或具很浅的窝孔纹。色素体黄绿色，有时为褐色。细胞长18～25μm，宽13～20um。

生境：各种静止水体。

采集地：苏州各湖泊、长江流域（南通段）、福建闽江流域、闽东南诸河流域、汀江流域。

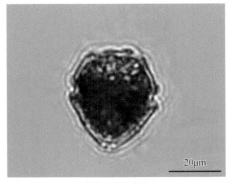

20μm

采自苏州各湖泊

微小多甲藻（*Peridinium pusillum*）

（2）拟多甲藻属（*Peridiniopsis*）

形态特征：细胞椭圆形或圆球形，下锥部等于或小于上锥部，板片可以具刺、似齿状突起或翼状纹饰。在湖泊、水库等静水水体中浮游生活。

采集地：福建闽江流域、闽东南诸河流域、汀江流域、辽河流域、太湖流域、嘉陵江流域（重庆段）、东湖、滇池流域、山东半岛流域（崂山水库）。

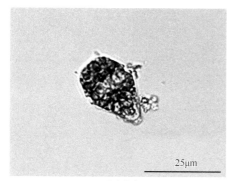

A. 采自东湖　　　　　　　　　　　　B. 采自滇池流域

拟多甲藻（*Peridiniopsis* sp. 1）

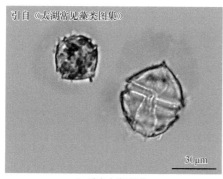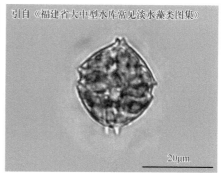

A. 采自太湖流域　　　　　　　　　　B. 采自福建闽江流域

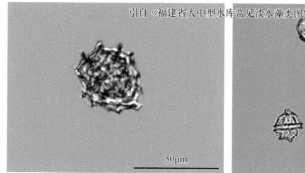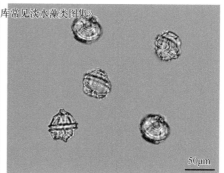

C. 采自闽东南诸河流域　　　　　　　D. 采自汀江流域

拟多甲藻（*Peridiniopsis* sp. 2）

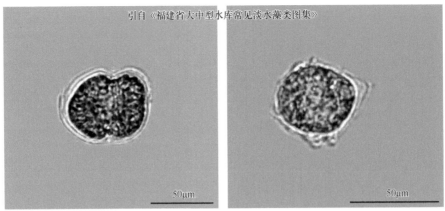

引自《福建省大中型水库常见淡水藻类图集》

A. 采自福建闽江流域、闽东南诸河流域　　　　　B. 采自汀江流域

拟多甲藻（*Peridiniopsis* sp. 3）

采自嘉陵江流域（重庆段）

拟多甲藻（*Peridiniopsis* sp. 4）

1）坎宁顿拟多甲藻（*Peridiniopsis cunningtonii*）

形态特征：细胞卵形，背腹明显扁平，具顶孔。上锥部圆锥形，显著大于下锥部。横沟左旋，纵沟伸入上锥部，向下明显加宽，未到达下壳末端。上锥部具6块沟前板，1块菱形板，2块腹部顶板，2块背部顶板；下锥部第1、2、4、5块沟后板各具1刺，2块底板各具1刺，板片具网纹，板间带具横纹。色素体黄褐色。细胞宽长28～32.5μm，23～27.5μm，厚17.5～22.5μm。厚壁孢子卵形，壁厚。

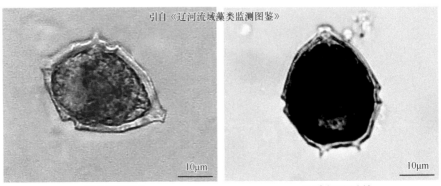

引自《辽河流域藻类监测图鉴》

A. 采自辽河流域　　　　　B. 采自辽河流域

引自《福建省大中型水库常见淡水藻类图集》

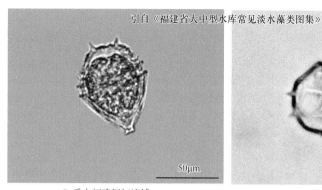
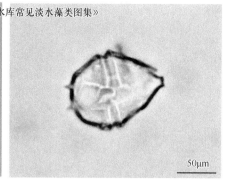

C. 采自福建闽江流域   D. 采自汀江流域

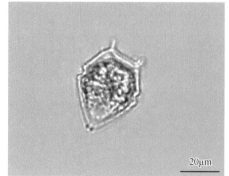
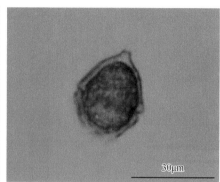

E. 采自苏州各湖泊   F. 采自山东半岛流域（崂山水库）

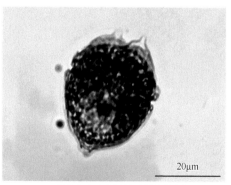

G. 采自山东半岛流域（崂山水库）

坎宁顿拟多甲藻（*Peridiniopsis cunningtonii*）

生境：湖泊、水库、池塘的常见种类。

采集地：辽河流域、福建闽江流域、汀江流域、苏州各湖泊、山东半岛流域（崂山水库）。

4. 角甲藻科（Ceratiaceae）

单细胞或有时连成群体。细胞具1个顶角和2或3个底角。顶角末端具顶孔，底角末端开口或封闭。横沟位于细胞中央，环状或略呈螺旋状，左旋或右旋。细胞腹面中央为斜方形透明区，纵沟位于腹区左侧，透明区右侧为1锥形沟，用以容纳另一个体前角形成群体。无前后间插板；顶板联合组成顶角，底板组成一个底角，沟后板组成另一个底角。壳面具网状窝孔纹，色素体多个，金黄色、黄绿色或褐色。具眼点或无。常见的繁殖方式是细胞分裂。有的种类产生休眠孢子。

（1）角甲藻属（*Ceratium*）

形态特征：细胞明显不对称，有1个顶角和2或3个长的底角，充满细胞质。有无数壁生的色素体，营光合营养。环沟接近水平线并将藻体分成几乎相等的两部分，但不相似，鞭毛通过环沟出来。在垂直的表面中央有1个大菱形的透明区，该区或许与环沟相似。本属已记载约60种，绝大多数种类海产，极少数淡水产。在暖水中比在冷水中较为普遍。角甲藻属是浮游藻类种类之一，它有伞形覆盖物，这种具有覆盖物的藻类仅在比较贫瘠的暖海水中才出现。在那里通常上层水中的氮和磷已被耗尽。用角及这些具有叶绿体的延长部分扩展细胞体。色素体多个，小颗粒状，金黄色、黄绿色或褐色。具眼点或无。

采集地：东湖、太湖流域、滇池流域、辽河流域、苏州各湖泊、松花江流域、福建闽江流域、闽东南诸河流域、汀江流域、山东半岛流域（崂山水库）、嘉陵江流域（重庆段）。

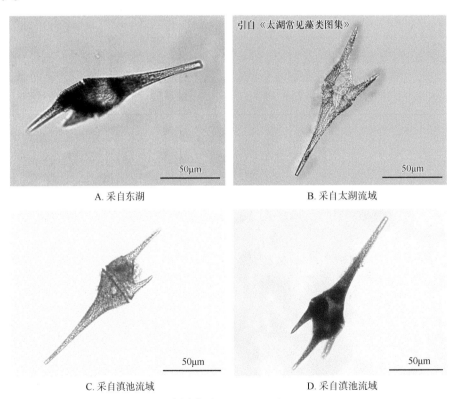

引自《太湖常见藻类图集》

A. 采自东湖　　　　　　　　　　　B. 采自太湖流域

C. 采自滇池流域　　　　　　　　　D. 采自滇池流域

角甲藻（*Ceratium* sp.）

1）角甲藻（*Ceratium hirundinella*）

形态特征：细胞背腹显著扁平。顶角狭长，平直而尖，具顶孔。底角2或3个，放射状，末端多数尖锐，平直，或呈各种形式的弯曲。有些类型其角或多或少地向腹侧弯曲。横沟几乎呈环状，极少呈左旋或右旋，纵沟不伸入上壳，较宽，几乎到达下壳末端。壳面具粗大的窝孔纹，孔纹间具短的或长的棘。色素体多个，圆盘状，周生，黄色至暗褐色。细胞长90～450μm。

生境：喜生活于贫营养型静止水体中，如水库、湖泊等。

采集地：辽河流域、苏州各湖泊、松花江流域、福建闽江流域、闽东南诸河流域、汀江流域、山东半岛流域（崂山水库）、嘉陵江流域（重庆段）。

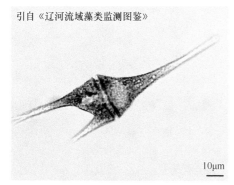

A. 采自辽河流域

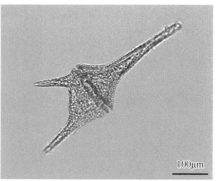

B. 采自苏州各湖泊

C. 采自松花江流域

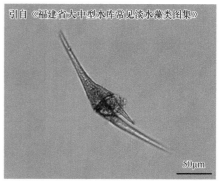

D. 采自福建闽江流域、闽东南诸河流域

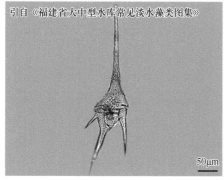

E. 采自汀江流域

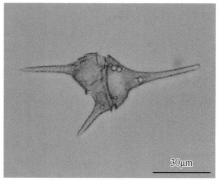

F. 采自山东半岛流域（崂山水库）

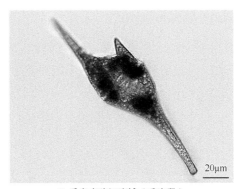

G. 采自嘉陵江流域（重庆段）

角甲藻（*Ceratium hirundinella*）

2）拟二叉角甲藻（*Ceratium furcoides*）

形态特征：拟二叉角甲藻与角甲藻的大小和外形相似，容易混淆。区别在第4′板片，角甲藻第4′板片到达顶角顶点，拟二叉角甲藻第4′板片略短。

采集地：福建闽江流域、闽东南诸河流域、汀江流域。

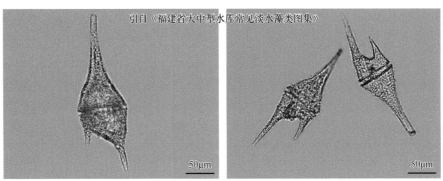

引自《福建省大中型水库常见淡水藻类图集》

A. 采自福建闽江流域、闽东南诸河流域   B. 采自汀江流域

拟二叉角甲藻（*Ceratium furcoides*）

第十七章

隐藻门（Cryptophyta）

隐藻为单细胞，大部分种类细胞不具纤维素细胞壁，细胞外有一层周质体，柔软或坚固，多数种类具有鞭毛，能运动。细胞长椭圆形或卵形，前端较宽，钝圆或斜向平截。有背腹之分，侧面观背面隆起，腹面平直或凹入。前端偏于一侧，具有向后延伸的纵沟，有的种类具有1条口沟，自前端向后延伸，纵沟或口沟两侧常具有多个棒状的刺丝泡。鞭毛2条，不等长，自腹侧前端伸出或生于侧面。隐藻的光合作用色素有叶绿素a、叶绿素c、β-胡萝卜素等，此外还有藻胆素。隐藻的颜色变化较大。多为黄绿色、黄褐色，也有的为蓝绿色、绿色或红色。有的种类无色素体，藻体无色。隐藻的贮存物质为淀粉，无色种类具有1个大的白色素，含有淀粉粒。隐藻的生殖方式多为细胞纵分裂。不具鞭毛的种类产生游动孢子，有些种类产生厚壁的休眠孢子。

隐藻门植物种类不多，但分布很广，淡水、海水均有分布，隐藻对温度、光照的适应性极强，无论夏季和冬季冰下水体均可形成优势种群。隐藻属在沿岸水域常见，尖尾蓝隐藻等隐藻属的一些种类，在沿岸水域的微型浮游生物中更常见。隐藻喜生于有机物和氮丰富的水体，是我国传统高产肥水鱼池中极为常见的鞭毛藻类，有隐藻水华的鱼池，白鲢生长好、快、产量高，隐藻是水肥、水活、好水的标志。

一、隐藻纲（Cryptophyceae）

特征与门相同。

1. 隐鞭藻科（Cryptomonadaceae）

单细胞，细胞前端斜截形，具2条鞭毛。多数种类具色素体，少数种类无。具纵沟和口沟。刺丝胞位于口沟处或细胞周边。

（1）蓝隐藻属（Chroomonas）

形态特征：细胞长卵形、椭圆形、近球形、近圆柱形、圆锥形或纺锤形。前端常斜截或平直，后端钝圆或渐尖；背腹扁平；纵沟或口沟常很不明显。无刺丝胞或极小。鞭毛2条，不等长。色素体多为1个，周生，盘状，边缘常具浅缺刻，蓝色到蓝绿色。蛋白核1个，中央位或位于细胞下半部。细胞核1个，位于细胞下半部。

采集地：滇池流域、苏州各湖泊、福建闽江流域、闽东南诸河流域、汀江流域、长江流域（南通段）、辽河流域、嘉陵江流域（重庆段）。

1）尖尾蓝隐藻（*Chroomonas acuta*）

形态特征：细胞纺锤形，前端宽斜截形，向后渐狭，后端尖细，常向腹侧弯曲。纵沟很短。无刺丝胞。色素体1个，橄榄绿色或暗绿色，具1个明显的蛋白核，位于细胞中部背侧。鞭毛与细胞长度约相等。细胞长7～10μm，宽4.5～5.5μm。

生境：各种静止小水体。广泛分布。

采集地：苏州各湖泊、福建闽江流域、闽东南诸河流域、汀江流域、长江流域（南通段）。

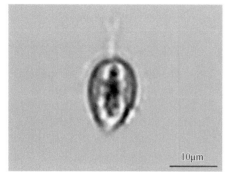 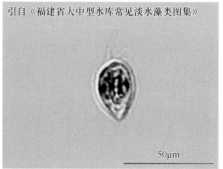

引自《福建省大中型水库常见淡水藻类图集》

A. 采自苏州各湖泊　　　　　　B. 采自福建闽江流域、闽东南诸河流域、汀江流域

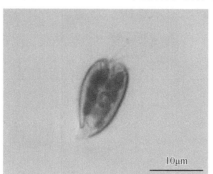

C. 采自长江流域（南通段）

尖尾蓝隐藻（*Chroomonas acuta*）

2）具尾蓝隐藻（*Chroomonas caudata*）

形态特征：细胞卵形，侧扁，背部略隆起，腹侧平，前端宽，斜截，向后渐狭，末端呈尾状，向腹侧弯曲；2条不等长的、略短于体长的鞭毛从腹侧前端伸出，两纵列刺丝胞颗粒位于纵沟两侧，纵沟不明显，未见口沟。色素体1个，片状，周生，蓝绿色，具1个明显的蛋白核，位于细胞背侧近中部。细胞核1个，位于细胞后半部。细胞长8.5～17.5μm，宽4～8（～10）μm。

生境：常在鱼池形成优势种，为养殖鱼类优良的天然饵料。

采集地：辽河流域。

引自《辽河流域藻类监测图鉴》

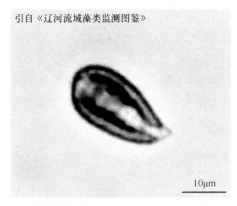

10μm

具尾蓝隐藻（*Chroomonas caudata*）

（2）隐藻属（*Cryptomonas*）

形态特征：细胞椭圆形，豆形、卵形、圆锥形、纺锤形、"S"形。背腹扁平，背部明显隆起，腹部平直或略凹入。横断面多呈椭圆形。细胞前端钝圆或为斜截形，后端为或宽或窄的钝圆形。具明显口沟，位于腹面。鞭毛2条，自口沟伸出。具刺丝胞或无。液泡1个，位于细胞前端。色素体2个（有时仅1个），位于背侧或腹侧，或者位于细胞的两侧面，黄绿色或黄褐色，有时为红色，多数具1个蛋白核，也有具2～4个的，或无蛋白核。细胞核1个，在细胞后端。

采集地：汉江、滇池流域、辽河流域、苏州各湖泊、福建闽江流域、闽东南诸河流域、汀江流域、长江流域（南通段）、丹江口水库、嘉陵江流域（重庆段）、太湖流域。

1）卵形隐藻（*Cryptomonas ovata*）

形态特征：细胞椭圆形或长卵形，通常略弯曲。前端明显的斜截形，顶端呈角状或宽圆，大多数为斜的凸状；后端为宽圆形。细胞多数略扁平；纵沟、口沟明显。口沟到达细胞的中部，有时近于细胞腹侧，直或甚明显地弯向腹侧。细胞前端近口沟处常具2个卵形的反光体，通常位于口沟背侧，或者1个在背侧、另1个在腹侧。具2个色素体，有时边缘具缺刻，橄榄绿色，有时为黄褐色，罕见黄绿色。鞭毛2条，几乎等长，多数略短于细胞长度。细胞大小变化很大，通常长20～80μm，宽6～20μm，厚5～18μm。

引自《辽河流域藻类监测图鉴》

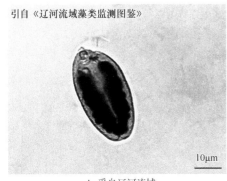

10μm

A. 采自辽河流域

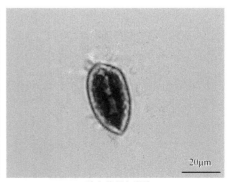

20μm

B. 采自苏州各湖泊

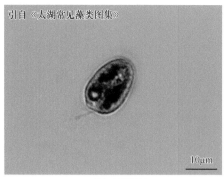

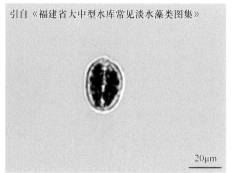

C. 采自太湖流域

D. 采自福建闽江流域、闽东南诸河流域、
汀江流域

卵形隐藻（*Chroomonas ovata*）

生境：池塘、湖泊、水库。

采集地：辽河流域、苏州各湖泊、福建闽江流域、闽东南诸河流域、汀江流域、太湖流域。

2）啮蚀隐藻（*Cryptomonas erosa*）

形态特征：细胞倒卵形到近椭圆形，前端背角突出略呈圆锥形，顶部钝圆。纵沟有时很不明显，但常较深。后端大多数渐狭，末端狭钝圆形。背部大多数明显凸起，腹部通常平直，极少略凹入。细胞有时弯曲，罕见扁平。口沟只到达细胞中部，很少到达后部；口沟两侧具刺丝胞。鞭毛与细胞等长。色素体2个，绿色、褐绿色、金褐色、淡红色，罕见紫色；储藏物质为淀粉粒，常为多个，盘形，双凹入，卵形或多角形。细胞长15～32μm，宽8～16μm。

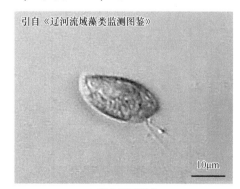

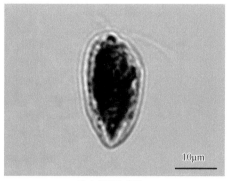

A. 采自辽河流域

B. 采自苏州各湖泊

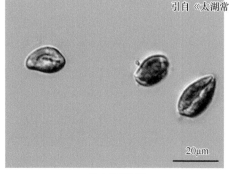

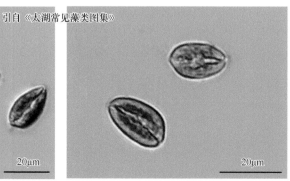

C. 采自太湖流域

D. 采自太湖流域

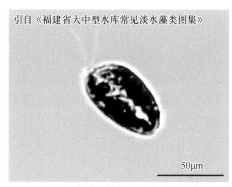

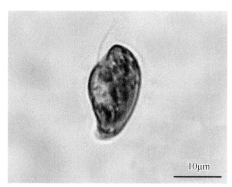

E. 采自福建闽江流域、闽东南诸河流域、
汀江流域

F. 采自长江流域（南通段）

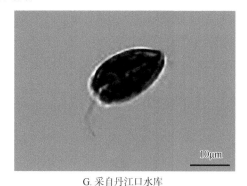

G. 采自丹江口水库

啮蚀隐藻（*Cryptomonas erosa*）

生境：此种分布极广，湖泊、水库、鱼池中极为常见。

采集地：辽河流域、苏州各湖泊、太湖流域、福建闽江流域、闽东南诸河流域、汀江流域、长江流域（南通段）、丹江口水库、嘉陵江流域（重庆段）。

3）马索隐藻（*Cryptomonas marssonii*）

形态特征：细胞橄榄绿色，从侧面看，细胞近似"S"形，有1个向背侧翘起的渐尖尾端，前端有喙状突起。细胞具有，2个片状色素体，无蛋白核。有数列大型喷射体排列在胞咽两侧。有2根略不等长的鞭毛，长度约等于细胞长度的一半。长20～28μm，宽7～11μm，厚6～10μm。

采集地：福建闽江流域、闽东南诸河流域、汀江流域、嘉陵江流域（重庆段）。

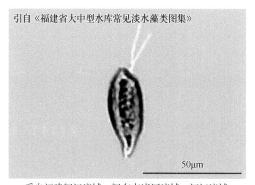

采自福建闽江流域、闽东南诸河流域、汀江流域

马索隐藻（*Cryptomonas marssonii*）

（3）弯隐藻属（*Campylomonas*）

形态特征：细胞通常为橄榄绿色到黄褐色。细胞近似扭曲的卵圆形，有喙状突起的前端和向背侧弯曲的尾端。有2根不等长的鞭毛。沟裂较短，长度小于细胞长度的一半，并有1条较短的胞咽。有两瓣沿细胞质膜内侧延伸的大型片状叶绿体，其上有蛋白核或无。2个核形体位于蛋白核或细胞核周围。内层周质体片状，外层或无。

采集地：福建闽江流域、闽东南诸河流域。

1）反曲弯隐藻（*Campylomonas reflexa*）

形态特征：细胞黄褐色到橄榄绿色，近似扭曲的椭圆形，前端有喙状突起，钝圆的尾端朝背侧略微翘起。有2个大型片状叶绿体，每片叶绿体上有一个蛋白核。有数列大型喷射体排列在胞咽两侧。细胞长30～35μm，宽15～17μm，厚17～19μm。

采集地：福建闽江流域、闽东南诸河流域。

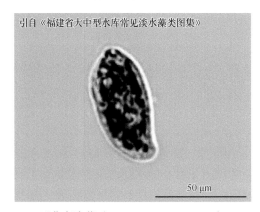

反曲弯隐藻（*Campylomonas reflexa*）

第十八章

金藻门（Chrysophyta）

金藻门中自由运动种类为单细胞或群体，群体的种类由细胞放射状排列成球形或卵形体，有的具透明的胶被，不能运动的种类为变形虫状、胶群体状、球粒形、叶状体形、分枝或不分枝丝状体形、细胞球形、椭圆形、卵形或梨形。多数金藻为裸露的运动个体，具2条鞭毛，个别具1条或3条鞭毛。有些种类在表质上具有硅质化鳞片、小刺或囊壳；不能运动的种类具细胞壁，具1或2个伸缩泡，位于细胞的前端或后部；细胞无色或具色素体，色素体周生，片状，1或2个，由于胡萝卜素和岩藻黄素在色素中的比例较大，常呈黄色、黄褐色、黄绿色或灰黄褐色，光合作用产物为金藻昆布糖、金藻多糖和脂肪；贮存物质为白糖素和油。白糖素又称白糖体，为光亮而不透明的球体，常位于细胞后端。运动种类具眼点或无，眼点1个，位于细胞的前部或中部，具数个液泡，细胞核1个，位于细胞中央。生殖方式分为营养繁殖、无性繁殖和有性生殖。金藻类生长在淡水及海水中，大多数生长在透明度大、温度较低、有机质含量少的清水水体中，对水温变化较敏感，一般多在较寒冷的季节，尤其在早春、晚秋生长旺盛。金藻是水生动物的饵料。浮游金藻没有细胞壁，个体微小，营养丰富，适于幼体摄食和消化，具有一定的饵料价值。海产金藻不仅是经济动物的天然饵料，有的种类已人工培养，作为经济动物人工育苗期间的重要饵料来源。钙板金藻、硅鞭金藻死亡后，遗骸沉于海底，形成颗石虫软泥，有的形成化石，可为地质年代的鉴别提供重要依据。金藻的大量繁殖可形成赤潮、水华，给渔业带来危害。有许多种类，因它们生长的特殊要求，可被用作生物指示种类，用于检测水质、评价水环境。

一、金藻纲（Chrysophyceae）

植物体自由运动的种类为单细胞或群体，群体的种类由细胞放射状排列成球形或卵形群体，有的具透明的胶被，不能运动的种类为变形虫状、胶群体状、球粒形、叶状体形、分枝或不分枝丝状体形。细胞球形、椭圆形、卵形或梨形，运动的种类细胞前端具1条、2条等长或不等长的鞭毛。金藻纲中表质具硅质鳞片的为色金藻目（Chromulinales）中的1个科——近囊胞藻科（Paraphysomonadaceae），具2条鞭毛的种类，1条鞭毛为尾鞭型，另1条为茸鞭型。金藻纲的大多数种类生长在淡水中。

（一）色金藻目（Chromulinales）

植物体为单细胞，或为疏松的暂时性群体或群体，自由运动或着生，细胞裸露可变或者原生质外具囊壳或许多硅质鳞片，囊壳壁和鳞片平滑或具花纹，具1条或2条不等长的鞭毛，从细胞顶部伸出，具1到数个伸缩泡。色素体周生，片状，1或2个，灰黄褐色、黄色、黄褐色，具1个眼点。细胞核明显，1个，具金藻昆布糖和油滴，呈颗粒状。

1. 色金藻科（Chromulinaceae）

植物体为单细胞，自由运动。细胞裸露，可变形，具1条鞭毛，从细胞前端伸出，具1到多个伸缩泡。具1个眼点或无。色素体周生，片状，1或2个，金褐色，具1个大的或多个小颗粒状的金藻昆布糖。繁殖方式为细胞纵分裂形成2个子细胞，无性生殖形成静孢子或形成数个细胞或许多细胞的胶群体。生长在淡水和海水中。

（1）色金藻属（*Chromulina*）

形态特征：植物体为单细胞，球形、卵形、椭圆形、纺锤形或梨形等，能变形，自由运动。细胞裸露，无细胞壁，表质平滑或具小颗粒，细胞前端具1条鞭毛，另1条平滑的鞭毛退化，仅在电镜中能观察到，具1到多个伸缩泡。色素体周生，片状，1或2个，金黄色，有的种类具1个蛋白核。通常具有眼点，位于近鞭毛的基部。细胞核1个，位于细胞的前部、中间或后部。光合作用产物为油滴和金藻昆布糖，金藻昆布糖位于细胞后部，球形，1或数个。繁殖方式为细胞纵分裂，无性生殖形成静孢子或胶群体。生长在淡水中，少数生长在海水中，常存在于池塘、湖泊和沼泽中，有时可大量出现，使水着色或形成漂浮层。

采集地：苏州各湖泊、闽东南诸河流域。

1）变形色金藻（*Chromulina pascheri*）

形态特征：细胞球形，前端常明显变形，一般呈斜截形，前端中部凸出，表质具瘤状突起，具1条约为体长2倍的鞭毛，从前端中央伸出，鞭毛计步具1个伸缩泡，色素体周生、带状，半环形，1个，位于细胞的中部，细胞核明显，位于细胞的后部。细胞直径16～24μm。

采集地：苏州各湖泊。

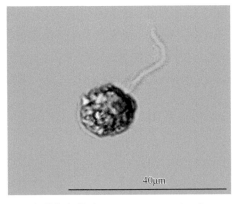

变形色金藻（*Chromulina pascheri*）

2. 锥囊藻科（Dinobryonaceae）

单细胞或群体，原生质外具囊壳，柔软，囊壳球形、卵形、圆柱状锥形，囊壳壁平滑或具花纹，无色透明或由于铁的沉积而呈褐色，鞭毛1或2条，不等长，具1到数个伸缩泡。色素体周生，片状，1或2个，黄褐色。具1个眼点。细胞核明显，1个。同化产物为金藻昆布糖和油滴，颗粒状。无性生殖为囊壳内的原生质体分裂形成新个体。主要生长在淡水或微含盐的水体中，在湖泊和池塘中浮游或着生。

（1）锥囊藻属（*Dinobryon*）

形态特征： 植物体为树状或丛状群体，浮游或着生。细胞具圆锥形、钟形或圆柱形囊壳，前端呈圆形或喇叭状开口，后端锥形，透明或黄褐色，表面平滑或具波纹；细胞纺锤体、卵形或圆锥形，基部以细胞质短柄附着于囊壳的底部，前端具2条不等长的鞭毛，长的1条伸出在囊壳开口处，短的1条在囊壳开口内，伸缩泡1到多个。眼点1个。色素体周生，片状，1或2个。光合作用产物为金藻昆布糖，常为1个大的球状体，位于细胞的后端。

采集地： 东湖、太湖流域、福建闽江流域、闽东南诸河流域、汀江流域、山东半岛流域（崂山水库）、苏州各湖泊、甬江流域、辽河流域、松花江流域、嘉陵江流域（重庆段）。

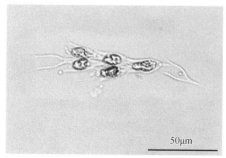

50μm

A. 采自东湖

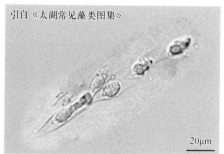

引自《太湖常见藻类图集》

20μm

B. 采自太湖流域

锥囊藻（*Dinobryon* sp. 1）

40μm

采自苏州各湖泊

锥囊藻（*Dinobryon* sp. 2）

1）圆筒形锥囊藻（*Dinobryon cylindricum*）

形态特征：群体细胞密集排列呈疏松丛状；囊壳长瓶形，前端开口处扩大呈喇叭状，中间近平行呈圆筒形，后部渐尖呈倒锥形，不规则或不对称，多少向一侧弯曲成一定角度。囊壳长30～77μm，宽8.5～12.5μm。

生境：主要生长在淡水或微含盐的水体中，在湖泊、水库和池塘中浮游或着生。

采集地：松花江流域。

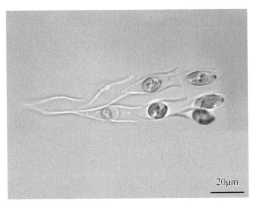

圆筒形锥囊藻（*Dinobryon cylindricum*）

2）圆筒锥囊藻沼泽变种（*Dinobryon cylindricum* var. *palustre*）

形态特征：囊壳长瓶形，长42～60μm，宽5～10μm，前端开口处呈喇叭状扩大，中间呈圆筒形、近平行，侧缘平滑，后端渐尖呈不规则或不对称的锥状，向一侧弯曲成一定角度；与原变种的区别在于群体细胞呈高度分散的丛状。

采集地：福建闽江流域、闽东南诸河流域、汀江流域。

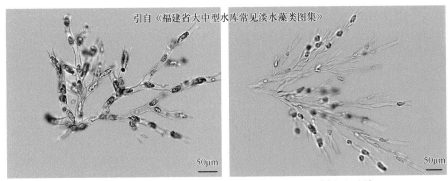

A. 采自福建闽江流域、闽东南诸河流域　　　　B. 采自汀江流域

圆筒锥囊藻沼泽变种（*Dinobryon cylindricum* var. *palustre*）

3）分歧锥囊藻（*Dinobryon divergens*）

形态特征：群体细胞密集排列呈分枝较多的树状；囊壳为长柱状圆锥形，前端开口处略扩大，中部近平行呈圆柱形，中部的侧壁略凹入呈不规则的波状，后半部呈锥形，后端向一侧弯曲成45°～90°角，末端渐尖呈锥状刺。囊壳长28～65μm，宽8～11μm。

采集地： 太湖流域、福建闽江流域、闽东南诸河流域、汀江流域、苏州各湖泊。

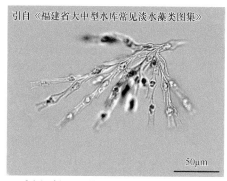
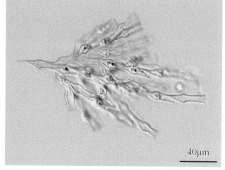

引自《福建省大中型水库常见淡水藻类图集》

50μm

40μm

A. 采自福建闽江流域、闽东南诸河流域、汀江流域

B. 采自苏州各湖泊

分歧锥囊藻（*Dinobryon divergens*）

4）密集锥囊藻（*Dinobryon sertularia*）

形态特征： 群体细胞密集排列呈自下而上的丛状；囊壳为纺锤形到钟形，宽而粗短，顶端开口处略扩大，中上部略收缢，后端短而渐尖呈锥状和略不对称，其一侧呈弓形。囊壳长30～40μm，宽10～14μm。

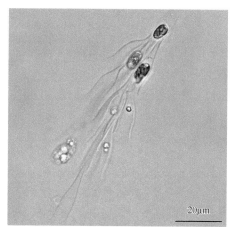
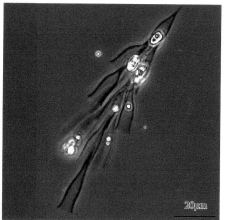

20μm

20μm

A. 采自甬江流域

B. 采自甬江流域

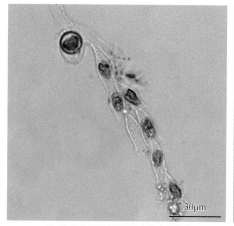
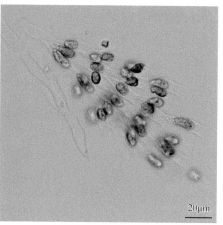

30μm

20μm

C. 采自山东半岛流域（崂山水库）

D. 采自山东半岛流域（崂山水库）

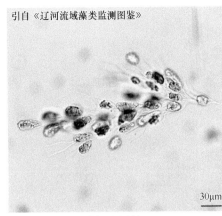
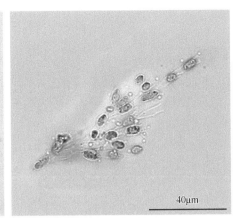

引自《辽河流域藻类监测图鉴》

30μm

40μm

E. 采自辽河流域　　　　　　　　　F. 采自太湖流域

密集锥囊藻（*Dinobryon sertularia*）

采集地：甬江流域、山东半岛流域（崂山水库）、辽河流域、太湖流域、嘉陵江流域（重庆段）。

（2）金杯藻属（*Kephyrion*）

形态特征：营养繁殖为囊壳内的原生质体纵分裂成2个，其中的1个从囊壳逸出，形成新个体；孢囊在囊壳内形成；有性生殖在数个种中观察到为同配。植物体为单细胞，自由运动或着生；原生质体外具囊壳，囊壳卵形或纺锤形，其前端具1个宽的开口，囊壳壁平滑或具环状花纹，无色或黄色，原生质体几乎充满囊壳的较下部分，1条长鞭毛从囊壳前端开口伸出，其基本具1个伸缩泡，短鞭毛在光学显微镜下不能观察到.色素体周生，片状，1个，金黄色，常具1个眼点，细胞核1个，具金藻昆布糖和颗粒状油滴。

采集地：太湖流域、福建闽江流域、闽东南诸河流域。

1）北方金杯藻（*Kephyrion boreal*）

形态特征：囊壳罐形，侧面观两侧近平行，壁平滑，无色或褐色，前端具1个短而狭的领，后端圆，原生质体前端具1条鞭毛，约与囊壳等长，前端具2个伸缩泡。色素体周生，带状，1个，黄绿色或黄褐色，具或无眼点。细胞长7～10μm，宽5～7μm，厚3.5～6μm，领高0.5～1μm。

采集地：太湖流域。

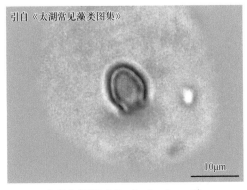

引自《太湖常见藻类图集》

10μm

北方金杯藻（*Kephyrion boreal*）

2）岸生金杯藻（*Kephyrion litorale*）

形态特征：囊壳卵形或卵圆形，前端和后端略狭，前端略狭处略增厚，孔口平截，壁平滑、褐色，原生质体前端具1条鞭毛，略长于体长。色素体周生，片状，2个，有时3个。眼点1个，具1个大的球形的金藻昆布糖。细胞长5.5～11μm，宽5～10μm，孔口宽2.5～4μm。

采集地：福建闽江流域、闽东南诸河流域。

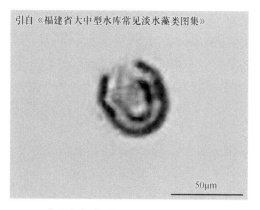

引自《福建省大中型水库常见淡水藻类图集》

50μm

岸生金杯藻（Kephyrion litorale）

二、黄群藻纲（Synurophyceae）

黄群藻纲主要是根据生物化学和亚显微结构的特征建立的一个纲，植物体为自由运动的单细胞或群体，群体由细胞放射状排列呈球形或椭圆形，具或无群体胶被，细胞的表质上覆盖许多硅质的鳞片，以覆瓦状、甲胄状排列或自由地附着于表质上，鳞片具刺毛或无，具1或2条不等长鞭毛。营养繁殖为细胞纵分裂；无性生殖产生具1或2条不等长鞭毛的动孢子，也产生静孢子。

（一）黄群藻目（Synurales）

自由运动的单细胞或群体，细胞的表质上排列着许多具硅质的鳞片，鳞片具刺毛或无刺毛，具1或2条不等长的鞭毛，具2个伸缩泡，数个液泡分散在原生质中。色素体周生，片状，多数2个，少数1个。同化产物为金藻昆布糖和油滴。营养繁殖为细胞纵分裂；无性生殖产生具1或2条不等长鞭毛的动孢子，或产生静孢子。

1. 鱼鳞藻科（Mallomonadaceae）

植物体为单细胞，自由运动的细胞具硅质鳞片，有规则地相叠成覆瓦状或螺旋状排列，鳞片具刺毛成无刺毛，细胞前端具1条鞭毛，具2个伸缩泡，数个液胞分散在原生质中，。色素体周生，片状，多数2个，少数1个。同化产物为金藻昆布糖和油滴。营养繁殖为细胞纵分裂；无性生殖产生具1条鞭毛的动孢子，或产生静孢子。生长在水坑、湖泊、池塘和沼泽中。

（1）鱼鳞藻属（*Mallomonas*）

形态特征： 植物体为单细胞，自由运动。细胞球形、卵形、椭圆形、长圆形、圆柱形、纺锤形等，硅质鳞片有规则地相叠成覆瓦状或螺旋状排列在表质上，细胞前部称领部鳞片，细胞中部称体部鳞片，细胞后部称尾部鳞片，绝大多数种类的每个鳞片由圆拱形盖、盾片和凸缘三部分组成，硅质鳞片具刺毛或无刺毛，用光学显微镜观察，细胞前端具1条鞭毛，具3到多个伸缩泡。色素体周生，片状，2个。无眼点。同化产物为金藻昆布糖和油滴，金藻昆布糖多位于细胞的基部，呈球形。细胞核1个。鳞片及刺毛的形状和结构，特别是它们的亚显微结构特征是分种的主要依据。营养繁殖为细胞纵分裂；无性生殖产生静孢子，前端具1个领，壁平滑或具化纹；在很少几个种中观察到有性生殖为异配。

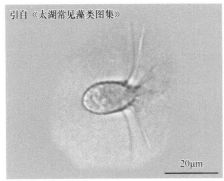

A. 采自太湖流域

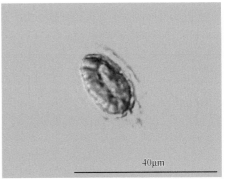

B. 采自苏州各湖泊

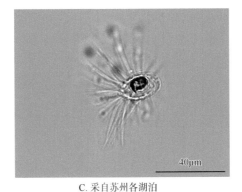

C. 采自苏州各湖泊

鱼鳞藻（*Mallomonas* sp. 1）

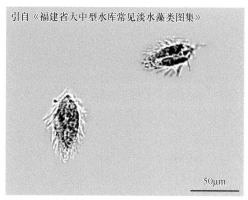

引自《福建省大中型水库常见淡水藻类图集》

50μm

采自福建闽江流域、闽东南诸河流域

鱼鳞藻（*Mallomonas* sp. 2）

采集地：太湖流域、福建闽江流域、闽东南诸河流域、苏州各湖泊、珠江流域（广州段）。

1）具尾鱼鳞藻（*Mallomonas caudate*）

形态特征：细胞椭圆形、卵形、纺锤形或圆柱形，能变形，具尾或无尾，鳞片无次生层和均具刺毛，顶部鳞片的刺毛较短，体部鳞片较长和较短的刺毛散生分布，体部后端鳞片的1条刺毛较长，刺毛的一侧具3～10个明显的小齿，其顶端二叉形，鳞片近圆形、椭圆形、卵形、倒卵形或长圆形，无次生层，常有时不对称，鳞片的后部具1个不规则形的孔，鳞片近基部边缘的肋狭，向前伸展达鳞片的2/3。细胞长18～59μm，宽11～25μm；鳞片长7.3～7.5μm，宽5.7～6.5μm，尾部鳞片长6.8～7.7μm，宽4.8～5.0μm；刺长15～17μm。

采集地：福建闽江流域、闽东南诸河流域。

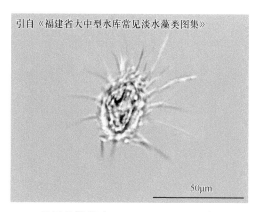

引自《福建省大中型水库常见淡水藻类图集》

50μm

具尾鱼鳞藻（*Mallomonas caudate*）

2. 黄群藻科（Synuraceae）

植物体为群体，自由运动，细胞放射状排列在群体的周边，形成球形或长椭圆形的群体，无群体胶被，细胞的原生质外具硅质鳞片，前端具2条略不等长的鞭毛。生长在水坑、池塘、湖泊和沼泽中。

（1）黄群藻属（*Synura*）

形态特征：植物体为群体，球形或椭圆形，无群体胶被，自由运动。细胞梨形、长卵形，前端广圆，后端延长成1胶质柄，表质外具许多覆瓦状排列的硅质鳞片，鳞片具花纹，具或不具刺，细胞前端具2条略不等长的鞭毛。色素体周生，片状，2个，位于细胞的两侧，黄褐色。无眼点。细胞核1个，位于细胞中部。

采集地：福建闽江流域、闽东南诸河流域、东湖、丹江口水库、甬江流域、苏州各湖泊。

1）黄群藻（*Synura uvella*）

形态特征：群体细胞卵形，鳞片圆形到长圆形，细胞顶部鳞片的顶端具1短刺，刺顶端具3～5个小齿，鳞片的前部具六角形蜂窝状网纹，其后部具散生小孔，鳞片的缘边具放射状的肋，沿缘边的棱具1列小乳突。细胞长20～40μm，宽8～17μm；鳞片长4.0～4.5μm，宽2.7～3.4μm。

采集地：苏州各湖泊、甬江流域、福建闽江流域、闽东南诸河流域。

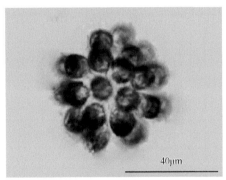

A. 采自苏州各湖泊

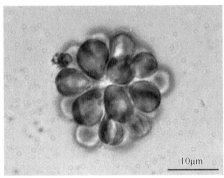

B. 采自甬江流域

引自《福建省大中型水库常见淡水藻类图集》

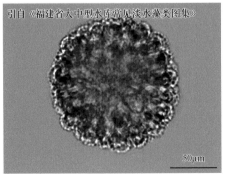

C. 采自福建闽江流域、闽东南诸河流域

黄群藻（*Synura uvella*）

第十九章

黄藻门（Xanthophyta）

藻体为单细胞、群体、多核管状或多细胞的丝状体。色素体为黄绿色，光合作用色素主要为叶绿素a、叶绿素c_1、叶绿素c_2以及多种胡萝卜素，储藏物质为金藻昆布糖。许多种类营养细胞壁由大小相等或不相等的2节片套合组成，运动的营养细胞或生殖细胞具2条不等长的鞭毛，长的1条向前，具2排侧生的绒毛，短的1条向后，平滑。单细胞和群体中的个体细胞壁多数由相等或不相等的"U"形2节片套合组成，管状或丝状体的细胞壁由"H"形2节片套合组成，少数种类无节片构造，或无细胞壁。细胞壁的主要成分是果胶化合物，有的种类含有少量的硅质和纤维质，少数种类细胞壁含有大量的纤维素。丝状藻类常通过断裂进行生殖，游动种类以细胞纵分裂进行生殖，多数黄藻无性生殖产生动孢子、似亲孢子或不动孢子，少数种类具有性生殖，为同配生殖或卵配生殖。黄藻对低温有较强的适应性，早春、晚秋大量发生，但大水体的种群数量不多，而易于在浅水或间歇性水体中形成优势种，偶见于养殖水体，因其吸收水体营养、影响鱼类活动而被视为鱼池害藻；拟气球藻属的种类多分布于光照不足的背阴水体，且漂浮水面，是典型的漂浮生物。

一、黄藻纲（Xanthophyceae）

形态特征与门相同。

（一）柄球藻目（Mischococcales）

植物体为单细胞或定形或不定形的群体。营养细胞不能直接转变成运动状态，极少有生长性细胞分裂，细胞壁由相等或不相等的2个"U"形节片套合组成，部分种类无节片结构。色素体1至多个，黄绿色，有或无蛋白核。无性生殖产生动孢子或似亲孢子。

1. 黄管藻科（Ophiocytiaceae）

植物体单细胞，或幼植物体簇生于母细胞壁的顶端开口处而形成树状群体，浮游或着生。细胞长圆柱形，长为宽的数倍，有时可达3mm。着生种类细胞较直，基部具1短柄着生在他物上；浮游种类细胞弯曲或不规则地螺旋形卷曲，两端圆形或有时略膨大，一端或两端具刺，或两端都不具刺。细胞壁由不相等的2节片套合组成，长的节片分层，短的节片盖状，结构均匀。幼植物体单核，成熟后多核。色素体1至数个，周生，盘状、片状或带状。无性生殖产生动孢子或似亲孢子。

（1）黄管藻属（*Ophiocytium*）

形态特征：特征与科同。
采集地：苏州各湖泊、辽河流域。

1）头状黄管藻（*Ophiocytium capitatum*）

形态特征：植物体为单细胞或形成不规则放射状群体，浮游。细胞长圆柱形，两端圆形或渐尖，有时略膨大，分别具1根长刺，细胞长45～150μm，宽5～10μm。色素体短带状，多个。
生境：淡水中广泛分布，尤其喜生活在弱酸性水体中。
采集地：辽河流域、苏州各湖泊。

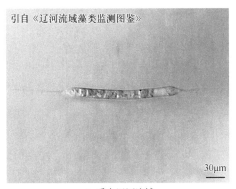

引自《辽河流域藻类监测图鉴》

30μm

A. 采自辽河流域

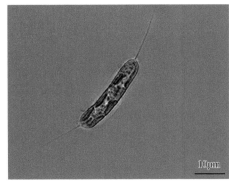

10μm

B. 采自苏州各湖泊

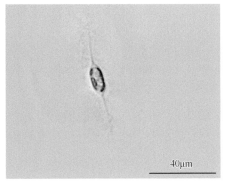

40μm

C. 采自苏州各湖泊

头状黄管藻（*Ophiocytium capitatum*）

（二）黄丝藻目（Tribonematales）

植物体为分枝或不分枝的丝状群体。细胞圆柱形或腰鼓形。细胞壁由"H"形的2节片套合组成。色素体2至多个，周生，盘状、片状或带状。同化产物为油滴。无性生殖产生动孢子、静孢子或厚壁孢子，有性生殖为同配生殖。

1. 黄丝藻科（Tribonemataceae）

植物体为单列不分枝的丝状体。幼植物体基细胞具盘状固着器。细胞圆柱形或腰鼓形。细胞壁由"H"形的2节片套合组成。色素体2至多个，周生，盘状、片状或带状。

（1）黄丝藻属（*Tribonema*）

形态特征：藻体常见于温度较低的早春或秋季，甚至在温暖的冬季都有出现。多数种类偏爱钙质，而在沼泽中则没有。有的种类在潮湿的岩石上或土壤中生活。植物体为不分枝丝状体。细胞圆柱形或两侧略膨大的腰鼓形，长为宽的2～5倍；细胞壁由"H"形的2节片套合组成。色素体1至多个，周生，盘状、片状、带状，无蛋白核。同化产物为油滴或金藻昆布糖，具单核。无性生殖产生静孢子、动孢子、厚壁孢子。有性生殖为同配生殖。

采集地：山东半岛流域（崂山水库）、辽河流域、苏州各湖泊。

1）小型黄丝藻（*Tribonema minus*）

形态特征：植物体纤细丝状，常呈絮状漂浮水中。细胞圆柱形，中部常微膨大，长10～40μm，宽4～6μm，长为宽的2～4倍。色素体2～4个，周生，片状，常两两成对排列。

生境：分布广，但不常见，在含钙质水体中较多。

采集地：山东半岛流域（崂山水库）。

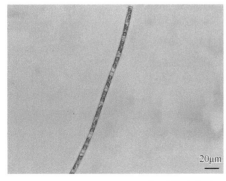 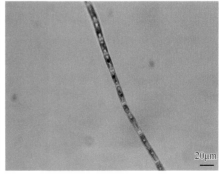

小型黄丝藻（*Tribonema minus*）

（三）无隔藻目（Vaucheriales）

植物体为管状、环状的多核体，具或稀或密的分枝。除繁殖时孢子囊形成横壁外，植物体其他部分无横隔壁。细胞壁薄，内层为胼胝质，无纤维素，外层为果胶质。色素体多个，椭圆形、盘状或透镜形，位于细胞质外层，其内具许多小型细胞核，具1个中央大液泡，有或无蛋白核。储藏物质为油滴、淀粉或金藻布糖。

无性生殖产生动孢子，动孢子顶端具1轮鞭毛。有的也形成静孢子或厚壁孢子。有性生殖为同配、异配或卵式生殖。

本目藻类大多数为海产种类，淡水产仅1科。

1. 无隔藻科（Vaucheriaceae）

植物体为管状多核体，侧面分枝或二叉分枝。藻丝圆柱形或具缢缩。细胞质外层具多数椭圆形或透镜形的色素体，无蛋白核。储藏物质为油滴、淀粉或金藻昆布糖。

无性生殖产生大的多鞭毛的动孢子。也有的形成静孢子和厚壁孢子。有性生殖为卵式生殖。

（1）无隔藻属（*Vaucheria*）

形态特征：藻丝圆柱形，侧面或不规则分枝，形成毡状团块，常具无色的假根。细胞壁薄，细胞质外层具许多椭圆形或透镜形的色素体，内层具许多小的核，储藏物质为油滴或淀粉。以动孢子、静孢子或厚壁孢子进行无性生殖。动孢子囊位于藻丝分枝顶端，每个动孢子囊产生1个大的多鞭毛的、多核的动孢子。静孢子的形成方式与动孢子相同，但无鞭毛。形成厚壁孢子时，先产生横壁将藻丝分成若干小的部分，其中的原生质发育成厚而分层的壁。有性生殖为卵式生殖，通常为雌雄同株，罕见雌雄异株。卵囊和精子囊以横壁与藻丝其余部分隔开；每个卵囊形成1个大的单核的卵；每个精子囊形成许多双鞭毛的精子；多数卵囊和精子囊呈丛状或单行排列。本属根据精子囊的特征又分成若干"组"和"亚组"。

生境：本属为常见的丝状藻类，多分布在温带地区的浅水或潮湿土壤上。滨海含盐的沼泽中也常见，真正海生的种类很少。

采集地：松花江流域。

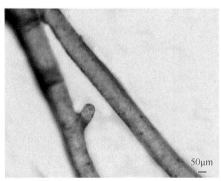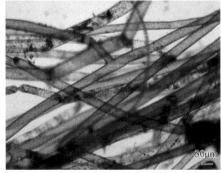

无隔藻（*Vaucheria* sp.）

二、针胞藻纲（Raphidophyceae）

植物体均为运动的单细胞，无细胞壁，正面观为卵形或梨形，通常背腹纵扁，腹面中央具1条腹沟。鞭毛2条，从细胞近顶端处伸出，等长或不等长，1条向前，茸鞭型，1条向后为拖曳鞭毛，位于腹沟内，为平滑的尾鞭型，无眼点。细胞前端具1个大的储蓄泡，纵切面为三角形；储蓄泡前端与胞咽相连，胞咽开口于细胞前端凹入处。伸缩泡1或2个，位于储蓄泡侧边。多数种类具多个圆形或杆形的刺丝胞。细胞核大型，中位或近于中位。色素体多个，包含叶绿素a、叶绿素c_1和叶绿素c_2及其他辅助色素。具2层膜的包被和带片层，类囊体通常3条为1组排类，卵圆形或圆盘形，有些种类无色素体。储藏物质为油滴。

（1）膝口藻属（*Gonyostomum*）

形态特征：细胞纵扁，正面观卵形或圆形，略能变形。鞭毛2条，顶生，等长或不等长。色素体多个，盘状，散生于周质层以内的细胞质中。无眼点。储蓄泡大形，位于细胞前端。伸缩泡大型，位于胞咽的一侧。刺丝胞多个，多为杆状，放射状排列在周质层内面，或分散在细胞质中，核大型，中位。

采集地：苏州各湖泊。

1）膝口藻（*Gonyostomum semen*）

形态特征：细胞背腹纵扁，倒卵形，常略弯曲，略能变形，腹侧近平直，中央具浅凹纵沟，正面观为长到卵形，近中央处略凹入，前端宽圆，后端渐尖呈短尾状，长40～65μm，宽30～36μm，厚24～27μm。鞭毛2条，不等长，顶生，1条向前，远长于细胞长度，1条向后，略长于细胞长度。周质无色，外膜平滑。刺丝胞棒状，多个，散生于周质层内面，长6～8μm。色素体多个，长圆盘状，鲜绿色，分散于周质层以内的细胞质表层内。繁殖方式为纵分裂。在分裂过程中，细胞仍游动。

生境：小水体的池塘、沼泽中，特别是泥炭沼泽中，有时出现于湖泊沿岸带。

采集地：苏州各湖泊。

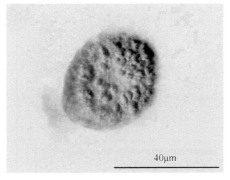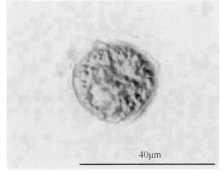

膝口藻（*Gonyostomum semen*）

第三篇
底栖动物

第二十章

扁形动物门（Platyhelminthes）

一、涡虫纲（Turbellaria）

本纲为扁形动物门中最原始的1纲。大部分种类营自由生活。个体小者不足1mm，大者可达50cm，上皮具纤毛，有杆状体和许多黏液腺体，通常具色素，有些种类有鲜艳的颜色；一般口位于腹面，有肠（无肠目例外），直接发育或有变态；有的种可进行无性生殖。

（一）三肠目（Tricladida）

扁形动物两侧对称，身体可明显地分出前后、左右、背腹。体背面具有保护功能，腹面具有运动功能，前端的头部感应准确，使其适应的范围更广泛。两侧对称的身体适于游泳和爬行。扁形动物可分为涡虫纲、吸虫纲、绦虫纲3个纲。涡虫纲动物为水生种类，涡虫纲根据消化管的有无及其复杂程度又分为无肠目、单肠目、三肠目及多肠目。辽宁经常见到的涡虫为三肠目中的日本三角涡虫。

1. 三角涡虫科（Dugesiidae）

体柔软，扁平、叶状，背面稍凸，多褐色，腹面色浅，前端头部呈三角形。它的体形为两侧对称，出现了中胚层，中胚层形成的肌肉结构与外胚层形成的表皮相互紧贴而组成体壁，消化道分为3支，原肾管排泄系统，具网状神经系统，雌雄同体，既可有性生殖，也可无性生殖，再生能力强。

（1）三角涡虫属（*Dugesia*）

形态特征：体柔软，扁平、叶状，背面稍凸，多褐色，腹面色浅。前端头部呈三角形，两侧各有1发达的耳突，具有触觉和嗅觉作用。头部背面有2个黑色眼点，可感觉光线的明暗，口位于腹面近体后1/3处，稍后方是生殖孔。无肛门。身体腹面密生纤毛，与涡虫运动有关。

生境：涡虫栖息于淡水河流、溪流的石块上面，以活的或死的蠕虫、小甲壳类及昆虫的幼虫为食。清洁或轻污染的水体中多见。

采集地：辽河流域、松花江流域。

1）日本三角涡虫（*Dugesia japonica*）

形态特征：小型个体，体长通常为10～15mm，宽为2～2.5mm。头部三角形，头的两侧角形成了两耳突。后端逐渐趋窄。眼1对，咽和口在体腹面中部稍后方。生殖孔在口与尾之间。卵巢2个，在卵巢到体后端之间具有大量的睾丸。生活时体背面呈黄褐色或棕红色，腹面色浅。

采集地：辽河流域。

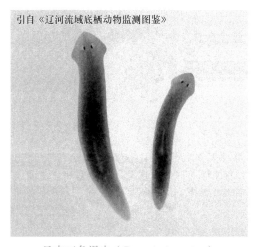

引自《辽河流域底栖动物监测图鉴》

日本三角涡虫（*Dugesia japonica*）

第二十一章

线形动物门（Nematomorpha）

一、铁线虫纲（Gordioida）

（一）铁线虫目（Gordioidea）

线形动物呈线形，体细长，一般30cm至1m，直径为1～3mm。成体生活在暖温带、热带等地区的淡水和潮湿土壤中。成虫很像生锈的铁丝，体壁有较硬的角质膜。消化系统退化，成体和幼体往往无口，不能摄食。幼虫以体壁吸收寄主的营养物质。成虫主要以幼虫期储存的营养物为主，也可通过体壁及退化的消化管吸收一些小的有机分子。虫体缺乏排泄系统。雌雄异体，雌雄交配产卵于水中，幼虫孵出后，具有能伸缩的有刺的吻，借以运动，钻入寄主体内或被吞食，在寄主血腔内营寄生生活，几个月后发育为成虫，离开寄主后在水中营自由生活。

1. 铁线虫科（Gordiidae）

大型个体。体长为300～1000mm，体形似细绳状。与线虫的圆虫类相似，但无背线、腹线与侧线。前端钝圆，体表角质坚硬，雄体末端分叉，呈倒"V"字形，分叉部分的前腹面为泄殖孔。消化管幼虫期存在，成虫期则退化。雄体的精巢和雌体的卵巢数目多，成对排列于身体的两侧。生活时体呈深棕色。

（1）铁线虫属（*Gordius*）

形态特征：特征与科相同。

1）铁线虫（*Gordius aquaticus*）

形态特征：铁线虫个体大，体长为30cm～1m，体形似细绳状。与线虫相似，但无背线、腹线与侧线。前端圆钝，体表角质坚硬，雄体末端分叉，呈倒"V"字形，分叉部分的前腹面为泄殖孔。幼虫期存在消化管，成虫期则退化。雄体的精巢和雌体的卵巢数目多，成对排列于身体两侧。生活时体呈深棕色。

　　生境：栖息于清洁及轻污染河流、池塘及水沟内，雌体在水中产卵并孵出幼虫，被昆虫吃后，营寄生生活。幼虫在昆虫体内生长发育，直至成熟。

　　采集地：辽河流域。

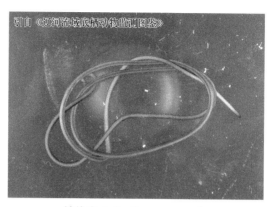

引自《辽河流域底栖动物监测图鉴》

铁线虫（*Gordius aquaticus*）

第二十二章

环节动物门（Annelida）

淡水中常见的环节动物有寡毛类、蛭类及少量多毛类。它们的共同特点是，身体为同律分节（内部分节相当于外部分节）。某些种类具有皮肤肌肉囊，向外突出而成为疣足，无节肢。常有刚毛，一般较有规律地重复分布在各环节上。淡水环节动物可分为如下几纲。

多毛纲（Polychaeta）：有明显的头部，每个体节两侧生有1对疣足，疣足上生有多数形态复杂的刚毛。

寡毛纲（Oligochaeta）：头部分化不明显，无疣足，刚毛较简单，直接着生在皮肤肌肉囊上。

蛭纲（Hirudinea）：身体通常背腹扁平，有固定数目的真正环节，每一环节上还有几个环纹，无疣足与刚毛，体前、后端有吸盘。

一、寡毛纲（Oligochaeta）

寡毛纲动物为常见的各种水蚯蚓。它们的身体柔软而呈圆柱状，全身由许多体节组成。每一体节上生有刚毛，刚毛极小，肉眼不可见，通常呈束状，最多每束20条，也有具单根刚毛的。着生在背部的称为背刚毛，腹部的称为腹刚毛。背刚毛有发状、钩状、针状几种。腹刚毛多为钩状，呈"S"形，中部常膨大呈毛节，顶端分叉。蚯蚓的行动依靠体节的蠕动，刚毛在行动中起着支持作用。水蚯蚓体型较小，长1～150mm。身体前方为头部，包括口前叶和围口节。水蚯蚓的血液为红色或黄色，不具红细胞，以血红朊溶于血浆内。呼吸作用一般利用皮肤下的微血管交换气体。有鳃的种类，身体前端或尾端由皮肤形成的特殊的鳃进行呼吸。雌雄同体，异体受精。有些种类进行无性生殖。

水蚯蚓吞食泥土、腐屑、细菌及底栖藻类。有时也吃丝状藻类和小型动物。在适宜的环境每平方米的泥面上可达6万多条，远视似水底铺上了一块红毯。它们在缺氧的环境里，从泥底伸出尾部，不断摆动，以获得尽量多的氧气。

（一）带丝蚓目（Lumbriculida）

1. 带丝蚓科（Lumbriculidae）

口前叶类型为前叶式或合叶式，有时延长成吻。刚毛始于Ⅱ节，每节4束，每束2根，单尖或"S"形针状且具毛节，甚少完全或部分缺失。无发状刚毛或变形的生殖毛。

（1）带丝蚓属（*Lumbriculus*）

形态特征：口前叶锥形。刚毛双叉，远叉退化。X～XV节，每节的前端有1对分支的血管盲囊。精巢1～4对，在Ⅶ～ⅩⅢ节。精管膨部筒状至囊状，内层环肌，外层纵肌；每对精管膨部对应1或2对精巢。阴茎由长形细胞组成，可翻出；雄孔1～4对，在Ⅶ～ⅩⅢ节，周围环绕具孔的同心脊，亦可翻出膨大成锥形乳突。前列腺分散。卵巢1或2对，紧接最后1对精巢。受精囊数目不定，多为2～5对，位于最后1个精管膨部节后面，常间隔1节，开口于背侧至腹侧。

生境：淡水。

采集地：松花江流域、太湖流域。

1）夹杂带丝蚓（*Lumbriculus variegatus*）

形态特征：体长12.1～35.8mm，体宽0.44～0.78mm。70～143节。活体体前端为淡绿色。活泼。呈"S"形游泳。口前叶三角锥形。刚毛远叉退化，偶尔具似单尖状刚毛，毛节远端。体尾部具血管弧和分支的血管盲囊。

采集地：太湖流域。

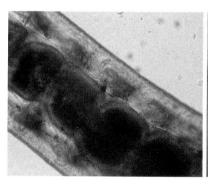
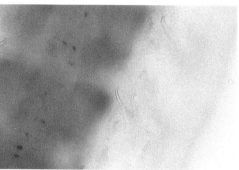

夹杂带丝蚓（*Lumbriculus variegatus*）

图片由中国科学院水生生物研究所周婷婷、吴俊燕提供

（二）颤蚓目（Tubificida）

1. 仙女虫科（Naididae）

口前叶常较发达，有的具吻。常具眼。腹刚毛从Ⅱ节始，双叉钩状，罕为单尖背刚毛，一般始于Ⅱ～Ⅵ节，由发状刚毛和针状刚毛组成。

（1）管盘虫属（*Aulophorus*）

形态特征：无眼。尾鳃盘具1对尾杆。背刚毛始于Ⅳ、Ⅴ或Ⅵ节；Ⅱ～Ⅴ节腹刚毛与其他节相同或不同。常无交配毛。胃有或无。具体腔球或缺。精巢在Ⅴ节，卵巢在Ⅵ

节。输精管连精管膨部前端；无前列腺。受精囊罕无。出芽或断裂生殖。常具负管。

采集地：太湖流域。

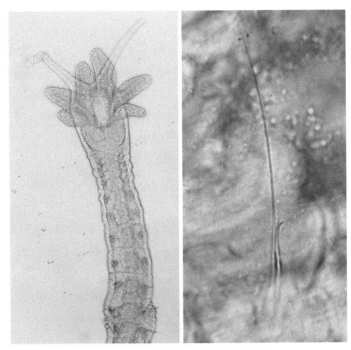

管盘虫（*Aulophorus* sp.）

图片由中国科学院水生生物研究所周婷婷提供

（2）头鳃虫属（*Branchiodrilus*）

形态特征：无眼。体前端具条状色斑。全身或部分具鳃丝，每节1对。背刚毛始于Ⅵ节，包裹于鳃丝或裸露，有发状刚毛和单尖针状刚毛，体前部无针状毛；腹刚毛相似，或有差异。无胃。具体腔球。生殖器官在Ⅴ～Ⅵ节。输精管连精管膨部的亚顶端；无前列腺；射精管周围环绕腺细胞。雄孔间无环带。具交配毛。芽殖不完全。

采集地：丹江口水库、珠江流域（广州段）、太湖流域。

1000μm

A. 采自太湖流域

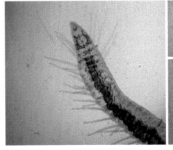

B. 采自太湖流域

头鳃虫（*Branchiodrilus* sp.）

图片B由中国科学院水生生物研究所周婷婷提供

（3）毛腹虫属（*Chaetogaster*）

形态特征： 口前叶退化。无背刚毛；腹刚毛双叉或单尖，Ⅲ～Ⅴ节缺失。具交配毛。生殖带在1/2Ⅴ～Ⅵ节。隔膜不完全。具胃。输精管接精管膨部顶端。无储精囊和卵囊。有肉食种类。

采集地： 太湖流域。

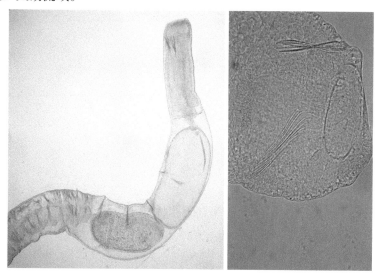

毛腹虫（*Chaetogaster* sp.）

图片由中国科学院水生生物研究所周婷婷提供

（4）尾盘虫属（*Dero*）

形态特征： 无眼。具尾鳃盘，无尾杆。背刚毛始于Ⅳ或Ⅵ节，Ⅱ～Ⅴ节腹刚毛显著不同于其他节。无交配毛。有胃。无体腔球。生殖器官在Ⅴ～Ⅵ节。输精管与精管膨部

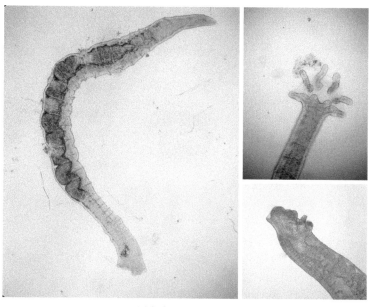

尾盘虫（*Dero* sp.）

图片由中国科学院水生生物研究所周婷婷、吴俊燕提供

前端或顶端相连；精管膨部有时具前列腺；射精管周围环绕腺细胞。常生活在由黏液和外物构成的管中。

采集地：太湖流域。

（5）仙女虫属（*Nais*）

形态特征：身体通常细长，体长6～10mm；前端常常带有棕黄色；两侧各有1个眼或无眼；头部明显。其刚毛形状有3种：长在背面的，每束有1或2条发状刚毛和1或2条针状刚毛；腹面为钩状刚毛；背刚毛始于Ⅵ节。

生境：生活在河流、湖泊等水体岸边。不耐有机污染，轻污染水体中多见。

采集地：太湖流域、辽河流域、三峡库区（湖北段）、丹江口水库。

1）参差仙女虫（*Nais variabilis*）

形态特征：身体通常很细，体长6～10mm，前端常常带有棕黄色，两侧各有1个眼或无眼，有1个明显的头部。其刚毛形状有3种，长在背面的，每束有1或2条长的发状刚毛和1或2条短叉状针状刚毛，腹面则为钩状刚毛，刚毛在第Ⅵ节才开始出现，腹刚毛前后差别不大，每束4或5条。身体透明，善游泳。

采集地：辽河流域、太湖流域、黄河源。

引自《辽河流域底栖动物监测图鉴》

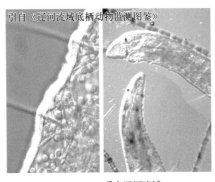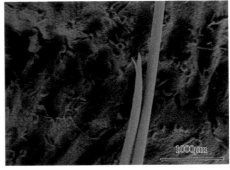

A.采自辽河流域   B.采自黄河源

参差仙女虫（*Nais variabilis*）

图片B由中国科学院水生生物研究所蒋威提供

2）普通仙女虫（*Nais communis*）

形态特征：常具眼。针状刚毛远端具两短叉，每束1或2根，毛节不明显，位于距远端1/5～1/3处，发状刚毛较短，长125～170μm，每束1或2根。腹刚毛每束2～6根，Ⅱ～Ⅴ节腹刚毛长且细于其他节刚毛，毛节近中，其后体节的刚毛毛节位于远端。胃缓慢扩张。不善游泳。

生境：淡水。

采集地：太湖流域、东湖。

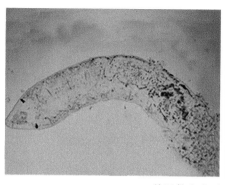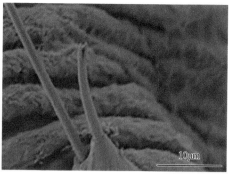

普通仙女虫（*Nais communis*）

图片由中国科学院水生生物研究所蒋威提供

3）简明仙女虫（*Nais simplex*）

形态特征：发状刚毛和针状刚毛每束1或2根。针状刚毛单尖，毛节约位于远端1/3处。Ⅱ～Ⅴ节腹刚毛细长于其他节，每束2～6根，毛节在近端，远叉长约为近叉的2倍。其后腹刚毛较粗短，远叉近等于近叉，每束2～5根。胃突然增大。

生境：淡水。

采集地：太湖流域、黄河源。

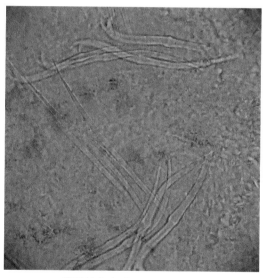

简明仙女虫（*Nais simplex*）

图片由中国科学院水生生物研究所蒋威提供

4）豹行仙女虫（*Nais pardalis*）

形态特征：针状刚毛顶端具两根近乎平行的叉，毛节位于距顶端1/3处，每束1或2根。发状刚毛每束1或2根。腹刚毛Ⅱ～Ⅴ节每束2～5根，远叉为近叉的1.5～2倍，毛节近中。Ⅵ节后腹刚毛远端两叉具两种形态，远叉和近叉长近等或远叉长为近叉的2～3倍，每束1～5根。胃突然增大，其前端有一团长形细胞。

生境：淡水。

采集地：太湖流域、东湖。

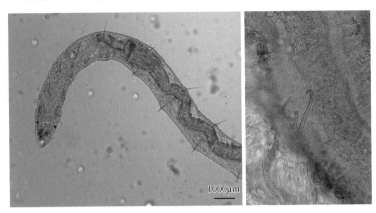

豹行仙女虫（*Nais pardalis*）

图片由中国科学院水生生物研究所蒋威、周婷婷提供

（6）癞皮虫属（*Slavina*）

形态特征：体表常黏附外来物，并具数列感觉乳突。眼有或无。背刚毛始于Ⅳ或Ⅵ节，发状刚毛无锯齿，针状刚毛单尖，纤细，远端略曲。具交配毛。具体腔球。具胃。生殖器官在Ⅴ～Ⅵ节。输精管无前列腺，接精管膨部底部；精管膨部有或无前列腺。

生境：淡水。

采集地：长江流域（南通段）、太湖流域。

1）多突癞皮虫（*Slavina appendiculata*）

形态特征：体表黏附泥沙碎屑，有感觉乳突。有眼，背刚毛始于Ⅵ节，发状刚毛粗壮，每束1～3根，Ⅵ节发状刚毛明显增长，针状刚毛单尖。腹刚毛远叉细于且略长于近叉，毛节在近端，每束2～5根。胃在第Ⅶ节或Ⅷ节。

采集地：长江流域（南通段）、太湖流域。

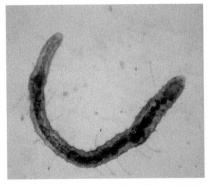
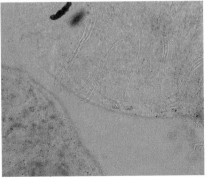

多突癞皮虫（*Slavina appendiculata*）

图片由中国科学院水生生物研究所周婷婷提供

（7）杆吻虫属（*Stylaria*）

形态特征：通常有眼。具色素。口前叶突出成吻。具胃。有体腔球。背刚毛始于Ⅵ节，有发状刚毛，针状刚毛笔直，单尖，无毛节；腹刚毛近叉弱小，毛节在近端，毛干远端笔直，近端曲折。具交配毛。生殖器官在Ⅴ～Ⅵ节。输精管的后段有或无前列腺；精管膨部具前列腺细胞。目前有两种，即尖头杆吻虫（*Stylaria fossularis*）和双突杆吻虫（*Stylaria lacustris*），通过头部较易判断。

采集地：松花江流域、太湖流域。

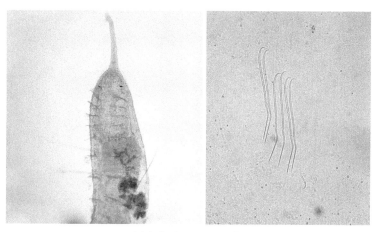

杆吻虫（*Stylaria* sp.）

图片由中国科学院水生生物研究所吴俊燕、周婷婷提供

2. 颤蚓科（Tubificidae）

无吻。无眼。刚毛每节4束，始于Ⅱ节。腹刚毛双叉，鲜为单尖。发状刚毛有或无。针状刚毛，常为双叉钩状，叉间可具齿，或为栉状、膜状；针状刚毛亦可为单尖，多见于体后。

（1）管水蚓属（*Aulodrilus*）

形态特征：无体腔球。输精管短；精管膨部球形、蚕豆形或长筒形；前列腺团块状，以柄连精管膨部；具真阴茎。交配毛匙状或缺。受精囊有或无，无精荚。可行无性繁殖，生殖器官的位置常前移。栖居于负管中，用不分节的尾部呼吸。

采集地：太湖流域、珠江流域（广州段）、丹江口水库。

1）多毛管水蚓（*Aulodrilus pluriseta*）

形态特征：体长12mm，体宽0.5mm。发状刚毛枪刺状，每束3～8根。针状刚毛双叉钩状，毛节在远端，每束4～9根。腹刚毛钩状，远叉弱小，短于近叉，毛节在远端。体前端腹刚毛每束10～13根，体后端每束6～11根。

采集地：珠江流域（广州段）、太湖流域。

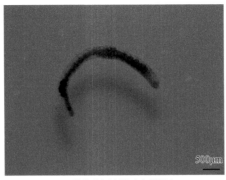

A. 采自珠江流域（广州段）

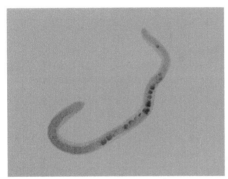

B. 采自太湖流域

C. 采自太湖流域

多毛管水蚓（*Aulodrilus pluriseta*）

图片B、C由中国科学院水生生物研究所吴俊燕、周婷婷提供

2）皮氏管水蚓（*Aulodrilus pigueti*）

形态特征：发状刚毛枪刺状，每束3～6根。体前端针状刚毛（常Ⅶ节前）双叉钩状，远叉退化，细短于近叉，每束4或5根，Ⅶ节后针状刚毛远端呈阔桨状。腹刚毛远叉较近叉细短，每束4～8根。

采集地：太湖流域。

皮氏管水蚓（*Aulodrilus pigueti*）

图片由中国科学院水生生物研究所吴俊燕、周婷婷提供

（2）尾鳃蚓属（*Branchiura*）

形态特征：无体腔球。体后端每节背腹面中线位置形成1对鳃。输精管短，精管膨部被分散的前列腺覆盖。具副精管膨部。交配腔可翻转成假阴茎。受精囊成对，无精荚。

采集地：三峡库区（湖北段）、丹江口水库、洱海流域、滇池流域、珠江流域（广州段）、长江流域（南通段）、太湖流域、辽河流域。

1）苏氏尾鳃蚓（*Branchiura sowerbyi*）

形态特征：体很大，生活时达150mm以上；体宽1.0～2.5mm。体色淡红甚至淡紫色。体后部约1/3处开始，背腹正中绫每节有1对丝状的鳃，最前面的最短，逐渐增长，有60～160对之多。前端体节较长，有3～7个体环。腹刚毛前面每束4～7条，单尖，之后逐渐减少，变成二叉，远叉极小，至后部远叉更小或消灭。背刚毛自Ⅱ节始，1～8条发状刚毛，约2mm长，至体中部数目逐渐减少且短，至有鳃部消失；5～12条钩状刚毛。环带在1/2Ⅹ～Ⅻ节，隆肿状。雄生殖孔分开，在Ⅺ节腹面。雌孔在Ⅰ/Ⅻ节。受精囊孔1对，在Ⅹ节腹刚毛之后。有大的精管膨部及1副膨部，包在1交配腔内。受精囊内有无定形的精荚。

生境：喜河流和温暖型水域。活动范围较大。中污染水体中多见。

采集地：三峡库区（湖北段）、丹江口水库、洱海流域、滇池流域、珠江流域（广州段）、长江流域（南通段）、太湖流域、辽河流域。

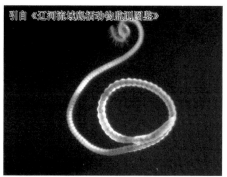

A. 采自辽河流域，整体观

B. 采自洱海流域，整体观

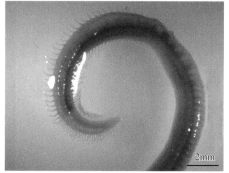

C. 采自洱海流域，尾部

D. 采自珠江流域（广州段），丝状鳃

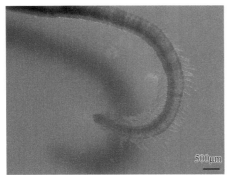

E. 采自珠江流域（广州段），尾部　　　　　　　　　　F. 采自滇池流域，丝状鳃

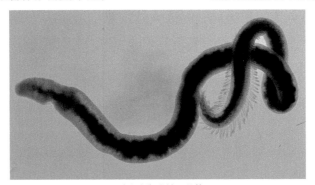

G. 采自太湖流域，整体

苏氏尾鳃蚓（*Branchiura sowerbyi*）

图片G由中国科学院水生生物研究所吴俊燕、周婷婷提供

（3）水丝蚓属（*Limnodrilus*）

　　形态特征：体腔球缺。无发状刚毛、生殖毛缺失。输精管和射精管均长；精管膨部小，豌豆形；前列腺大；阴茎较长，具长且厚的阴茎鞘。受精囊具精荚。

　　采集地：三峡库区（湖北段）、丹江口水库、洱海流域、滇池流域、珠江流域（广州段）、长江流域（南通段）、太湖流域、辽河流域、松花江流域、黄河源。

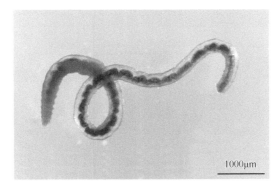

采自太湖流域

水丝蚓（*Limnodrilus* sp.）

1）霍甫水丝蚓（*Limnodrilus hoffmeisteri*）

形态特征：体长25～40mm，体宽0.7～0.8mm，体褐红色。约150节，口前叶小，圆锥形。固定标本身体最前端每节常有2体环。全身刚毛钩状，始于Ⅱ节，背腹同型。体前部刚毛每束3～7根，长110～125μm，毛节在远端，远叉稍长或两叉几相等；向后刚毛减少，至身体末端仅2条一束，远叉短而小，且较直。环带明显，在Ⅺ～1/2Ⅻ节。受精囊腔呈雪梨形，壁薄，有1或2精荚；受精囊管筒状，通常弯转，管壁有较厚的肌肉层，在与囊腔交界处有时膨大如结节，壁亦变薄。♂孔在Ⅺ节腹刚毛束位置上，输精管长、盘曲，精管膨部为长纺锤形。前列腺大。阴茎鞘300～600μm（甚少1000μm）长，长筒状，全长为最宽部的10～14倍，末端较窄，微弯，口扩张，边缘翻转，但各缘外翻程度不同，故不对称。

生境：成蚓在水底扰动均能提高沉积物界面氧气交换速率，从而改善水底环境。该种是最严重污染区的优势种。

采集地：三峡库区（湖北段）、丹江口水库、珠江流域（广州段）、太湖流域、辽河流域、滇池流域、洱海流域。

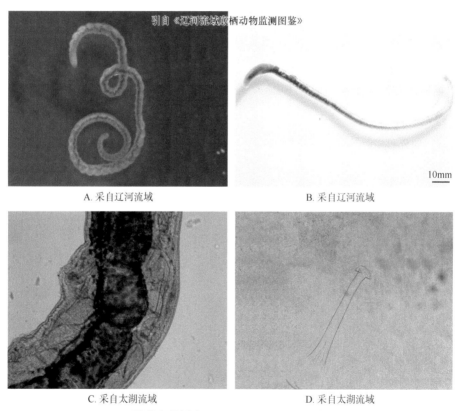

引自《辽河流域底栖动物监测图鉴》

A. 采自辽河流域　　　　　　B. 采自辽河流域

C. 采自太湖流域　　　　　　D. 采自太湖流域

霍甫水丝蚓（*Limnodrilus hoffmeisteri*）

图片C、D由中国科学院水生生物研究所周婷婷提供

2）奥特开水丝蚓（*Limnodrilus udekemianus*）

形态特征：体长约65mm，体宽约1mm，70节左右。阴茎鞘筒状，直径前后一致，

壁薄，末端扩展略似漏斗，阴茎鞘末端龟头状，长度为宽的3～4倍。

生境：该种在中污染水体中常形成优势种群。

采集地：珠江流域（广州段）、辽河流域、太湖流域。

引自《辽河流域底栖动物监测图鉴》

A. 采自辽河流域　　　　　　　　　B. 采自辽河流域

C. 采自太湖流域　　　　　　　　　D. 采自太湖流域

奥特开水丝蚓（*Limnodrilus udekemianus*）

图片C、D由中国科学院水生生物研究所周婷婷、吴俊燕提供

3）克拉泊水丝蚓（*Limnodrilus claparedianus*）

形态特征：体长20～30mm。体宽0.35～0.40mm。阴茎鞘特长，大约是接近末端最宽处的20倍，末端较宽，微弯，口扩张，边缘翻转程度不同，故不对称。

生境：该种在中污染偏重水体中常形成优势种群。

采集地：松花江流域、三峡库区（湖北段）、丹江口水库、太湖流域、辽河流域、珠江流域（广州段）。

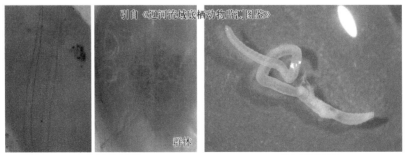

引自《辽河流域底栖动物监测图鉴》

群体

A. 采自辽河流域　　　　　　　　　B. 采自辽河流域

C.采自珠江流域（广州段）　　　　　D.采自珠江流域（广州段）

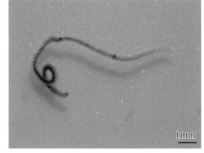

E.采自丹江口水库　　　　　　　F.采自丹江口水库

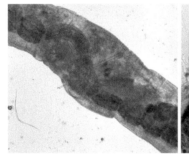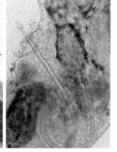

G.采自太湖流域

克拉泊水丝蚓（*Limnodrilus claparedianus*）

图片G由中国科学院水生生物研究所周婷婷、吴俊燕提供

4）瑞士水丝蚓（*Limnodrilus helveticus*）

形态特征：体长20～30mm。体宽0.35～0.40mm。阴茎鞘末端呈锚状，长为宽的4.0～5.6倍。

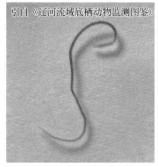

A.采自辽河流域　　　　　　　　　B.采自黄河源

瑞士水丝蚓（*Limnodrilus helveticus*）

图片B由中国科学院水生生物研究所周婷婷提供

生境：该种在轻-中污染水体中多见。

采集地：辽河流域、黄河源。

5）巨毛水丝蚓（*Limnodrilus grandisetosus*）

形态特征：体长42～130mm，体节80～270节。背刚毛每束3或4条，腹刚毛2或3条。Ⅳ～Ⅹ节的腹刚毛巨大，毛干粗壮，远端钩转，2叉短且钝。阴茎鞘粗短，细盅状，长度只有最宽处的1.5倍。

生境：生活在淡水之中，是研究湖泊水质的重要因素之一。

采集地：丹江口水库、珠江流域（广州段）、太湖流域、辽河流域、滇池流域、洱海流域。

引自《辽河流域底栖动物监测图鉴》

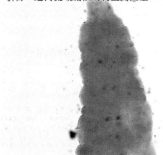

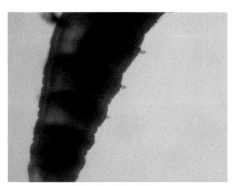

A. 采自辽河流域

B. 采自珠江流域（广州段）

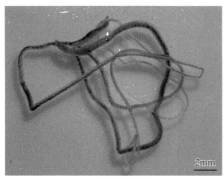

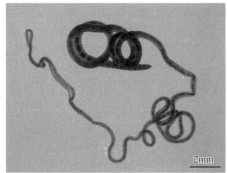

C. 采自洱海流域

D. 采自洱海流域

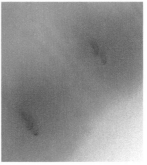

E. 采自太湖流域

巨毛水丝蚓（*Limnodrilus grandisetosus*）

图片E由中国科学院水生生物研究所周婷婷、吴俊燕提供

（4）颤蚓属（*Tubifex*）

形态特征：具发状刚毛；针状刚毛栉状，在体前部；腹刚毛钩状。无体腔球。输精管盘曲，连精管膨部的顶端或亚顶端。精管膨部中等长，远端渐细。前列腺大，以短粗的柄连膨部亚顶端的腹侧。无射精管。具阴茎，无厚阴茎鞘。受精囊中有精荚。具生殖毛，但不变形。

采集地：三峡库区（湖北段）、丹江口水库、洱海流域、滇池流域、珠江流域（广州段）、黄河源。

1）正颤蚓（*Tubifex tubifex*）

形态特征：此种被分离出主要是由于其具有其他种类所没有的鲜明特征。体长20～30mm，体宽1mm。60～80节。口前叶钝圆锥形。心脏在Ⅷ节。背、腹刚毛均始于Ⅱ节，前端背面每束有发状刚毛和针状刚毛3～5条（普通3或4条），发状刚毛长400～650μm，边缘有细锯齿，两相邻锯齿间隔3～4μm，针状刚毛长95～135μm，干较直，毛节在远端，两叉相等（长约7.4μm），且分开成50°～60°角，叉间又有2～5个栉齿；向后，则发状刚毛减少，1或2条至全部消失，针状刚毛也相应减少（但不消失）；近叉变得比远叉粗，栉齿少或无。腹刚毛钩状，略弯曲，前端3～5（普通3或4）条一束，长120～150μm，远叉通常略细长，也有两叉基本等长的（远叉/近叉=7.5～10/7～7.5μm）；身体后部的腹刚毛1或2条一束，长105～110μm，叉铰短，通常相等。环带在Ⅺ～Ⅻ节。受精囊在Ⅹ节，囊腔呈雪梨形至袋形，具精荚，囊管细，较长，

A. 采自洱海流域

2μm

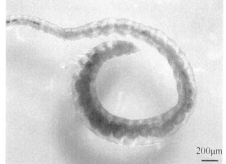

B. 采自珠江流域（广州段）

200μm

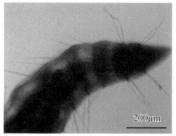

C. 采自滇池流域，刚毛

200μm

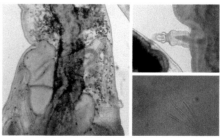

D. 采自黄河源

正颤蚓（*Tubifex tubifex*）

图片D由中国科学院水生生物研究所周婷婷提供

壁薄，连受精囊孔处略膨大。输精管长，精管膨部呈棒状，通常呈人胃状弯曲，腔壁在连前列腺处及连阴茎的一段特别增厚。前列腺大，由多叶集合成一团，和精管膨部靠近输精管的一端相连接。交配腔小，内藏乳头状阴茎。♂孔在Ⅺ节腹刚毛束的位置。无交配毛。

生境：常发现于边缘栖居地，常与霍甫水丝蚓在一起。

采集地：三峡库区（湖北段）、丹江口水库、洱海流域、滇池流域、珠江流域（广州段）、黄河源。

（5）河蚓属（*Rhyacodrilus*）

形态特征：具体腔球。输精管中等长，连精管膨部的亚顶端；前列腺细胞分散于精管膨部周围；假阴茎有或无。常具交配毛。受精囊1对，无精荚。

采集地：珠江流域（广州段）、辽河流域、三江源。

1）中华河蚓（*Rhyacodrilus sinicus*）

形态特征：体长10～30mm，宽0.5～1.2mm。体色微红。口前叶稍圆。腹刚毛每束3～6条。背刚毛发状，至第2节起每束2～4条，较体宽短。针状刚毛2～4条，有2个长叉。中部发状刚毛减少，后部无发状刚毛，针状刚毛2叉变短，等长。雄性生殖孔4对，位于第Ⅹ节，有短阴茎及交配毛。雌性生殖孔位于Ⅺ/Ⅻ节，受精囊孔1对，位于第Ⅹ节。

生境：该种分布广泛，能忍受高度缺氧，常为最严重污染水域的优势种。

采集地：珠江流域（广州段）、辽河流域、三江源。

 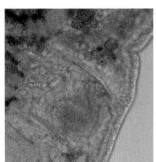

A. 采自辽河流域   B. 采自三江源

中华河蚓（*Rhyacodrilus sinicus*）

图片B由中国科学院水生生物研究所周婷婷提供

二、蛭纲（**Hirudinea**）

蛭类俗称蚂蟥，体扁或略呈柱状或椭圆形，柔软。前后两端窄，或后头有1颈。前后两端各有1吸盘，分别称为前吸盘和后吸盘。口在前吸盘腹侧。口内有吻或无吻。肛门在后吸盘的背面。全身由许多体节组成，每个体节上又有许多体环，外观体节与体环甚难区别。蛭类体色多变，或色彩艳丽或斑纹规则或全身透明。蛭类的少数种类吸血，很多种类则为肉食性和腐食性。蛭类为雌雄同体，异体受精。

蛭类生活在湖泊、沼泽、池塘、河沟、泉水或缓流中，也有在激流中生活的种类，它们日伏夜出。多数蛭类为自由生活，也有营暂时寄生生活者。常见的种类有吻蛭目、颚蛭目和咽蛭目。

（一）颚蛭目（Gnathobdellida）

完全体节5环。咽短，小于体长的1/4。咽头有3个肌肉发达的颚，颚上通常有细齿列。眼5对，排成弧形。雄性生殖系统有复杂的精管膨腔，通常有阴茎；雌性生殖系统有相应的发达的阴道。嗜吸血及肉食性。淡水或陆地生活。

1. 医蛭科（Hirudinidae）

种类体中等或大型。眼点常为5对，呈弧形排列。第3对与第4对眼之间相隔1环轮（陆栖种类相连）。完全体节具5环。体表感觉乳突显著。颚发达，嗉囊具1对或数对侧盲囊。

（1）金线蛭属（Whitmania）

形态特征：体扁平，呈纺锤形。体大型。前、后端皮肤有呈网状或疣状的突起，感觉乳突卵圆形。前吸盘的后缘腹中有1条突起的皱折，后吸盘大型。

采集地：辽河流域。

1）宽体金线蛭（Whitmania pigra）

形态特征：体长大，略呈纺锤形，扁平，长6～13cm，宽0.8～2cm，体环107环。颚齿不发达。体前端尖细，后端钝圆。背部通常暗绿色，有5条由黑色和淡黄色两种斑纹相间组成的纵纹，腹部浅黄白色，有许多不规则的深绿色斑点。雌雄生殖孔分开，各开口于环的中央，雄孔开在第33～34体环间，雌孔开在38～39体环间。眼10个，排成弧形，位于头部背面，前吸盘不显著，后吸盘圆大，吸附力强。

生境：生活于水田、河流、湖沼中，不吸血，吸食水中浮游生物、小型昆虫、软体动物的幼虫及泥面腐殖质等。冬季蛰伏土中。宽体金线蛭个体大，生长快，繁殖率高，易于捕捞，是目前养殖推广的主要品种。中污染水体中多见。

采集地：辽河流域。

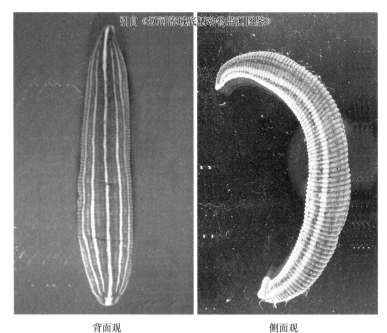

引自《辽河流域底栖动物监测图鉴》

背面观 　　　　　　　　　　 侧面观

宽体金线蛭（*Whitmania pigra*）

（二）咽蛭目（Pharyngobdellida）

完全体节基本上分为5体环，但某些环有的再分割而有更多的环数。咽长，约为体长的1/3。咽部有3条长的肌肉脊。无颚，但有的有数个较大的齿。雄性生殖系统无线形的阴茎；雌性无明显的阴道。肉食性，可吞食蠕虫或昆虫幼虫。淡水或湿土中生活。

1. 石蛭科（Erpobdellidae）

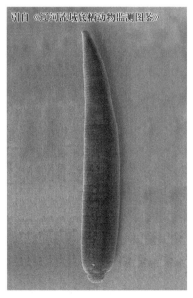

引自《辽河流域底栖动物监测图鉴》

八目石蛭（*Herpobdella octoculata*）

本科种类体中等大或小型。眼点少于5对，不成弧形排列。完全体节具5环或稍多。体表感觉突不显著。颚退化，常成齿板或齿棘，甚至缺乏。嗉盲囊不分侧盲囊或至多只有1对侧盲囊。

（1）石蛭属（Herpobdella）

形态特征：体略呈圆柱形，前后两端略狭，背面色深，具不规则的黑色斑点。腹面稍淡，前吸盘小，后吸盘与体同宽，眼4对。

采集地：辽河流域。

1）八目石蛭（Herpobdella octoculata）

形态特征：体呈圆柱形，前后两端略狭，体

长20～52mm，宽3～9mm，背面色深。具不规则的黑色斑点。腹面稍淡，前吸盘小，后吸盘与体同宽。体分107节，完全体节的第5环较宽，但无次生环。眼点4对，前2对横列在第2环，后2对横列在第5环的近两侧处。

生境：生活于池塘、河流中，附着在石块下，周围常有涡虫生存。取食水蚯蚓、涡虫等柔软的小型水生动物。中污染水体中多见。

采集地：辽河流域。

2. 沙蛭科（Salifidae）

（1）巴蛭属（*Barbronia*）

形态特征：体狭长，外形与体色均与八目石蛭相似。眼3对，前对大，后2对小。肛门甚大，常生活在高山地区溪流和池塘中，附在石块或树干上，行动活泼。

采集地：松花江流域、辽河流域。

1）苇氏巴蛭（*Barbronia weberi*）

形态特征：体狭长，略呈圆柱形。体长25～35mm，宽2～3mm。生活时呈粉红或肉红色。但在生殖季节，全身的色泽加深成为红棕色，生殖环带也显著膨大，保存的标本褪成苍白色。眼点3对，前对大，位于第2节背正中。后2对小，位于第Ⅳ节第1、2环间背部两侧。雄性生殖孔显著，位于第Ⅻ节第1、2环沟。雌性生殖孔位于第ⅩⅢ节第1环，也有位于第ⅩⅠ/Ⅻ节和Ⅻ/ⅩⅢ节间的。肛门大，位于第26、27节间。

生境：生活于高山池塘、溪流及平原的湖泊、水田中。中污染水体中常见。

采集地：松花江流域、辽河流域。

引自《辽河流域底栖动物监测图鉴》

采自辽河流域
苇氏巴蛭（*Barbronia weberi*）

（2）类蛭属（*Mimobdella*）

形态特征：典型的完全体节，具有7～10个不等的环，其中3个宽大的环通常能微弱地再分割。

生境：多栖息于池塘和沼泽地。

采集地：松花江流域。

1）日本类蛭（*Mimobdella japonica*）

形态特征：身体扁圆柱状，背面紫红灰色或茶褐色，有黑褐色的斑纹；头部背面有1对眼；中部完全体节具有7个不等的环，其中3个宽的、4个窄的；两生殖孔相隔5环；口内无颚和咽针。

采集地：松花江流域。

（三）吻蛭目（Rhynchobdellida）

无颚，前端有吻，用以刺穿宿主的组织。口位于前吸盘的中央，少数种类的口孔在吸盘的亚前缘或后缘。闭管系血管。血液无色。交配依靠精荚进行。海水或淡水种类。

1. 扁蛭科（舌蛭科）（Glossiphonidae）

体形扁平，椭圆形。不分前后两部，体侧无鳃或皮囊。前吸盘位于头部腹面。体中段每体节具3环轮。眼1～4对，卵产于成体腹面的膜囊中，幼体最初也附着于母体腹面。不善于游泳。营半寄生生活。

（1）扁（舌）蛭属（*Glossiphonia*）

形态特征：体常小型。扁平，卵圆形。眼点常3对（少为1或2对）。前吸盘较后吸盘小。口孔位于前吸盘中央，嗉囊具6对侧盲囊。分布广，在各地池塘、河川等较静的水流中生活，行动迟缓，稍受惊扰即蜷缩成球形。

生境：栖息于池塘水草及石块上，亦常见于河蚌的外套腔中。污染较重的水体中多见。

采集地：松花江流域、辽河流域、太湖流域。

1）宽身舌蛭（*Glossiphonia lata*）

形态特征：体短宽，略呈卵形。体长10～22mm，宽5～8.5mm。背部稍凸，腹面扁平。背部土黄色，有黑色细点组成的纵纹8或9行。前吸盘小，口中有长吻。后

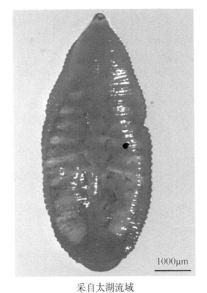

1000μm

采自太湖流域

舌蛭（*Glossiphonia* sp.）

引自《江河流域底栖动物监测图鉴》

宽身舌蛭（*Glossiphonia lata*）

吸盘亦小。眼点3对，排列于第4（或5）、6、7三环上。前对眼小，2眼靠近，有时重叠，也有消失1眼或全消失的。中、后对眼较大，但亦有2对合并成1对大眼，或各对仅留存1侧眼。雄性生殖孔位于第27环，雌性生殖孔位于第28环的前缘。

采集地：辽河流域。

2）异面舌蛭（*Glossiphonia heteroclita*）

形态特征：身体前尖后圆，呈梭形；体表光滑无乳突，通常呈明亮的黄白色；3对眼，在5环、6/7环和7/8环背部排列成"八"字形；两生殖管在Ⅻa$_1$/a$_2$节有1共同口孔向外。

采集地：松花江流域。

（2）泽蛭属（*Helobdella*）

形态特征：体小型。前端背中央常有1块圆形的几丁质板，整体稍透明，灰白或淡黄绿色，间杂黑点。眼1对，左右接近。完全体节具3环轮。

分布广泛，常栖息于沼石或烂叶下或暂寄生在软体动物和蛙体上。

采集地：松花江流域、辽河流域。

1）宁静泽蛭（*Helobdella stagnalis*）

形态特征：体长8～12mm，宽约4mm。躯体小，后部较宽，前部狭长。整体稍透明。体灰白或淡黄绿色，间杂黑点。体表无感觉乳突。体分68环。眼1对，位于第3环或2/3环沟，左右眼接近。在第12、13环间背中线上有1个圆形棕黄色的几丁质板。雌、雄生殖孔分别位于第24、25环沟及第25、26环沟。

生境：生活于湖泊、池塘、水沟及水流缓慢的河流和溪流中，取食螺类、水蚯蚓和水生昆虫幼虫等。污染的水体中多见。

采集地：松花江流域、辽河流域。

引自《辽河流域底栖动物监测图鉴》

采自辽河流域

宁静泽蛭（*Helobdella stagnalis*）

（3）拟扁蛭属（*Hemiclepsis*）

形态特征：通常比扁蛭大，在头部几节扩大，具1较狭的颈，体较透明，背面有6道纵行栗色斑纹。前后吸盘均较大，口孔在前吸盘偏中位。完全体节具3环轮。嗉囊具7对或更多的侧盲囊。

生境：常栖息于池沼、小河边石下，也有的寄生在河蚌体上，一般耐污。

采集地：松花江流域、太湖流域。

背面观　　　　　　　　腹面观

采自松花江流域

拟扁蛭（*Hemiclepsis* sp.）

三、多毛纲（Polychaeta）

多毛纲动物一般身体细长，多呈圆柱状或背腹扁平，分节明显。身体分头部、躯干部和尾部三部分。由于虫体各部，尤其是头部和疣足附属物的变化很大，因而多毛纲动物的体型极富多样性。主要变化包括：口前叶及其附属物的退化；口前叶与围口节的愈合，甚至同前部体节的愈合；体前部捕食附属物的产生，如触须、鳃冠等；疣足的退化；刚毛的消失或部分消失；触须、背须和尾须的消失等。

多毛纲大多数栖息于海洋中，淡水种类很少。多毛纲可分为游走目和管栖目。

（一）游走目（Errantia）

营自由生活。除头部、尾部外，全身各体节的构造相似，每个体节有1对疣足，并具肾管和鳃。口前叶明显，咽（吻）能翻出口外，其前端有1或2对发达的大颚。该目为捕食性种类，少数穴居或管栖生活。

1. 沙蚕科（Nereididae）

体细长，扁圆柱形，具有许多体节。头部由口前叶和围口节组成。口前叶亚卵圆形、梨形或多边形，背表面具2对眼（个别种无），前端具0～2个不分节的口前叶触手和2个由端节和基节组成的口前叶触角。围口节于唇部变窄，腹面具口，具3或4对围口节触须。躯干部由许多外形相似的体节组成。每个体节两侧具叶片状的疣足。

（1）围沙蚕属（*Perinereis*）

形态特征：口前叶有2个触手，围口节触须4对。吻的口环和颚环上均有齿，Ⅵ区的齿为扁三角形、横棒状或圆锥形齿相混合，其余区均为圆锥形齿。前2对疣足单叶形，其余均为双叶形。背刚毛全部为刺状毛，腹刚毛有刺状和镰刀状两种类型。
生境：围沙蚕喜海水环境，河流入海口水域经常出现。
采集地：辽河流域。

围沙蚕（*Perinereis* sp.）

（2）疣吻沙蚕属（*Tylorrhynchus*）

形态特征：口前叶具2触手；吻表面无颚齿，口环和颚环皆具软乳突；围口节具触须4对；体前部疣足上背舌叶特化为靠近背须的附加背须，体中部背须位于粗壮的上背舌叶特化的须基上，无腹舌叶；背刚毛为复型刺状和镰刀型。
采集地：太湖流域。

2. 齿吻沙蚕科（Nephtyidae）

虫体长且扁，横切面为四边形，疣足的背腹足叶分得很开。口前叶较小，为多边形或卵圆形，常陷入体节前几个刚节中，具0或1对眼，1或2对触手。项器有或无，为口前叶背后两侧的乳突状或指状突起。翻吻大，富肌肉，圆柱状或长椭圆形。躯干部体背中线稍隆起，腹中线具1纵沟。疣足双叶型。

（1）齿吻沙蚕属（*Nephthys*）

　　形态特征：口前叶较小，多边形或卵圆形；2对触手；翻吻具22对分叉的端乳突和22对纵排亚端乳突，中背乳突有或无。双叶型疣足发达，内须叶囊状或外弯的镰刀状。有些种的足刺具锥状或帽状顶；刚毛有横纹（梯形）毛状和小刺毛状，无竖琴状刚毛。

　　采集地：太湖流域、珠江流域（广州段）。

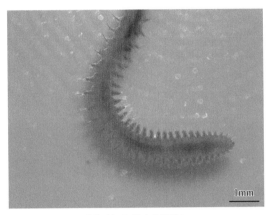

1mm

采自珠江流域（广州段）

齿吻沙蚕（*Nephthys* sp.）

第二十三章

软体动物门（Mollusca）

软体动物门是大型底栖无脊椎动物的一大类群，通常分为双神经纲（Amphineura）、腹足纲（Gastropoda）、掘足纲（Scaphopoda）、瓣鳃纲（Lamellibranchia）和头足纲（Cephalopoda）5个纲。软体动物身体不分节，左右对称（腹足纲身体不对称）。体分头、足、内脏囊三部分。软体动物由于身体柔软，大多数运动迟缓。由于大多数种类具有贝壳，又称为贝类。

软体动物是动物界中第二大门类，种类不少于13万种。淡水生活的种类主要是腹足纲和瓣鳃纲的一些种类。

一、腹足纲（Gastropoda）

腹足类大多数有1个螺旋形的贝壳，故名单壳类，又称螺类。因足常位于身体腹侧，故称腹足类。贝壳形状随种而异，变化很大，是鉴别种类的重要依据。贝壳可分为螺旋部和体螺层两部分。螺旋部壳顶到壳口上缘是动物内脏囊盘曲之处，一般分为许多层。体螺层是贝壳的最后一层，一般最大，容纳动物的头部和足部。贝壳的旋转有右旋和左旋之分，壳口在螺轴的右侧即为右旋。在左侧，则为左旋。腹足类足的后端常能分泌出一个角质的或石灰质的保护物，称厣。肺螺亚纲的种类没有厣。雌雄同体或异体。

（一）中腹足目（Mesogastropoda）

中腹足目神经系统相当集中。排泄和呼吸系统右侧退化，肾具1输尿管，1个栉鳃附于外套膜上。心耳只有1个。齿式为2·1·1·1·2。

1. 豆螺科（Bithyniidae）

贝壳小型，外形为球形、卵圆形或圆锥形；螺旋部圆锥形，体螺层略膨大；壳面光滑或具细密的螺旋纹或螺棱；壳口圆形或卵圆形。厣石灰质，具同心圆的生长纹。

（1）涵螺属（*Alocinma*）

形态特征：贝壳略呈球形。螺旋部小，体螺层几乎占了全部贝壳。

1）长角涵螺（*Alocinma longicornis*）

形态特征：贝壳较小型，壳质较薄，但坚固、透明。外形略呈球形，有3.5～4个螺层。各螺层的宽度增长迅速，壳面外凸，壳顶钝、圆，螺旋部短宽，体螺层极膨大，几乎形成了全部贝壳。缝合线明显。壳面呈白色，光滑，壳口略呈卵圆形，周缘完整，具有黑色框边，上方有1锐角，内唇略向外折。厣呈卵圆形，为1石灰质的薄片，具有同心圆的生长纹，厣核偏于壳口内缘中心处。无脐孔。

它与沼螺属的种类易于区分，足的下部没有淡的橘黄色的斑点，触角细长，外套膜黑色，并有白色规则的斑点。

采集地：太湖流域。

长角涵螺（*Alocinma longicornis*）

（2）豆螺属（*Bithynia*）

形态特征：为本科中中等大小的种类。壳长卵圆形或宽卵圆形。贝壳光滑。壳口光滑呈椭圆形或近方形。口缘不甚厚。无脐或脐缝。厣石灰质。

1）赤豆螺（*Bithynia fuchsiana*）

形态特征：贝壳较粗大，壳质较薄，易碎，外形呈宽卵圆锥形。有5个螺层，各螺层均匀膨胀，各层在宽度上均匀迅速增大。壳顶钝，常被损坏。螺旋部呈短圆锥形，其高度大于壳高的1/2，体螺层膨大，缝合线深，壳面呈棕色、棕褐色或灰褐色，光滑，具有不明显的生长纹。壳口呈卵圆形，周缘完整，不增厚，易破损，具有黑色框边。内唇上缘呈斜直线状贴覆于体螺层上，与较垂直的轴缘相交，呈一个略大于90°的角。厣为石灰质的薄片，与壳口同样大小，通常不能拉入壳内，具有同心圆的生长纹。无脐孔。动物呈淡灰色，在足及触角上具有橘红色的斑点。外套膜为黑色，并具有透明乳白色的小斑点。

生境：栖息在河流、小溪、沟渠、稻田、池塘及湖泊小水域。

采集地：太湖流域。

2）椭豆螺（*Bithynia misella*）

形态特征：贝壳小型，壳质薄，外形呈长圆锥形。有5个螺层，各层增大较缓慢，而体螺层的增大比其余各层稍快。螺旋部呈长圆锥形，其高度约为全部壳高的2/3，体螺层略膨大，缝合线深。壳面呈淡灰色、棕褐色或黑色，光滑，具有明显的生长线。壳口呈宽卵圆形，周缘完整、锋锐、不扩张，有的具有黑色框边。厣为石灰质的薄片，呈卵圆形，与壳口同样大小，不能拉入壳口内，紧紧封闭着壳口，具有同心圆的生长纹。脐孔明显。外套膜透明，并具有稀疏黑色的蜘蛛网状的斑点。

生境：栖息在运河、溪流、河流、沟渠、稻田及池塘内，附着在水草上或者匍匐在泥底。

采集地：太湖流域。

（3）沼螺属（*Parafossarulus*）

形态特征：为本科中中等大小的种类，壳卵锥形。壳质厚而坚，螺塔高锥形，螺层略凸，具螺旋纹或螺棱。具脐缝。壳口卵圆形。口缘厚。厣石灰质。

1）纹沼螺（*Parafossarulus striatulus*）

形态特征：体中等大小，壳质厚而坚固，透明。有5～6个螺层，各层缓慢均匀增长，壳面外凸。壳顶尖，常被损坏，螺旋部宽，圆锥形。体螺层略膨大，缝合线浅。壳表具细的生长纹及螺旋纹或螺棱。壳表灰黄色、褐色或淡灰色。壳口卵圆形，具有黑色或褐色边框。厣为石灰质，与壳口同样大小，不能拉入壳口内，具有同心圆生长纹，无脐孔。

生境：栖息于河流、湖泊、沟渠、池塘及沼泽等水域。是华支睾吸虫的第一中间宿主。为禽类、鱼类的饵料。中污染水体中多见。

采集地：松花江流域、三峡库区（湖北段）、丹江口水库、辽河流域、太湖流域。

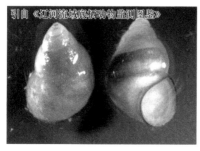

A. 采自辽河流域　　　　　　　　　　B. 采自太湖流域

纹沼螺（*Parafossarulus striatulus*）

2）大沼螺（*Parafossarulus eximius*）

形态特征：本种是豆螺科中最大的种类，成体壳高可达15.7～19.2mm，壳宽8.9～10.2mm。壳质厚，坚固，外形呈卵圆锥形，与田螺科中环棱螺属的种类非常相似，但是，它具有石灰质的厣。有5个螺层，各螺层在宽度上增长较迅速，壳面外凸，壳顶钝，经常被磨损，螺旋部呈宽圆锥形，体螺层膨大。缝合线深。壳面为褐色、黄褐色和绿褐色，上面具有明显的生长纹及螺棱，体螺层上的螺棱更加明显，螺棱变异较大，有的个体螺棱极强，有的个体近似光滑。壳口呈卵圆形，周缘厚。

生境：生活在溪流、沟渠、湖泊及池塘内，附着于水草上或在水底爬行。

采集地：太湖流域、珠江流域（广州段）。

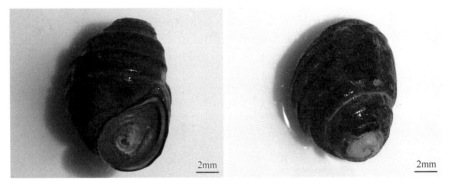

采自珠江流域（广州段）

大沼螺（*Parafossarulus eximius*）

2. 短沟蜷科（Semisulcospiridae）

贝壳一般为中等大小，成体壳高约在30mm。外形多呈长圆锥形、卵圆锥形。壳质坚硬。一般螺层逐渐缓慢增长，螺层平坦或稍膨胀，多具有削尖的螺旋部。壳面光滑或具纵肋，或具有由纵肋及螺棱交叉而形成的瘤状结节。

（1）短沟蜷属（*Semisulcospira*）

形态特征：贝壳中等大小，塔形。壳面光滑或具环肋、纵肋或粒状突起。壳口卵形，上下两端均呈角状。

1）方格短沟蜷（*Semisulcospira cancellata*）

形态特征：贝壳壳高17.2～28.5mm，壳宽7.3～11.2mm。壳质厚，坚固，外形呈长圆锥形。壳顶尖，常被腐蚀，有12个螺层，各螺层在长度上缓慢均匀增长。各螺层略外凸，螺旋部呈瘦长圆锥形。体螺层不膨大，底部缩小。壳面呈黄褐色，具2或3条深褐色的色带，上有不太显著的螺纹及发达的纵肋，螺纹和螺肋二者相连形成方格状的花纹，并相交形成瘤状结节。体螺层具12～15条纵肋。在体螺层下部具3条螺棱。壳口呈长椭圆形，上方呈角状，下方具有斜槽，周缘完整，外唇薄，呈锯齿状，内缘上方贴覆于体螺层上，轴缘弯曲呈弧形。厣角质、黄褐色。无脐孔。

生境：栖息在水流较缓、水质清澈、水草丰盛、pH6～8的沙底、泥沙底或泥底的湖泊、河流、池塘、沟渠中。以水生藻类及高等植物为食。成螺可做家禽饲料及鱼类饵料，也是鱼类的天然饵料。轻污染水体中多见。

采集地：太湖流域、辽河流域。

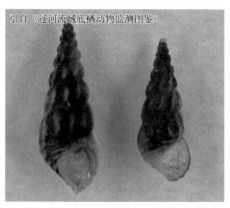 

引自《辽河流域底栖动物监测图鉴》

5000μm

A. 采自辽河流域　　　　　　　　　　　　B. 采自太湖流域

方格短沟蜷（*Semisulcospira cancellata*）

2）格氏短沟蜷（*Semisulcospira gredleri*）

形态特征：贝壳中等大小，壳质坚厚，外形呈塔锥形。有5或6个螺层，各层在长度上增长均匀缓慢，各层略膨胀。壳顶尖，但常被腐蚀，体螺层略膨胀，缝合线深。壳面呈黄褐色或深褐色，具有粗的螺肋，次体螺层上具有10条螺肋，体螺层上具有12条螺肋，体螺层下部具有2～4条螺棱。壳口呈梨形，周缘完整，外缘锋锐，内缘贴覆于体螺层上，轴缘白瓷状、弯，壳口下缘呈斜槽形。厣角质，近圆形的黄褐色薄片，厣核略近于中心。无脐孔。

采集地：太湖流域。

3）放逸短沟蜷（*Semisulcospira libertina*）

形态特征：贝壳中等大小或大型，成体一般壳高20mm，壳宽11mm左右，最大者壳高可达37mm，壳宽16mm。壳质厚，坚固，外形略呈塔锥形，有6或7个螺层，各层缓慢均匀增长，螺层略外凸，或者平坦；体螺层略膨胀。壳顶一般常被腐蚀。壳面呈黄褐色或暗褐色，有的个体在体螺层上具有2或3条红褐色色带，并有细致的螺纹及较粗的生长纹，二者交叉形成纹状的花纹，或者壳面光滑，由于栖息的生态环境不同，贝壳的花纹有变异。壳口呈梨形，周缘完整、薄，下缘具有明显的斜槽，轴缘短，弯曲。厣为黄褐色的角质薄片，形状与壳口相同，具有稀疏螺旋形的生长纹。吻短，稍分叉。外套膜边缘光滑，雌性育儿囊位于颈部背侧。齿舌中央齿宽度大于高度的1/2，上缘具有1个大的中间齿及每侧3个侧齿。

生境：本种多栖息于山岳丘陵地带的山溪中，水清澈透明，水流略急，水温较低，河底布满卵石、岩石或者沙底的环境中。

　　采集地：松花江流域、太湖流域。

5000μm

采自太湖流域

放逸短沟蜷（*Semisulcospira libertina*）

4）黑龙江短沟蜷（*Semisulcospira amurensis*）

　　形态特征：贝壳中等大小，成体一般壳高27mm，壳宽11mm。壳质厚，坚固，外形呈塔锥形；有5或6个螺层，各层缓慢均匀增长，各螺层略外凸。壳顶钝，常被腐蚀，体螺层不膨大。壳面呈黄褐色或深褐色，在浅色的个体上可以看到2或3条深褐色色带，壳面上具有由瘤状结节连接而成的粗的纵肋，纵肋数目随个体不同而有变化，它的纵肋比方格短沟蜷粗大，但数目较少，在体螺层底部纵肋消失，具有2或3条明显的螺棱。壳口呈梨形，周缘完整，上方呈角状，下方有斜槽。厣为角质的黄褐色薄片，形状与壳口相同。无脐孔。吻短，外套膜边缘光滑。胚囊位于颈部的背侧。

　　生境：栖息于江河、湖泊内。

　　采集地：松花江流域。

黑龙江短沟蜷（*Semisulcospira amurensis*）

5）色带短沟蜷（*Semisulcospira mandarina*）

　　形态特征：贝壳中等大小，成体壳高一般为27mm，壳宽8mm，壳口高7.5mm左右，壳口宽4.5mm。壳质较厚，坚固，外形呈尖锥形，有11个螺层，各螺层在长度上缓慢均匀增长，各螺层略膨胀，并且略倾斜。壳顶尖锐，但常被损蚀；螺旋部削尖，呈圆锥形。体螺层略膨胀，缝合线深。壳面呈灰白褐色，在缝合线下部具有1条明显的白色色带，各螺层上具有2条红色色带，上部螺层上具有规则的纵肋，但在下面螺层纵肋逐渐消失，体螺层光滑或者具有残留的纵肋痕迹。壳口略呈椭圆形，周缘完整，外唇薄，上方具有锐角，下方略突出，轴缘几乎垂直，内唇具有薄的透明的胼胝。厣为角质的黄褐色薄片，与壳口形状相同。

　　生境：栖息于灌溉沟渠、河流及池塘内，以藻类及腐殖质为食料。

　　采集地：松花江流域。

3. 狭口螺科（Stenothyridae）

　　贝壳小型，一般不高于5mm。外形呈卵圆锥形、桶形。壳质薄，透明但坚固。壳面灰白色或黄褐色，光滑，或具有多条螺旋状花纹或由凹点组成螺旋纹。体螺层大，除了壳口外体螺层背、腹面略呈压平状。壳口略呈圆形，周缘完整，厚。

（1）狭口螺属（*Stenothyra*）

　　形态特征：壳小，长卵形。螺层凸胀，少于5层。壳面光滑或旋向饰纹。壳口小，圆形。

1）光滑狭口螺（*Stenothyra glabra*）

　　形态特征：贝壳极小，两端略细，中间粗大，近似圆筒状。壳质较坚实，略透明。壳高3.2mm，壳宽1.8mm。有5个螺层，皆外凸。体螺层膨大，其高度约占全部壳高的3/4，壳顶钝。缝合线明显。壳面呈淡黄色或灰白色，光滑。壳口小，圆形，其高度约为全部壳高的1/4。厣为角质，圆形的薄片与壳口同大。

　　生境：生活于稻田、池塘、沟渠、湖泊及缓流小河的沿岸带。生活于淡水水域或咸淡水水域中，水底为沙底、泥沙底或淤泥底。

　　采集地：珠江流域（广州段）、太湖流域。

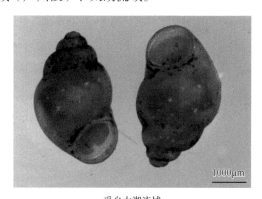

采自太湖流域

光滑狭口螺（*Stenothyra glabra*）

4. 田螺科（Viviparidae）

贝壳中等大小或大型；外形呈球形或圆锥形；螺旋部圆锥形，螺层外突或呈角状或具龙骨突；厣角质，具有同心圆的生长线。

（1）环棱螺属（*Bellamya*）

形态特征：贝壳中等大，圆锥形或低锥形。螺层面近于平直。体螺层大，具螺棱（环棱）。脐孔窄小，壳口卵圆形，口缘薄利，上端角状。

1）梨形环棱螺（*Bellamya purificata*）

形态特征：成螺中等大小，体呈梨形。壳高约37mm，壳宽约25mm。壳质厚，坚实。螺层6或7个，表面凸，体螺层膨胀，螺旋部呈宽圆锥形。缝合线明显。壳面较光滑，呈黄绿色或黄褐色，在体螺层及倒数第2螺层上常具有3或4条螺棱。幼螺的螺棱上生长许多细毛。壳口卵圆形。常具有黑色框边，上方有1锐角，外唇简单，内唇肥厚，上方外折贴覆于体螺层上。脐孔明显。厣为黄褐色的卵圆形薄片。

生境：生活于河沟、湖泊、池沼、水库及水田内。匍匐于水草上或爬行于水底。对水环境的适应能力强，具有耐寒、耐旱、耐乏氧能力。雌雄异体，卵胎生，体内受精发育。仔螺长成后，陆续排出体外，在水中营自由生活。中污染水体中多见。

采集地：松花江流域、洱海流域、长江流域（南通段）、珠江流域（广州段）、辽河流域。

A. 采自辽河流域　　　　　　　　　　B. 采自珠江流域（广州段）

C. 采自长江流域（南通段）

梨形环棱螺（*Bellamya purificata*）

2）铜锈环棱螺（*Bellamya aeruginosa*）

形态特征：贝壳较瘦小，壳质坚厚，外形呈长圆锥形。有6或7个螺层，有时壳顶常被腐蚀而只剩下4个螺层。各螺层在宽度上增加较慢，不外凸，螺旋部呈长圆锥形。体螺层膨大。壳顶尖，常被损失，缝合线较浅。壳面呈铜锈色或绿褐色，具有明显的生长线和螺棱，在体螺层上有3条螺棱，其中最下面的1条最为明显。壳口呈梨圆形，上方有1锐角，周缘完整，外唇较薄，易碎，内唇略厚，上方贴覆在体螺层上。脐孔深，缝状。厣角质，梨形，黄褐色，具有同心圆的生长线，厣核处略凹，靠近内缘中央。

生境：生活于河沟、湖泊、池沼及水田内。

分布：采自于珠江流域（广州段）、长江流域（南通段）、太湖流域。

采自珠江流域（广州段）

铜锈环棱螺（*Bellamya aeruginosa*）

3）方形环棱螺（*Bellamya quadrata*）

形态特征：贝壳中等大小，壳质坚厚，外形呈长圆锥形。有7个螺层，各螺层高度、宽度缓慢均匀增长，壳面不外凸。螺旋部较高，体螺层不膨胀。壳顶尖，常被腐蚀。缝合线较浅。壳面呈绿褐色或黄褐色，具有明显的生长线及螺棱，体螺层上的螺棱较为显著。壳口呈卵圆形，上方有1锐角，周缘完整，外唇较薄，常被损坏，内唇上方贴覆在体螺层上。脐孔不明显或呈缝状。厣角质，黄褐色，具有同心圆的生长线，厣核靠近内唇中央。

生境：生活于河沟、湖泊、池沼及水田内。

采集地：长江流域（南通段）、洱海流域。

4）角形环棱螺（*Bellamya angularis*）

形态特征：贝壳较小，壳质较薄，坚固。外形呈宽圆锥形。有5个螺层，呈阶梯状排列，每个螺层上部靠近缝合线处形成1螺旋形的平面。各螺层在宽度上增长迅速，螺旋部较宽，体螺层极膨胀，其高度约占全部壳高的3/4。壳顶钝，常被腐蚀。缝合线极深。壳面呈黄褐色或草绿色，生长线细密，在每个螺层上均有粗细之间的螺棱，体螺层上的螺棱更粗壮。壳口圆形周缘完整，具有黑色框边；外唇薄，内唇略厚，上方有少部分贴覆在体螺层上。脐孔极深，缝状。厣角质，薄，卵圆形，黄褐色，具有同心圆的生长纹，厣核略凹，靠近内缘中央。

生境：生活于河沟、湖泊、池沼及水田内。

采集地：采自于太湖流域。

5）绘环棱螺（*Bellamya limnophila*）

形态特征：贝壳中等大小，成体一般壳高30mm左右，壳宽20mm左右。壳质厚，坚固，外形呈卵圆锥形。有6个螺层，各螺层增长迅速；螺旋部与前几种相比较短而宽，呈宽圆锥形；体螺层膨大。缝合线深。壳面呈黄褐色或绿褐色，并具有螺棱，在体螺层上具有3条螺棱，其他螺层各具有2条螺棱。壳口呈卵圆形，周缘完整。脐孔明显。厣为黄褐色的角质薄片，有同心圆的生长线；厣核略靠近内侧中央处。

生境：生活在湖泊内，常附着在水草上。

采集地：长江流域（南通段）。

（2）圆田螺属（*Cipangopaludina*）

形态特征：个体较大，贝壳表面平滑，一般不具环棱，螺层膨胀。缝合线较深。

1）中国圆田螺（*Cipangopaludina chinensis*）

形态特征：中型个体，壳高约44.4mm，宽约27.5mm。贝壳近宽圆锥形，具6或7个螺层，每个螺层均向外膨胀。螺旋部的高度大于壳口高度，体螺层明显膨大。壳顶尖。缝合线较深。壳面光滑无肋，呈黄褐色。壳口近卵圆形，边缘完整，薄，具有黑色框边。厣为角质的薄片，小于壳口，具有同心圆的生长纹，厣核位于内唇中央。

生境：生活在淡水水草茂盛的湖泊、水库、沟渠、稻田、池塘内。摄食水生植物的叶、低等藻类等。肉可食用，亦可作禽畜的饲料，螺壳及肉可供药用。中污染水体中多见。

采集地：长江流域（南通段）、太湖流域，辽河流域、洱海流域。

引自《辽河流域底栖动物监测图鉴》

采自辽河流域

中国圆田螺（*Cipangopaludina chinensis*）

2）中华圆田螺（*Cipangopaludina cathayensis*）

形态特征：贝壳较前种稍小。壳质薄而坚固，外形呈卵圆形。有6或7个螺层，各螺层宽度增长迅速；螺旋部较前种宽而短，体螺层极膨大。壳顶尖锐。缝合线明显。壳面呈黄褐色或黄绿色，光滑，无肋，具有明显的生长纹。壳口卵圆形，周缘完整，具有黑色框边，外唇简单，内唇略肥厚，遮盖脐孔，使脐孔呈缝状。厣与前者相同。

生境：生活在淡水水草茂盛的湖泊、水库、沟渠、稻田、池塘内。

采集地：松花江流域、珠江流域（广州段）、长江流域（南通段）。

采自松花江流域

中华圆田螺（*Cipangopaludina cathayensis*）

3）乌苏里圆田螺（*Cipangopaludina ussuriensis*）

形态特征：贝壳巨大，成体壳高55mm左右，壳宽40mm左右。壳质较薄，外形呈卵圆锥形。有5或6个螺层，各螺层增长迅速，膨胀。缝合线明显。螺旋部呈宽圆锥形，体螺层膨大。壳面呈绿褐色或黄褐色，具有细密的生长纹，并有红褐色的色带及螺棱。在体螺层上具有3条色带及3或4条螺棱，其他螺层上具有1或2条色带及2或3条螺棱，在体螺层的下方具有多条稠密的螺旋纹。壳口呈卵圆形，周缘完整，常具有黑色框边，外唇薄，多破损，内唇上方外折覆盖在体螺层上，部分或全部遮盖脐孔。厣为卵圆形的角质薄片。

生境：生活在湖泊、缓流的河流、沟渠、水田及水洼内。

采集地：松花江流域。

（3）田螺属（*Viviparus*）

形态特征：贝壳中等大小，一般在40mm以下，螺旋形旋转，为右旋。贝壳外形呈球形。各螺层膨胀，壳面光滑，无螺棱或螺肋。呈绿褐色或具有褐色色带。壳口呈卵圆形，边缘完整、锋锐。脐孔狭窄或被内唇遮盖。厣角质，具有同心圆的生长线，厣核接近内唇。眼位于触角基部外侧，隆起。雌雄异体，卵胎生。

1）东北田螺（*Viviparus chui*）

形态特征：贝壳中等大小，成体壳高约25mm，壳宽22mm左右。壳质厚而坚固，略呈球形。有4或5个螺层，上部螺层在宽度上增长缓慢，体螺层及倒数第二螺层增长迅速。壳面略外凸。缝合线明显。壳顶钝，常被腐蚀；螺旋部低矮，体螺层膨大，其高度约占全部壳高的4/5。贝壳表面光滑，但具有褶状的生长纹，在体螺层上有较粗的纵列褶。壳面呈黄绿色或褐色，并具有红褐色色带，在体螺层上有3条色带，新鲜标本色带极明显。壳口大，呈卵圆形，上方有1锐角，周缘完整，外唇简单，内唇上方贴覆于体螺层基部，形成胼胝。脐孔呈缝状，被内唇所形成的胼胝遮盖。厣角质，为1卵圆形、黄褐色的薄片，具有同心圆的生长线，厣核略靠近内唇中央处。本种为我国东北地区特有种类。

生境：生活在湖泊、缓流的小河及水田内。

采集地：松花江流域。

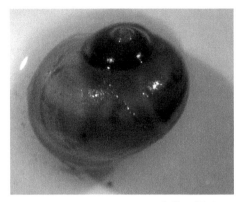

东北田螺（*Viviparus chui*）

（二）基眼目（Basommatophora）

基眼目触角1对。眼位于触角的基部，无柄。外部具贝壳。多生活于淡水湖泊和池塘中。

1. 椎实螺科（Lymnaeidae）

贝壳小型或中等大小，壳多右旋，外形多呈卵圆形或卵圆锥形，少数呈耳状或帽状；壳质薄，易碎，体螺层宽大，壳口大；触角扁平，三角形；雌雄同体。

（1）土蜗属（*Galba*）

形态特征：壳略呈纺锤形。螺旋部较高。螺层凸。体螺层中等膨胀。壳口卵圆形。

1）小土蜗（*Galba pervia*）

形态特征：贝壳小或中等，壳质薄，卵圆形。壳高约12mm，宽约8mm。有4或5个外凸的螺层，并呈梯形排列，螺旋部宽圆锥形。体螺层膨大，壳面淡褐色或黄褐色，有明显的生长纹。壳口卵圆形，其高度等于或大于螺旋部的高度。脐孔较宽，被轴缘覆盖。

生境：栖息于湖泊、小溪的沿岸带和沟渠、池塘、稻田、小水洼及沼泽地带。本种是肝吸虫主要的中间宿主，也为多种寄生于人体、畜禽的寄生吸虫的中间宿主。常出现在中污染水体中。

采集地：松花江流域、辽河流域。

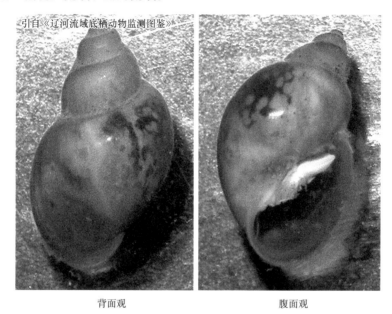

引自《辽河流域底栖动物监测图鉴》

背面观　　　　　　　　　　　腹面观

采自辽河流域

小土蜗（*Galba pervia*）

（2）椎实螺属（*Lymnaea*）

形态特征：贝壳薄，长圆锥形。右旋，无脐。螺旋部尖而长。壳口椭圆形，其高度小于或等于螺旋部高度。

1）静水椎实螺（*Lymnaea stagnalis*）

形态特征：贝壳大，壳高60mm，壳宽31mm。壳质薄而坚实，外形呈尖长圆锥形。有6～8个螺层，各螺层缓慢均匀增长，壳顶尖，常常损坏，螺旋部尖长，有4～6个螺层，其高度约等于壳口高度或小于壳口高度，体螺层极膨大。缝合线浅，略倾斜。壳口呈椭圆形，其高度一般小于或等于螺旋部的高度，周缘完整，外缘薄、锋锐，内缘上方贴覆于体螺层上，下方形成壳轴，轴褶较发达。脐孔不明显。壳面呈淡黄色、灰白色或深褐色，并常具有网状花纹。

生境：常栖息于静水或缓流的水域内。

采集地：松花江流域。

（3）萝卜螺属（*Radix*）

形态特征：贝壳薄，卵圆形。右旋。无脐。螺旋部短小而尖锐。体螺层极膨大。壳口大，轴缘宽，轴部弯曲。

1）耳萝卜螺（*Radix auricularia*）

形态特征：贝壳大，壳高可达32mm，壳宽可达29mm。有4个螺层，螺旋部短而尖，体螺层膨大，壳面呈黄褐色或茶褐色，具明显的生长纹。壳口大，并向外扩张，呈耳状，外缘薄，呈半圆形。雌雄同体，但异体受精，卵生。

生境：广泛栖息于各种静水和缓流水域，也可生活在缺氧的水域中。为肝片吸虫的中间宿主，也是引起人类皮炎的土耳其斯坦鸟毕吸虫、包氏毛毕吸虫的中间宿主。污染的水体中多见。

采集地：松花江流域、太湖流域、辽河流域。

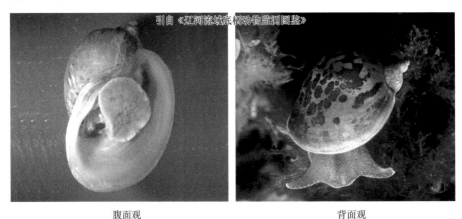

引自《辽河流域底栖动物监测图鉴》

腹面观　　　　　　　　　　　背面观

采自辽河流域

耳萝卜螺（*Radix auricularia*）

2）椭圆萝卜螺（*Radix swinhoei*）

形态特征：壳高一般20mm，壳宽约13mm，最大的个体壳高可达30mm。壳质薄，外形略呈椭圆形。有3或4个螺层，上部缩小形成削肩状，中、下部扩大。壳面呈淡褐色或褐色。壳口呈椭圆形。不向外扩张，上方狭小，向下逐渐扩大，下方最宽大。脐孔呈缝状或不明显。

引自《辽河流域底栖动物监测图鉴》

背面观　　　　　　　　　　　腹面观

A.采自辽河流域

腹面观

B. 采自太湖流域

椭圆萝卜螺（*Radix swinhoei*）

生境：多见于稻田、池塘、沟渠、浅水小溪及湖泊沿岸带。为传播禽、畜寄生虫的一个中间宿主，如肝吸虫及引起皮炎的吸虫。为鱼类饵料，也可危害绿萍、凤眼莲以及稻秧的培育。中污染水体中多见。

采集地：太湖流域、辽河流域。

3）直缘萝卜螺（*Radix clessini*）

形态特征：贝壳较大，壳高一般可达20～30mm，体螺层膨大，壳口内缘螺轴一般呈直形或有微弱的皱褶，体螺层上部不呈削肩状。

生境：多见于稻田、池塘、沟渠、浅水小溪及湖泊沿岸带。为传播禽、畜寄生虫的一个中间宿主，如肝吸虫及引起皮炎的吸虫。为鱼类饵料，也可危害绿萍、凤眼莲以及稻秧的培育。中污染水体中常见。

采集地：辽河流域。

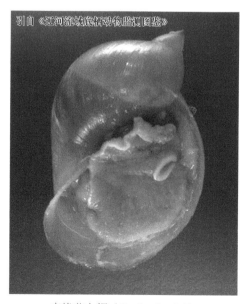

直缘萝卜螺（*Radix clessini*）

4）卵萝卜螺（*Radix ovata*）

形态特征：贝壳小型，壳质薄，透明，易破碎，外形呈卵圆形。壳高约15mm，壳宽约9mm，有4或5个螺层，螺旋部短，尖锐，其高度小于壳高的1/4，螺层膨胀，呈梯状排列。体螺层上部明显膨大，缝合线明显，平行排列。壳表面呈灰白色或褐色，生长线细弱。壳口椭圆形，外缘薄，易碎，内缘上方贴覆于体螺层上，轴缘略外折，轴褶不明显。脐孔不明显或呈缝状。

生境：栖息于池塘、稻田、沼泽、湖泊及缓流小溪的沿岸带，在湖泊深水处及咸水水域也能见到。为传播禽类、畜类寄生吸虫的中间宿主，也为禽、鱼类的天然食料。中污染水体中多见。

采集地：松花江流域、太湖流域、辽河流域。

5）狭萝卜螺（*Radix lagotis*）

形态特征：贝壳中等大小，壳质较薄，但坚固，外形略呈长椭圆形。壳高约20mm，壳宽约15mm，有4或5个螺层，螺旋部尖圆锥形，其高度约为全部壳高的1/3，体螺层略膨大，肩部削尖形。壳面呈淡白色、浅黄色或黄褐色，有明显的生长纹。缝合线明显。壳口呈椭圆形，周缘完整，外缘薄，内缘外折，上部贴覆于体螺层上，轴缘略有扭转。脐孔深，缝状。

生境：栖息于池塘、沼泽、小溪、沟渠及湖泊内，特别喜欢生活于水草丛生的泉水水域。高海拔地区也有分布。为肝片吸虫及棘口类吸虫的中间宿主。中污染水体中多见。

采集地：太湖流域、辽河流域。

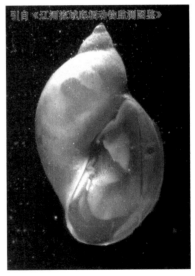

采自辽河流域

采自辽河流域

卵萝卜螺（*Radix ovata*）

狭萝卜螺（*Radix lagotis*）

6）折叠萝卜螺（*Radix plicatula*）

形态特征：贝壳个体较大，壳质薄，略透明，外形呈1长耳状，有4~4.5个螺层，壳顶尖，螺旋部尖而小，体螺层膨大，上部形成肩状，壳口扩张的程度较小，壳口内缘壳轴处具有1个强烈扭转的褶皱。内唇贴覆于体螺层上，有脐孔，呈缝状，位于轴褶的后边。壳面呈黄褐色或赤褐色，具有明显的、粗的生长纹。

生境：广泛栖息于各种静水和缓流区域，也可生活在缺氧的水域中。

采集地：太湖流域。

2. 扁卷螺科（Planorbidae）

我国分布的扁卷螺科一般为小型种类，仅有个别种类个体较大，贝壳直径一般为10mm左右。贝壳多呈圆盘状，螺层在一个平面上旋转，有的属种螺旋部升高。左旋或右旋。贝壳周缘具有或缺少龙骨。有的种类壳内具有隔板。

（1）旋螺属（*Gyraulus*）

形态特征：壳小，由4或5个迅速增长的螺层组成，体螺层近壳口处扩大并斜向下侧，壳口椭圆形。

1）白旋螺（*Gyraulus albus*）

形态特征：贝壳小型，壳质薄，易碎，呈圆盘状。壳高约1.5mm，直径5.5mm，有3.5～4个螺层，螺层上、下两面皆膨胀，中央皆凹入，壳面黄褐色、褐色或淡灰色，具有细的生长纹。壳口呈斜椭圆形，外缘薄，锐利，呈半圆形，内圆略呈"＞"形，轴缘具有薄的、光泽的滑层，脐孔略大。

生境：栖息于沼泽、水洼、池塘、稻田以及沟渠沿岸带。常附着于水草及水中其他物体上。中污染水体中多见。

采集地：松花江流域、辽河流域。

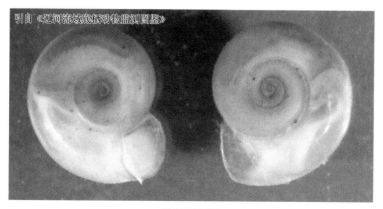

采自辽河流域

白旋螺（*Gyraulus albus*）

2）凸旋螺（*Gyraulus convexiusculus*）

形态特征：贝壳较小，壳质薄而坚固，外形呈圆盘状，有4～5个螺层，各螺层的宽度缓慢均匀增长，各螺层上、下两面较小，膨胀，具有同样排列的螺层；体螺层在壳口附近宽度及高度增长迅速，周缘有钝的龙骨，缝合线浅。有细的生长纹，壳面呈淡灰色、黑色或茶褐色。壳口斜椭圆形，外缘呈半圆形。脐孔宽、浅。

生境：广泛分布于湖泊、河流、小溪、灌溉沟渠、池塘、稻田、小水洼及沼泽地区等小水域中。

采集地：松花江流域、三峡库区（湖北段）、丹江口水库、太湖流域。

采自松花江流域

凸旋螺（*Gyraulus convexiusculus*）

（2）圆扁螺属（*Hippeutis*）

形态特征：壳小，凸镜形或扁圆形，螺层凸。体螺层大，并包住前一螺层的一部分，周缘具螺棱。壳口椭圆形或三角形。

1）大脐圆扁螺（*Hippeutis umbilicalis*）

形态特征：贝壳小型，大的直径可达9mm以上。极端的右旋。壳质较厚，略透明，外形呈厚圆盘状，与半球多脉扁螺相似。有4～5个螺层，各螺层宽度快速增长。体螺层增长特别迅速，宽大，将前面螺层覆盖，壳口处膨大，在贝壳上部可看到全部螺层，壳顶凹入，在下部通常看不到全部螺层，仅看到1个较深的漏斗状脐孔；体螺层周缘圆或者底部具有钝的周缘龙骨，没有锐利的龙骨。缝合线深。壳面呈灰色或黄褐色，壳口斜，呈宽弯月形，周缘薄，内唇与外唇皆不成">"形。贝壳内无隔板。

生境：栖息于小溪、灌溉沟渠、池塘、稻田和沼泽地区，喜生活于水生植物丛生的水域中，附着在水生植物的茎、叶或水中落叶上，适应性强。

采集地：太湖流域。

2）尖口圆扁螺（*Hippeutis cantori*）

形态特征：贝壳较大，壳质薄，略透明，外形呈扁圆盘状。有4～5个螺层，各层宽度增长迅速，贝壳腹部和背部平坦，中央略凹入，并有1个宽而浅的大脐孔；体螺层膨大，底部周缘具有尖锐的龙骨，壳口呈心脏形。缝合线深。壳面呈灰色和黑褐色，具有明显细致的生长线。贝壳内无隔板。

采集地：太湖流域。

（3）多脉扁螺属（*Polypylis*）

形态特征：贝壳呈半球形，壳内有隔板。
采集地：太湖流域。

3. 膀胱螺科（Physidae）

左旋，齿在齿舌上呈"V"字形排列，颚无侧板，无血红蛋白和假鳃，外套膜边缘具指状突起，阴茎外鞘具阴茎外鞘腺。我国已知的膀胱螺科种类有2种：泉膀胱螺和尖膀胱螺。前者在我国主要分布在松花江、内蒙古和吉林等地，后者分布广泛。

（1）膀胱螺属（*Physa*）

形态特征：贝壳卵形，壳质脆薄。螺旋部短，壳顶尖。体螺层极膨大。壳口卵圆形，上端尖角状，下部圆，外唇薄，内唇扭曲。
采集地：太湖流域、辽河流域。

采自太湖流域

膀胱螺（*Physa* sp.）

引自《辽河流域底栖动物监测图鉴》

泉膀胱螺（*Physa fontinalis*）

1）泉膀胱螺（***Physa fontinalis***）

形态特征：贝壳中等大小，呈卵圆形，左旋，壳质薄，易碎，半透明。壳高10mm，宽6mm。螺层3～4个，螺旋部低，体螺层极膨胀，几乎占贝壳全部。壳面光滑，黄褐色或红褐色，具有金属光泽。壳口长椭圆形，上方有1锐角，外缘薄而简单，轴缘略形成皱褶。

生境：栖息于小溪沿岸、沟渠、池塘及水田内，喜大量群居于水生植物的根茎上，并以其为食。栖息地水质中污染偏轻。

采集地：辽河流域。

（三）柄眼目（Stylommatophora）

柄眼目触角2对。眼位于后触角的顶端。多具发达的贝壳，也有退化或缺失的。雌、雄生殖孔为共同孔。发育期除石磺外都不经过面盘幼虫期。

1. 琥珀螺科（Succineidae）

壳质薄，螺旋部短，透明或半透明，易碎，有光泽，具螺层3～4个，体螺层增长快，黄色至琥珀色。缝合线浅，偏斜。

（1）琥珀螺属（*Succinea*）

形态特征：壳口大，椭圆形，壳口高度大于宽度。口缘薄，锋利，易碎。身体短且大，收缩时肉体很难容纳在壳内，前触角短，后触角在基部宽大，呈圆柱形，前端迅速膨大，有1小乳头状顶端。

1）展开琥珀螺（***Succinea evoluta***）

形态特征：贝壳小型，壳质薄，半透明，长卵形。壳高约5.9mm，宽约3.6mm。有3个螺层，顶部2个螺层增长缓慢，略膨胀，螺旋部高起，体螺层膨大。壳顶钝圆。缝合线深。壳面黄褐色，在第2螺层表面有圆形突起，并有细密的生长线。壳口扁椭圆形，口缘完整，薄而易碎，外唇简单，内唇外折，贴覆于体螺层上，形成淡白色的胼胝部，并在螺轴上形成1个小的褶。

生境：生活在阴暗潮湿的灌木丛、潮湿的草地，石块下或土石缝隙中。

采集地：辽河流域。

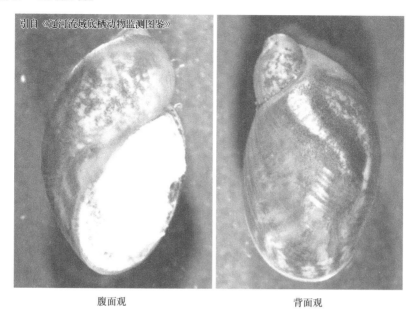

腹面观　　　　　　　　　　　　　背面观

展开琥珀螺（*Succinea evoluta*）

二、瓣鳃纲（Lamellibranchia）

淡水双壳类（蚌类）隶属瓣鳃纲。贝壳左右扁平，两侧对称，具有从两侧合抱身体的2个外套膜和2个贝壳，故名双壳类。身体由躯干、足和外套膜三部分组成，头部退化，故又名无头类。壳的背缘以韧带相连，两壳间有1个或2个横行肌柱（闭壳肌），以此开闭双壳。在体躯与外套膜之间，左右均有外套腔，内有瓣状鳃，故名瓣鳃类。足位于体躯腹侧，通常侧扁，呈斧状，伸出于两壳之间，故又称斧足类。消化管的始部没有口球、齿舌、颚片和唾液腺等。有胃和肝，肠多迂回。心脏有一心室二心耳构造，心室常被直肠穿过。肾1对，一端开口于围心腔，另一端开口于外套腔内。神经系统由脑神经节、脏神经节和足神经节构成。感觉器官极不发达。大多数为雌雄异体，少数雌雄同体。生殖腺1对，开口于外套腔中。发生期经过担轮幼虫和面盘幼虫期，淡水产多数种类有钩介幼虫期，很少是直接发育的。

双壳类除少数营固着生活外，大多数种类栖息于水底借助斧足作缓慢爬行，同时挖掘泥沙使身体部分或全部隐藏在泥沙中。由鳃呼吸。食物为浮游藻类、细菌、腐屑和小型浮游动物。滤食性，对食物也有一定的选择能力。一般4月上旬至6月下旬性成熟。3～4月和10月各产一次卵。双壳类发育通常经过变态。

（一）蚌目（Unionoida）

蚌目壳大中型，壳形多变，通常为卵圆形或柳叶形，两壳相等。前后不对称，后背侧常具发达的翼状部。壳表平滑或具壳被，壳内面具强的珍珠光泽。铰合部具拟主齿或退化，侧齿细长。外韧带位于壳顶的后方。鳃的构造复杂，丝间和瓣间以血管相连。

1. 蚌科（Unionidae）

壳外形、个体大小、厚薄等特征变化较大，两壳相等，壳顶常被腐蚀；壳表面具生长线、突起、瘤状结节或色带等；具1外韧带；铰合部变化大。

（1）无齿蚌属（*Anodonta*）

形态特征：贝壳呈卵圆形、椭圆形或蚶形。贝壳较薄。壳表平滑，铰合部无任何铰合齿。

1）背角无齿蚌（*Anodonta woodiana*）

形态特征：贝壳外形呈有角突的卵圆形，前端稍圆，后端呈斜切状，腹缘呈弧形。后背部有自壳顶射出的3条粗肋脉。壳面绿褐色。闭壳肌痕长椭圆形。壳内面珍珠层乳白色。壳长可达190mm，壳高可达130mm，壳宽可达80mm。无铰合齿。

生境：多栖息于淤泥底质、水流略缓或静水水域，性成熟后排出的钩介幼虫寄生在鱼体上，发育成幼蚌后，沉入水底营底栖生活。滤食流过的藻类和有机碎屑，滤食的同时有净化水质功能。高体鳑鲏等鱼类都仰赖背角无齿蚌作为繁殖场所。有的地区用作淡水育珠蚌。贝壳可入药，肉可食用。也适合作鱼类、禽类的饲料。栖息地水质中污染偏轻。

采集地：太湖流域、辽河流域、松花江流域。

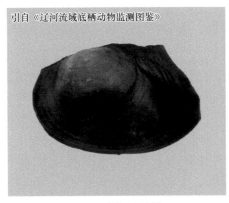

引自《辽河流域底栖动物监测图鉴》

5000μm

A. 采自辽河流域   B. 采自太湖流域

背角无齿蚌（*Anodonta woodiana*）

2）具角无齿蚌（*Anodonta angula*）

形态特征：贝壳薄脆而膨胀，呈不规则的椭圆形，壳长约为壳宽的2.7倍，为壳高的1.7倍，壳顶一般不膨胀，也不突出在背缘之上，约位于背缘中央，壳长前1/3偏后，背缘平直，其前后端与前缘和后缘相交形成几乎相等的角状突起，后缘斜直，与腹缘相交呈钝角状，角尖位于壳中线之上；腹缘呈1规则的大弧形，前缘浑圆，壳表极光滑，反光极强，壳面黄绿色，较大个体多为黄褐色，具不明显的暗绿色或褐色放射线，但幼蚌较清楚，珍珠层有蓝色闪光，壳顶窝处呈鲑肉色。

生境：多栖息于淤泥底质、静水或水流略缓水域。中污染偏轻水体中多见。

采集地：太湖流域、辽河流域。

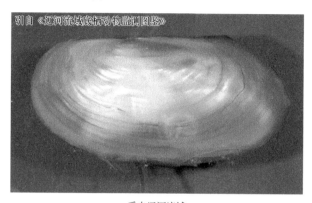

采自辽河流域

具角无齿蚌（*Anodonta angula*）

3）蚶形无齿蚌（*Anodonta arcaeformis*）

形态特征：贝壳较小，稍显膨胀，外形似蚶形，壳质较薄，壳顶高出背缘之上，位于壳长距前端2/5或1/3处。

生境：多栖息于淤泥底质的静水水域。中污染偏轻水体中多见。

采集地：辽河流域。

蚶形无齿蚌（*Anodonta arcaeformis*）

4）舟形无齿蚌（*Anodonta euscaphys*）

形态特征：贝壳中等大小，一般壳长80mm，壳高46mm，壳宽32mm左右。壳质稍厚而坚硬，两壳膨胀，外形呈长椭圆形。壳长约为壳高的2倍，两侧略不等称。背缘略弯，腹缘呈弱弧形，前端圆，末端稍尖。壳顶部凸出于背缘之上，约位于背缘距前端1/3处，壳顶常被腐蚀，具5或6条细致的肋脉。壳面呈灰褐色或烟褐色。并有从壳顶射向后背部的肋脉，最下条肋脉末端略在贝壳中线之下。壳面上有从壳顶射向腹缘的绿色色带，幼壳面上明显。

生境：栖息于淤泥底或泥沙底的缓流或静水水域的湖泊、河流及池塘内。

采集地：太湖流域。

（2）扭蚌属（*Arconaia*）

形态特征：贝壳外形呈香蕉形，左右两壳部相等，贝壳后半部向左方或右方扭转。背缘前端稍延长成喙状。

1）扭蚌（*Arconaia lanceolata*）

形态特征：贝壳中等大小，壳长可达107mm，壳高24mm，壳宽20mm左右。壳质厚而坚固，外形窄长呈香蕉状，适当膨胀。左右两壳不等称。贝壳后半部顺长轴向左方或右方扭转，略呈45°或小于45°。贝壳前缘略延长成尖领状突出。后部伸长而弯曲，末端在后背嵴下边呈钝角。壳顶小，不突出，常被腐蚀，位于壳前端、贝壳的1/4处。壳面呈灰褐色，略覆盖着绒毛状物质，具有不规则细密的生长线，并在贝壳上具有瘤状结节或者垂直褶皱。韧带细长，位于贝壳中部。珍珠层呈白色，在壳顶下方略呈鲑肉色。壳顶窝极浅。外套痕明显。铰合部发达，左壳具有2枚拟主齿和2枚侧齿，前拟主齿呈突起三角形，后拟主齿顶端刻裂粗大，顶部具有细致刻裂，2齿间有1深窝，侧齿纵长；右壳具有2枚拟主齿，前拟主齿低矮、扁长，后拟主齿粗大、略呈三角形，顶部具有粗的刻裂；具有1枚侧齿，顶端具有锯齿状刻裂。

采集地：太湖流域。

（3）楔蚌属（*Cuneopsis*）

形态特征：贝壳呈楔形，前部膨大，后端尖细。

采集地：太湖流域。

（4）冠蚌属（*Cristaria*）

形态特征：壳大型或巨大型，较薄，卵形，很膨胀。壳顶位于偏前方。后方扩张，有时发展成翼状。拟主齿缺。侧齿细长而弱。老成的个体则近消失。

1）褶纹冠蚌（*Cristaria plicata*）

形态特征：贝壳大型，壳长可达290mm，壳高170mm，壳宽100mm左右。壳质较厚，坚固，膨胀，外形略呈不等边三角形。贝壳两侧不等称。前部短而低，前背缘极短，具有不明显的冠突，后部长而高，后背缘向上倾斜，伸展成为大型的冠，背缘易折断，因此残缺，幼壳背缘冠一般完整无缺。壳顶低，略膨胀，位于贝壳前端，距前端壳长约1/6处。壳面呈深黄绿色至黑褐色，并具有从壳顶到腹缘的绿色或黄色的放射状的色带。壳顶具有数条肋脉，常被腐蚀。全部壳面布有粗糙的同心圆生长线，贝壳的后背部从壳顶起向后有一系列逐渐粗大的纵肋，一般有十余条纵肋。珍珠层呈白色、鲑肉色或淡蓝色，并具有珍珠光泽。韧带粗大，位于背缘冠的基部，贝壳外部不易看到。外套痕略明显。壳顶窝极浅。铰合齿不发达，左、右两壳各具有1枚短而略粗的后侧齿，以及1枚细弱的前侧齿，两壳皆无拟主齿。

生境： 栖息于泥底和泥沙底，水流较缓或静水的河流、湖泊、沟渠及池塘中，以淤泥底水域中数量最多。

采集地： 松花江流域、长江流域（南通段）。

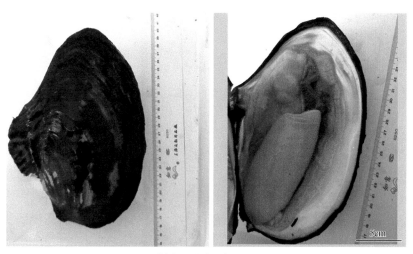

采自长江流域（南通段）

褶纹冠蚌（*Cristaria plicata*）

（5）帆蚌属（*Hyriopsis*）

形态特征： 壳大或巨大型，卵形，略膨胀，质坚厚。壳顶位于偏前端。后背缘常扩张呈翼状。铰合齿中拟主齿不发达，侧齿左壳2枚，右壳1枚，皆细长。

1）三角帆蚌（*Hytiopsis cumingii*）

形态特征： 贝壳中等大小，壳长可达190mm，壳高90mm，壳宽31mm左右。壳质厚而坚硬，外形略呈不整齐四角形。前部低而短，后部长而高。前背缘极短，尖角状，后背缘向上突起形成三角形帆状的后翼，约占贝壳表面积的1/4，此翼脆弱易折断，但在幼壳上保存完整。壳顶低，膨胀，易腐蚀。壳面呈黄褐色，壳顶部生长轮脉粗糙，距离近，其他部位生长轮脉距离宽，呈同心圆环状排列。韧带较长，位于三角帆基部前半段。外套痕明显。珍珠层呈乳白色或肉红色，富有珍珠光泽。铰合部较发达，各壳皆具有2枚拟主齿，左壳前拟主齿细长呈三角锥形，后拟主齿极细小，并有2枚长条状侧齿；右壳前拟主齿呈长条状，低矮，后拟主齿大，略呈三角锥状，较左壳强大。雌雄异体。

生境：栖息于浅滩泥质底或浅水层中，营埋栖生活，靠伸出斧足来活动。

采集地：松花江流域、太湖流域。

（6）矛蚌属（*Lanceolaria*）

形态特征：贝壳外形窄长，壳长为壳高的3～5倍，前端圆钝，无喙状突；后端细尖，通常呈矛状。拟主齿大，左壳2枚，右壳1枚，侧齿细长，向后方延伸。后半部不扭转。

1）短褶矛蚌（*Lanceolaria grayana*）

形态特征：贝壳较大或中等大小，壳长可达170mm，壳高44mm，壳宽39mm左右。壳质厚而坚固，壳略膨胀，两侧不等称，窄长，外形呈长矛形。长度为高度的4～5倍。贝壳前端钝，膨胀，后端细长，尖锐。壳顶部稍膨胀，低于背缘，常被腐蚀，靠近前端，在贝壳全长1/10处。前缘钝圆，前背缘直，后背缘在壳长1/2处逐渐向下倾斜，腹缘直，背腹缘几乎平行。小月面长形，发达。壳面灰褐色，生长轮脉细致，贝壳中部生长轮脉间具有许多排列整齐、规则的粗短颗粒形成的纵褶，并在壳顶处有锯齿状的纵褶，因此称为短褶矛蚌。珍珠层呈乳白色或鲑肉色，有珍珠光泽，后部略呈淡蓝色。壳顶窝浅。外套痕明显。韧带长，从壳顶到贝壳中部。铰合部发达，左壳具有2枚高起的略呈三角锥形的拟主齿，后拟主齿较小，顶部皆具有细致的纵裂，并有2枚长刃状的侧齿，内侧齿后半部强，前半部低弱，不显著，外侧齿弱；右壳亦具有2枚拟主齿，前拟主齿甚小，低矮，呈片状，后拟主齿高起，略呈三角形，顶部具有放射状的纵沟，1枚侧齿呈长刃状，前半部低弱，平滑，后半部强，上方有弱的纵褶。

生境：栖息于泥底或泥沙底的河流或湖泊及池塘内，在流水的环境栖息较多。

采集地：太湖流域。

2）三型矛蚌（*Lanceolaria triformis*）

形态特征：贝壳中等或大型，一般壳长90mm，壳高25mm，壳宽18mm。壳质厚而坚固，贝壳不等称，膨胀。外形较长，呈短矛状。前部钝圆，从壳中部向后延长，略削尖，后部呈锐角状。壳顶部低平，不突出，位于贝壳背缘前部1/4处，常被腐蚀。前缘圆，前背缘直，后背缘向下弯曲，腹缘几乎呈直线状，后部向上弯曲，与腹缘连成1钝角，从贝壳中部向后弯曲形成1个圆的、突起的后背嵴，其末端落在贝壳中线以下。贝壳后半部顺长轴向左方或右方扭转。小月面发达，长。壳面中部及背嵴下部有纵褶。生长轮脉细致，或不明显，末端转向背部。表面呈灰褐色。珍珠层白色或肉桂色。壳顶窝极浅。外韧带短。外套很明显。前闭壳肌痕略呈圆形，深而光滑，后闭壳肌痕大，略呈长椭圆形，浅而光滑。铰合部发达。为我国特有种。

生境：栖息于泥沙底的河流内。

采集地：太湖流域。

3）剑状矛蚌（*Lanceolaria gladiola*）

形态特征：贝壳中等大小或大型，壳长86.1～110.6mm，壳高20.2～30.1mm，壳宽12.8～20.5mm。贝壳坚厚，膨胀，两侧不等称，前部极短、膨胀、钝圆，后部伸长、剧烈削尖，至末端变尖锐，外形窄长，呈剑状。壳顶部膨胀，突出于背缘之上，位于壳前端，在贝壳全长的1/7处。前缘钝圆，背缘弯，从壳顶后方向后端倾斜，腹缘略呈直线，后部略向上弯曲，与背缘成尖角，腹缘中部微凹入。小月面发达，长，从壳顶至末端。壳面具有较弱的垂直的或弯曲的、短的纵褶，有的个体壳面全部皆有纵褶，有的个体纵褶只分布于壳顶及后背嵴的下方，并有规则的细致生长线。壳面呈褐色或灰褐色。珍珠层呈乳白色或鲑肉色，壳后部珍珠层较薄，有珍珠光泽。壳顶窝浅。外韧带长，从壳顶至贝壳中部。外套痕略明显。铰合部发达。左壳有2枚高起的拟主齿及2枚细长侧齿，前拟主齿长，呈扁形，后拟主齿较小，呈锥形，顶部皆具有细致刻裂，两拟主齿间有凹陷，具有放射状粗的刻裂，2枚侧齿呈叉状；右壳亦有2枚拟主齿，前拟主齿较小，呈片状，后拟主齿强大，呈锥状，顶部具有粗的放射状纵沟，侧齿1枚，呈长刀状，上部具有弱的纵褶。

生境：栖息于湖泊、河流及池塘内，水深2～3m处，在流水环境栖息较多。

采集地：太湖流域。

4）真柱状矛蚌（*Lanceolaria eucylindrica*）

形态特征：贝壳中等或大型，壳长103～156mm，壳高19.8～34.6mm，壳宽15.4～29.6mm。贝壳坚硬，膨胀，两侧不对称，外形呈圆柱形，长度为高度的5～6倍。壳顶扁平，常被腐蚀，位于壳前端壳长的1/6处。贝壳前部极度膨胀，钝圆，后部伸长，略侧扁削尖，呈钝角，前缘钝圆，后背嵴低钝，不甚显著，其末端位于壳中线下方，背、腹缘几乎平行。背部壳面上或多或少有弱的垂直状的、短的纵褶，并有规则的细致生长线。壳面呈褐色。珍珠层白色，有珍珠光泽，后部略呈淡蓝色。壳顶窝浅。外套痕明显。韧带长，从壳顶到贝壳中部。前闭壳肌痕圆而深，不光滑；后闭壳肌很浅、大，光滑，呈长椭圆形。铰合部发达。

生境：栖息于泥底、泥沙底的河流、湖泊，水深2～3m处，在流水的环境中较多。

采集地：太湖流域。

（7）丽蚌属（*Lamprotula*）

形态特征：壳质坚厚，卵形或亚三角形。壳顶稍偏前方，壳面具有瘤状结节。铰合部发达，有放射状强大的拟主齿和强大的侧齿，左壳具拟主齿和侧齿各2枚，右壳具拟主齿和侧齿各1枚。

1）背瘤丽蚌（*Lamprotula leai*）

形态特征：贝壳较大，壳长约100mm，壳高80mm，壳宽35mm左右。壳质甚厚且坚硬，外形呈椭圆形。贝壳两侧不等称。前部极短，圆窄，后部长而扁，腹缘呈弧形，背缘近直线状，后背缘弯曲，稍突出呈角形。壳顶略膨胀，稍高于背缘之上，几乎位于背缘最前端。壳面除前缘部、腹缘部和后缘部外皆布满瘤状结节，一般标本瘤状结节连成条状，并与后背部的粗肋相接成"人"字形。幼壳壳面呈黄色，逐渐变成绿褐色，老壳则变成暗褐色或暗灰色。珍珠层为乳白色或淡黄色，有珍珠光泽。壳顶窝略深，压扁。外套痕极明显。铰合部发达，左壳有2枚拟主齿，前拟主齿小、低矮、呈片状，后拟主齿极大、呈长三角锥形；2枚侧齿短，平行，上缘粗糙；右壳具拟主齿和侧齿各1枚，拟主齿高起，呈片状，侧齿粗而低矮，上缘呈细致锯齿状。

生境：喜栖息于水较深、冬季水不干涸之处，水流较急或缓流，水质澄清透明的河流及其相通的湖泊内，底质较硬，上层为泥层、下层为沙底的环境中。

采集地：太湖流域。

（8）珠蚌属（*Unio*）

形态特征：贝壳长椭圆形，长度大于宽度的2倍。壳顶显著突出于背缘之上。前端短而圆，后端延长，末端稍短窄，背缘与腹缘稍平行，铰合部甚发达，左壳具拟主齿与侧齿各2枚。

1）圆顶珠蚌（*Unio douglasiae*）

形态特征：贝壳中等大小，质薄而坚硬。贝壳前侧短而圆，后侧延长形，壳顶大，略突出于背部。生长纹明显。成体壳面黑色或深褐色。贝壳内面浅蓝色、灰白色、橙色等。具珍珠光泽，外韧带短而高。左壳具拟主齿与侧齿各2枚，右壳具2枚拟主齿及1枚侧齿。

生境：栖息于湖泊、河流、水库及池塘中，肉可食用。中污染偏轻水体中多见。

采集地：太湖流域、松花江流域、辽河流域。

A. 采自辽河流域　　　　　　　　　B. 采自松花江流域

圆顶珠蚌（*Unio douglasiae*）

（二）帘蛤目（Veneroida）

帘蛤目的贝壳多样，主齿强壮，常伴有侧齿发育，闭合肌为等柱状。铰合齿少或没有，闭壳肌前后各一，鳃的构造复杂，丝间隔与瓣间隔均有血管相连。有进出水管，生殖孔与肾孔分开。足舌状或蠕虫状。

1. 蚬科（Corbiculidae）

壳小型到中型。壳厚而坚固，外形圆形或近三角形。壳面具光泽和同心圆的轮脉，黄褐色或棕褐色，壳内面白色或青紫色。铰合部有3枚主齿，左壳前、后侧齿各1枚，右壳前、后侧齿各2枚，侧齿上端呈锯齿状。

（1）蚬属（*Corbicula*）

形态特征：贝壳为卵形三角形或带圆状的三角形，有时壳顶高峻。有显著强壮的3枚主齿，前、后侧齿长。幼壳壳皮有黄绿色的线条或斑点。

1）河蚬（*Corbicula fluminea*）

形态特征：贝壳中等大小，呈圆底三角形，一般壳长30mm左右，壳高与壳长相近似。两壳膨胀，壳顶高。壳面有光泽，常呈棕黄色、黄绿色或黑褐色。壳面有粗糙的环肋。韧带短，突出于壳外。铰合部发达。左壳具3枚主齿，前、后侧齿各1枚。右壳具3枚主齿，前、后侧齿各2枚，其上有小齿列生。闭壳肌痕明显，外套痕深而显著。

A. 采自辽河流域　　　　　　　　　　B. 采自太湖流域

C. 采自太湖流域

河蚬（*Corbicula fluminea*）

生境：河蚬栖息于底质多为沙、沙泥或泥的江河、湖泊、沟渠、池塘及河口咸淡水水域。以浮游生物为食，生长快，繁殖力强，适宜进行人工养殖。

采集地：珠江流域（广州段）、长江流域（南通段）、太湖流域、辽河流域。

2）闪蚬（*Corbicula nitens*）

形态特征：贝壳中等大，外形近卵圆形。壳高约19.1mm，壳长约21.1mm，壳宽约13.3mm。壳质坚硬而薄。壳顶不太明显，位于贝壳近中央。前、后端呈弧形。壳面黑褐色或黄褐色。壳表的生长纹细密。贝壳内珍珠层紫色，略具光泽。环走肌痕下缘呈暗紫色。左、右壳主齿各3枚，右壳前、后侧齿各2枚，左壳前、后侧齿各1枚。

生境：栖息于沙底河流中，中污染偏轻水体多见。

采集地：太湖流域、辽河流域。

A. 采自辽河流域   B. 采自太湖流域

闪蚬（*Corbicula nitens*）

3）刻纹蚬（*Corbicula largillierti*）

形态特征：贝壳中等大小，壳质厚，坚固，两壳略膨胀，外形略呈正三角形。贝壳两侧不等称。壳长大于壳高，贝壳前部圆，后部呈截状，前部短于后部。壳顶突出，并向内、向前弯曲，壳被腐蚀。前缘与腹缘形成大的弱弧形，后缘上部呈截状。壳面呈棕褐色，具有细密的同心圆生长轮脉。

生境：栖息于泥沙底、泥底的河流及湖泊内。

采集地：洱海流域、太湖流域。

采自洱海流域

刻纹蚬（*Corbicula largillierti*）

2. 球蚬科（Sphaeriidae）

贝壳小型至极小型，壳质薄而脆，被一层薄的壳皮覆盖。外形呈卵圆形，三角形或近方形。两壳相等，但两侧不对称。贝壳膨胀或略膨胀，位于壳中部偏前或偏后处。壳面光滑，具有细致的同心圆生长线，呈白色、粉色，有光泽。

（1）球蚬属（*Sphaerium*）

形态特征：贝壳小型，质脆薄。壳顶位于近中央。主齿在右壳为"U"形，左壳有2枚小齿，前、后侧齿左壳1枚，右壳2枚。

1）湖球蚬（*Sphaerium lacustre*）

形态特征：贝壳小，质薄而脆。外形短卵圆形。壳顶略偏前方，贝壳前缘及后缘皆呈钝圆形，背缘略直，腹缘呈弧形。壳面光滑，生长轮脉细微。壳内面白色，韧带小，铰合部弱。右壳有1枚主齿，前、后各有2枚侧齿；左壳有2枚主齿，前、后各有1枚侧齿。

生境：栖息于沼泽、池塘、河流、沟渠和湖泊内。中污染偏轻的水体中多见。

采集地：松花江流域、太湖流域、辽河流域。

引自《辽河流域底栖动物监测图鉴》

采自辽河流域

湖球蚬（*Sphaerium lacustre*）

2）日本球蚬（*Sphaerium japonicum*）

形态特征：贝壳小型，壳质薄而脆，易碎，两壳膨胀，外形呈卵圆形。贝壳两侧不等称，贝壳前部略短于后部，前、后缘均呈钝圆形，背缘前、后两端向下稍弯，腹缘呈弱弧形，壳顶小，稍膨胀，突出于背缘之上，位于背缘略偏后方。有的壳顶部有1块卵圆形凸起，厚度均匀，表面光滑，折光性强，与贝壳的其余部分之间有缝线。贝壳略透明，壳面呈淡黄色，具有同心的细致环状生长轮脉。壳内部呈白色，无珍珠层。壳顶窝浅。韧带小。铰合部弱。右壳主齿2枚，各呈山峰形，上端有较深的锯齿状刻裂，前、后侧齿各2枚。左壳有1枚门牙状主齿，两端向腹缘方向弯曲，前、后侧齿各1枚。

生境：生活在水流略缓或静水水域内，多栖息于淤泥里，一般耐污。

采集地：松花江流域。

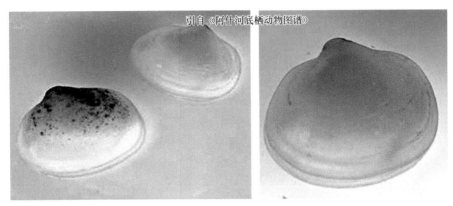

引自《阿什河底栖动物图谱》

日本球蚬（*Sphaerium japonicum*）

3. 截蛏科（Solecurtidae）

贝壳长，呈圆柱状或卵圆形。两壳相等，壳质薄而脆，易碎，贝壳两端开口。壳顶不突出，位置随种类不同而有变化。

（1）淡水蛏属（*Novaculina*）

形态特征：贝壳长方形，两壳相等，前、后端开口。壳顶突出。外韧带有1斜槽与贝壳内部相连。铰合部左壳有3枚主齿，右壳有2枚主齿。外套窦末端较深弯入。

1）中国淡水蛏（*Novaculina chinensis*）

形态特征：贝壳较小型，最大者壳长达46mm，壳高16mm，壳宽10mm。壳质薄而脆，易碎，外形呈长柱状。两壳相等，两侧不等称。贝壳前部宽大，膨胀，自壳顶向后逐渐缩窄、压扁。壳顶略突出于背缘，位于贝壳前端，约在贝壳全长1/3处膨胀，两壳壳顶向内弯，常被腐蚀。背缘、腹缘皆直，几乎平行，前缘呈截状，后缘钝圆。两壳关闭时，前、后端开口。外韧带黑褐色，呈柱状。壳面具有不规则细致的同心圆生长线，在贝壳前、后部的生长线形成褶皱；壳面具有1层黄绿色的外皮，当贝壳干燥时，壳皮很易脱落，使壳面呈白色，贝壳周缘具有深色褶皱，此褶皱常常包着壳内边缘。壳内面无珍珠层，呈白色，无光泽。壳顶窝极浅。闭壳肌痕略明显，前闭壳肌痕呈窄长三角形，尖端向着壳顶；后闭壳肌痕呈宽三角形，大于前闭壳肌痕。外套痕显著，外套窦宽大，前端呈圆形，与外套痕相平行地向前伸展，约延伸至壳长1/2处。铰合部较弱，右壳具有2枚主齿，前主齿略垂直于壳顶，后主齿向后方倾斜；左壳具有3枚主齿，中央1枚主齿大而分叉，皆无侧齿。

生境：群栖于泥底或沙底的河流及湖泊内。
采集地：太湖流域。

中国淡水蛏（*Novaculina chinensis*）

（三）贻贝目（Mytioida）

1. 贻贝科（**Mytilidae**）

贝壳小，前端较细，后端宽圆，壳顶略向前弯曲，背缘弯，腹缘较直，多数种呈楔形。前闭壳肌小或缺，后闭壳肌大。由于营附着生活，足退化而足丝收缩肌发达。我国仅记录1种：湖沼股蛤，俗名淡水壳菜。

（1）股蛤属（*Limnoperna*）

形态特征：贝壳小，质薄。背缘和后缘连成弧线，以足丝附着生活。

1）湖沼股蛤（淡水壳菜）（*Limnoperna lacustris*）

形态特征：贝壳小，壳长一般为8～30mm。壳质薄，外形侧面观似三角形。壳顶位于壳的前端，背缘弯曲，与后缘连成大弧形，后缘圆，腹缘平直，在足丝处内陷；由壳顶向后的部分壳面极突出。生长线细密，较规则地分布于壳面上。壳面呈棕褐色、黄绿色或深棕色，壳顶至两侧龙骨凸起间呈黄褐色，壳顶后部呈棕褐色。贝壳内面，自壳顶斜向腹缘末端呈紫罗兰色，其他部分呈淡蓝色，有光泽。肌痕明显。无铰合齿。无隔板。韧带位于铰合部前后，约为体长的1/3。前闭壳肌退化成极小，后闭壳肌和足丝收缩肌发达，与缩足肌相连成带状。足小，呈棒状。足丝发达，黑褐色，较粗，较硬。
生境：生活在水流较缓的流水环境中
采集地：太湖流域、珠江流域（广州段）。

A. 采自太湖流域　　　　　　　　　　　　B. 采自珠江流域（广州段）

湖沼股蛤（*Limnoperna lacustris*）

第二十四章

节肢动物门（Arthropoda）

节肢动物是身体分节、附肢也分节的动物，一般由头、胸、腹三部分组成。是动物界中种类最多、数量最大、分布最广的种类。已知的节肢动物有100多万种，占动物总数的80%以上。

底栖生活的节肢动物主要由昆虫纲的水生昆虫及软甲纲的虾、蟹等组成。国内各流域常见软甲纲动物及昆虫纲如下。

一、软甲纲（Malacostraca）

头胸甲有或无。有成对的复眼。躯干部多为15节（胸部8节，腹部7节），除尾节外都有附肢。第1对触角多为双肢。胸肢为8对，单肢或双肢，一般内肢较发达。腹肢6对，多为双肢。生殖孔雌性位于第6胸节，雄性位于第8胸节。幼体发育多变态，初孵化为无节幼体或原溞状幼体。淡水产的仅有十足目、等足目和端足目。

（一）十足目（Decapoda）

十足目种类繁多，包括虾、蟹类等，由于其体型大，经济价值高，在水产经济中占有很重要的地位。其种类有海生的，也有在淡水里生活的。主要特征为体侧扁，头胸甲发达，完全包被头胸部的所有体节。第2小颚的外肢发达，形成扁平宽大的呼吸板，称为颚舟片。胸肢8对，前3对分化成颚足，第3对颚足4～6节，后5对为步足，第3对步足不成螯状。鳃叶状。卵产出后抱于雌性的腹肢间，也称小虾类，游泳能力较差，善于在底部爬行，淡水种类较少，在水产经济上比较重要的是长臂虾科的种类。

1. 匙指虾科（Atyidae）

额角发达，大颚无触须，切齿不和臼齿部紧相连接。第1、第2步足形状相似，钳指内缘凹陷，略呈匙状，末端具刷状丛毛。步足的外肢有或无。第1或前4对步足具肢鳃。

（1）米虾属（*Caridina*）

形态特征：头胸甲具触角刺，无眼上刺，颊刺或有或无。步足不具外肢，第1对步足腕节的前缘具1凹陷。

生境：在湖泊、池塘及沟渠中，喜欢在水草丛中攀爬，以水生植物上的周丛生物为食，俗称草虾。轻污染水体中多见。

采集地：太湖流域、辽河流域。

1）中华齿米虾（*Caridina denticulate sinensis*）

形态特征：体色呈浓绿色，背部中央有1道不规则的棕色纵纹。额角通常伸达第1触角柄末端，或稍稍超出，上缘平直，具11～24齿。头胸甲具触角刺、颊刺。雄性第1腹肢的内肢膨大，形成1卵圆形薄片。

采集地：辽河流域。

中华齿米虾（*Caridina denticulate sinensis*）

2. 长臂虾科（Palaemonidae）

头胸甲具触角刺、鳃甲刺和肝刺有或无。大颚切齿部和臼齿部互相分离，触须有或无。第3颚足具外肢。步足均不具肢鳃，前2对步足呈钳状。

（1）沼虾属（*Macrobrachium*）

形态特征：头胸甲具触角刺、肝刺，无鳃甲刺。大颚触角3节。第2对步足较粗大，雄性特别强大。

生境：栖息于水库、湖泊、池塘中。以浮游植物、轮虫、原生动物、枝角类、桡足类、水生寡毛类、昆虫、鱼、虾、植物碎片和有机碎屑等为食。5月中旬进入繁殖高峰期，多在春夏两季繁殖。轻污染水体中多见。

采集地：松花江流域、太湖流域、辽河流域。

1）日本沼虾（*Macrobrachium nipponense*）

形态特征：虾体呈青绿色，俗称青虾（固定标本呈红褐色）。体长40～80mm。体外被有甲壳。全身有20节，即头胸部和腹部。头胸部由头部6体节与胸部8体节相互愈合而成，节间界线已完全消失。头胸甲略呈圆筒状，前端有1尖的突起称为额角。额角短于头胸甲本身长度，左右侧扁，上缘几乎平直，具锯齿11～14个，下缘向上弧曲，具锯齿2或3个。

采集地：松花江流域、太湖流域、辽河流域。

A. 采自辽河流域 　　　　　　　　　　　B. 采自松花江流域

日本沼虾（*Macrobrachium nipponense*）

（2）长臂虾属（*Palaemon*）

形态特征：大颚触须3节。头胸甲具触角刺、鳃甲刺，无肝刺。通常具有鳃甲沟。第1触角上鞭内侧分出1短小的副鞭；第5对步足末端腹缘有短毛数列；第1腹肢的内肢常无内附肢。

生境：喜生活在淡水湖泊及河流中，产量大，为我国重要的淡水经济虾。轻污染水体中多见。

采集地：松花江流域、太湖流域、辽河流域。

1）秀丽白虾（*Palaemon modestus*）

形态特征：体色透明，常带棕色小点。大颚有触须。头胸甲有鳃甲刺，无肝刺。额角上缘基部鸡冠状隆起，具8～13个齿，末部约1/3无齿。下缘具2～4个齿。腹部各节背面圆滑无脊。

采集地：松花江流域、太湖流域、辽河流域。

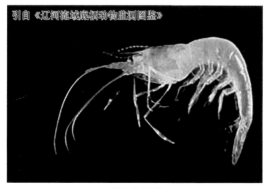

采自辽河流域

秀丽白虾（*Palaemon modestus*）

（3）小长臂虾属（*Palaemonetes*）

形态特征：头胸甲具鳃甲刺，不具肝刺。鳃甲沟明显。大颚不具触须；第5对步足末端具短毛数列。雄性第1腹肢不具内腹肢。

生境：喜生活在水库、湖泊、池塘以及缓流的江叉中。5、6月为抱卵盛期。轻污染水体中多见。

采集地：松花江流域、辽河流域、太湖流域。

1）中华小长臂虾（*Palaemonetes sinensis*）

形态特征：体色呈青绿色，腹部有棕黄色的条状斑纹。生活时体呈半透明。带有7条棕色条纹，个体中等，体长40～50mm。体重0.25～1.4g。额角短于头胸甲，平直前伸，上缘具5或6个齿。头胸甲具触角刺、鳃甲刺，不具肝刺。鳃甲沟明显。大额不具触须。第5步足末后半缘有刺毛数列。

采集地：松花江流域、辽河流域、太湖流域。

引自《辽河流域底栖动物监测图鉴》

采自辽河流域

中华小长臂虾（*Palaemonetes sinensis*）

3. 螯虾科（**Cambaridae**）

身体呈圆筒状，额角发达。头胸甲不与口前板愈合。前3对步足呈螯状，后2对呈爪状。胸部末节的胸甲与前一节间分离，步足基座两节愈合。

（1）蝲蛄属（*Cambaroides*）

形态特征：胸部末节具1侧鳃，其余特征与科相同。

生境：生活在山地溪流水质清澈的石块间，白天藏于石块下，黄昏后爬出觅食。杂食性，以河中的小鱼、蝌蚪、水生昆虫为食。清洁水体中多见。

采集地：松花江流域、辽河流域。

1）东北螯虾（*Cambaroides dauricus*）

形态特征：雌性体长70～84mm。体分20节，头部5节，胸部8节，腹部7节。头胸部由较坚硬的甲壳覆盖，不能活动。头部具1对复眼，具眼柄，能转动，有5对腹肢，其中1对为小触角，1对为大触角，1对大颚，2对小颚；胸部8对腹肢，前3对为颚足，后5对为步行足，其中第1对螯足特别发达；腹部6对腹肢，为游泳足，其中第6对腹足特别宽大，为尾足，与尾节共同形成尾扇和尾鳍。其生长通过脱壳实现。

采集地：松花江流域、辽河流域。

采自辽河流域

东北螯虾（*Cambaroides dauricus*）

4. 方蟹科（Grapsidae）

头胸甲略扁平、方形，两侧缘平直，或稍微呈弧形。额宽很短，眼眶发达，位于身体的前侧角。口框方形。第3颚足之间留有空隙。其腕节不接于长节的内角（位于长节的外末角或前缘中部）。雄性生殖孔位于腹甲上。

（1）绒螯蟹属（*Eriocheir*）

形态特征：螯足掌节密生绒毛。额平直，具4齿，额宽不超过头胸甲宽度的1/3。第1触角横卧。第2触角直立。第3颚足长节的长度约等于宽度。

生境：栖于淡水湖泊、河流，但在河口半咸水域（盐度为18‰～26‰，比重为

1.016～1.020）繁殖；喜掘穴而居，或隐藏在石砾、水草丛中。以水生植物、底栖动物、有机碎屑及动物尸体为食。清洁-轻污染水体多见。

采集地：辽河流域。

1）中华绒螯蟹（*Eriocheir sinensis*）

形态特征：身体分头胸部和腹部。步足5对。头胸部的背面为头胸甲所包盖。头胸甲墨绿色，呈方圆形，俯视近六边形，后半部宽于前半部，中央隆起，表面凹凸不平，共有6条突起为脊，额及肝区凹降，其前缘和左、右前侧缘共有12个棘齿。额部两侧有1对带柄的复眼。头胸甲的腹面，大部分被腹甲，腹甲分节，周围有绒毛，腹部扁平，紧贴在头胸部的下面，称为蟹脐，周围有绒毛，共分7节。雌蟹的腹部为圆形，俗称"团脐"，雄蟹腹部呈三角形，俗称"尖脐"。第1对步足呈棱柱形，末端似钳，为螯足，强大并密生绒毛。第4、第5对步足呈扁圆形，末端尖锐如针刺。幼蟹期雌雄个体腹部均为三角形，不易分辨。

采集地：辽河流域。

中华绒螯蟹（*Eriocheir sinensis*）

（2）厚蟹属（*Helice*）

形态特征：额很宽，斜向下方。无锋锐的额后脊。额宽小于头胸甲宽度的1/2。头胸甲侧缘平直，第3颚足长节短宽。

生境：喜生活于河流入海口河口区的半咸水泥滩中，主要以水生植物、底栖动物、有机碎屑为食。中污染水体中多见。

采集地：辽河流域。

1）天津厚蟹（*Helice tientsinensis*）

形态特征：额区的宽度小于头胸甲宽度的一半，额斜向下方，无锋锐的额后脊。前侧缘除外眼窝齿外共分3齿。雄性个体，其下眼缘中部具4～6个纵长形突起，内侧的10余条突起愈合，外侧有14～30个圆形突起。雌性眼窝下隆脊中部不膨大，共有34～39个颗粒。雄螯长节内腹缘具发音隆脊。

采集地：辽河流域。

天津厚蟹（*Helice tientsinensis*）

（二）等足目（Isopoda）

等足目是一类背腹扁平的甲壳动物，是底栖生活的种类，无头甲。头部通常与胸部第1节愈合成头胸部。尾节常与第6节合成腹尾节。胸肢单肢，第1对形成颚足，后7对为步足。

等足目分为9个亚目，常见的有扇枝亚目（Flabellifera）、瓣尾水虱亚目（Valvifera）、栉水虱亚目（Asellota）、潮虫亚目（Oniscoidea）。

等足目种类很多，有的生活在淡水中，有的生活在陆地潮湿的环境中，大多数生活于海洋中。等足类多为植食性。大部分种类自由生活，是鱼类的天然饵料。

1. 浪漂水虱科（Cirolanidae）

头呈三角形。眼大。7对胸肢，其末节呈钩爪状，适于握执。腹部由6节组成，尾肢的内外肢很发达。

（1）浪漂水虱属（*Cirolana*）

形态特征：体长椭圆形。头部额角钝圆，背面隆起。复眼黑色。胸部第1节最长，第2～7节近乎等长。腹部尾节略呈三角形，后端钝圆，具短棘和刺。

生境：生活于海岸及河口的沿岸地区，常成群出现，肉食性。

采集地：辽河流域。

1）哈氏浪漂水虱（*Cirolana harfordi*）

形态特征：体长15mm，宽6mm，长椭圆形。头部

哈氏浪漂水虱（*Cirolana harfordi*）

额角钝圆，背面隆起，各节灰褐色或黄褐色。复眼黑色。胸部第1节最长，第2～7节近乎等长。腹部尾节略呈三角形，后端钝圆，具短棘和刺。第1触角短小，柄3节，鞭节10节以上。第2触角柄5节，鞭节约30节。胸足第1对、第2对短，各节腹缘具少数刺。腹肢薄片状，双肢型。尾肢内、外肢末端圆钝，具羽状刺。

采集地：辽河流域。

2. 团水虱科（Sphaeromidae）

体坚固，背拱起。受惊时常滚卷成球形。头宽。2对触角的节数较多，可明显分为柄部和鞭部。尾节大而宽，尾肢着生在尾节的内侧位。尾肢的内肢为不可动性；外肢较长或缺，如有，则为可动性。

（1）著名团水虱属（*Gnorimosphaeroma*）

引自《辽河流域底栖动物监测图鉴》

雷伊著名团水虱
（*Gnorimosphaeroma rayi*）

形态特征：体长卵圆形，常滚卷成球形。头部额角略突起，眼黑色。胸部第2～7胸节具不明显的底节板。腹部2节，侧缘具2道短区分线。

生境：生活于海岸及河口的沿岸地区，在水草间栖息。

采集地：辽河流域。

1）雷伊著名团水虱（*Gnorimosphaeroma rayi*）

形态特征：体长8mm，长约为宽的1.8倍，呈卵圆形，常滚卷成球形。头部额角略突起，眼黑色，稍大。胸部第2～7胸节具不明显的底节板。腹部2节，侧缘具2道短区分线。腹尾节光滑，无突起或刚毛。第2腹肢基部宽约为长的3倍，内侧有3个弯曲的小钩。雄性附肢自第2腹肢内亚基端发出，长约为内肢的倍。第4、第5腹肢的内外肢均不具皱襞。尾枝内外2肢均不超过尾节末端，内肢长且宽，外肢短小。

采集地：辽河流域。

（三）端足目（Amphipoda）

端足目种类的身体多侧扁，头小，无头胸甲。眼无柄。第1胸节与头愈合，胸部其他各节发达，分节明显，胸肢8对，单肢型，无外肢。第2、第3对较大，呈假螯状，称为鳃足。腹肢为双肢型，前3对适于游泳，称为腹肢。后3对用于弹跳，称为尾肢。端足类在繁殖时，雌性产出的卵，抱于胸肢内侧由复卵片构成的育卵囊中，孵化后的幼体和母体基本相似。端足类在海水、淡水中均有分布，且种类繁多。生活时通常附着在水草或其他物体上，有些种类大量群集生长。是鱼类重要的天然饵料。

1. 钩虾科（Gammaridae）

体略细长，后腹末2节部分种类愈合。第4基节板后缘上部有凹陷，第5基节板的前叶伸入这一凹陷内。第1触角附鞭发达，不超过5节，少数种类内鞭退化，只有1～2节。上唇无内叶，游离缘只少数种类中央有1缺口。下唇外叶有发达的大颚突起，大多数内叶与外叶愈合。大颚臼齿发达，呈圆柱形，有磨面，动颚片左右大颚不同，触须3节，第1小颚内叶内缘具1排羽状刚毛，外叶顶端具长刚毛。颚足内、外叶发达，触须4节。第2对颚内叶内缘具1排羽状刚毛，外叶顶端具长刚毛。颚足内、外叶发达，触须4节。2对鳃足都有发达的半钳，但两性异型。3～7胸足顺次增长，5～7胸足基节板浅。腹足双肢型，内、外肢呈羽毛状，第1尾肢柄节具基侧刺。第3尾肢内肢长短变化不一。尾节裂开，深几乎到达尾节基部。2～7胸节具鳃，雌性2～5胸节具育卵板。

（1）异钩虾属（*Anisogammarus*）

形态特征：体形侧扁，全身弯向腹面，呈弧形。头部额角呈钝三角形，两侧向内微陷。复眼黑色。第1触角长，第2触角短。颚足第1、第2对亚螯状。胸部7节，由前向后逐渐增大。腹部前3节背中央隆起，第3节最大。腹肢前3对为游泳足。步足5对，前2对短，后3对长。尾节从后端中央内陷，分为两叶，末端具稀疏短棘。

生境：栖息于清洁河流上游、溪流缓流处枯枝落叶堆积的底质中。

采集地：辽河流域。

（2）钩虾属（*Gammarus*）

形态特征：躯体背部光滑或腹节后缘有时隆起，第4～6腹节背部具刺，有时微微隆起，但不形成脊状。触角较长，第1触角长于第2触角，鞭节远长于柄节，附鞭多于2节，通常4节。下唇无内叶。第1小颚内叶卵形，边缘呈羽状，外叶顶端具11个锯齿状刺，左触须修长，具简单刺，右触须粗壮。第2小颚内叶具1斜排羽状刚毛。基节板刚毛较少，第4基节板后缘凹陷，第5基节板比第4基节板小。

采集地：太湖流域、松花江流域。

引自《辽河流域底栖动物监测图鉴》

异钩虾（*Anisogammarus* sp.）

1000μm

采自太湖流域

钩虾（*Gammarus* sp.）

二、昆虫纲（Insecta）

昆虫的特征是身体分头、胸、腹三部分，胸部由前胸、中胸和后胸组成，每一部分附有1对胸足。很多昆虫具有2对翅，附着在中胸和后胸2个体节上。头上具复眼和1对触角。口器主要是咀嚼式、吸吮式和舐吸式。很多昆虫发育时进行全变态，幼虫期经多次蜕皮后变成蛹，羽化为成虫。还有很多昆虫发育时进行不完全变态，它们不经过蛹的阶段即羽化为成虫。昆虫的种类很多，它们有的靠植物生活，有的靠扑杀其他小动物，行肉食性生活，还有的行半寄生和寄生生活。昆虫中有不少是有毒的种类。有些昆虫携带致病菌，是传染性疾病的传播者。昆虫纲分为很多目，这里描述的是营底栖生活的水生昆虫。

（一）蜉蝣目（Ephemeroptera）

蜉蝣成虫呈长形、略扁或圆柱形，体小至中型。头部小，触角短，咀嚼式口器，但极度退化。胸节发达，翅2对，前翅大，后翅小。足一般短小，雄性前足甚长。腹部有长丝状尾丝。蜉蝣成虫不取食食物，生活时间仅几小时到几天。幼虫期不完全变态，称为稚虫，全部水生。通常生活1年，也有达2～3年者。《本草纲目》中描述，"蜉蝣，水虫也，状似蚕蛾，朝生暮死"。稚虫一般蜕皮24次，多在日落后羽化，羽化时稚虫升到水面合适的场所，在背部裂1缝隙，爬出有翅虫，这个阶段的虫态称为亚成虫。

稚虫的生活方式不同：有些种类附生在水草上；有些种类在水底淤泥上爬行生活；有些种类在底泥中挖掘通道；有些种类具扁化的身体，栖息在清澈的急流中的石块下。稚虫的食物是腐屑、小型藻类、原生动物、腐烂的水草，少数种类是肉食性的，以小型昆虫为食。稚虫是鱼类的天然饵料，亦是水环境监测的重要指示生物。

1. 栉颚蜉科（Ameletidae）

稚虫身体流线型。背腹厚度大于身体宽度；运动似小鱼；触角长度不及头宽的2倍；口器特化，下颚端部具1排刷毛；身体体表光滑；腹部各节的侧后角尖锐；鳃7对，单片状，位于第1～7腹节背侧面；3根尾丝，较粗，有长而密的细毛，桨状。

一般生活在寒冷地区的小河和溪流中。

（1）栉颚蜉属（Ameletus）

形态特征：稚虫体长6.0～14.0mm。下颚的端部具1排刷状毛；鳃单片，一般卵圆形，较小，前、后缘往往都骨化，尤其是前缘，背面又具1条明显的骨化线；尾丝往往具色斑。

生境：稚虫在清洁河流水体的砾石表面生活。

采集地：松花江流域、辽河流域。

1）山地栉颚蜉（Ameletus montanus）

形态特征：稚虫体长约10mm，体纺锤形，浅黄褐色。下颚端部具1排刷状毛。右上颚外切齿端部两分叉。下唇须端部平直。胸部背板暗色斑纹显著，后翅芽小；腹部棕褐色，背板具显著的深浅相间的不同形状的斑纹；足腿节具1块褐色斑；尾丝3根，中部和端部具黑色带斑，端半部侧尾丝内侧及中尾丝两侧密生较长刚毛。

背面观　　　　　　　侧面观

采自辽河流域

山地栉颚蜉（Ameletus montanus）

2. 长跗蜉科（Ametropodidae）

大型，一般在10mm以上；身体背腹扁平，各部具毛；头壳前缘延长极小；跗节长于胫节，爪长于跗节且明显弯曲；前足基节具明显突起；前胸腹板明显突出呈条状；中胸背板前侧角具翅芽状突起；鳃7对，单枚，近椭圆形，边缘具毛。

（1）长趾蜉属（*Ametropus*）

形态特征：稚虫身体浅白色，具黑色斑纹和斑块，背中线处和腹部各节后缘色深；尾细，密生细毛。

生境：可能为沙栖性种类，生活于流水环境中。少见。

采集地：松花江流域。

3. 四节蜉科（Baetidae）

一般较小。身体大多流线型；触角长度大于头宽的2倍；后翅芽有时消失；腹部各节的侧后角延长成明显的尖锐突起；鳃一般7对，有时5或6对，位于第1~7腹节背侧面；2或3根尾丝，具长而密的细毛。

（1）四节蜉属（*Baetis*）

形态特征：稚虫上颚缺少细毛簇，下颚须2节，下唇须3节，第2节的内侧隆起，前腿节具毛瘤，前胫节无成排的毛，爪具1列齿。鳃7对，单片。

生境：稚虫在山地河流水生植物间栖息。轻污染水体中多见。

采集地：松花江流域、三峡库区（湖北段）、辽河流域。

（2）花翅蜉属（*Baetiella*）

形态特征：稚虫上颚切齿除1枚外其余合并，具可见的愈合缝。下颚须2节，下唇低

采自辽河流域

四节蜉（*Baetis* sp.）

日本花翅蜉（*Baetiella japonica*）

短，下唇须第2节具小的内突，第3节端部呈对称状隆起；前足腿节具长毛（长毛不再细分为细毛），腹部具背瘤。后胫节具1列刺，跗节端部不具长刺，爪具细齿，腹部背板常具单个或成对的瘤突，后缘突明显刺状；鳃单片，圆形。

生境：稚虫在山地溪流的砾石表面附着生活，喜清洁水体。

采集地：辽河流域。

1）日本花翅蜉（*Baetiella japonica*）

形态特征：稚虫体长约6mm。尾丝长约8mm。黄绿色，头小，正中线淡色。中胸正中线及两侧具淡色纵条，两侧还有不规则的浓色斑。足细长，外缘密生白色细毛。腹部背板中部具1对浓色斑纹。尾丝2根，细长。鳃7对，位于1～7节侧方，各鳃叶单一，卵圆形，气管不明显。

（3）刺翅蜉属（*Centroptilum*）

1）羽翼刺翅蜉（*Centroptilum pennulatum*）

形态特征：稚虫体长约10mm，浅黄褐色。下颚须3节，下唇须3节，端部平直。胸部背板暗色斑纹显著，后翅芽小。腹部背板具显著的深浅相间的不同形状的斑纹。腹部第8节侧缘具4～6个长刺，第9节具5～8个长刺。鳃7对，气管分支明显，第1～6对鳃分背腹2叶，腹叶宽大、背叶细长并下垂。第7对鳃单叶。尾丝3根，中部具黑色环带，端半部侧尾丝内侧及中尾丝两侧密生较长刚毛。

生境：稚虫在清洁河流水体的砾石间栖息。

采集地：辽河流域。

（4）二翅蜉属（*Cloeon*）

形态特征：稚虫上颚具细毛簇，切齿端部分离；下颚须3节；下唇须3节，第3节四方形。爪较长，具2排齿或无齿。鳃7对，分为2片；无后翅芽；3根尾丝。第8、第9背板侧缘具刺。

生境：稚虫常在多水草或水绵的湖泊及池塘等静水水体中。

采集地：松花江流域、太湖流域。

（5）原二翅蜉属（*Procloeon*）

形态特征：稚虫鳃单枚或双枚；当双枚时，背叶明显小于腹叶；体具明显斑纹，爪上的齿小而不明显。

生境：稚虫生活在清洁河流水体的砾石间。

采集地：松花江流域、辽河流域。

（6）假二翅蜉属（*Pseudocloeon*）

形态特征：稚虫身体明显细长；触角柄节具缺刻，下颚须第2节端部有凹陷。
生境：栖息于池塘、沼泽等环境中。
采集地：松花江流域。

4. 细蜉科（Caenidae）

个体小，除触角和尾丝外，体长一般在5.00mm以下。身体扁平；第1腹节上的鳃单枚，2节，细长；第2节上的鳃背叶扩大，呈四方形，将后面的鳃全部盖住，左右两鳃重叠，背表面具隆起分支的脊；第3～6腹节上的鳃片状，单叶，外缘呈缨毛状，缨毛状部分可能再分支。鳃位于体背。尾丝3根，具稀疏长毛。

（1）短尾蜉属（*Brachycercus*）

形态特征：稚虫单眼顶部隆起，端部尖锐，形成角状突起；单眼突起，不具明显的细毛或仅具不足单眼突起1/2长的短毛；中单眼平直或侧面观端部向背侧弯曲。上颚外缘具毛；下颚须及下唇须2节。前胸背板梯形，前缘略凹陷，侧缘在前2/5处形成1三角状突起，各足基节背缘不具扁平状突起。腹部背板第1节后缘正中突起不明显，第2背板后缘正中不具突起，在盖状鳃的基部具1指状突起。第10背板前缘中部强烈凹陷。
生境：稚虫生活在淤泥质沿岸带，常在局部地区形成优势种。
采集地：松花江流域。

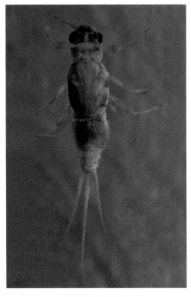

采自松花江流域

细蜉（*Caenis* sp.）

（2）细蜉属（*Caenis*）

形态特征：稚虫体长约5mm，头顶无棘突，上颚侧面具毛，下颚须及下唇须3节。身体扁平，前足与中后足长度相差不大，前足腹侧位，使前胸腹板呈三角形。爪短小，尖端可能弯曲。腹部各节背板的侧后角可能向侧后方突出，呈尖锐状，但不向背方弯曲。尾丝3根，节间具细毛。
生境：稚虫多数生活于静水水体（如水库、池塘、浅潭、水洼等）表层为泥质、泥沙与枯枝落叶混合的底质中。少数生活于急流底部。由于非常小且不活泼，不易采到。游泳能力不强，行动缓慢。滤食性或舔食性。中污染偏轻的水体中多见。
采集地：松花江流域、太湖流域、辽河流域。

1）中华细蜉（*Caenis sinensis*）

形态特征：稚虫体长2.5mm，色浅；中胸背板前侧角的略后侧方突出呈1明显的耳状突起；腹部第1~2节背板色较浅，鳃盖前半部分色淡，后半部分棕黄色；第7~9背板中央部分棕黄色，边缘部分色浅，第10节背板色浅。第7~9背板的侧后角向后方略扩展成尖锐的角状；腹部各部分都具细长毛；尾丝节间具稀疏的细毛。

（3）刺眼蜉属（*Caenoculis*）

形态特征：稚虫单眼突起发达，突起上仅有很短的细毛；下颚须3节，下唇须3节；下唇须第1节腹面具有一簇长细毛。胸部腹板扁平，腹部背板第1/2节后缘中央呈圆锥状突出，第10背板前缘几乎平直；第6背板后外侧角突起不向背弯曲。

采集地：松花江流域。

刺眼蜉（*Caenoculis* sp.）

5. 蜉蝣科（Ephemeridae）

稚虫个体较大，除触角和尾丝外，体长一般在15mm以上。身体圆柱形，常为淡黄色或黄色；上颚突出呈明显的牙状，除基部外，上颚牙表面不具刺突，端部向上弯曲；各足极度特化，适合于挖掘；身体表面和足上密生长细毛；鳃7对，除第1对较小外，其余每鳃分2枚，每枚又为两叉状，鳃缘呈缨毛状，位于体背。生活时，鳃由前向后按秩序具节律性的抖动。3根尾丝。

本科物种穴居于泥沙质的静水水体底质中。

（1）蜉蝣属（*Ephemera*）

形态特征：稚虫额突明显，前缘中央凹陷呈不明显的两叉状；触角基部强烈突出，端部呈分叉状；上唇近圆形，前缘强烈突出；上颚牙明显，横截面呈圆形；前足不明显退化。

生境：穴居于泥沙质的静水水体底质中。

采自松花江流域

蜉蝣（*Ephemera* sp.）

采集地：松花江流域、三峡库区（湖北段）、丹江口水库、太湖流域、辽河流域。

1）东方蜉（*Ephemera orientalis*）

形态特征：稚虫体长20mm，长筒形，两端尖。触角长，具缘毛。足胫节边缘的刺突较大，前足胫节长度为宽的4倍，跗节长为宽的5倍，爪细长。腹部背板的斑纹与成虫一致。第7～9节背板具3对褐色或深褐色纵纹，中央的1对相对比两边的短。第10节背板具1对小黑斑。尾丝3条，等长。

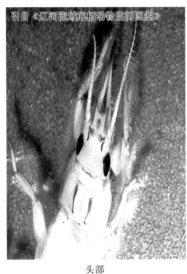 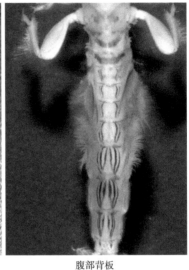

头部　　　　　　　　　　　　　腹部背板

采自辽河流域

东方蜉（*Ephemera orientalis*）

2）台湾蜉（*Ephemera formosana*）

形态特征：稚虫体长15～20mm，黄白色，体软。触角长，具缘毛。腹部背面第3～6节具2对褐色纵纹，第7～9节具3对褐色至黑褐色纵纹，中央的1对很短。足短、扁平、爪细长。第10节背板无小黑斑。尾丝3条，等长。

腹部背板　　　　　　　　　　　背面观

采自辽河流域

台湾蜉（*Ephemera formosana*）

3）华丽蜉（*Ephemera pulcherrima*）

形态特征：稚虫圆柱形，体长约15mm，黄色。上颚突出呈明显的牙状。各足极度特化，适于挖掘。腹部背面第1节无色斑，第2节具1对黑色斑点，第3～6节各具1对纵纹，第7～9节各具3对褐色纵条，第10节具1对小黑色斑点。鳃7对，第1对小，第2～7对鳃分2片，每片又为分叉状，鳃缘呈缨毛状。尾丝3条。

4）条纹蜉（*Ephemera strigata*）

形态特征：稚虫体长15～17mm。腹部背板斑纹与成虫类似，第1～9节背板各具1对褐色斜纹斑，尤其第7～9节背板斜纹斑明显，第10节背板无色斑。

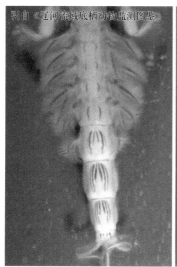

腹部背板　　　　　　　　腹面观

采自辽河流域

华丽蜉（*Ephemera pulcherrima*）

采自辽河流域

条纹蜉（*Ephemera strigata*）

6. 小蜉科（Ephemerellidae）

稚虫个体5～15mm，一般在同一个地点采集到的所有蜉蝣种类中属中等大小；身体的背腹厚度略小于体宽，不特别扁，也不呈圆柱形，常为较暗的红色、绿色或黑褐色；体背常具各种瘤突或刺状突起；腹部第1节上的鳃很小，不易看见；第2节无鳃，第3～5或3～6或3～7或4～7腹节上的鳃一般分背、腹2枚，背方的鳃膜质片状，腹方的鳃常分为两叉状，每叉又分为若干小叶；第3或第4腹节上的鳃有时扩大而盖住后面的鳃；鳃背位。3根尾丝，具刺。

生活于流水中的枯枝落叶、青苔、石块或腐殖质中，体色大多为黑褐色或红褐色，体壁坚硬，尾丝一般具刺和较稀的细毛，游泳能力和活动能力都不强，行动缓慢。

（1）带肋蜉属（*Cincticostella*）

形态特征：稚虫前胸和中胸背板前侧角向侧面突出；鳃位于第3～7腹节背板的两侧，前3对形状相似，分成背、腹两枚，背鳃膜质单片；腹腹分成二叉，每叉又分成若干小叶；第6腹节上的鳃略小，腹叶分成8～10小叶，不分成二叉状；第7腹节上的鳃最小，形状与第4对鳃相似，但腹叶一般只分成4或5小叶；尾丝节间具刺。

生境：稚虫在清洁河流水体的砾石间栖息。

采集地：松花江流域、辽河流域。

1）契氏带肋蜉（*Cincticostella tshernovae*）

形态特征：稚虫体长约10mm，暗褐色至紫黑色，体扁平。下颚须退化成一节，在近端部生有5或6根长毛。胸部宽，前胸背板前侧角明显向前突出。中胸背板侧缘有缢缩。足腿节有背棱。前爪内缘具2个齿。腹部第2～9节具背棘，第2～3节的背棘小。鳃5对，分背、腹2枚，背鳃膜质单片，腹鳃叉形，每叉又分成许多小叶。第6节上的鳃略小，第7节上的鳃最小。尾丝长为体长的1/3。

2）黑带肋蜉（*Cincticostella nigra*）

形态特征：稚虫体长约8mm，赤褐色至黑褐色。前胸长方形，前侧角向前突出。中胸背板前侧缘向侧方突出。足具短细毛，前足腿节背面端部具棘刺，爪具5～9个小齿。鳃5对，位于第3～7节背板两侧，前3对形状相似，分背、腹2枚，背鳃膜质单片，腹鳃

采自辽河流域

契氏带肋蜉（*Cincticostella tshernovae*）

采自辽河流域

黑带肋蜉（*Cincticostella nigra*）

叉形，每叉又分成许多小叶。第6节上的鳃略小，第7节上的鳃最小。尾丝3根，长约为体长的2/3，节间具刺。

（2）弯握蜉属（*Drunella*）

形态特征：稚虫头部一般具额突，中单眼顶部突出；前足腿节内缘呈锯齿状，腿节背面具棱或具瘤状突起；腹部背板具成对的棱或刺突；鳃位于第3～7腹节背板的两侧，前3对形状相似，分成背、腹2枚，背鳃膜质单片，腹鳃分成2叉，每叉又分成许多小叶；第4对鳃略小，腹鳃分成8～10小叶，但不呈二叉状；第5对鳃最小，形状与第4对鳃相似，但腹鳃一般只分成4或5小叶；尾丝具细毛。

生境：稚虫在清洁河流水体的砾石间栖息。

采集地：松花江流域、辽河流域。

1）柳杉弯握蜉（*Drunella cryptomeria*）

形态特征：稚虫体长约8mm。头部前缘角状突起小，中单眼突起发达。前足腿节短、宽，背表面具一类"T"形棱脊，无颗粒状突起。各足腿节具2条黑褐色带。胫节中部、跗节基部各有1黑褐色带。鳃5对。尾丝3根，端半部密生较长刚毛。

2）针刺弯握蜉（*Drunella aculea*）

形态特征：稚虫体长约20mm。头部前缘具2个大而尖的额突，中单眼具3个突起。前足腿节背表面具颗粒状突起，前缘具尖齿突，胫节端部尖突状。腹部背板无背棘。尾丝3根，每节端部具一圈细毛，节上侧面也具细毛。

3）三刺弯握蜉（*Drunella trispina*）

形态特征：稚虫体长约12mm，体黄褐色，体背有深浅斑纹。头部具上额突3个。前足腿节背表面具颗粒状突起，前缘具尖齿状突起。前足胫节端部向前延伸至跗节长度的1/2。腹部背板具成对的背棘。鳃位于第3～7腹节背板两侧，前3对形状相似，分背、腹2枚，背鳃膜质单片，腹鳃叉形，每叉又分成许多小叶；第4对鳃略小；第5对鳃最小。尾丝两侧具细毛。

4）虾夷三刺弯握蜉（*Drunella trispina ezoensis*）

形态特征：稚虫体长12～14mm。红褐色，体背无深浅斑纹。头部单眼3个，上额突发达。前足腿节背表面具颗粒状突起，前缘具尖齿状突起。前足胫节端部向前延伸至跗节长度的1/2。腹部背板无背棘。鳃位于第3～7腹节背板两侧，前3对形状相似，分背、腹2枚，背鳃膜质单片，腹鳃叉形，每叉又分成许多小叶；第4对鳃略小；第5对鳃最小。尾丝两侧具细毛。

采自辽河流域

三刺弯握蜉（*Drunella trispina*）

采自辽河流域

蚬夷三刺弯握蜉（*Drunella trispina ezoensis*）

（3）锐利蜉属（*Ephacerella*）

形态特征：腹部第2节无鳃，前足腿节可能扩大，但不特化，中胸背板前侧角后部向侧面延伸突出呈尖锐状，前胸背板正常。

生境：稚虫生活在清洁河流水体的砾石间。

采集地：辽河流域。

长尾锐利蜉（*Ephacerella longicaudata*）

1）长尾锐利蜉（*Ephacerella longicaudata*）

形态特征：稚虫体长约15mm。中胸背板前侧缘具三角形突起。足腿节、胫节和跗节在端部各有1暗色带。鳃5对，位于第3～7节背板两侧，分背、腹2枚，背鳃具蘑菇样暗色斑，腹鳃由许多小叶组成；第5对鳃最小，腹鳃单叶。尾丝3根，分节处有较长的刺毛。

（4）小蜉属（*Ephemerella*）

形态特征：稚虫下颚须发育正常，长度超过下颚内颚叶的一半。鳃位于腹部第3～7

节，前3对形状相似，都分成背、腹2枚，背鳃膜质，腹鳃分成二叉状，每叉又分成许多小叶；第4、第5对鳃较前3对鳃小，且腹鳃不成二叉状，仅分成若干小叶。尾丝各节上及各节间具长细毛。

生境：稚虫生活在清洁河流水体的砾石间。

采集地：松花江流域、太湖流域、辽河流域。

1）安图小蜉（*Ephemerella antuensis*）

形态特征：稚虫体长约6mm。腹部第3～8节背板各有1对背棘，第3～9节两侧具侧棘。足腿节宽大，上有针状小刺9根。胫节较细，上有小刺6根。爪的内侧有9个小齿。鳃5对，第4对鳃心脏形，第5对鳃小。尾丝3根，近乎等长，靠基部的部分每节顶端生有环生小刺，接近顶端部分密生较长的刚毛。

（5）天角蜉属（*Uracanthella*）

形态特征：稚虫下颚无下颚须，下颚端部无刺，密生细毛。

生境：生活于流水中的枯枝落叶、青苔、石块或腐殖质中，体色大多为黑褐色或红褐色，体壁坚硬，尾丝一般具刺和较稀的细毛，游泳能力和活动能力都不强，行动较缓慢。

采集地：松花江流域、辽河流域。

采自辽河流域

小蜉（*Ephemerella* sp.）

采自松花江流域

天角蜉（*Uracanthella* sp.）

1）红天角蜉（*Uracanthella rufa*）

形态特征：稚虫体长5.0～8.0mm，头部至腹部第3节具1对白色纵纹，背中线为白色，两侧为褐色，故看上去身体背面具3条白色纵纹。各足腿节基部黑褐色，胫节具2个褐色环纹，跗节具1环纹。身体其他部分呈棕红至棕黑色。下颚须的端部密生黄色的细长毛，无刺。爪具小齿8枚，端部1枚最大，使爪呈二叉状。腹部背板无突起，背板后缘突起小。尾丝节间处具1圈小刺。

（6）锯形蜉属（*Serratella*）

形态特征：稚虫下颚须一般较退化，有些种类无下颚须。鳃位于腹部第3～7节背面两侧，前4对形状相似，都分成背、腹2枚，背鳃膜质，腹鳃分成二叉状，每叉又分成许多小叶；最后1对鳃较前4对小，且腹鳃不分成二叉状，仅分成6～10小叶。尾丝在节间具1圈小刺或长细毛；尾丝短于体长。

采集地：松花江流域。

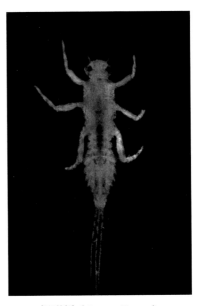

采自辽河流域

红天角蜉（*Uracanthella rufa*）

锯形蜉（*Serratella* sp.）

（7）大鳃蜉属（*Torleya*）

形态特征：稚虫鳃位于腹部第3～7节背板的两侧，第1对鳃大，几乎盖住后面的2对鳃；前4对鳃结构相似，分成背、腹2枚，背鳃单片膜质，腹鳃分成二叉状，每叉又分成许多小叶；第5对鳃较小，其腹鳃不呈二叉状分支，一般只分成4小叶。

采集地：太湖流域。

7. 扁蜉科（Heptageniidae）

身体各部扁平，背腹厚度明显小于身体的宽度。足的关节为前后型。鳃位于第1～7腹节体背或体侧，每枚鳃分为背、腹两部分，背侧的鳃片状，膜质，腹侧的鳃一般丝状，成簇。2或3根尾丝。

（1）微动蜉属（*Cinygmula*）

形态特征：稚虫3根尾丝；上唇只有头壳宽度的1/4左右；头壳前缘中央具明显缺刻，背面观下颚须部分露出头壳之外；下颚端部具梳状栉毛；各鳃的丝状部分数目减少，一般只有少数几根。
生境：稚虫在清洁河流水体的砾石上生活
采集地：松花江流域、辽河流域。

（2）似动蜉属（*Cinygmina*）

形态特征：稚虫3根尾丝，尾丝各节间具短刺；第5和第6对鳃膜质部分的顶端常具1细长的丝状突起。
生境：多生活于清洁流水环境中。能在湖泊和大型河流的近岸缓流处的底质中采到，在溪流的各种底质如石块、枯枝落叶等下方常能采到大量稚虫。主要食物为颗粒状藻类和腐殖质
采集地：松花江流域、太湖流域。

采自辽河流域

微动蜉（*Cinygmula* sp.）

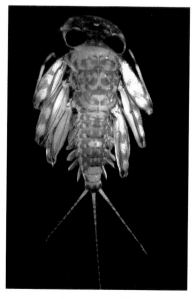

采自松花江流域

似动蜉（*Cinygmina* sp.）

（3）高翔蜉属（*Epeorus*）

　　形态特征：稚虫上唇前缘中央具浅缺刻；下颚表面具1细毛列。鳃7对，第1对鳃的膜片部分扩大，延伸到腹面，二者在腹面接触或不接触，与其他鳃一起形成吸盘状结构；第7对鳃的膜片部分也可能延伸到腹面。仅2根尾丝，尾丝上具刺和细毛。

　　生境：稚虫在清洁河流水体的砾石间栖息。

　　采集地：松花江流域、辽河流域。

1）宽叶高翔蜉（*Epeorus latifolium*）

　　形态特征：稚虫体长11～15mm，头部与前胸等宽，头部扁平，前缘圆，具2个淡色斑纹。足腿节具2条暗色带。各腹节背面具1对暗色点纹。第1～7腹节侧缘具7对鳃，鳃叶宽卵形，红褐色，鳃上的暗紫色斑点散布大半个鳃叶。基部具紫色丝状鳃。尾丝2根。

2）弯钩高翔蜉（*Epeorus curvatulus*）

　　形态特征：稚虫体长10～13mm，淡褐色。头部前缘中部具1对"C"字形斑纹，外侧的淡色斑纹不明显。腹部背面、各足表面具显著斑纹。鳃7对。尾丝2根，为体长的1.5倍。

采自松花江流域

高翔蜉（*Epeorus* sp.）

引自《辽河流域底栖动物监测图鉴》

采自辽河流域

宽叶高翔蜉（*Epeorus latifolium*）

（4）扁蚴蜉属（*Ecdyonurus*）

　　形态特征：头部和前胸较宽，一般是身体最宽的部位，前胸背板后侧角突出，向后延伸到中胸背板的侧面。鳃7对，第1对鳃的膜片部分较小，各鳃的丝状部分发达。3根尾丝，尾丝的两侧具毛。节间具刺。

　　采集地：辽河流域。

1）雅丝扁蜉蝣（*Ecdyonurus yoshidae*）

　　形态特征：稚虫体长10～12mm，身体扁平，暗绿黄色。头部和前胸较宽，头部前缘具4个淡色小圆斑。两触角前方有2个较大的圆形斑。足腿节粗大、扁平，上具6或7个淡色斑纹。胫节具1暗色横带。跗节暗褐色。腹节背面两侧具淡色纵纹，中部具淡色斑纹。鳃7对，长卵形，各鳃的丝状部分发达，第7对无丝状鳃。尾丝3根，基半部具暗色带斑，节间生有短刚毛。

2）德拉扁蜉蝣（*Ecdyonurus dracon*）

　　形态特征：稚虫体长13～15mm，暗黄褐色。头部前缘无淡色斑，左右复眼前各有1圆形白斑。足腿节宽、扁平，上具2个暗色横带。腹部背板第1～7节中部具明显的"U"形淡色纹。鳃7对。尾丝3根。

3）桃碧扁蜉蝣（*Ecdyonurus tobiironis*）

　　形态特征：稚虫体长12mm，暗黄绿色。头部前缘无淡色斑。前胸背板后侧角突出。各足腿节宽扁，中部背面和端部具暗色横带。腹部背板无明显斑纹。鳃7对，分背、腹2叶，背片膜质，腹面丝状部分发达。第1对鳃的膜片部分小。尾丝3根，两侧具细毛，各节间生有短刺。

雅丝扁蜉蝣（*Ecdyonurus yoshidae*）　　桃碧扁蜉蝣（*Ecdyonurus tobiironis*）

（5）扁蜉属（*Heptagenia*）

　　形态特征：稚虫上唇为头壳宽度的0.4～0.6倍；下颚顶端密生栉状齿，腹表面具1细毛列。鳃7对，各鳃都分为膜片状部分和丝状部分。尾丝3根，各节上和节间具刺和细毛。

　　生境：本属生活于清洁环境中。能在湖泊和大型河流的近岸缓流处的底质中采到，在溪流的各种底质如石块、枯枝落叶等下方常能采到大量稚虫。主要食物为颗粒状藻类和腐殖质。

　　采集地：松花江流域、太湖流域、辽河流域。

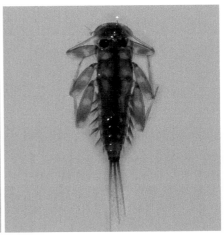

采自松花江流域

扁蜉（*Heptagenia* sp.）

（6）赞蜉属（*Paegniodes*）

　　形态特征：稚虫上唇前缘中央具1缺刻。第1对鳃的膜片部分极小，呈瓣状，其他6对鳃都分膜片部分与丝状部分。尾丝3根。

　　采集地：松花江流域。

（7）溪颏蜉属（*Rhithrogena*）

　　形态特征：稚虫3根尾丝。第1对和第7对鳃的膜片部分扩大，延伸到腹面，与腹板一起形成吸盘状结构。上颚外侧光滑无毛，臼齿部分具1簇细刺。

　　采集地：松花江流域。

（8）短鳃蜉属（*Thalerosphyrus*）

　　形态特征：稚虫下颚腹表面细毛散生；下唇的侧唇舌扩大。前胸背板向侧面明显扩展，其侧后角有时伸展到中胸背板的侧方；中后胸背板在足的上部延伸成尖锐状。腹部第3～8节背板侧后角延伸成尖锐角状。鳃7对，第7对鳃的膜片部分可能较小，丝状部分可能消失。

　　采集地：太湖流域。

8. 等蜉科（Isonychiidae）

　　个体较大，除触角和尾丝外，体长一般在10mm以上；身体流线型；口器各部都密生细毛，下颚基部具1簇丝状鳃；前足基节内侧也具1簇丝状鳃；前腿节和胫节的内侧具长而密的细毛；前足胫节端部内侧往往延伸至刺状。鳃7对，分为两部分，背侧的鳃单片状，腹侧的鳃丝状，位于第1～7腹节背侧面。3根尾丝，粗大，中尾丝两侧和侧尾丝的内侧密生细长毛。

（1）等蜉属（*Isonychia*）

　　形态特征：个体较大，除触角和尾丝外，体长一般在10.00mm以上；身体流线型，运动似小鱼；身体背腹厚度大于身体宽度；体色一般呈深红色至褐色，往往具色斑；触角长度是头部宽度的2倍以上；口器各部都密生细毛，下颚基部具1簇丝状鳃；前足基节内侧也具1簇丝状鳃；前腿节和胫节的内侧具长而密的细毛；前足胫节端部内侧往往延伸至刺状。鳃7对，分为两部分，背侧的鳃单片状，腹侧的鳃丝状，位于第1～7腹节背侧面。3根尾丝，粗大，中尾丝的两侧和侧尾丝的内侧密生细长毛。

　　生境：一般生活在清洁流水底部，如石块、水生植物等中间，游泳能力较强。在岸边的石块下羽化。

　　采集地：松花江流域、辽河流域。

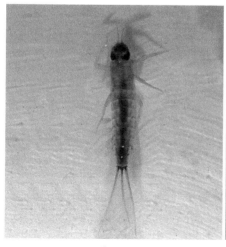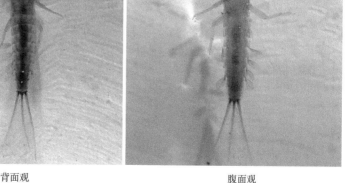

背面观　　　　　　　　　　　　　　　腹面观

采自松花江流域

等蜉（*Isonychia* sp.）

9. 细裳蜉科（Leptophlebiidae）

稚虫体长一般在10mm以下；身体大多扁平；下颚须与下唇须3节。鳃6或7对，除第1对和第7对可能变化外，其余各鳃端部大多分叉，具缘毛，形状各异，一般位于体侧，少数位于腹部。3根尾丝。

本科蜉蝣身体柔软，游泳能力不强，一般生活于急流的底质中或石块表面，在静水中也能采到。

（1）宽基蜉属（*Choroterpes*）

引自《辽河流域底栖动物监测图鉴》

采自辽河流域

三叉宽基蜉（*Choroterpes trifurcate*）

形态特征：稚虫前口式。鳃7对，第1对鳃丝状，单枚；第2～7对鳃相似，基本呈片状，后缘分裂为3枚尖突状。

生境：稚虫在急流的砾石下面生活，适于溶解氧高的清洁水体。

采集地：松花江流域、太湖流域、辽河流域。

1）三叉宽基蜉（*Choroterpes trifurcate*）

形态特征：稚虫体长5～6mm。黄褐色。雄性上复眼棕红色，下复眼黑色，雌性复眼黑色。头部单眼3个，触角约为头长的2倍。足淡黄色，各腿节末端具黑色斑纹。腹部背板茶褐色，中部有由各节三角形白斑组成的白色纵条。鳃7对，分背、腹2叶，气管深灰色。第1对鳃为针形叶突，第2～6对鳃叶片状，末端具3个刺状叶突。尾丝3根，稍比体长，分节处有短毛。

（2）似宽基蜉属（*Choroterpides*）

形态特征：稚虫口器前口式，下颚须极长，背面观明显露出头部之外；下颚内侧顶端具1大的突起；下唇须极长，伸展在头部之外。鳃6对，分为2枚，片状，端部分为三叉。

采集地：松花江流域、太湖流域。

（3）柔裳蜉属（*Habrophlebiodes*）

形态特征：稚虫鳃位于腹部第1～7节，单枚，丝状，端部分叉，缘部具细小的缨须，上唇前缘中央深凹陷，鳃分叉不到基部。

采集地：太湖流域。

（4）伊氏蜉属（*Isca*）

形态特征：稚虫腹部背板向腹面延伸，与腹板的结合缝位于腹面，鳃尤其是第5～7对鳃明显位于腹面。
采集地：松花江流域。

（5）拟细裳蜉属（*Paraleptophlebia*）

形态特征：稚虫下口式。鳃7对，单枚，分为二叉状，分叉基本到达基部；上唇中央凹陷浅。
生境：稚虫在清洁河流上游的溪流中多见，在高氧水体的砾石间生活。
采集地：松花江流域。

整体观　　　　腹部　　　　头胸部

拟细裳蜉（*Paraleptophlebia* sp.）

10. 新蜉科（Neoephemeridae）

个体较大，身体呈圆柱形或扁圆柱形，褐色。第1腹节上的鳃分为2节，小而不易观察；第2节上的鳃扩大，呈四方形，背面有时具脊，全部或几乎全部盖住后面的鳃；第3～6腹节上的鳃膜质片状，外缘缨毛状；鳃位于体背。3根尾丝。

（1）小河蜉属（*Potamanthellus*）

形态特征：稚虫前胸背板前侧角不明显突出，中胸背板前侧角不明显突出。第2对鳃内缘密生细毛，两鳃不愈合。尾丝3根，密生细毛。

生境：生活在静水中的石块、枯枝落叶或泥沙中。

采集地：松花江流域、太湖流域。

11. 寡脉蜉科（Oligoneuriidae）

个体较大，身体扁平；下颚须和下唇须2节，下颚基部有1簇丝状鳃；前足腿节和胫节内侧具长而密的细毛。鳃7对，单片状，第1对鳃常位于身体腹面，其余各对鳃位于腹部背侧面。3根尾丝。

（1）小寡脉蜉属（*Oligoneuriella*）

形态特征：稚虫前跗节发育正常，具爪。中尾丝发育正常，至少为尾丝长的一半。头前部唇基不突出，头基本呈圆形。鳃基本呈圆形，长度明显小于它们着生的体节。触角间无隆起的脊。

生境：可能贴生于石块表面，滤食性。

采集地：松花江流域。

小寡脉蜉（*Oligoneuriella* sp.）

12. 褶缘蜉科（Palingeniidae）

额明显向前突出，前缘大多呈锯齿状；触角基部突出；上颚明显向前突出呈向上弯曲的上颚牙，侧缘具明显的锯齿状脊；下颚须与下唇须2节，端节明显呈圆形；胸足为开掘足，前足腿节与胫节明显粗大，端部突出。鳃7对，第1对鳃小，单片膜质，第2～7对鳃成对，缘部呈缨毛状；第3～7对腹部背板的侧后角明显突出呈叶状，向背部扩展。3根尾丝。

（1）禽基蜉属（*Anagenesia*）

形态特征：稚虫前足胫节光滑，上颚侧缘具齿，但与尖端比非常小；头部前侧角具1很小的刺状突出，额突前缘锯齿状，两侧的齿比中间的齿略大。

生境：穴居。

采集地：松花江流域。

13. 鲎蜉科（Prosopistomatidae）

稚虫中胸背板极度延展成胸甲，向前与前胸合并，并向下延伸；向后达到第7腹节的背方。第7腹板向背上方隆起，与中胸背板紧密贴合；在体侧，中胸背板向下方延伸，与腹板紧密结合。因此，中胸背板与身体之间形成1个较大的空腔，翅芽及腹部的6对鳃就包在腔中。头部前缘突出，紧缩时后缘与胸甲相吻合；腹部第7～10节及尾丝也可以伸缩，故其身体紧缩时就呈半球形。上颚的磨齿区消失，左、右上颚对称。下唇较小，与极度扩大的亚颏前缘凹陷相吻合。

本科稚虫生活在石块底质的急流中。

本科采集地为太湖流域。

禽基蜉（*Anagenesia* sp.）

14. 河花蜉科（Potamanthidae）

个体较大，身体扁平，体表常具鲜艳的斑纹，除足外，身体其他部分的背面少毛；上颚一般突出呈非常明显至很小的颚牙状；下颚须及下唇须3节；前胸背板向侧面略突出，前足各部分一般细长，具长而密的毛。鳃7对，第1对丝状，2节；第2～7对鳃分为二叉状，鳃端部呈缨毛状，位于体侧。3根尾丝，侧面具长细毛。

（1）河花蜉属（*Potamanthus*）

形态特征：稚虫上颚牙很小，突出于头部前缘不明显；前足胫节相对较短，只有跗节长度的0.95～2.20倍；前足各部分具稀疏的细毛。

采自松花江流域

河花蜉（*Potamanthus* sp.）

引自《辽河流域底栖动物监测图鉴》

采自辽河流域

黄河花蜉（*Potamanthus luteus*）

生境：稚虫生活在清洁河流水体的软底质中。
采集地：松花江流域、辽河流域。

1）黄河花蜉（*Potamanthus luteus*）

形态特征：稚虫体长10～13mm，黄绿色。身体扁平，前胸背面具不规则斑纹。上颚突小，突出头部前缘不明显。各足腿节较宽，上具2条褐色横带，胫节中部具1暗色纵带。腹部第5～9节背板后缘具两列明显的三角形白斑。腹部侧面具7对鳃，第1对丝状，2节；第2～7对两叉状，端部呈缨毛状。尾丝3根，侧面具长细毛。

（2）红纹蜉属（*Rhoenanthus*）

形态特征：稚虫上颚牙明显突出头部之外，前足的胫跗节内缘和背方密生细毛，胫节长度一般为跗节长度的2倍以上。

生境：稚虫穴居在泥沙底质的流动水体中。出现水域的水质较为清洁。
采集地：辽河流域。

引自《辽河流域底栖动物监测图鉴》

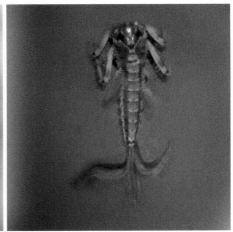

头胸部　　　　　　　　　　　　腹部背板

红纹蜉（*Rhoenanthus* sp.）

15. 多脉蜉科（Polymitarcyidae）

稚虫个体较大，除触角和尾丝外，体长一般在15mm以上。身体圆柱形；上颚突出呈牙状，向下弯曲，表面具2排刺突；下颚须和下唇须2节；下唇须位于中唇舌和侧唇舌的下方；足为开掘足；前足较粗；身体表面和足上密生细毛.鳃7对，背侧位，第1对鳃较小，后6对鳃分背、腹两枚，每枚又呈二叉状，鳃端部呈缨毛状。3根尾丝，密生细毛。

本科物种穴居于泥质的水体底质中。种群的羽化时间较统一。

（1）埃蜉属（*Ephoron*）

形态特征：稚虫复眼黑色，额突出；上颚牙向下弯曲，具2排齿；前足的跗节和胫节明显分离，各足密生细毛。

采集地：松花江流域、辽河流域。

1）稀氏埃蜉（*Ephoron shigae*）

形态特征：稚虫体长12～24mm，尾丝长6～15mm。复眼黑色，额突三角形。侧面观上颚牙向下弯曲，端部直或向上翘起，具17～29枚齿。基部背面具短而密的细毛，侧面具长细毛。下颚须和下唇须都为2节。胸部乳白色，具黑色斑纹。前足腿节粗壮，具几排纵向排列的长毛，基部具1列齿。胫节扁平，腹面和背面远体侧具两排齿。中足小。腹部背板具黑色斑纹，腹板色淡。鳃7对，第1对鳃单片，其余鳃分叉，缘部缨毛状。尾丝3根，密生细毛。

采自松花江流域

埃蜉（*Ephoron* sp.）

引自《辽河流域底栖动物监测图鉴》

采自辽河流域

稀氏埃蜉（*Ephoron shigae*）

16. 短丝蜉科（Siphlonuridae）

身体流线型，背腹厚度大于身体宽度；运动似小鱼；触角长度不及头宽的两倍；身体体表光滑；各腹节的侧后角尖锐；鳃7对，单片或双片状，位于第1～7腹节背侧面，可动；鳃前缘骨化；3根尾丝，较短，有长而密的细毛，桨状。

（1）短丝蜉属（*Siphlonurus*）

引自《辽河流域底栖动物监测图鉴》

采自辽河流域

湖生短丝蜉（*Siphlonurus lacustris*）

形态特征：稚虫体长9.0～20.0mm；爪一般较长；腹部第1～2对鳃两片，有时7对鳃都为两片；鳃一般较大，密布气管。

生境：稚虫栖息在较清洁的小河、湖泊、池塘、水潭和流水的近岸区。

采集地：松花江流域、太湖流域、辽河流域。

1）湖生短丝蜉（*Siphlonurus lacustris*）

形态特征：稚虫体长约20mm。身体流线型，背腹宽度大于身体宽度。下颚须中间节的内缘具4根刚毛。下唇须第3节具粗大刚毛。足细长，腿节、胫节各具1暗色横带。前足跗节具3或4个黑色环带。腹部背板斑纹不明显。鳃7对，第1和第2对鳃分背、腹2叶，第3～7对鳃为单叶（有时7对鳃都呈2叶）。鳃一般较大，密布气管。尾丝3根，中尾丝两侧及侧尾丝内侧密生长毛。

17. 越南蜉科（Vietnamellidae）

第1腹节有1对丝状鳃或无鳃，其余鳃6对，位于腹部第2～7腹节，第2节上的鳃扩大或与其他各节的鳃大小相似，不呈盖状。3根尾丝。

（1）越南蜉属（*Vietnamella*）

形态特征：稚虫头部具2对伸向前方的角突，外侧1对较大；前足内缘呈锯齿状；腹部背板具隆起的棱；鳃位于腹部第1～7节背板两侧，第1对鳃小，丝状，不分节，后面5对鳃分背、腹两部分，背叶膜质，腹叶分成二叉状，每叉又分成许多小叶；第7对鳃较小，分背、腹2叶，背叶单片膜质，腹叶不分成二叉状，只分成2或3小叶；尾丝布满细毛。

采集地：松花江流域。

（二）蜻蜓目（Odonata）

成虫中到大型，细长，体壁较坚硬，头大且活动。复眼发达，3个单眼。触角刚毛状。咀嚼式口器，上颚发达，下颚有齿。前胸小，能活动，中后胸愈合成合胸。足细长，适于攀附，飞行时折于口下，辅助捕食。跗节3节。两翅透明、膜质、狭长，翅前缘近翅顶处有翅痣。腹部细长呈圆筒形，末端具1对短小的尾须。不完全变态。成虫生活在水域附近，善飞翔。肉食性，捕食双翅目等昆虫。在农业上被视为益虫。成虫产卵在水中或水草表面，孵化的幼虫俗称水虿。

稚虫在水底爬行生活，不能游泳。稚虫分头、胸、腹三部分，体色为褐色或稍带绿色。头部口器有罩形下唇，不用时折于头下，适于捕食。胸部3节，前胸小，中后胸愈合。胸节背面有发育不全的翅芽。腹部由11节组成，最后1节不发达。腹部光滑或具背棘和侧棘。常见的蜻蜓隶属束翅亚目（豆娘亚目，Zygoptera）和差翅亚目（蜻蜓亚目，Anisoptera）。稚虫以捕食水中的蜉蝣和摇蚊等小动物为食，也捕食蝌蚪和鱼苗，给水产养殖造成危害，被渔民俗称"鱼老虎"。同时也是成鱼、蛙、蟹类等的天然饵料。

1. 蜓科（Aeshnidae）

本科稚虫体中至大型，身体修长。复眼发达。触角7节，刚毛状。下唇前颏扁平，长条形，无前颏背鬃及下唇须叶鬃；前颏前缘具中裂；动钩发达；足跗节3节。

（1）伟蜓属（Anax）

形态特征：本属稚虫体大型，条状，体色多为绿色或浅褐色。头近五边形，下唇前颏长条形，中裂浅；端钩形态差异大。腹部背面具明显的条纹。

生境：稚虫栖息在湖沼湿地、河流等水生植物丰富的缓流处。

采集地：辽河流域。

1）麻斑伟蜓（Anax panybeus）

形态特征：稚虫体长52～56mm。头宽10mm。头部后侧缘弧形。体表光滑，腹部各节区分明显。下唇侧片端部宽钩状，钩尖端黑色。活动钩端部黑色。腹部第7～9节具侧棘。腹部背面黑色小斑。肛上片端部细。雌性产卵管为第9腹节长的2/3。

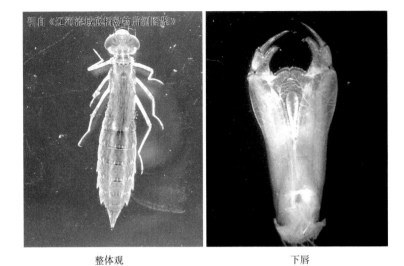

整体观　　　　　　　　　　　　下唇

麻斑伟蜓（*Anax panybeus*）

2）黑纹伟蜓（*Anax nigrofasciatus*）

形态特征：稚虫体长43～50mm。体表暗褐色、黑褐色，有时带绿色。下唇中片基半部长，下唇侧片端部细钩状。腹部各节分节明显，第7～9节具侧棘，第1～8节背面两侧具黑斑，中间具成对的黑斑。肛上片端部细。雌性产卵管位于第9腹节末端。

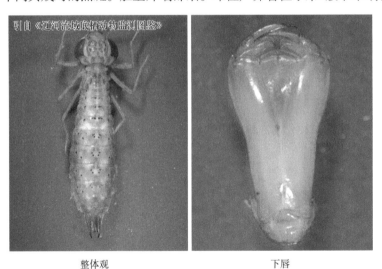

整体观　　　　　　　　　　　　下唇

黑纹伟蜓（*Anax nigrofasciatus*）

（2）翠蜓属（*Anaciaeschna*）

形态特征：前颏基部不达中足基节，下唇须叶顶端平截。
生境：稚虫栖息在山地较清洁河流、湖沼湿地挺水植物丰富的水中。
采集地：辽河流域。

1）碧翠蜓（*Anaciaeschna jaspidea*）

形态特征：稚虫体长36mm。下唇中片前缘弧形。下唇侧片端部平直，活动钩无微毛。腹部各节分节明显，第6～9节具侧棘，第6节侧棘小。肛上片端部细。雌性产卵管位于第9腹节。

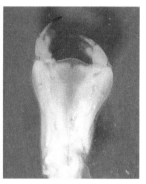

侧面观　　　　　　　　　　　　下唇

碧翠蜓（*Anaciaeschna jaspidea*）

（3）头蜓属（*Cephalaeschna*）

形态特征：稚虫体型中型，体色以褐色为主，有时在腹部背面具大块的白色斑；前颏前缘向前突起，并具1列整齐的短鬃，中裂较浅。突起顶点处具1对棒状突起，端钩矩形，内缘具细缘齿，末端平直，与其上缘几乎呈直角。雌性产卵管发达，超过第10腹节。

采集地：太湖流域。

（4）多棘蜓属（*Polycanthagyna*）

形态特征：稚虫体大型，无明显的色斑，体色通常以单一的黑褐色或浅褐色为主；下唇前颏在基方1/2处以上加阔。前颏前缘仅稍微突起，并具1列整齐的短鬃，中裂的深度比突起的高度稍深；下唇须叶矩形，稍微向内弯曲，端钩甚阔，其前缘平直，内缘具细齿，其末端具1明显的短角状突起，只向内侧；第6～9节具侧刺。肛上板几乎与肛侧板等长，末端呈"W"形凹陷，但凹入较浅；雌性产卵管伸达第10节腹板基方3/4处。

采集地：太湖流域。

2. 大蜓科（Cordulegastridae）

稚虫体中至大型，斑纹丰富。触角7节，刚毛状；前额具方形突起；下唇须叶分化为发达的不规则的齿；翅芽平行或稍有分歧。

（1）圆臀大蜓属（*Anotogaster*）

形态特征：体型极为巨大，雌虫明显大于雄虫，但数量较少。下唇须叶具较发达的齿，齿的形状极不规则，通常是1列大小不一致的利齿。稚虫的体态极为相似，但下唇前颏的构造具有较显著的差异。

生境：生活在山区狭窄小溪的泥沙中。

采集地：辽河流域。

1）巨圆臀大蜓（*Anotogaster sieboldii*）

形态特征：稚虫深褐色，体长40～45mm。体表密生细毛。头部长方形，前缘中部呈弧形。触角7节。罩形下唇中部具"M"形突起。下唇中片刚毛10或11对，内侧的4对毛小。下唇侧片刚毛6根。活动钩短。侧叶外角具9～11个大的锯齿。翅芽八字形。尾毛短。雌虫产卵管在第9节末端。

2）双斑圆臀大蜓（*Anotogaster kuchenbeiseri*）

形态特征：稚虫深褐色，体长40mm。体表密生细毛。头部长方形，额片呈弧形。触角7节。罩形下唇中部具"M"形突起。下唇中片刚毛8或9对，内侧的4根毛小。下唇侧片刚毛4根。活动钩短。侧片内缘具5个锯齿，中间的2个大。翅芽平行生长。腹部第5～8节背板各具6个黑色斑纹，第9节具4个黑色斑纹。各足腿节背面具1条淡黄色纵纹。尾毛长三角形。

巨圆臀大蜓（*Anotogaster sieboldii*）　　双斑圆臀大蜓（*Anotogaster kuchenbeiseri*）

（2）大蜓属（*Cordulegaster*）

形态特征：稚虫与圆臀大蜓属相似，但下唇须叶具较规则的齿，体型稍小于圆臀大蜓属。

　　生境：栖息于海拔较高的山区，喜寒冷。

　　采集地：松花江流域。

3. 伪蜻科（Corduliidae）

　　本科稚虫体似蜘蛛，足甚长，多超出腹部末端；复眼常呈瘤状隆起，下唇面罩式，甚阔，前颏背鬃和下唇须叶鬃较多；下唇须叶内缘呈齿状，通常齿的末端圆弧形；触角刚毛状，7节；腹部椭圆形或圆形，具发达的背钩，侧刺有时发达。

（1）金光伪蜻属（*Somatochlora*）

　　形态特征：前颏中线每侧上的鬃连续排列；第9腹节的侧刺不达肛侧板的中央。

　　生境：稚虫喜流水环境，捕食小型水生动物和小型鱼类。清洁水体中多见。

　　采集地：太湖流域、辽河流域。

1）格氏金光伪蜻（*Somatochlora graeseri*）

　　形态特征：稚虫腹部第4～9节具背棘，第9节的背棘向下弯。第8、第9节具侧棘。下唇中片两侧具14～16对刚毛，内侧的3或4对短小。下唇侧片具侧刚毛10根，前缘具锯齿，活动钩占前缘的1/3长。下唇外表面具多个小黑斑。腹部背面具宽的暗黑色条。

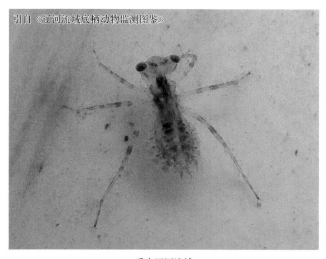

采自辽河流域

格氏金光伪蜻（*Somatochlora graeseri*）

4. 春蜓科（Gomphidae）

　　本科稚虫体态变化较大，小型至大型。头部近三角形；复眼小；触角4节，第3节膨大，第4节微小；下唇前颏近方形，扁平，无前颏背鬃及下唇须叶鬃。

（1）亚春蜓属（*Asiagomphus*）

形态特征：稚虫体型中型，末龄稚虫体长为30～35mm。头较小，三角形，约与前胸背板等宽，但头宽明显小于腹宽。腹部锥形，第9节较长，约为第10节长度的2.5倍，第10节甚短，宽度为长度的2倍。下唇前颏前缘平直，未向前突起，具1列较长的鬃；下唇须叶内缘具细缘齿端钩，动钩的末端分歧的角度较大。触角4节，棒状，第4节短，瘤状。翅芽平行，足挖掘型。

生境：稚虫在山地河流、平原河流缓流处的泥沙底中。栖息地水质中污染偏轻。

采集地：辽河流域。

1）梅拉亚春蜓（*Asiagomphus melaenops*）

形态特征：稚虫体长32～35mm，头宽6～7mm，体表多毛。触角第3节细棒状。下唇中片方形，前缘弧形。下唇侧片端部钩状，内缘具钝突。腹部第6节侧棘明显，第9节侧棘大。腹部背面具褐色颗粒状斑纹。前足、中足胫节端部具突起。

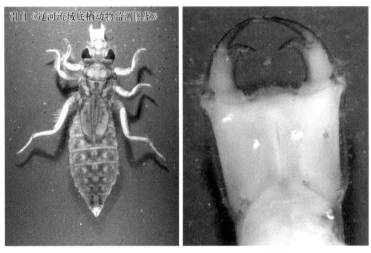

整体观　　　　　　下唇

梅拉亚春蜓（*Asiagomphus melaenops*）

（2）异春蜓属（*Anisogomphus*）

形态特征：体小型至中型，末龄稚虫的体长不超过30mm。头较小，三角形，约与前胸背板等宽，但头宽明显小于腹宽。腹部扁平，背钩不发达，第6～9节具侧刺。下唇前颏前缘未向前突起，具1列较长的鬃；下唇须叶内缘具细缘齿。触角4节，棒状，第4节甚短，瘤状。翅芽平行，足挖掘型，后足甚长。

生境：稚虫喜中、下游河流泥沙底环境，常出现在轻污染水体中。

采集地：松花江流域、辽河流域。

1）马奇异春蜓（*Anisogomphus maacki*）

形态特征：稚虫体长26～29mm。头宽5.8～6.1mm。腹部宽扁，体表具细毛。触角第3节棒状，略向内弯。下唇中片前缘弧形。下唇侧片端部钩状，内缘具10个小锯齿。腹部第9节具背棘。第7～9节具侧棘，前足、中足胫节端部具突起。

采自松花江流域

异春蜓（*Anisogomphus* sp.）

引自《辽河流域底栖动物监测图鉴》

采自辽河流域

马奇异春蜓（*Anisogomphus maacki*）

（3）戴春蜓属（*Davidius*）

形态特征：体型极为小（除双角戴春蜓），身体扁平。头部三角形，复眼后叶后侧缘圆弧形。下唇宽阔而光滑。前颏前缘平直，具1列浓密的短鬃，中央稍突起，下唇须叶内缘具细缘齿，端钩较锋利。触角4节，第3节棒状。翅芽分歧。足挖掘型。

生境：稚虫喜山间溪流泥沙底环境，常出现在清洁水体中。

采集地：辽河流域。

（4）团扇春蜓属（*Ictinogomphus*）

形态特征：后足跗节2节。前颏方形。腹部略呈圆形，侧缘锯齿形。第5～8节侧刺显著。

生境：稚虫在山地、平原河流、湖沼等挺水植物、浮叶植物茂盛的水体中栖息。栖息地水质轻污染。

采集地：辽河流域。

1）小团扇春蜓（*Ictinogomphus rapax*）

形态特征：稚虫体长26mm。触角第3节棒状。下唇中片扁宽，前缘圆弧形。腹部宽卵形，第1～9节具背棘，第6～9节背棘明显大。第7节、第9节的侧棘大。腹部背板两侧各节具深褐色点纹。

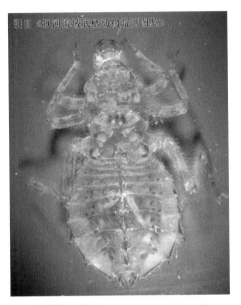

戴春蜓（*Davidius* sp.）　　　　小团扇春蜓（*Ictinogomphus rapax*）

（5）环尾春蜓属（*Lamelligomphus*）

形态特征：稚虫体中型，体长在30mm左右。复眼后叶圆弧形。额中央具1矩形突起，突起两侧下方具1小半圆形突起。触角基方侧缘各具1圆形突起，突起的侧下方具1列刚毛状长鬃；下唇宽阔而光滑，前颏前缘向前呈半圆形隆起并具细缘齿和浓密的长鬃，下唇须叶内缘具不发达的细缘齿，端钩发达，动钩锋利。触角4节，第3节长，近似椭圆形或卵圆形，表面被甚小的瘤状突起覆盖；第4节短小，瘤状。翅芽分歧。足挖掘型。腹部椭圆形，表面被甚小的瘤状突起覆盖；第2～9节具背钩，第6～9节具侧刺。

采集地：太湖流域。

（6）硕春蜓属（*Megalogomphus*）

形态特征：稚虫体型巨大，头部略呈方形。下唇宽阔而光滑；前颏前缘平直并具1列黑色鬃；下唇须叶内缘具细缘齿，较大且锋利；端钩发达，稍向内弯曲，末端锋利；动钩锋利。触角4节，具浓密的刚毛状长鬃；第3节薄片状，椭圆形；第4节短小，瘤状。翅芽分歧显著，呈"人"字形。足挖掘型。腹部椭圆形；第1～9节具背钩，第7～9节具侧刺。

采集地：松花江流域、太湖流域。

（7）日春蜓属（*Nihonogomphus*）

形态特征：稚虫体中型，体长30mm左右。复眼后叶圆弧形。触角基方侧缘各具1圆形突起，不显著，突起的侧下方具1列刚毛状长鬃。下唇宽阔而光滑。前颏前缘向前呈半圆形隆起并具细小的细缘齿和浓密的长鬃；下唇须叶内缘具深细的细缘齿，端钩发达，稍弯曲；动钩锋利。触角4节，第3节细长，棒状，表面被甚小的瘤状突起覆盖；第4节短小，瘤状。翅芽分歧，伸达第3腹节后缘。足挖掘型。腹部椭圆形，表面被甚小的瘤状突起覆盖；第2～9节具背钩。

采集地：松花江流域。

（8）蛇纹春蜓属（*Ophiogomphus*）

形态特征：体中型，体色以黄色为主。复眼后叶圆弧形；额中央具1半圆形的突起，突起两侧下方具1列刚毛状长鬃，下唇宽阔而光滑。前颏前缘向前呈半圆形隆起并具细缘齿和浓密的长鬃，下唇须叶内缘具细缘齿，端钩发达，但末端圆弧形，稍弯曲。触角4节，第3节长，近似椭圆形，表面被甚小的瘤状突起覆盖；第4节短小，瘤状。翅芽分歧。足挖掘型。腹部椭圆形，表面被甚小的瘤状突起覆盖，背钩基部显著；第7～9节具侧刺。

采集地：松花江流域。

（9）东方春蜓属（*Orientogomphus*）

形态特征：稚虫体中型，头较阔，几乎与腹部等宽。前颏较长，前缘具甚小的细缘齿，向前呈圆弧形隆起；下唇须叶内缘无明显的细缘齿，端钩较宽阔，末端圆弧形；动钩锋利。触角4节，边缘具浓密的长鬃；第3节长，棒状；第4节短小，半圆形。翅芽分歧。足挖掘型；第2～9节中央具背钩；第7～9节具极不发达的侧刺。

采集地：松花江流域。

（10）钩尾春蜓属（*Onychogomphus*）

1）绿钩尾春蜓（*Onychogomphus viridicostus*）

形态特征：稚虫体长28mm。触角第3节宽。下唇扁平，下唇中片前缘圆弧形，上具缘毛。腹部第2～9节具圆丘状背棘，第9节明显。第7节、第9节具侧棘。翅芽"八"字形排列。下腹部背板两侧具深褐色斑纹。

生境：稚虫在山地、平原河流的砂砾型底质中栖息。栖息地水质中污染偏轻。

采集地：辽河流域。

东方春蜓（*Orientogomphus* sp.）　　绿钩尾春蜓（*Onychogomphus viridicostus*）

（11）扩腹春蜓属（*Stylurus*）

形态特征：稚虫复眼后叶圆弧形。下唇宽阔而光滑；前颏前缘未向前突起，较平直，具细缘齿和浓密的鬃；下唇须叶内缘具细缘齿，端钩发达，钩状，弯曲显著，动钩锋利。触角4节，边缘具浓密的长鬃，第3节长棒状；第4节短小，半圆形。翅芽平行。足挖掘型。腹部锥形，细长。

生境：稚虫在河流泥沙底的底质中栖息。

采集地：辽河流域。

1）纳戈扩腹春蜓（*Stylurus nagoyanus*）

形态特征：稚虫体长34mm。头宽6mm。触角第3节棒状，中部宽。下唇长方形，长宽比1∶1.4。下唇侧片弯钩状，内缘具小钝突。腹部第9节长宽比约1∶1.5，第10节长宽约相等。腹部背面具褐色颗粒状斑纹。腹部第9节具背棘，第6～9节具侧棘。

（12）施春蜓属（*Sieboldius*）

形态特征：本属稚虫休态特殊，形似枯叶片，腹部极为扁平。体大型，体色红棕色，腹部薄片状。头较小，额在两复眼基部有1伸向体前的突起，突起两侧各具1甚小的刺状突起；复眼后叶后侧缘具1耳状突起；下唇扁平，光滑；前颏前缘向前突起，呈半圆形，具浓密的刚毛状鬃和细缘齿；下唇须叶内缘具不甚清晰的细缘齿；端钩末端圆弧形，动钩锋利。触角4节，第3节片状，扇形，将面部遮盖；第4节甚小，为1小瘤状突起。翅芽平行。足无明显斑点，后足甚长。腹部薄片状，椭圆形或梯形，第2～9节具侧刺，背钩不发达，被翅芽遮盖；第10节短小。

　　生境：稚虫喜丘陵、低山地河流砂砾底环境，常出现在清洁水体中。

　　采集地：松花江流域、辽河流域。

纳戈扩腹春蜓（*Stylurus nagoyanus*）

采自辽河流域

艾氏施春蜓（*Sieboldius albardae*）

1）艾氏施春蜓（*Sieboldius albardae*）

　　形态特征：稚虫体长31～35mm。头宽8～9mm。腹部扁平，第3～6节具背棘。第2～8节具侧棘。触角3节，末节宽匙状。下唇短，下唇中片前缘具细毛。后足跗节分3节。

5. 蜻科（Libellulidae）

　　本科稚虫体小而扁平。头近五边形。前额微弱突出。复眼向前侧方突出。下唇前额前缘突出呈三角形。下唇须叶近三角形，前缘锯齿状。胫节端部具突起。腹部扁平，纺锤形。第8～9腹节常具侧刺。肛锥短小。

（1）多纹蜻属（*Deielia*）

　　形态特征：体小型且扁平，黄色，具浅褐色或茶褐色斑纹。下唇前额前缘稍向前突出。

　　生境：稚虫栖息于河流流速缓慢，水生植物繁茂的浅水水域。5～6月羽化。轻污染水体中多见。

　　采集地：辽河流域。

1）异色多纹蜻（*Deielia phaon*）

　　形态特征：稚虫扁平，体长21～23mm。复眼左右突出。腿节具2个深褐色环带。下唇中片具8对刚毛，内侧的2对短小，前缘有小棘列生。下唇侧片刚毛4根，前缘具9个显著的齿。腹部扁平，第4～9节具背棘，第6～9节的背棘钩状。第8节、第9节的侧棘小。肛上板棱状。

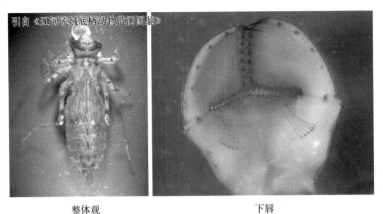

整体观   下唇

异色多纹蜻（*Deielia phaon*）

（2）宽腹蜻属（*Lyriothemis*）

形态特征：体小型，浅黄色，具茶褐色斑纹。后头中央具1条斑纹；复眼向侧缘突出呈球形；前颏前缘向前突出，中央突出明显。

生境：稚虫栖息于水底有机质沉淀较多的池塘中。常出现在轻污染水体中。

采集地：辽河流域。

1）华丽宽腹蜻（*Lyriothemis elegantissima*）

形态特征：稚虫体长16～18mm。头宽5.5mm。腹部第5～9节具背棘，背棘呈钩状向后方突出。第8节、第9节具侧棘。下唇中片刚毛10或11根，内侧的2或3对短小。下唇侧片侧刚毛9根。

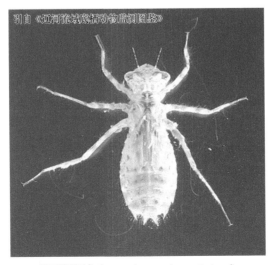

华丽宽腹蜻（*Lyriothemis elegantissima*）

（3）灰蜻属（*Orthetrum*）

形态特征： 本属稚虫体小型，浅黄色或黄褐色。体细长，近矩形。体表密生刚毛。后头侧缘、前胸背板及翅芽无毛区域明显。头近矩形，前额向前突出。复眼向侧缘突出呈半圆形。前颏前缘向前突出呈三角状，中央强烈突出；前颏背鬃前缘具微小刺状刚毛丛。下唇须叶前缘近平直，具微弱锯齿；动钩短而细长。前胸背板前缘具明显的横向的棱，侧缘加厚，第8～9节侧刺短小，末端尖锐。肛锥尖锐。

生境： 稚虫栖息在池塘、湖泊、水库及河流的底泥中，捕食小型水生动物。中污染水体中多见。

采集地： 辽河流域。

1）白尾灰蜻（*Orthetrum albistylum*）

形态特征： 稚虫体长19～25mm。头宽5～6mm。复眼小，头长方形，体表具细毛。下唇中片外侧具3根长刚毛，内侧具12或13根短刚毛。下唇侧片具侧刚毛5根，前缘具波浪形的9个齿。腹部圆筒形，第2～7节背面具长毛丛，第8节、第9节的侧棘小。足较短。

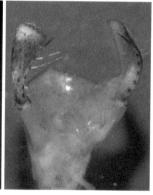

整体观　　　　　　　　　　　　　下唇

白尾灰蜻（*Orthetrum albistylum*）

（4）黄蜻属（*Pantala*）

形态特征： 本属稚虫体小型，黄褐色。复眼突出。下唇须叶前缘呈锯齿状，凹陷甚深；动钩粗短而发达。侧刺发达；第8腹节侧刺短小，伸达第9腹节后缘；第9腹节侧刺伸达尾毛末端。肛上板与肛侧板等长。

生境： 稚虫以水中的浮游生物及水生昆虫为食。轻污染水体中多见。

采集地： 辽河流域。

1）黄蜻（*Pantala flavescens*）

形态特征： 稚虫体长22mm，体表光滑，淡黄褐色，翅芽腹背等处具黑色小斑。下唇中片前缘无小棘，上具16或17根刚毛，内侧的刚毛小。下唇侧片大，前缘具明显的10

黄蜻（*Pantala flavescens*）

个大齿，侧片刚毛12～15根。腹部无背棘。第8节、第9节的侧棘大。

（5）赤蜻属（*Sympetrum*）

形态特征：体小型，浅褐色。触角7节，细长，丝状。下唇前颏基半部狭窄，端半部加宽；前颏前缘向前突出呈三角形。

生境：稚虫在低山地、河流湿地水生植物繁茂的水环境中栖息。中污染偏轻的水体中多见。

采集地：松花江流域、辽河流域。

1）小黄赤蜻（*Sympetrum kunckeli*）

形态特征：稚虫体长14mm。腹部第4～8节具背棘，第8～9节具侧棘。下唇中片端半部具褐色小斑，下唇中片刚毛13或14对（少见12对）。下唇侧片刚毛11或12根（多数9根），侧片前缘具褐色小斑。

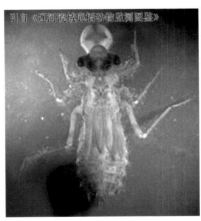
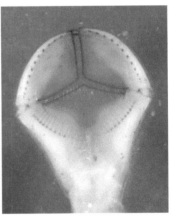

整体观　　　　　　　　　下唇

采自辽河流域

小黄赤蜻（*Sympetrum kunckeli*）

2）秋赤蜻（*Sympetrum frequens*）

形态特征：稚虫体长18mm。头褐色。腹部背面绿褐色，腹部第4～8节具背棘，第8节的侧棘短，第9节的侧棘与尾节等长。下唇中片刚毛13或14对（少见12对）。下唇侧片刚毛11～13根，端部具褐色小斑。足腿节具深褐色斑纹。

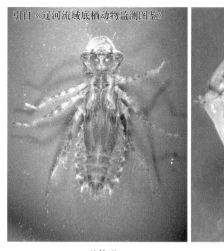

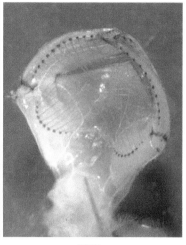

整体观　　　　　　　　　　　　下唇

采自辽河流域

秋赤蜻（*Sympetrum frequens*）

6. 大伪蜻科（Macromiidae）

本科稚虫体扁平。后头侧缘后方具1角状突起。复眼小，向前侧方突出。足细，跗节式为3·3·3。腹部平坦，卵圆形至椭圆形。

（1）丽大伪蜻属（*Epophthalmia*）

形态特征：本属稚虫体浅褐色至黄褐色。体表具散乱分布的细刚毛，头近矩形，复眼向前侧方突出呈球状。后头侧缘后方具1角状突起。下唇前颏近三角形；前颏前缘向前突出呈双圆弧状。下唇须叶分化为发达的弯钩状齿。翅芽伸达至第5～6腹节。腹部平坦，卵圆形至椭圆形。第3～9腹节具背钩，第8～9腹节具侧刺。

生境：稚虫喜欢生活在水草密集的地方，河流及水库的沿岸带较常见。成蜻是捕食蚊、蝇类的有益昆虫。稚虫肉食性，也是鱼类等大型脊椎动物的天然饵料。清洁水体中多见。

采集地：太湖流域、辽河流域。

1）闪蓝丽大蜻（*Epophthalmia elegans*）

形态特征：稚虫黄褐色，扁平，虫体散在深褐色小斑。体长35～40mm，头宽8mm。头短宽，复眼突出。后头角显著突出。下唇中片无刚毛，前缘具1对圆形突起。下唇侧片特化，前缘具6个巨大的齿。活动钩小，无侧刚毛。腹部椭圆形，第6节最宽。腹部第3～9节的背棘发达。第8节、第9节具侧棘。

采自辽河流域

闪蓝丽大蜻（*Epophthalmia elegans*）

7. 色蟌科（Calopterygidae）

本科稚虫前额突出，头部呈近五边形。复眼小，后头小。触角第1节三角柱状。下唇前颏基半部狭窄，端半部宽阔；前颏前缘向前强烈突出呈三角形；中央缺刻近菱形，伸达近前颏前缘2/5处，缺刻内缘具1或2根刺状刚毛。下唇须叶基部近动钩基部具2或3根刺状刚毛；须叶端部分化为3个尖锐的齿；动钩细长，尖锐。前胸背板具1或2对瘤状突起。

（1）色蟌属（*Calopteryx*）

形态特征：稚虫体细长，尾鳃细长，侧鳃似剑形。

生境：成蟌多生活于池沼河流附近，飞翔力不强。常在河边或草丛上方像蝴蝶一样缓慢飞翔。以捕捉小昆虫为食。稚虫栖息在水草丰盛的流水中，5～6月羽化。较清洁的水体中多见。

采集地：松花江流域、辽河流域。

1）黑色蟌（*Calopteryx atratum*）

形态特征：稚虫体长23mm。侧尾鳃17mm。体色淡褐带淡绿色。头部稍扁，触角第1节短于头宽。下唇中片中间菱形缺口内侧具2对小刚毛。下唇侧片活动钩基部具2根小刚毛。翅芽窄，前缘与后缘平行。腹部圆筒形，侧尾片与腹部等长。中尾片是侧尾片的3/4。

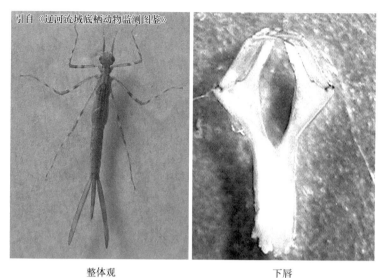

整体观　　　　　　　　下唇

采自辽河流域

黑色蟌（*Calopteryx atratum*）

2）条纹色蟌（*Calopteryx virgo*）

形态特征：稚虫体长可达31mm。侧尾片16mm。头部稍扁，触角第1节稍短于头宽，下唇中片中间的菱形缺口长达中片的1/2。下唇中片中间菱形缺口内侧具1对刚毛。下唇侧片活动钩基部具1根小刚毛。翅芽较宽。腹部圆筒形。尾片端半部具2个淡色斑纹。

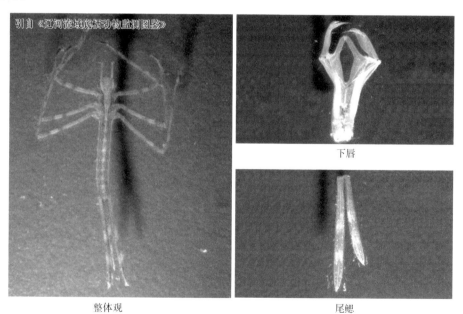

下唇

整体观　　　　　　　　尾鳃

采自辽河流域

条纹色蟌（*Calopteryx virgo*）

（2）绿色螅属（*Mnais*）

形态特征：体较短，尾鳃较短，侧鳃呈卵形，边缘具锯齿列。
生境：稚虫在山地、平原水生植物繁茂的流水中栖息。较清洁的水体中多见。
采集地：辽河流域。

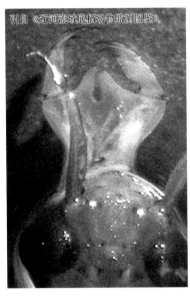

头、触角及下唇

柳条绿色螅（*Mnais strigata*）

1）柳条绿色螅（*Mnais strigata*）

形态特征：稚虫体长19～21mm。下唇中片具1根刚毛，下唇侧片刚毛1或2根。下唇侧片齿显著。尾片短，侧尾片长5～7mm，中间具棱脊，周缘光滑，末端具1钝突。

（3）艳色螅属（*Neurobasis*）

形态特征：体细长，头部比胸部和腹部宽，腹末有3个后伸的叶片状鳃，中尾片为侧尾片长的3/4，且端部甚膨胀。触角第1节很长，长于其余各节长度之和，下唇中叶有深的菱形缺口。
生境：常栖息于流水水域植物间，一般耐污。
采集地：松花江流域。

整体观

下唇

尾鳃

头部

艳色螅（*Neurobasis* sp.）

8. 螅科（Coenagrionidae）

　　本科稚虫通常体小型，短。头部大而扁平。后头小，侧缘具微刺状刚毛。复眼小，向侧缘突出。前缘向前突出呈三角形，锯齿状；前颏背鬃1根。下唇须叶端部分为2叶，外叶末端平截，具微弱锯齿，内叶端部钩状；下唇须叶鬃7/7；动钩粗壮。各腹节侧缘及后缘具刺状刚毛。尾鳃短，叶片状，基半部宽厚，端半部膜质；中央分节；气管分支多。

（1）狭翅螅属（*Aciagrion*）

形态特征：体黄褐色至浅褐色，腹部具不明显的褐色条纹。头部小而扁平。触角7节，基部呈瘤状突出，前颏前缘向前突出呈三角形。
生境：稚虫在山地湖沼、河流等水体中栖息。中污染偏轻的水体中多见。
采集地：辽河流域。

1）赭狭翅螅（*Aciagrion hisopa*）

形态特征：稚虫体长12mm。下唇中片刚毛3对。下唇侧片刚毛4或5根，内钩具3个间距宽的小齿。尾片气管鳃树枝状，分枝较多。侧尾片长5～5.5mm。

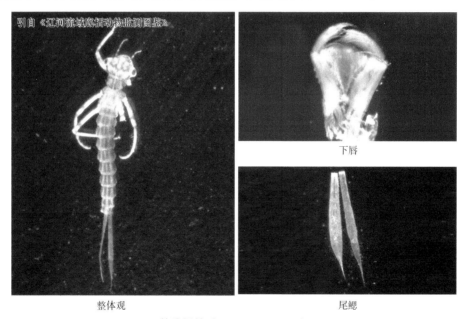

引自《辽河流域底栖动物监测图鉴》

整体观　　　　　下唇　　　　　尾鳃

赭狭翅螅（*Aciagrion hisopa*）

（2）尾螅属（*Paracercion*）

形态特征：稚虫体小型，黄褐色至灰褐色。后头后缘中央向内凹陷，侧后缘密布刺状刚毛。复眼半圆形，微凸，向斜后方。触角7节。前颏前缘向前伸出呈钝角三角形，端部密布细缘齿。下唇须叶分化为2叶，内叶端部钩状，外叶端部几乎平截，锯齿状；动钩锋利。第1～8腹节具侧棱。腹节具侧刺。尾鳃片状，气管发达；中央分节不明显；端半部具黑斑。

生境：稚虫栖息在河流、湖泊、池塘等水生植物较多的水中。轻污染水体中多见。

采集地：辽河流域、太湖流域。

1）六纹尾螅（*Paracercion sexlineatum*）

形态特征：稚虫体长14～16mm。头部前缘中央有褐色斑，单眼明显。下唇中片具4对刚毛，下唇侧片具5根刚毛。腹部第2～9节具侧棘，第9节侧棘小。腹部第7节侧缘具纵长的褐色小斑，外缘具同样的淡色小斑。尾片周围的气管鳃明显。

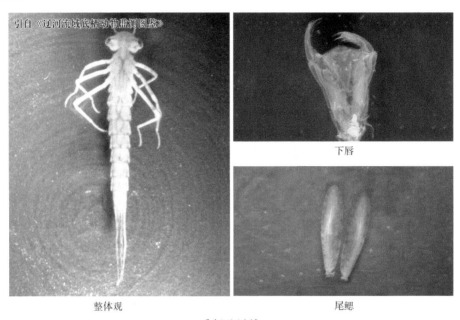

引自《辽河流域底栖动物监测图鉴》

整体观　　　　　　　下唇

　　　　　　　　　尾鳃

采自辽河流域

六纹尾螅（*Paracercion sexlineatum*）

2）七条尾螅（*Paracercion plagiosum*）

形态特征：稚虫体长21mm，侧尾片长7.5mm。端半部具3个较淡的褐色斑。下唇中片具刚毛4对。下唇侧片具侧刚毛6根。腹部第1～9节具侧棘，第9节的侧棘痕迹状。

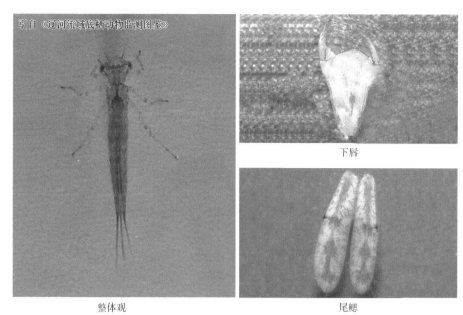

整体观

下唇

尾鳃

采自辽河流域

七条尾螅（*Paracercion plagiosum*）

3）隼尾螅（***Paracercion hieroglyphicum***）

　　形态特征：稚虫体长13～15mm。头后缘中央复眼内缘有浓褐色斑，单眼明显。下唇中片具刚毛4或5对。下唇侧片刚毛5根。腹部第2～9节具侧棘，第9节的侧棘痕迹状。腹部第7节侧缘具不规则褐色小斑，下方斑纹具小刺。侧尾片长5～6mm。尾片周边气管鳃小。

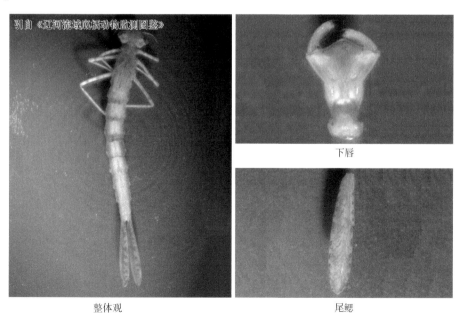

整体观

下唇

尾鳃

采自辽河流域

隼尾螅（*Paracercion hieroglyphicum*）

4）蓝纹尾螅（*Paracercion calamorum*）

形态特征：稚虫体长14～16mm。头部中央后角具褐色斑纹。侧尾片长4～6mm。端半部具3个相连的褐色斑。下唇中片具刚毛4对。下唇侧片具侧刚毛5根。腹部第2～9节具侧棘，第9节痕迹状。腹部第7节侧缘的斑纹暗褐色，长方形。足腿节具深褐色斑纹。

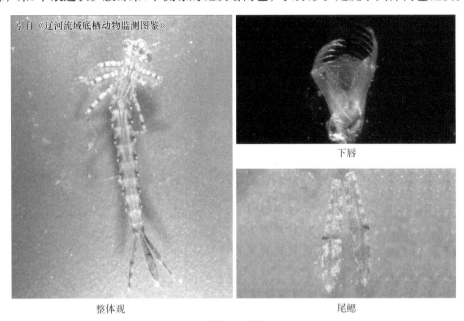

引自《辽河流域底栖动物监测图鉴》

下唇

整体观

尾鳃

采自辽河流域

蓝纹尾螅（*Paracercion calamorum*）

（3）绿螅属（*Enallagma*）

生境：稚虫在山地湖泊、池塘等水体中栖息。轻污染水体中多见。
采集地：辽河流域。

1）翠纹绿螅（*Enallagma deserti*）

形态特征：稚虫体长16mm。体淡褐色，腹背暗褐色。下唇中片刚毛3或4对，内侧的1对短小。下唇侧片刚毛6根，内钩具4个小齿。尾片柳叶状，中部具1或2个横纹，分节的周缘处列生细毛。侧尾片长7mm。气管鳃分枝明显。

（4）异痣螅属（*Ischnura*）

形态特征：稚虫体小型，细长。复眼小，稍向侧缘突出。后头宽大；后缘向内凹陷，两侧具微刺状刚毛。触角7节。下唇前颏自基部向端部逐渐宽阔，端半部侧缘具8根微刺状刚毛。下唇前颏向前突出呈三角形，具细缘齿；前颏背鬃3～5根，最内侧1根通常短小。下唇须叶端部分分为2叶，外叶末端锯齿状，内叶端部钩状；动钩短。翅芽伸达第4腹节后缘。第1～8腹节具侧棱。尾鳃叶片状，末端尖锐。

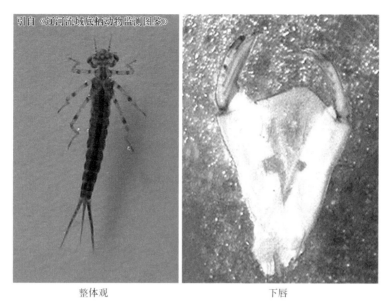

整体观　　　　　　　　　　下唇

翠纹绿蟌（*Enallagma deserti*）

生境：稚虫栖息在山地湖泊、池塘等水生植物丰富的水环境中。轻污染水体中多见。

采集地：辽河流域。

1）东亚异痣蟌（*Ischnura asiatica*）

形态特征：稚虫体长12～15mm。下唇中片刚毛4或5对。下唇侧片刚毛5或6根，多数为5根，内钩具4或5个小齿。尾片柳叶状，中部具1淡褐色横纹。侧尾片长4～7mm。尾片内气管鳃树枝状，分枝少。

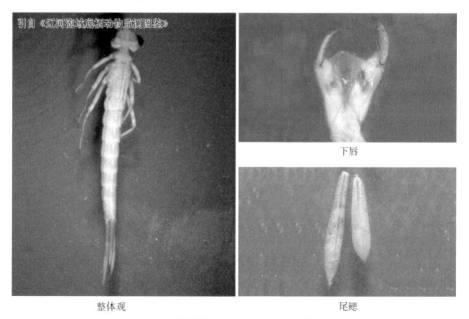

整体观　　　　　　　　　　下唇

尾鳃

东亚异痣蟌（*Ischnura asiatica*）

2）褐斑异痣蟌（*Ischnura senegalensis*）

形态特征：稚虫体长15～18mm。下唇中片刚毛4或5对。下唇侧片刚毛5或6根，多数为6根，内钩具5或6个小齿。尾片气管分支多，中部具淡褐色横纹。侧尾片长6～9mm。

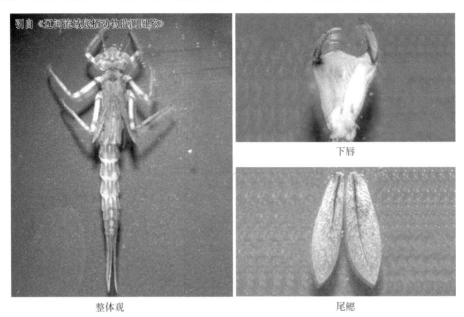

整体观　　　　　　　　　　　下唇

尾鳃

褐斑异痣蟌（*Ischnura senegalensis*）

3）二色异痣蟌（*Ischnura labata*）

形态特征：稚虫体长12mm。下唇中片刚毛3或4对。下唇侧片刚毛4或5根，内钩具小齿。尾片柳叶状，基半部具深褐色斑纹。侧尾片长4～8mm。尾片内气管鳃树枝状，分枝多。

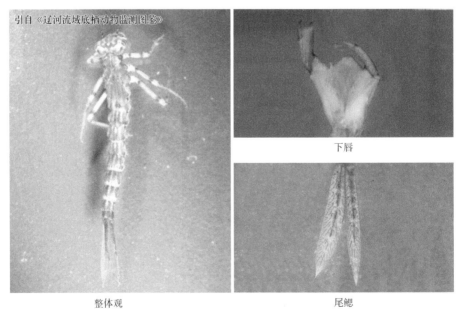

整体观　　　　　　　　　　　尾鳃

二色异痣蟌（*Ischnura labata*）

9. 丝螅科（Lestidae）

本科稚虫头近菱形，横向拉长。后头小。触角7节，第3节最长；下唇前颏细长。

（1）丝螅属（*Lestes*）

形态特征：头部比胸部和腹部宽。触角第1节短，其长度与第2节等长或短于第2节。下唇匙状，下唇中叶不具菱形缺口，正中有浅沟。尾片气管鳃多羽状分支。
生境：常栖息于小型水体中，一般耐污。
采集地：松花江流域、太湖流域。

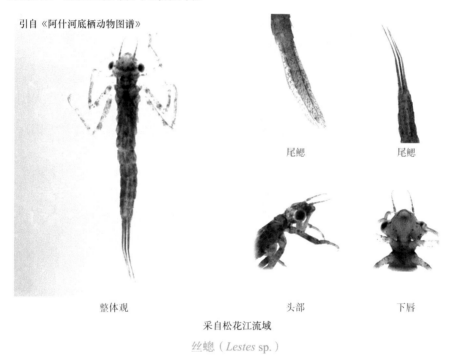

引自《阿什河底栖动物图谱》

尾鳃　　　尾鳃

整体观　　　头部　　　下唇

采自松花江流域

丝螅（*Lestes* sp.）

10. 扇螅科（Platycnemididae）

本科稚虫前颏前缘中央无缺刻，下唇基节上鳃刺毛多对，两侧鳃刺毛呈钝角状。体小型。触角7节。

（1）狭扇螅属（*Copera*）

形态特征：稚虫尾鳃细长，与体长相近，先端呈钮状突起。腹部第7节无侧棘。
生境：稚虫在河流、湖沼等腐殖质丰富的水域栖息。栖息地水质中度污染。
采集地：辽河流域。

1）黑狭扇螅（*Copera tokyoensis*）

形态特征：稚虫体长16mm。下唇中片刚毛2对，下唇侧片刚毛3根。足腿节具3个，胫节具1或2个褐色斑。尾片长，具或无云雾状暗色斑，周缘具5或6根长刚毛，端部具长钉状尖突。

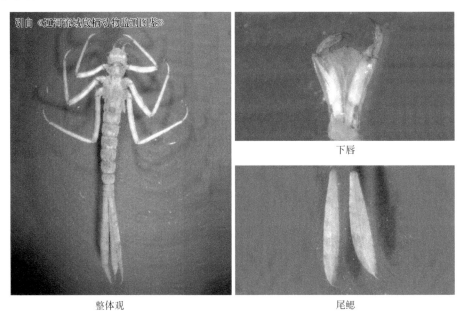

整体观　　　　　　　　　　　　　　　　　　　尾鳃

黑狭扇螅（*Copera tokyoensis*）

（三）襀翅目（Plecoptera）

襀翅目昆虫通称襀或襀翅虫。体中到大型，柔软，略扁平。头宽，触角丝状，由25～100节组成。复眼1对，单眼2或3个。有发育不全的咀嚼式口器。翅膜质，后翅大于前翅，静止时纵叠于腹背上，飞行能力弱。腹部11节。尾丝1对，长丝状且多节。雌成虫缺产卵管，产卵数多达五六千粒。为不完全变态。成虫生活期一个月左右。

稚虫的形状与成虫相似，生活期1～3年，蜕皮23次。稚虫喜欢在含氧充足流水的砾石下或砂粒间生活。肉食性，多以蜉蝣稚虫、摇蚊幼虫等底栖动物为食，也有草食者。为冷水性鱼类的良好天然饵料。大型种类亦常被用作钓饵。

1. 绿襀科（Chloroperlidae）

稚虫尾丝短，不长于腹部长度的3/4。身体颜色单一。老熟稚虫的后翅芽与身体平行。

（1）长绿襀属（*Sweltsa*）

形态特征：稚虫体长约10mm，细长，体黄色。头部单眼3个，头部中央具黑褐色斑纹。小颚须第5节细小，上唇前缘中部具凹陷。触角长约为体长的一半。前胸背板中线两侧缘黄色。足细长，黄褐色，各节外缘密生长毛。腹部各节黄褐色。尾丝短。

生境：稚虫在清洁河流水体的砾石间生活。

采集地：辽河流域。

2. 黑襀科（Capniidae）

稚虫腹部第1～9节的背板和腹板之间有1膜质的褶，使得腹部的横切面呈半圆形；腹部各节逐渐变宽，至第7节、第8节达到最宽。

（1）黑襀属（*Capnia*）

形态特征：稚虫体长7mm，体细长，暗黄褐色。头部单眼3个。触角长为体长的1/2。前胸圆形，中后胸后缘具“U”形纹。腹部细长，背面无明显斑纹。足细长，暗黄色，外缘具褐色微毛，跗节3节。尾丝各节间具短刺。

生境：稚虫在山地清洁河流水体的砾石间栖息。

采集地：辽河流域。

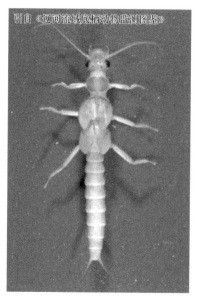

长绿襀（*Sweltsa* sp.）

黑襀（*Capnia* sp.）

3. 卷襀科（Leuctridae）

稚虫腹部背板和腹板之间有1膜质的褶，位于第1～4或1～6或1～7腹节上，使得腹部的横切面呈圆形，腹部各节宽度相等。

（1）长卷襀属（*Perlomyia*）

形态特征：稚虫体长约7mm，细长，体黄色。头部单眼3个，褐色斑纹明显。触角长超过体长的一半以上。前胸背板椭圆形，上具虫蚀纹。胸部腹面，足的基节具鳃。足粗壮，黄褐色，各节外缘密生长毛。腹部各节黄褐色。尾丝长约为体长的一半。

生境：稚虫在清洁河流水体的砾石间生活。

采集地：辽河流域。

4. 叉襀科（Nemouridae）

稚虫身体短，后足伸直后可超过腹部末端；老熟稚虫的后翅芽与身体的中线呈1夹角。

（1）叉襀属（*Nemoura*）

形态特征：稚虫体长约10mm，体灰褐色或暗褐色。触角长，黄褐色。前胸背板长方形，中后胸翅芽呈"八"字形。足细长，黄褐色，各节外缘密生长毛。腹部背面暗褐色，腹面暗黄色。尾丝细长。颈部不具鳃。

生境：稚虫在清洁溪流、急流河水的砾石或水草间生活。

采集地：松花江流域、辽河流域。

长卷襀（*Perlomyia* sp.）

采自辽河流域

叉襀（*Nemoura* sp.）

5. 大襀科（Pteronarcyidae）

稚虫胸部各节具高度分支的鳃，位于各足基部附近。腹部第1～2节上着生有分支状的鳃。

（1）大襀属（*Pteronarcys*）

形态特征：幼虫深褐色，体长30～50mm。在第1、第2、第3胸节，前两个腹节腹面具分枝的气管鳃，前胸背板的1个角都突伸拉长。腹部覆盖着浓密的短鬃毛。腿节和胫节外缘具有浓密的毛。第1和第2跗节短，第3跗节长于第1跗节和第2跗节长度之和。

生境：稚虫在山地溪流清洁水体的砾石间生活。

采集地：松花江流域、辽河流域。

引自《阿什河底栖动物图谱》

整体观　　　　　　　胸部和腹部气管鳃

采自松花江流域

大襀（*Pteronarcys* sp.）

1）萨哈林大襀（*Pteronarcys sachalina*）

形态特征：稚虫体长约39mm。触角约21mm。头、胸、腹部背面巧克力色，腹部腹面、足和触角黄褐色。大颚呈叶片状。前胸腹板、腹部前2～3节腹面具气管鳃。足腿节、胫节外缘具长毛。尾丝长约9mm，节间具小刺。

6. 网襀科（Perlodidae）

稚虫尾丝至少与腹部等长；身体有明显的花纹；老熟稚虫的后翅芽与身体呈1夹角。

引自《辽河流域底栖动物监测图鉴》

采自辽河流域

萨哈林大𧏿（*Pteronarcys sachalina*）

（1）*Diura*

形态特征：中唇舌短于侧唇舌。内颚叶具有2个齿，内颚叶的肩弱，圆形且凸，下面齿的边缘具有小的凹陷。胸节和前几节腹部的两侧缺少分支鳃，中胸腹面"Y"臂分叉的凹陷的后角相会。第1跗节大为缩短，几乎与第2跗节长度相同，比第3跗节短得多。

生境：稚虫喜生活在含氧充足的清流石下或砂砾间。

采集地：松花江流域。

引自《阿什河底栖动物图鉴》

整体观

头和前胸

尾丝

Diura sp.

（2）同𧏿属（*Isoperla*）

形态特征：头部和胸部均无鳃；内颚叶双齿；中胸腹板"Y"形隆脊与腹内突陷的后缘相连；内颚叶的肩部钝圆，不明显；内颚叶上没有齿痕。

生境：稚虫在山地河流清洁水体的砾石下面生活。

采集地：松花江流域、辽河流域。

1）阿萨同襀（*Isoperla asakawae*）

形态特征：稚虫体长约15mm。体黄色。头部单眼3个，周围形成1大的黑斑。触角为体长的1/2。前胸背板具三角形斑纹，中后胸背面具黑色横带。腹部黑褐色，各腹节中间具黄色斑纹。足黄色，外缘密生细毛。尾丝不足体长的1/2。

（3）巨襀属（*Megarcys*）

形态特征：稚虫头部下唇基部与胸足基部具1对指状鳃。
生境：稚虫在清洁河流水体的砾石间生活。
采集地：松花江流域、辽河流域。

1）黄褐巨襀（*Megarcys ochracea*）

形态特征：成熟稚虫黑褐色，体长约20mm。头比前胸宽，复眼间具"M"形纹。前胸长方形，后缘圆钝。足较长，淡黄褐色，胫节外缘具长毛。腹部中央具淡色斑纹。尾丝黄褐色，长约10mm。

采自辽河流域

阿萨同襀（*Isoperla asakawae*）

采自辽河流域

黄褐巨襀（*Megarcys ochracea*）

（4）斯卡拉网襀属（*Skwala*）

形态特征：中唇舌短于侧唇舌，下颚须的最后1节比倒数第2节略窄，内额叶具有2个齿，大额外瓣具明显的锯齿。胸背具有对比图案，沿着胸部的蜕裂线，身体覆盖着金色的长毛，胸节和前几节腹部的两侧缺少分支鳃，中胸腹面"Y"臂分叉的凹陷的前角相会。第1跗节大为缩短，几乎与第2跗节长度相同，比第3跗节短得多。翅与身体的纵轴线呈一定角度；第10腹板发达、强壮。尾丝长，等于或大于腹部长。稚虫长约20mm。

　　生境：稚虫喜生活在含氧充足的清流石下或砂砾间，污染能引起它们的死亡。

　　采集地：松花江流域。

引自《阿什河底栖动物图谱》

| 侧面观 | 背面观 | 胸部腹面观 |

斯卡拉网襀（*Skwala* sp.）

（5）阿襀属（*Tadamus*）

　　形态特征：稚虫下唇基部具1对指状鳃，胸足基部无鳃，头部单眼后方与胸足中线具长毛，第10腹节背面无明显斑纹。

　　生境：稚虫在山地河流清洁水体的砾石下面生活。

　　采集地：辽河流域。

引自《辽河流域底栖动物监测图鉴》

1）科恩阿襀（*Tadamus kohnonis*）

　　形态特征：稚虫体长约18mm。体细长，黄褐色。头部单眼3个。触角长为体长的1/2。前胸背板扁圆形，周边赭褐色。中后胸背面具褐色斑纹，翅芽发达，向侧方伸出。腹部细长，各腹节中线两侧具淡色小点纹。足细长，黄赭色，外缘密生细毛。尾丝长为体长的1/2。

7. 襀科（Perlidae）

　　稚虫胸部各节上丛生有高度分支的鳃，位于各足基部附近，但腹部无鳃。

科恩阿襀（*Tadamus kohnonis*）

（1）剑襀属（*Agnetina*）

形态特征：大多数种类幼虫头部和前胸背部具有明暗图案，有时在腹部也有，后脑具有1排刺。前胸背板沿整个圆周长有不同长度的刚毛。在腹节背板长有几根清晰可见的刚毛。胸节腹面鳃发达，肛门鳃有或无。尾丝没有内缘游泳毛。第7腹节腹板后缘具有完整的刚毛排。

生境：稚虫喜生活在含氧充足的清流石下或砂砾间。

采集地：松花江流域。

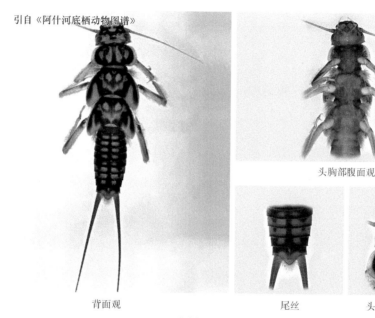

引自《阿什河底栖动物图谱》

背面观 尾丝 头和前胸背面观

头胸部腹面观

剑襀（*Agnetina* sp.）

（2）钩襀属（*Kamimuria*）

形态特征：胸、腹部背中线上的丝状长毛稀疏；腹部各背板中央至少具有1对显著的刚毛。

生境：稚虫在清洁河流水体的砾石间生活。

采集地：松花江流域、辽河流域。

1）管钩襀（*Kamimuria tibialis*）

形态特征：稚虫体长约20mm。体黄褐色。头部单眼3个，褐色斑纹明显。触角长超过体长的一半以上。前胸背板椭圆形，上具虫蚀纹。胸部腹面，足的基节具鳃。足粗壮，黄褐色，各节外缘密生长毛。腹部各节黄褐色。

引自《辽河流域底栖动物监测图鉴》

采自辽河流域

管钩襀（*Kamimuria tibialis*）

尾丝长约为体长的一半。

（3）新襀属（*Neoperla*）

形态特征：后头脊显著，上面无小刺。后胸着生2对鳃；具尾鳃，前胸背板侧缘的刚毛不连续。

生境：稚虫在山地清洁河流、急流的砾石间生活。

采集地：辽河流域。

1）日新襀（*Neoperla niponensis*）

形态特征：稚虫体长约20mm。背腹扁平，黄褐色。头部后缘具单眼2个。触角长超过体长的一半以上。前胸背板长椭圆形。胸部腹面的鳃，前胸1对，中胸2对，后胸3对。足粗壮，扁平，黄色，各节外缘密生长毛。腹部末节具1对肛门鳃。尾丝长约为体长的一半。

日新襀（*Neoperla niponensis*）

（4）铗襀属（*Stavsolus*）

形态特征：稚虫大型，体长约30mm。体褐色。头三角形，单眼3个。触角长超过体长的一半以上。前胸背板扁圆形，上具虫蚀纹。胸部腹面具鳃。足粗壮，扁平，黄褐色，各节外缘密生长毛。腹部扁平，各腹节深褐色。腹部末节具1对肛门鳃。尾丝长约为体长的一半。

生境：稚虫在清洁河流水体的砾石下面生活。

采集地：辽河流域。

（5）纯襀属（*Paragnetina*）

形态特征：部分稚虫腹部第7腹板后缘的小刺不连续，在后缘中央断开。部分稚虫头部中单眼前有1倒三角形淡黄色斑；胸、腹部背中线上的丝状长毛较密；腹部各背板中央无显著的刚毛，若有仅存在于末端数节。

生境：稚虫喜生活在含氧充足的清流石下或砂砾间。

采集地：太湖流域、辽河流域、松花江流域。

A. 采自辽河流域，背面观　　B. 采自松花江流域，背面观　　C. 采自松花江流域，胸部腹面观　　D. 采自松花江流域，尾丝

纯襀（*Paragnetina* sp.）

（四）半翅目（Hemiptera）

半翅目成虫前翅基半部革质，端半部膜质，为半鞘翅，后翅膜质，故命名为半翅目。半翅目昆虫俗称蝽。水生蝽类，腹部腹面的绒毛层既能防止身体受湿，也助于完成水中的呼吸过程。渐变态。水生蝽类成虫，若虫一般生活在池塘、稻田、溪流或海水中。在水面上活动的如水黾，能在水面奔跑而不沉入水中，甚至能逆流而上。生活在水中的田鳖、蝎蝽等多为流线型，身体扁平，适合在水中运动。仰泳蝽和固头蝽体背面隆起如船底，腹面平而向上，适合在水中仰泳。

水生蝽类多为捕食性，食各种小动物、鱼苗和鱼卵，给养殖业带来一定危害，但划蝽科的一些种类繁殖率高，个体数量大，是鱼类的主要食料之一。另外，水生半翅目的种类还捕食大量孑孓和蝇蛆，具有环保和利用价值。成虫产卵于沉水植物的组织中，或以胶质附于其他物体上。卵孵出的若虫和成虫非常相似，生活习性相同。仅有翅芽，称为若虫（nymph）。若虫一般经过5次蜕皮，在第2～3个龄期出现翅芽。发育需要1.5～2个月，成虫在水底越冬。常见的水生半翅目为显角亚目和隐角亚目的种类。

1. 盖蝽科（Aphelocheiridae）

形态特征：外形与潜蝽科相似，背腹扁平，黄褐色到黑褐色。常无光泽。头部常略呈三角形，伸出于眼前，基部嵌入前胸背板前缘的凹陷中。触角相对较细，线形，4节，从背面常可见触角端部。喙赭黄色，相对细长，可伸达后胸腹板。

生境：栖息地水质中污染偏轻。

采集地：松花江流域、辽河流域。

（1）盖蝽属（*Aphelocheirus*）

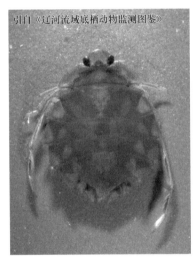

引自《辽河流域底栖动物监测图鉴》

采自辽河流域

那霸盖蝽（*Aphelocheirus nawae*）

形态特征：黄褐色到黑褐色，常无光泽，背腹扁平。头部常略呈三角形，伸出于眼前，基部嵌入前胸背板前缘的凹陷中，触角4节，相对较细而呈线形，从背面常可见触角端部。喙赭黄色，相对细长，可伸达后胸腹板。翅的多型现象普遍，长翅型个体膜片均明显。中胸小盾片明显，多凹凸不平，略具光泽。前足不呈捕捉式，跗节均为3节，爪1对。腹部扁平，腹面中央微纵向隆起。侧接缘后角常伸出并呈小刺状。雄虫生殖节两侧不对称，左右抱器形状不同。雌虫生殖节两侧对称，生殖板多为三角形，两侧各具1束长毛，顶端有时亦被毛。

1）那霸盖蝽（*Aphelocheirus nawae*）

形态特征：体长8～10mm。若虫身体圆扁，俗称锅盖虫。口喙长。前足特化。后足发达，用于游泳。成虫跗节3∶3∶3。若虫跗节2∶2∶1。足3对。雌虫无产卵管。

2. 负子蝽科（Belostomatidae）

形态特征：体卵圆形，常较扁平，黄褐色到棕褐色。体长的变异幅度较大，为9～110mm。头部近三角形，复眼大而突出，黄褐色到黑褐色。触角通常4节，第2节、第3节一侧具1鳃叶状突起，其上常常被有许多绒毛。喙4节，粗壮，较短。前胸背板宽大，常微隆起，缢缩明显。中胸小盾片较大，常具光泽。前翅具不规则网状纹，膜片脉序亦呈网状，有些种类膜片部分退化，无明显翅脉。前足捕捉式，腿节明显膨大。中、后足稍微压扁，具缘毛和许多长短不一的粗刺。各足跗节2或3节，少数种类前跗节为1节，多具2爪。腹部腹面中央纵向隆起，两侧缘被绒毛带。成虫腹部第8腹节背板变形成为1对相互靠近的短叶状结构，称为呼吸带，其内侧具毛，末端接触水面。若虫的后胸后侧片后延，遮盖腹部前数节腹板，具长缘毛，可储存空气以利于呼吸，若虫的9对气门均具有呼吸功能。

生境：中污染水体中多见。

采集地：辽河流域、太湖流域、松花江流域。

（1）负子蝽属（*Diplonychus*）

形态特征：体中型，椭圆形，黄褐色到棕褐色。头部呈三角形，头前缘与复眼外缘近于直线，后缘中央向后凸出。复眼近三角形，两复眼内缘几乎近于平行。触角4节，第2节、第3节具横向的指状突起，被绒毛。喙粗壮。前胸背板梯形，前缘中央略凹入，后缘近于平直。中胸小盾片发达，三角形。前翅伸达腹部末端，膜片甚小，其上翅脉有或退化，革质部分具光泽。前足腿节粗壮，跗节1节。具2小爪。中、后足均密被粗刺和长毛，跗节均为3节，具2爪。腹部腹面中央屋脊状隆起，光滑。具光泽，侧缘有绒毛带分布。雄生殖节末端较尖锐，雌下生殖板末端较钝。呼吸带较短，被许多长毛。

1）锈色负子蝽（*Diplonychus rusticus*）

形态特征：成虫体长16mm，身体长椭圆形，淡黄褐色，前胸背板前叶中纵线长3倍于后叶中总线长。前足为螳螂般镰刀状的捕捉足，跗节1节，具2个较细的爪。后足具毛列，可帮助游泳。

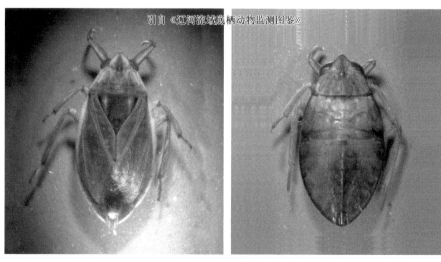

采自辽河流域

锈色负子蝽（*Diplonychus rusticus*）

3. 划蝽科（Corixidae）

形态特征：体多狭长，呈两侧平行的流线型。在较淡的底色上具有典型的斑马式的黑色横走斑纹，很易识别。头部后缘多少覆盖在前胸背板上。前足一般粗短，跗节1节，特化加粗为匙形；后足游泳式。

生境：中污染水体中多见。

采集地：松花江流域、辽河流域、太湖流域。

（1）小划蝽属（*Micronecta*）

形态特征：体小型，体长不足2.0mm。黄褐色，复眼黑色。头短，喙短。小盾片三角形。鞘翅背面有黑色长斑。中足细长，后足扁桨状。

1）斑点小划蝽（*Micronecta guttata*）

形态特征：小型种，体长1.6～2.0mm。黄褐色。复眼黑色。前胸背面不具黑色横纹。头短。喙短。小盾片三角形。鞘翅背面具黑色长斑。前足短，跗节1节，特化加粗为匙形，无爪。中足细长。后足扁桨状，游泳式。

（2）划蝽属（*Sigara*）

形态特征：成虫近长筒形，头短。复眼黑色。喙很短，1或2节。前足短，跗节1节，特化加粗为匙形。中足细长，后足扁桨状。

1）横纹划蝽（*Sigara substriata*）

形态特征：成虫体长6mm，宽2mm。近长筒形。头短，头部后缘多少覆盖在前胸背板上。复眼黑色。喙1或2节，很短。前胸短，小盾片小。前胸背板具5或6条黑色横

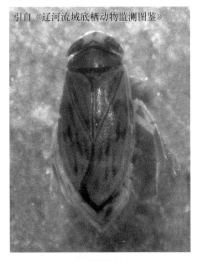

采自辽河流域 采自辽河流域

斑点小划蝽（*Micronecta guttata*） 横纹划蝽（*Sigara substriata*）

纹。前翅密布不规则的黑色刻点和条纹。前足短，跗节1节，特化加粗为匙形。中足细长，后足扁桨状。在水中行动迅速。

4. 黾蝽科（Gerridae）

形态特征：体小型至大型，长形或椭圆形。背面多为暗色而无光泽，无鲜明的花斑。身体腹面覆有1层极为细密的银白色短毛，外观呈银白色丝绒状，具有拒水作用。头平伸，单眼无。触角4节，明显伸出。喙4节，粗壮，直，但不紧贴于头部腹面。前胸背板极为发达，向后延伸，将中胸背板全部遮盖，外观不能看见；在无翅类型中尤其如此。前胸背板前端不具领圈。中胸小盾片不发达。无翅个体中，后胸背板外露，背面观直接位于前胸背板之后。前翅质地均一，多少为鞘质，向端方渐薄，但没有界线明确的膜片。爪片区分不明显，静止时左右二前翅重叠范围大，不形成任何爪片接合缝。短翅、无翅现象甚为常见。中足与后足十分细长，向四周伸开，后足腿节多远伸过腹部末端。前足明显较短。跗节2节，端节的末端裂成2叶，1对爪着生在裂隙的基部。腹部具明显的侧接缘。

　　生境：中污染水体中多见。

　　采集地：太湖流域、辽河流域。

（1）黾蝽属（*Gerris*）

1）水黾蝽（*Gerris paludum*）

　　形态特征：成虫体形细长，黑褐色，长约10mm。头部为三角形，稍长。复眼1对，位于两侧；单眼退化。口喙稍长，分为3节，第2节最长。触角丝状，4节，突出于头的前方。前胸延长，背部黑褐色，前翅革质，无膜质部。腹面灰色。腹部下面被绢样的细毛。黾蝽有3对足。前足捕食，中足用来划行和跳跃，后足用来在水面滑行。

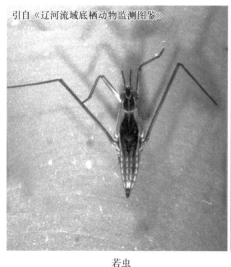
若虫

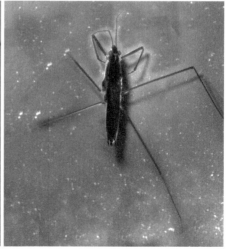
成虫

采自辽河流域

水黾蝽（*Gerris paludum*）

若虫触角第1节和第2节等长。前胸背板中线两侧黑褐色，腹部背面具3个暗色纵条。足3对。

5. 仰蝽科（Notonectidae）

形态特征：整个身体背面纵向隆起，呈船底状。腹部腹面下凹，有1纵中脊。后足很发达，压扁成桨状游泳足，休息时伸向前方。捕食性。始终以背面向下、腹面向上的姿势在水中生活。

生境：中污染偏轻的水体中多见。

采集地：辽河流域、松花江流域。

（1）仰蝽属（Notonecta）

形态特征：爪片接合缝基部无感觉窝。前胸背板前侧缘无肩窝。中足腿节靠近端部处具1大的针突。眼间距宽而分离。头长一般短于前胸背板长。前胸背板侧缘背侧腹向凹，呈脊状。前翅革质部分被细毛。雄虫生殖囊腹面有或无指状突起。抱器左右对称。

1）中华黑纹仰蝽（Notonecta chinensis）

形态特征：体长14～16mm，宽5～6mm。体黄绿色，卵形。背面隆起如船底，游泳时腹面朝上。复眼大，紫色，无单眼。喙锐利。触角小，4节。前翅革质片红褐色，有黑斑，膜片黑色。小盾片大，黑色，有光泽。腹部腹面黑色，中央具脊。足黄褐色，中足腿节近端处有1刺。后足长桨状。游泳时仰浮于水面，用长形后足作桨仰泳，故得名仰泳蝽。

采自辽河流域

中华黑纹仰蝽（Notonecta chinensis）

6. 潜蝽科（Naucoridae）

形态特征：体长5～20mm，中等大小为多。体卵圆形，背面扁平，多呈优美的流线型，颜色多为污灰绿色。头部宽短，复眼后缘覆于前胸背板前侧角上，无单眼。触角4节，各节短小、简单，完全隐于头下，背部不可见。喙粗短，着生于头部前缘的1横向凹沟或头底部的1深窝内。前翅膜片宽大，有的种类膜片完全退化，其上全无翅脉。中胸小盾片发达，三角形。前足捕捉式，腿节粗大且多侧扁，胫节弯曲，跗节1或2节，无爪或具2爪。中、后足变形不大，跗节均为2节，爪1对，对称。有的种类后足略粗扁呈游泳足。成虫具后胸臭腺，若虫腹臭腺开口于第3/4腹节之间。

生境：多生活在静水中，游泳或爬行于水草间。轻污染水体中多见。

采集地：辽河流域。

（1）潜蝽属（*Ilyocoris*）

形态特征：体较小，背面稍隆起，光滑。黄褐色到棕褐色。头部与前胸背板紧密相连，其后部约1/3部分被前胸背板所包围。头前缘宽大弧形，后缘略弯。复眼接近于肾形，外缘较宽。喙着生于头前缘腹面的1横向凹沟内，基部粗壮，端部尖细。触角4节，密布短绒毛。前胸背板表面光滑，前缘深度凹入，后缘平直。中胸小盾片三角形。前翅表面光滑，膜片发达，无翅脉。前足腿节显著膨大. 跗节1节，与胫节愈合，无爪。中、后足相对细长，跗节均为3节，末端具2爪。腹部边缘锯齿形，被许多长毛。腹面中央脊状纵向隆起，整个腹面密被短绒毛和长毛。

1）尖翅潜蝽（*Ilyocoris exclamationis*）

形态特征：体长12mm。绿色，扁卵形。头嵌生在前胸间。触角4节，隐生在头下。

背面观　　　　　　　　　　　　　腹面观

尖翅潜蝽（*Ilyocoris exclamationis*）

喙短大，一般3节。前足短，适于掘握，跗节1节。中、后足跗节2节，具游泳毛，具爪2个。雌虫具产卵管。

7. 蝎蝽科（Nepidae）

形态特征：呈污黑色或赭黄色，体长筒形或长椭圆形，较大，长15～45mm。头部较小，头顶光滑或具绒毛。复眼大而突出，呈球状。触角3节，第2节或第2、3节具指状突起。喙4节，粗短。前胸背板宽大，亦可强烈延长，其前缘常凹陷包围少许头部，中部横向缢缩，常把前胸背板分为前、后两叶。中胸小盾片发达。前翅膜片具大量翅室，不甚规则，革质部分较光滑或具绒毛。前足捕捉式，蝎蝽属的前足腿节粗大。螳蝎蝽属的前足腿节则细长，中段具1齿，前足基节亦强烈延长，使前足成为螳螂的前足状。中、后足细长，适于步行，表面亦被一些长毛，各足跗节均为1节。成虫与若虫臭腺均缺失。

生境：多生活于具有许多水草的静水如湖泊、水田、沟渠中，在水底或水草上爬行。栖息地水质中污染偏轻。

采集地：辽河流域。

（1）长蝎蝽属（*Laccotrephes*）

形态特征：身体扁而狭长，蝎形，前胸背板四角形，中央有隆起，近后缘有1横沟。前足发达如镰刀状。呼吸管长约与体长相等。

1）日本长蝎蝽（*Laccotrephes japonensis*）

形态特征：体长30～40mm。身体扁而狭长，前胸背板四角形，中央有隆起，近后缘有1横沟。前足发达如镰刀状，腿节基部具1齿。中、后足细长。呼吸管长约与体长相等。

（2）螳蝎蝽属（*Ranatra*）

形态特征：体呈狭长的棍状，体色为赭黄色。头顶较光滑，复眼大而突出，呈球状，灰褐色到黑色。触角3节。喙4节，较粗短。前胸背板显著延长，光滑。小盾片隆起，具光泽。前足捕捉式，基节、腿节均显著延长，腿节中段具刺状突起。中、后足细长，跗节1节，具2爪。雄虫抱器左右对称，雌虫下生殖板三角形，末端较尖锐。

1）中华螳蝎蝽（*Ranatra chinensis*）

形态特征：体长40～50mm。身体细长，暗黄褐色。前胸背板长筒形。前足发达如镰刀状，腿节端部具1齿。中、后足细长。尾端呼吸管长与体长相等。

日本长蝎蝽（*Laccotrephes japonensis*）　　中华螳蝎蝽（*Ranatra chinensis*）

8. 跳蝽科（Saldidae）

形态特征：灰色、灰黑或黑色，常有一些淡色或深色碎斑。复眼大。触角4节。喙3节，喙伸达中足基部。前翅膜片上有4或5个翅室。

生境：在河流、湿地等水草丰富的水中生活。栖息地水质中污染。

采集地：辽河流域。

（1）跳蝽属（*Saldula*）

形态特征：体中型。复眼大，无单眼。前翅膜质，具4或5个封闭的翅室。雌性具产卵管。

1）朝鲜跳蝽（*Saldula koreana*）

形态特征：体长5mm。亮黑色。喙长。触角4节。眼大，红色，无单眼。前胸背板两侧圆弧形弯曲，黑色。小盾片大，黑色，有光泽。前翅膜质，黄白色，翅纹清晰。前足、中足短，后足长。

2）黑跳蝽（*Saldula saltatoria*）

形态特征：体长4mm。喙长超过身体的1/2。触角4节。眼大，红色，无单眼。前胸背板前缘向外方弯曲。

朝鲜跳蝽（*Saldula koreana*）

小盾片大。前翅有斑纹。前足、中足短，后足长。

引自《辽河流域底栖动物监测图鉴》

腹面观　　　　　　　　　　　　　　　背面观

黑跳蝽（*Saldula saltatoria*）

（五）广翅目（Megaloptera）

广翅目昆虫俗称广蛉。中至大型昆虫，翅展可达150mm。体细长或粗大。一般为保护色或暗色。头部发达，前口式。复眼大，单眼3个或缺如。触角丝状，多节。口器咀嚼式。胸部发达，前胸方形或长形，能自由活动。足3对，跗节5节。翅2对，前、后翅大小及构造相似，有多数翅脉。静止时，前、后翅呈屋脊状，或与腹部背面平直。腹部10节，无尾须。外生殖器不突出。成虫白天停在水边岩石或植物上，多数种类夜间活动，趋光性。广翅目是全变态类昆虫中的原始种类，包括齿蛉、鱼蛉和泥蛉3个类群。

幼虫水栖，衣鱼型或蠕虫型，捕食性。幼虫、成虫均为淡水鱼的良好饲料。幼虫也是钓鱼爱好者喜爱的鱼饵。

1. 齿蛉科（Corydalidae）

（1）星齿蛉属（*Protohermes*）

形态特征：第7腹板有丛生的鳃，第8腹板无呼吸管。
生境：幼虫栖息于河流或水库上游缓流区的石块下面。清洁或轻污染水体中多见。
采集地：太湖流域、辽河流域。

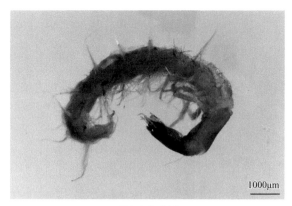

采自太湖流域
星齿蛉（*Protohermes* sp.）

1）格氏星齿蛉（***Protohermes grandis***）

形态特征：幼虫蠋虫型，深褐色或紫褐色，体长55～60mm。口器咀嚼式。触角9节，明显分叉。复眼细长。腹节侧面的附器具细毛，第1～7节附器下面具丝状鳃。腹部第8节背面无圆锥形突起。腹末有1对长钩状伪足。幼虫肉食性，要经历数年才能达到成熟。

采自辽河流域
格氏星齿蛉（*Protohermes grandis*）

2. 泥蛉科（Sialidae）

形态特征：体型小（体长10.0～15.0mm），种类稀少。体多黑褐色。幼虫触角4节。腹部第1～7节侧面有1对气管鳃，气管鳃分4或5节；腹部末端无臀足，有1长尾丝。

生境：常见于池塘、河流和流速缓慢的溪流等底部的泥中，一般耐污。

采集地：松花江流域。

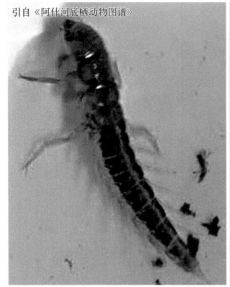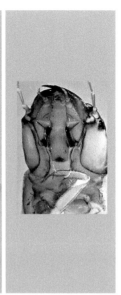

引自《阿什河底栖动物图谱》

泥蛉（*Sialis* sp.）

（六）毛翅目（Trichoptera）

毛翅目昆虫通称石蛾，成虫小型或大型，头小，多毛，触角细长，多节。复眼一般大小，咀嚼式口器，但退化无咀嚼功能。前胸小，背板上多有2个大的瘤状突起并具毛，中胸大而多毛，后胸一般无毛。翅2对，膜质，翅面上具毛（个别具鳞片）。足细长。腹部10节，雄体腹末外生殖器发达，有像尾丝的分节突起。白天停留在水边附近的植物上。晚上活泼，趋光性强，不善飞行。成虫寿命一般不超过一个月，交配产卵后即死去。毛翅目为完全变态昆虫，幼虫通称石蚕。

幼虫有筑巢习性，在水底生活的种类，巢筒多用砂粒、砾石、介壳等沉重物质筑成，或黏附在石块上。在水草间生活的种类，多用植物的茎叶和腐屑等筑巢。不做巢筒的种类，腹部末端的爪钩发达。肉食性种类捕食摇蚊和蚋的幼虫以及小型甲壳动物，也有以藻类和水草为食的植食性种类。幼虫生活期一年或半年左右，经6次蜕皮后形成蛹。羽化时咬破保护物而爬到水面上。毛翅目幼虫用气管鳃或通过渗透作用呼吸水中溶解的氧，对氧的要求很高。幼虫是鱼类的天然饵料。

1. 短石蛾科（Brachycentridae）

中胸盾板大部分被骨片所覆盖，被不同程度地分割为数块；腹部第1节无背侧瘤突；后胸前背毛瘤（Sa_1）缺，或具1根刚毛而无骨片；前胸盾板具1个横脊。

（1）短石蛾属（*Brachycentrus*）

形态特征：稚虫腹部具呼吸鳃，中胸背板（Sa₁）前缘处仅几根刚毛；两中胸背板在中线后端相互靠近。巢由植物枝干横向排列，形成四面型巢或丝质巢、碎石构成的巢。

生境：幼虫生活在山地河流、溪流清洁的水体中。

采集地：松花江流域。

整体观　　　　　　　　　　　　　　　巢室

短石蛾（*Brachycentrus* sp.）

（2）小短石蛾属（*Micrasema*）

形态特征：幼虫体长7mm。头深褐色，后缘中部及侧缘色浅。前胸背板中央具1横棱。中胸骨质化。后胸后背毛（Sa₂）具4根刚毛。腹部第1背板、侧板无隆起。腹部各节无鳃。足黄褐色。幼虫的巢长圆筒形，巢的上部由环形植物片叠加而成，下部由砂粒筑成。巢长约12mm。

生境：幼虫生活在山地河流、溪流清洁的水体中。

采集地：辽河流域。

2. 瘤石蛾科（Goeridae）

稚虫的中胸侧板向前延伸成1个突起，上颚无齿，偶有小齿。前胸盾板宽大于长；后胸前背毛瘤（Sa₁）具毛，多于1根。

（1）瘤石蛾属（*Goera*）

形态特征：呼吸鳃存在于第2～7腹节，通常三叉状；具有管状的便携式携带巢，巢的两翼具2对形状、大小相似的大石块。

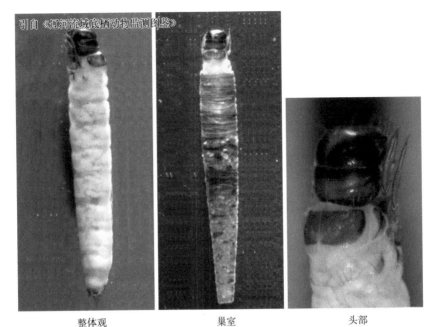

整体观　　　　　　　　巢室　　　　　　　　头部

小短石蛾（*Micrasema* sp.）

生境：幼虫在清洁河流水体的砾石下面用砂粒建成圆筒形巢室，左右两翼用3或4粒大型砂粒建造，巢长12mm。

采集地：辽河流域。

1）日本瘤石蛾（*Goera japonica*）

形态特征：幼虫体长10～12mm，头部褐色。前胸前部黄褐色，中间具1长椭圆形隆起。腹部气管鳃2或3根。足黄褐色，腿节基部背面、腿节和胫节关节处及跗节黑色。

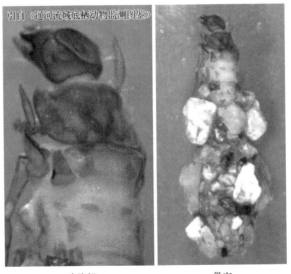

头胸部　　　　　　　　巢室

日本瘤石蛾（*Goera japonica*）

3. 舌石蛾科（Glossosomatidae）

中胸盾板大部分或全部膜质，被骨片所覆盖的面积远不及其1/2；前胸盾板无前侧突；腹部第9节背面具骨化骨片；臀足基半部与第9节大面积相连；臀爪至少有1个副钩。

（1）舌石蛾属（*Glossosoma*）

形态特征：头壳卵圆形，头部及前胸背板呈黄褐色，头部腹面唇根前突，小且呈三角形。前胸背板前缘具1列长刚毛，前缘1/3处最宽，Sa$_3$具3或4根长刚毛，中、后胸无骨片。腹部第9节有骨片，气管鳃缺失。臀足基半部与第9节广泛相连，臀爪至少有1个背附钩。巢长不超过12.0mm，马鞍形，和*Anagapetus*相似。

生境：幼虫以粗砂粒筑成鞍形，可移动巢。在山地清洁河流、溪流中栖息，水体通常寒冷。

采集地：松花江流域、辽河流域。

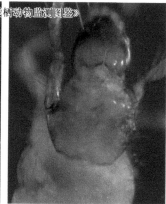

A. 采自辽河流域，腹面观　　B. 采自辽河流域，头部　　C. 采自松花江流域，背面观和侧面观

D. 采自松花江流域，巢室　　E. 采自松花江流域，腹部末端

舌石蛾（*Glossosoma* sp.）

4. 小石蛾科（Hydroptilidae）

胸部各节背面均被盾板覆盖为1块或被中缝分开，各节盾板形状、大小相似；腹部缺气管鳃，腹部第9节具骨化骨片。

（1）小石蛾属（*Hydroptila*）

形态特征：体型极小，体长一般不超过5mm；身体扁平，腹部膨大。巢钱袋形，两端开口，砂质，与丝混合，排列疏松。前足胫节下侧缘近端部具3根粗壮的刺。

生境：幼虫以细小沙粒筑成蝌蚪状巢，在较清洁河流的缓流处栖息。

采集地：辽河流域。

引自《辽河流域底栖动物监测图鉴》

巢室　　　　　侧面观

小石蛾（*Hydroptila* sp.）

5. 螯石蛾科（**Hydrobiosidae**）

本科稚虫前足腿节具1个腹叶，与胫节、跗节构成螯钳状。

（1）竖毛螯石蛾属（*Apsilochorema*）

形态特征：幼虫头部长大而宽，背面观蜕裂线侧臂长，呈"V"形，且不规则波状。前胸背板前缘明显宽于后缘；中胸与后胸无骨化背板，较前胸宽。前足基节长，腿节极度膨大，胫节与跗节短小；爪细长，与腿节呈钳形。中、后足正常。腹部9节，亚纺锤形，无鳃。

生境：稚虫在山地清洁河流、溪流水体的砾石间栖息。

采集地：辽河流域。

1）白条石蛾（*Apsilochorema sutchanum*）

形态特征：幼虫体长12mm，黄褐色。头及前胸背面黄色，前胸后端窄，后缘黑色。前足爪极度变形，呈长鞭状。臀足爪内缘无齿，仅具1根长刚毛。

引自《辽河流域底栖动物监测图鉴》

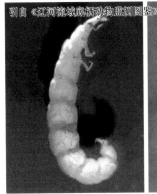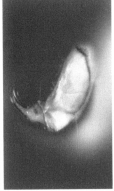

侧面观　　　　　　头和前胸　　　　　　臀足及爪

白条石蛾（*Apsilochorema sutchanum*）

6. 纹石蛾科（Hydropsychidae）

稚虫胸部各节背面均被盾板覆盖为1块或被中缝分开，各节盾板形状、大小相似；腹部具分支的气管鳃。

（1）弓石蛾属（*Arctopsyche*）

形态特征：腹部第2节和第3节上具有单个长刚毛，常伴有1或2根稍短刚毛，但无簇状刚毛；头部腹面腹板后端狭窄；腹部侧鳃上气管鳃较多，位于鳃柄的顶端。

生境：生活在激流中，一般耐污。营隐蔽居室，喜在水中的植物或其他基质表面，利用碎石、枯枝、落叶碎片筑1固定隐蔽居室，在其进口的附近纺一丝网，以从流水中搜集有机质颗粒作为食物，网的形状、筛孔的大小因种而异。

采集地：松花江流域。

引自《阿什河底栖动物图谱》

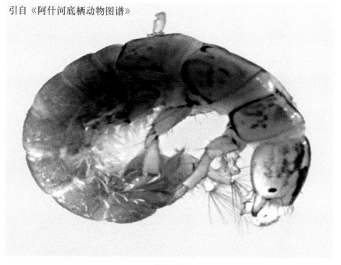

侧面观

头部　　　　　　　　　　　　　胸部

引自《阿什河底栖动物图谱》

腹部　　　　　　　　　腹部末端

弓石蛾（*Arctopsyche* sp.）

（2）短脉纹石蛾属（*Cheumatopsyche*）

形态特征：头壳前腹面腹片前缘中部凹陷且光滑，无突起；第9腹节腹面腹片后缘具凹刻；背面观上颚外侧缘凹陷且光滑，无脊；前足基前转片2分叉；额唇基前缘具1排瘤状突起；腹部第1~9节具发状毛，无鳞状毛。

生境：幼虫在山地、平原清洁河水中栖息，常以砂粒或植物碎片筑巢，上方以丝腺做成网，通过流水收集食物。

采集地：松花江流域、太湖流域、辽河流域。

1）短线短脉纹石蛾（*Cheumatopsyche brevilineata*）

形态特征：幼虫体长12mm，头部、胸部黄褐色，腹部灰褐色至紫褐色。头部前缘中央凹陷。前胸腹面具1腹板，后方无骨片，如有则位于后侧方，且不明显。前足基部摩擦器2分叉。中胸后缘中央无黑色"V"形纹，后胸中央斑纹短棒状。体毛鳞片状。中、后胸及腹部第1~7节具气管鳃。

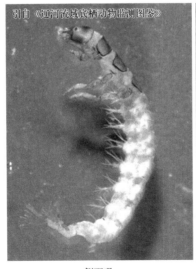

侧面观　　　　　　　　　前胸腹板

采自辽河流域

短线短脉纹石蛾（*Cheumatopsyche brevilineata*）

（3）纹石蛾属（*Hydropsyche*）

形态特征：稚虫头壳腹面具前、后腹面腹片，前腹面腹片显著，三角形，后腹面腹片极小，圆形或半圆形；前胸腹板节间褶处两侧各具1对几乎愈合在一起的骨片；腹节背侧面具形态多样的刚毛；腹部第7节具腹鳃。

生境：幼虫在山地、平原清洁流水中栖息，营隐蔽居室，数量颇多，喜在水中的植物或其他基质表面，利用碎石、枯枝、落叶碎片筑1固定隐蔽居室，在其进口的附近纺1丝网，以从流水中搜集有机质颗粒作为食物，网的形状、筛孔的大小因种而异。能适应中污染环境。

采集地：松花江流域、丹江口水库、辽河流域。

（4）长角纹石蛾属（*Macrostemum*）

形态特征：腹部第1节和第2节背面无骨片，腹部第9节骨片弱化，跗爪长度正常。
生境：幼虫在山地、平原清洁河水中栖息，常以砂粒筑成不规则的圆筒状巢。
采集地：辽河流域。

1）卡罗长角纹石蛾（*Macrostemum carolina*）

形态特征：幼虫体长约20mm，头部、胸部黄褐色。前胸腹面具1腹板，后方无骨片。前足基部摩擦器不分叉，上具若干粗刚毛。中胸后缘中央具黑色"V"形纹。体毛鳞片状。中、后胸及腹部第1～7节具多分支的气管鳃6列。肛鳃5个。

采自松花江流域

纹石蛾（*Hydropsyche* sp.）

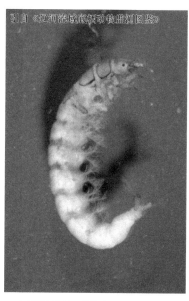

卡罗长角纹石蛾（*Macrostemum carolina*）

7. 沼石蛾科（Limnephilidae）

稚虫中胸侧板正常，不向前延伸；上颚具齿，有时无齿。

（1）异步石蛾属（*Asynarchus*）

形态特征：幼虫体长18mm。头部背面具斑纹，中胸背板左右相连，Sa_1处具数根刚毛。第1腹节背板、侧板具3个显著的瘤状突起，腹板约具30根以上的刺毛。腹部的鳃分3支，第5节、第6节侧面无鳃。足爪基部具短刺毛。

生境：幼虫以较大植物叶片筑成外表光滑的巢筒，在山地清洁河流中栖息。

采集地：辽河流域。

引自《辽河流域底栖动物监测图鉴》

侧面观　　　　　　　　头胸部

异步石蛾（*Asynarchus* sp.）

（2）弧缘沼石蛾属（*Anabolia*）

形态特征：触角短，位于眼和头壳前端中间；头部背面具簇状聚合无规则排列的大斑点。中胸背板大部分被骨化板覆盖，不同程度地分割为数片，色深。腹部第1节有背侧瘤突，腹鳃多分叉，少于4根。巢由砂砾和若干根树枝构成，且树枝纵向附着在砂砾质巢的外围，长度比巢的长度长。

生境：在清洁流水的砾石间生活。

采集地：松花江流域。

引自《阿什河底栖动物图谱》

巢室和侧面观

引自《阿什河底栖动物图谱》

头胸部

腹部末端

引自《阿什河底栖动物图谱》

腹部

弧缘沼石蛾（*Anabolia* sp.）

（3）双序沼石蛾属（*Dicosmoecus*）

形态特征： 体长不超过35mm，大而结实，头和前、中胸骨化。头部硬化，头和胸深褐色。中胸Sa_1、Sa_2、Sa_3均有刚毛。所有足的胫节有粗壮刺。腹部第2节的腹面具氯上皮细胞，第9节背面骨片有20～40根刚毛；腹部具缘毛，部分气管鳃为四叉状，大部分腹节气管鳃少于五叉。巢长不超过41mm，轻微弯曲，末龄幼虫巢由沙粒碎石块构成。

生境： 幼虫生活在各种各样大小的清洁溪流中，以河床有机微粒、细砂和岩石、较小比例的丝状藻类、动物的残骸和维管植物碎片为食。

采集地：松花江流域。

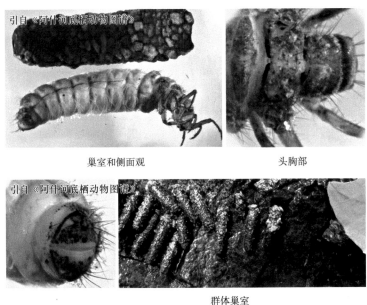

巢室和侧面观　　　　　　　　　头胸部

群体巢室

双序沼石蛾（*Dicosmoecus* sp.）

（4）*Ecclisomyia*

形态特征：触角短，位于眼和头壳前端中间；中胸背板大部分被骨化板覆盖，不同程度地分割为数片，色深；后胸背面1对Sa$_1$骨片位于中央，不愈合；后胸背面Sa$_1$和Sa$_2$骨片较大，Sa$_1$相互接近。腹部第1节有背侧瘤突，腹鳃单一棒状。巢由沙粒构成，或附带植物碎片纵向排列形成。

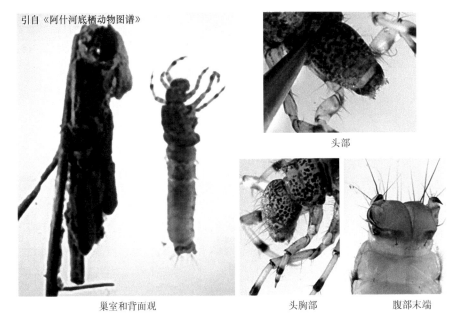

巢室和背面观　　　　　　　　头胸部　　　　腹部末端

Ecclisomyia sp.

生境：在清洁流水的砾石间生活。

采集地：松花江流域。

（5）合脉沼石蛾属（*Hydatophylax*）

形态特征：腹鳃单一棒状；后胸背面一对Sa_1骨片位于中央且相互愈合

生境：幼虫以植物叶片筑巢，巢筒粗糙，在清洁山地溪流的缓流处栖息。

采集地：松花江流域、辽河流域。

1）黑纹合脉沼石蛾（*Hydatophylax nigrovittatus*）

形态特征：幼虫体长约30mm。头黄褐色、背面具明显斑纹。后胸背板Sa_1骨片左右相连。足胫节、跗节末端黑褐色。腹部第1节背面的瘤状突起尖突状，侧面的2个瘤状突起圆钝。腹部的鳃单棒状。

引自《辽河流域底栖动物监测图鉴》

背面　　　　　　　　侧面观　　　　　　　　幼虫的巢室

采自辽河流域

黑纹合脉沼石蛾（*Hydatophylax nigrovittatus*）

（6）内石蛾属（*Nemotaulius*）

形态特征：头部背面中央具1条纵向黑色条纹，头部背面两侧具1对黑色条纹，从头部后方延伸至额唇基缝，呈"U"字形；巢由覆盖在幼虫腹面和背面大的叶片横向排列形成。

生境：幼虫以大的植物叶片筑成扁筒状巢，在清洁山地河流的缓流处栖息。

采集地：松花江流域、辽河流域。

1）埃莫内石蛾（*Nemotaulius admorsus*）

形态特征：体长不超过28.0mm，体细长，头和前、中胸背板骨化，后胸膜质。头部卵圆形，黄褐色，头部背面两侧具一对黑色条纹，从头部后方延伸至额唇基缝呈"U"

字形。触角短，位于眼和头壳前端中间；背面中央具一条纵向黑色条纹，后胸Sa₁、Sa₂、Sa₃有刚毛。腹部第1节有背、侧瘤突，腹面Sa₁、Sa₂、Sa₃有刚毛；腹节有簇状气管鳃，常分2~3个叉。中胸背板Sa₁处具1根刚毛。腹部第1节背面和侧面各具1个瘤状突起。臀爪有副爪钩。巢长不超过70.0mm，由覆盖在幼虫的腹面和背面大的叶片横向排列形成。

<table>
<tr><td>巢室</td><td>头胸部背面观</td><td>巢室和侧面观</td></tr>
<tr><td>头胸部侧面观</td><td>头胸部背面观</td><td>腹部末端</td></tr>
</table>

引自《阿什河底栖动物图谱》

采自松花江流域

埃莫内石蛾（*Nemotaulius admorsus*）

（7）新叶石蛾属（*Neophylax*）

形态特征：头部背面基半部具淡色斑纹，前胸前缘具刺突。中胸背板明显骨化，前缘中部具"m"形纹。腹部第3节侧面，前、后面的鳃单棒状。腹部末端具1对臀足，末端具1臀爪。幼虫的巢筒扁圆形，由粗砂粒筑成。

生境：幼虫在山地河流、溪流清洁的水体中生活。

采集地：辽河流域。

1）日新叶石蛾（*Neophylax japonicus*）

形态特征：幼虫体长9mm。头部背面基半部具淡色斑纹，前胸前缘具刺突。中胸背板明显骨化，前缘中部具"m"形纹。后胸前背毛（Sa₁）退化，上具1或2根刚毛。后背毛（Sa₂）骨化区具刚毛2或3根。足发达，具爪1个。腹部第3节侧面，前、后面的鳃单棒状。腹部末端具1对臀足，末端具1臀爪。幼虫的巢筒扁圆形，由粗砂粒筑成。巢长约15mm。

巢室　　　　　　　　　　　　头胸部

日新叶石蛾（*Neophylax japonicus*）

（8）伪突沼石蛾属（*Pseudostenophylax*）

　　形态特征：腹部第2～6/7节具单个呼吸鳃；后胸背板1对Sa_1骨片细长棒状，骨片相互分离；巢呈筒状，便携式巢，通常由砂砾组成或基半部混合叶片共同组成，质地坚硬结实；后胸背板1对Sa_2骨片之间具1片刚毛区域，刚毛数量为10～20根。

　　生境：生活在清洁流水中。

　　采集地：松花江流域、辽河流域。

巢室和整体观　　　　　头胸部侧面观　　　头胸部背面观

采自松花江流域

伪突沼石蛾（*Pseudostenophylax* sp.）

8. 长角石蛾科（Leptoceridae）

触角长而显著，6倍长于宽；有时中胸盾板骨片略骨化，后半部具2条弯曲的黑色纵线。

（1）突长角石蛾属（*Ceraclea*）

形态特征：头部腹板四边形或多边形；有时腹部第4～8节存在气管鳃；末龄幼虫巢由沙粒构成或由背下唇分泌物构成，夹杂淡水海绵及骨针。

生境：幼虫以各种砂粒筑成腹面弯曲的盾形巢筒栖息。生活在山地清洁河流、溪流高氧环境中。

采集地：辽河流域。

1）津氏突长角石蛾（*Ceraclea tsudai*）

形态特征：幼虫体长约15mm。头黄褐色。中胸背板两侧具1对弯曲的黑色条纹。后胸膜质，显著比中胸前部宽大。后足显著长于前足和中足。腹部无鳃。臀足背面无棘刺。

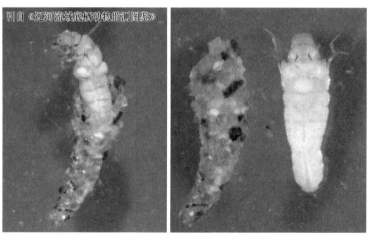

巢室   巢室和整体观

津氏突长角石蛾（*Ceraclea tsudai*）

（2）棕须长角石蛾属（*Mystacides*）

形态特征：后足腿节细长，足上刚毛数量远远少于该科其他属；巢筒状，由砂砾构成，巢翼以及端部常附着植物，植物长度超出巢的长度；后足胫节、跗节均分为2个亚节；三足跗爪极其细长，其长度至少为跗节长度的2/3。

生境：幼虫以小沙粒筑成圆筒状巢，外面添加若干小植物茎。在山地清洁河流中栖息。

采集地：松花江流域、辽河流域。

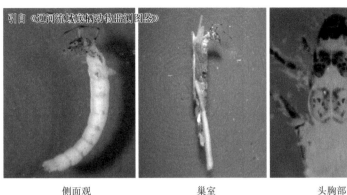

| 侧面观 | 巢室 | 头胸部 |

采自辽河流域

长角石蛾（*Mystacides* sp.）

9. 鳞石蛾科（Lepidostomatidae）

中胸盾板大部分被骨片所覆盖，被不同程度地分割为数块。腹部第1节具侧瘤突；后胸前背毛瘤（Sa₁）存在；触角位置紧挨眼的边缘。

（1）条鳞石蛾属（*Goerodes*）

形态特征：幼虫巢方筒形，由方形植物叶片和树皮筑成，头部后缘无短刺毛。

生境：幼虫以方形植物叶片筑成方形巢筒栖息，巢长约10mm。生活在山地清洁河流、溪流高氧环境中。

采集地：辽河流域。

1）日本条鳞石蛾（*Goerodes japonicus*）

形态特征：幼虫体长6mm。头褐色，背面具散在淡色斑。前胸骨质化，红褐色，具淡色斑纹。中胸端部骨质化，后胸膜质。腹部第2～7节具鳃，第3～6节具2对鳃。前足小，中、后足细长。臀足2节，爪具2个背钩。

（2）鳞石蛾属（*Lepidostoma*）

形态特征：幼虫头部蜕裂线3/5缢缩处内侧的1对刚毛细短或不明显。

生境：幼虫的巢近方形，由近方形褐色枯叶片组

日本条鳞石蛾（*Goerodes japonicus*）

成，巢前方开口大，后端小。巢长约10mm。生活在山地河流、溪流清洁的水环境中。
　　采集地：辽河流域。

1）黄纹鳞石蛾（*Lepidostoma flavum*）

　　形态特征：幼虫体长7mm。头及前、中胸背板浅黄褐色。前、中胸背板明显骨化。前胸背板中线两侧各具5根刚毛。中胸前背毛（Sa$_1$），1根，后背毛（Sa$_2$），4根，侧背毛（Sa$_3$），4根。后胸前背毛（Sa$_1$）和后背毛（Sa$_2$）各1根。中、后足长于前足，各足基节发达，具爪1个。腹部第2～7节背方、腹方的鳃单支状，侧鳃缺如。腹部末端具1对臀足，末端具1臀爪。

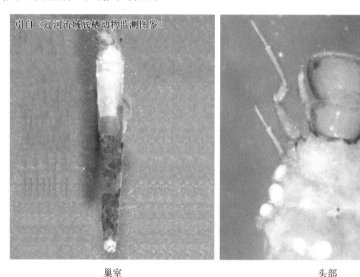

引自《辽河流域底栖动物监测图鉴》

巢室　　　　　　　　头部

黄纹鳞石蛾（*Lepidostoma flavum*）

10. 细翅石蛾科（Molannidae）

　　腹部第1节具背侧瘤突或仅具侧瘤突；后胸前背毛瘤（Sa$_1$）存在；后足跗节爪特化为短毛状或细丝状。

（1）细翅石蛾属（*Molanna*）

　　形态特征：后足跗爪多毛，远短于跗节。
　　生境：幼虫在河流、湖沼较清洁的缓流水体中生活。
　　采集地：辽河流域。

1）暗色细翅石蛾（*Molanna moesta*）

　　形态特征：幼虫体长15mm。头部背面具黑色"V"形斑纹。前胸背板骨质化，中胸背板弱骨质化，上具黑褐色斑纹。后胸膜质。腹部第1节背隆起大。腹部各节具2或3个单一棒状的气管鳃。侧毛线发达。足黄色，后足比前足、中足长，跗节具2个分节。腹部末端具1对臀足。幼虫的巢盾形，由粗砂粒筑成。巢长约20mm。

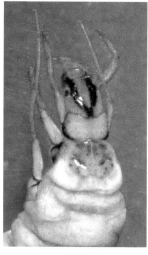

引自《辽河流域底栖动物监测图鉴》

侧面观　　　　　　　　　头部

暗色细翅石蛾（*Molanna moesta*）

11. 齿角石蛾科（Odontoceridae）

稚虫的臀足仅具3～5根背毛，有时背毛呈刺状；前足基转节小，端部钝。

（1）裸齿角石蛾属（*Psilotreta*）

形态特征：后胸背板Sa_1处愈合为1块完整的矩形骨片，Sa_2处愈合为1块横向的棒状骨片，且Sa_1骨片的宽度为Sa_2的3～4倍；头壳腹片短；臀爪细长，爪和侧片上无刺；巢通常是由砂石构成的筒状巢，稍弯曲。

生境：幼虫在清洁河流水体的砾石下面用砂粒建成长圆弧形巢室，巢长16mm。

采集地：辽河流域。

1）木曾裸齿角石蛾（*Psilotreta kisoensis*）

形态特征：幼虫体长14mm，身体圆桶形，头部黄色，头部中央及两侧各具1黑褐色条纹。前胸、中胸背面中线两侧具平行的黑褐色条纹。后胸背面中央具1长方形褐斑，两侧各具1个肾形褐斑。第1腹节的瘤状突起不明显。腹部第2～7节具气管鳃。

12. 石蛾科（Phryganeidae）

稚虫腹部第9节背面具骨化骨片。后胸侧背毛瘤（Sa_3）具一丛着生于小圆骨片上的毛；前胸腹板中央具1角状突起，巢管状，可移动。

引自《辽河流域底栖动物监测图鉴》

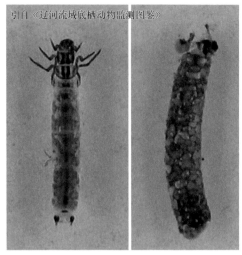

背面观   巢室

木曾裸齿角石蛾（*Psilotreta kisoensis*）

（1）*Semblis*

形态特征：体型中到大型。头部条纹色深，触角短。中胸背板Sa_1骨片上各具1条纵向的深色条纹，前胸腹板中央有1角状突起；后胸膜质，Sa_3着生一丛刚毛。前足梳状结构发育良好，显著存在。腹部第9节背面有骨化的背片。巢由叶片纵向排列而成。

生境：在清洁流水中附着于植物上生活。

采集地：松花江流域、辽河流域。

引自《阿什河底栖动物图谱》

头胸部背面观   头胸部侧面观

巢室和侧面观   腹部末端

A. 采自松花江流域

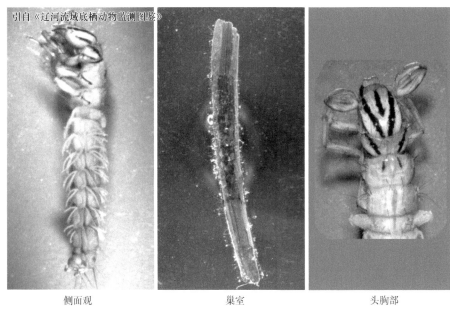

引自《辽河流域底栖动物监测图鉴》

| 侧面观 | 巢室 | 头胸部 |

B. 采自辽河流域

Semblis sp.

13. 蝶石蛾科（Psychomyiidae）

腹部无侧毛列；各足胫节、跗节均分开；前足基转节宽大，斧状。

（1）蝶石蛾属（*Psychomyia*）

形态特征：臀爪内侧具长齿，亚颏骨片较大，显著存在，常长于宽。
生境：幼虫在山地河流、溪流清洁的水环境中生活。
采集地：辽河流域。

1）黄蝶石蛾（*Psychomyia flavida*）

形态特征：幼虫体长6mm。头黄褐色，前缘倒"W"形。前胸背板骨质化。中、后胸膜质。前足相对粗大，基节具1锥突。中、后足小。腹部无鳃。腹部末端具1对臀足，臀足爪内具4个长梳状齿。幼虫栖息于由砂粒筑成的长筒状巢。

14. 等翅石蛾科（Philopotamidae）

中胸盾板大部分或全部膜质；腹部第9节背面无骨化骨片；上唇膜质，呈"T"形。

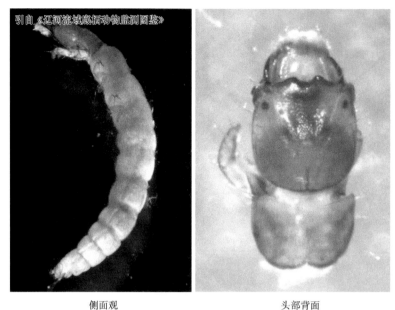

侧面观　　　　　　　　　　头部背面

黄蝶石蛾（*Psychomyia flavida*）

（1）*Dolophilodes*

形态特征：体色乳白色，体型细长。眼区正常，触角短，上唇膜质，呈现"T"形，额唇基前缘完整无凹刻或具轻微不对称的凹刻。头部及前胸背板底色为黄色，中胸的背板膜质，腹部背中线处具纵沟，腹部第9节背面无骨化的背片。前足转节近端部内侧无细长突起。

生境：生活在清洁流水中。

采集地：松花江流域。

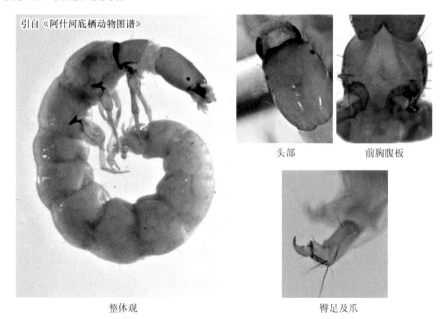

整体观　　　　　　　　　头部　　　　前胸腹板　　　臀足及爪

Dolophilodes sp.

15. 多距石蛾科（Polycentropodidae）

腹部具侧毛列；头圆形或长圆形，长不及宽的2倍；前胸盾板不向腹面延伸；前足基转节尖，无基缝。

（1）缘脉多距石蛾属（*Plectrocnemia*）

形态特征：稚虫臀爪腹面凹缘光滑无齿或具1排不显著的短齿；臀爪细长弯曲，在臀钩末端背面两侧具数排横向排列的短齿。
采集地：松花江流域。

（2）多距石蛾属（*Polycentropus*）

形态特征：稚虫臀爪腹面凹缘光滑无齿或具1排不显著的短齿；臀爪末梢无横向排列的短刚毛，背面近末端具1长刚毛。
采集地：松花江流域。

 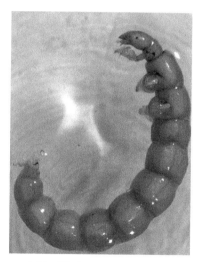

缘脉多距石蛾（*Plectrocnemia* sp.）　　多距石蛾（*Polycentropus* sp.）

16. 原石蛾科（Rhyacophilidae）

本科稚虫中胸盾板大部分或全部膜质，前胸盾板无前侧突。腹部第9节背面具骨化骨片，后胸侧背毛瘤（Sa_3）只有1根刚毛。

（1）原石蛾属（*Rhyacophila*）

形态特征：末龄幼虫大，体长不超过30mm；体表一般无呼吸鳃，若有，也不呈密集状分布于腹节。

生境：幼虫行自由生活，在山地清洁河流、溪流的石质河床中栖息。

采集地：松花江流域、辽河流域。

1）纳维原石蛾（*Rhyacophila narvae*）

形态特征：幼虫体长12～14mm。头部稍长，黄褐色。前胸背板和前足黄色。腹部各节具细长毛，无鳃。臀足基节端部具1尖突，爪的内缘无齿。

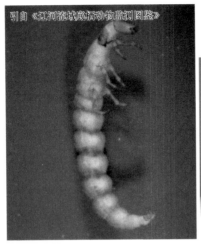

侧面观　　　　　　　　　臀足及爪

采自辽河流域

纳维原石蛾（*Rhyacophila narvae*）

2）黑头原石蛾（*Rhyacophila nigrocephala*）

形态特征：幼虫体长18mm，长筒形。头长为宽的1.5倍，黑褐色，无斑。前足黑褐色，中、后足黄色。中后胸及腹部背面紫褐色。臀足侧板有1深褐色棱纹，爪的端部具1小齿。

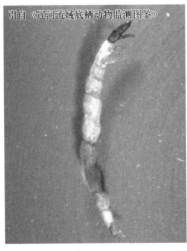

侧面观　　　　　　　　　臀足及爪

采自辽河流域

黑头原石蛾（*Rhyacophila nigrocephala*）

3）突异原石蛾（*Rhyacophila lata*）

形态特征：幼虫体长16～20mm。头显著长，头背、前胸背板及前足深褐色。前足胫节末端内侧有1距状突起。中、后足黄色。腹部各节具细长毛，无鳃。臀足爪的内缘无齿。

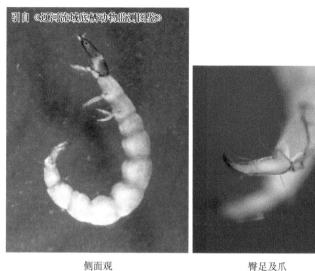

侧面观　　　　　　　　　　　臀足及爪

采自辽河流域

突异原石蛾（*Rhyacophila lata*）

4）隐缩原石蛾（*Rhyacophila retracta*）

形态特征：幼虫体长15mm。头短，棕红色至黄色，头部背面具明显"V"形深棕色纹。前胸短，背板红黄色，中部及两侧有浅棕色区域。腹部各体节侧缘具2个指状鳃。臀足短小，爪向内弯曲，内缘具相连的3个齿。

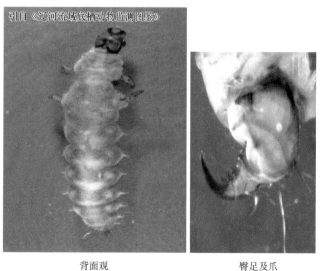

背面观　　　　　　　　　　　臀足及爪

采自辽河流域

隐缩原石蛾（*Rhyacophila retracta*）

5）短头原石蛾（*Rhyacophila brevicephala*）

形态特征：幼虫体长14mm。头黄色，长宽约相等，散在褐色斑纹。前胸黄褐色，后缘黑色。中后胸膜质，中胸以下及腹部灰紫褐色。前足褐色，中、后足黄色。臀足爪无齿。

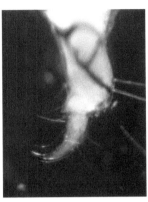

引自《辽河流域底栖动物监测图鉴》

背面观　　　　　　　　臀足及爪

采自辽河流域

短头原石蛾（*Rhyacophila brevicephala*）

17. 角石蛾科（Stenopsychidae）

角石蛾科幼虫体型较大（末龄幼虫体长30～52mm），头部狭长，长约为宽的2～3倍；触角短小不显著，位于眼区前缘；上唇宽短，背面骨化，且前缘两边各具1列排列呈弧状的短刚毛；上颚粗壮，黑褐色，短而宽，端部尖锐；下颚片大，前缘中央常具1指状突起，突起两侧各具1长刚毛，不同种之间，下颚片的形态稍有差异；额唇基区细长，呈三角形，额唇基区内常具大小、形状不同的点状或条状斑纹。前胸背板骨化，前缘具长短两种类型的刚毛，背板中线两侧及背板侧缘具点状斑纹；中胸前缘稍窄，稍长于后胸，中后胸均膜质；3对足等长。腹部9节，均膜质，腹节光滑，仅具数根长刚毛，无呼吸鳃、骨化板；具5根臀鳃；爪节短，弯曲末端尖锐。

（1）角石蛾属（*Stenopsyche*）

形态特征：体型大；头和前胸背板高度骨化，具清晰的棕褐色点状斑纹。额唇基前缘光滑而钝圆，具清晰的点斑纹，且具1条纵向的条状斑纹。上颚端部尖锐。
生境：幼虫在清洁河流水体的砾石间用粗砂粒建造巢室，结成丝网以捕食栖息。
采集地：辽河流域。

1）条纹角石蛾（*Stenopsyche marmorata*）

形态特征：幼虫大型，体长40mm，身体圆柱状，暗灰褐色至紫褐色。头部长圆筒状，暗黄褐色。头部背面额板细长，中间具黑色纵纹，纵纹两侧具数对黑斑。前胸退化，暗黄褐色，生有黑色斑点。中胸、后胸膜质。前足基节前上方具1叉形突起，上叉的突起大。足3对，短小。无气管鳃。肛鳃4对。

2）色氏角石蛾（*Stenopsyche sauteri*）

形态特征：幼虫大型，体长30mm，身体圆柱状，暗灰褐色至紫褐色。头部长圆筒状，暗黄褐色。头部背面额板细长，中间无黑色纵纹，两侧具数对黑斑。前胸退化，暗黄褐色，生有黑色斑点。中胸、后胸膜质。前足基节前上方具1叉形突起，上叉的突起小。足3对，短小。无气管鳃。

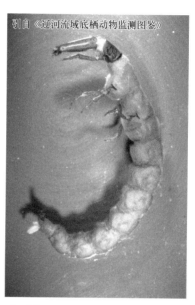

条纹角石蛾（*Stenopsyche marmorata*）　　色氏角石蛾（*Stenopsyche sauteri*）

（七）鳞翅目（Lepidoptera）

鳞翅目昆虫俗称蝶、蛾。成虫小至中型，翅展5～150mm。体躯略长圆形、圆筒形，翅扁平，狭或阔，体壁大多柔软、脆弱，也有坚硬呈羊皮纸状者。头部及翅覆盖毛及鳞片。颜色有绿、蓝、金黄、银色、铜色等各种金属光泽，但大多数蛾类则多暗色。蝶类大部分为昼行性。蛾类在黄昏、黎明以及夜间飞行。

在鳞翅目昆虫中，与水生、半水生有联系的种类很多，但只有少数蛾类是水生的，蝶类中尚未发现有水生的种类。蛾类中也没有一个科完全水生，而螟蛾科中的水螟亚科是主要的水生类群，多数幼虫集群生活于寄主附近，以维管植物为食，或以微小植物及其底质为食。水螟是许多湿地生态系统的重要成员，有些危害水稻及水生百合类及其他禾本类，有些则有控制某些水草的潜力。

幼虫为多足型，即蠋型。胸部3节，各有胸足1对。腹部10节，第10节上有尾足1对。幼虫口器为咀嚼式，末端有吐丝器。幼虫多为植食性，有筑巢习性。

1. 螟蛾科（Pyralidae）

幼虫通常陆生，但也有水生的。水螟的幼虫分头、胸、腹三部分，头分下口式和前口式，头的两侧通常各有6个单眼，这些单眼为黑点，无晶体。许多水螟幼虫具气管鳃，气管鳃通常位于第2～3胸节和腹节上，少数也位于第1胸节，有时第9和第10腹节也具有气管鳃。气管鳃丝状，单生或簇生。气管鳃多不分枝。

（1）塘水螟属（*Elophila*）

形态特征：无气管鳃。腹足退化，趾钩双序，2个横带内开半环状。头部额毛群（F¹）为唇基毛群（CL²）的一半长。腹部比胸部宽。幼虫有造巢习性。

生境：幼虫在静水及流水的缓流水域栖息，以多种水生植物为食。

采集地：太湖流域、辽河流域。

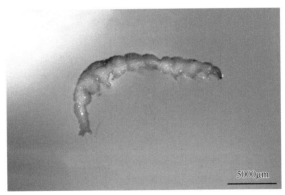

采自太湖流域

塘水螟（*Elophila* sp.）

1）棉塘水螟（*Elophila interruptalis*）

形态特征：头部唇基毛长为额毛的1/2。腹部、胸部较宽。幼虫头部1龄时黑褐色，2龄时淡褐色，无显著黑斑。胸、腹部体色为乳白色，末龄幼虫胸部茶褐色。前胸背板前、后缘黑褐色。腹足退化，趾钩短，趾钩环为半环状的2个横带。无气管鳃。幼虫以植物叶片做成袋状巢生活。

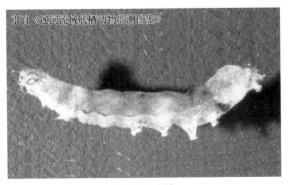

引自《辽河流域底栖动物监测图鉴》

采自辽河流域

棉塘水螟（*Elophila interruptalis*）

（八）鞘翅目（Coleoptera）

鞘翅目是昆虫中最大的一个目，通称"甲虫"。咀嚼式口器，多数无单眼，触角10或11节，形状多变化，前胸发达。前翅角质化而无翅脉，坚厚，故称鞘翅。静止时，两翅在背中线上相遇，平直于胸。腹部背面覆盖在后翅上。后翅膜质，有翅脉，纵横折叠于鞘翅下。小盾片三角形。腹部10节，一般腹板只能看到5～8节。无尾须。

幼虫多呈蠕虫状，头部发达，较坚硬。咀嚼式口器，大颚发达，具胸足。腹部9节或11节。气门一般在第18节，每节1对。行动活泼的种类常具尾须。完全变态。

水生鞘翅目昆虫一般成虫、幼虫和蛹的阶段均在水中度过。成虫后足发达，成桨状，适于游泳。无论是幼虫还是成虫，大多数为捕食性，在池塘中捕食鱼苗，是水产养殖的大害。

1. 叶甲科（Chrysomelidae）

叶甲科昆虫的成虫多有艳丽的金属光泽。跗节为假4节型，实际5节，其第4节极小，隐藏于第3节的两叶中。头型为亚前口式，唇基不与额愈合，前部明显分出前唇基，其前缘平直。前足基节窝横形或锥形突出，基节窝关闭或开放。

（1）小萤叶甲属（Galerucella）

形态特征：体长5mm。头、前胸及鞘翅黄褐色，触角及小盾片黑褐色或黑色。前胸背板宽大于长，两边具细框，中部膨阔，盘区点刻粗密。小盾片三角形，末端圆钝。鞘翅基部宽于前胸背板，肩角突出，翅面点刻稠密、粗大。足黄褐色，较粗壮。

生境：在山地较清洁的河流中栖息。

采集地：辽河流域、太湖流域。

引自《辽河流域底栖动物监测图鉴》

采自辽河流域
小萤叶甲（*Galerucella* sp.）

2. 象甲科（Curculionidae）

小型至大型种类。体长2～70mm（不包括喙长）；喙显著，由额向前延伸而成；触角膝状，颚须和下唇须退化而僵直，不能活动；体壁骨化强；多数种类被覆鳞片。幼虫通常为白色，肉质，身体弯成"C"字形，没有足和尾突。

（1）稻象甲属（*Echinocnemus*）

形态特征：成虫暗黑色至黑褐色。头及体表背面被黄色细毛，复眼大。吻状部黄色，端部深棕色。触角黄色，末节葫芦状。前胸背板两前侧角钝圆。上翅约具8列黄色点刻纹。足黄色，后足腿节粗壮。第3跗节分叶状。成虫、幼虫皆水生。

生境：采至河流水生植物较多的水体中，成虫和幼虫以水生植物为食。栖息地水质轻污染。

采集地：辽河流域。

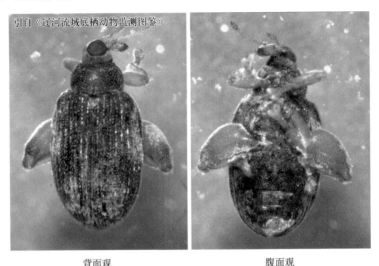

引自《辽河流域底栖动物监测图鉴》

背面观　　　　　　　　　腹面观

稻象甲（*Echinocnemus* sp.）

（2）水象甲属（*Lissorhoptrus*）

形态特征：喙与前胸背板几乎等长，稍弯，扁圆筒形。前胸背板宽。鞘翅侧缘平行，比前胸背板宽，肩斜，鞘翅端半部行间有瘤突。雌虫后足胫节有前锐突和锐突，锐突长而尖，雄虫仅具短粗的二叉形锐突。

生境：采至山地河流水生植物较多的水体中，成虫和幼虫以水生植物为食。清洁水体中多见。

采集地：辽河流域。

1）稻水象甲（*Lissorhoptrus oryzophilus*）

形态特征：成虫暗黑色至黑褐色。体表面披灰褐色鳞片，头嵌入前胸背板前缘。复眼小。触角6节，末节球拍状。前胸背板两前侧角平直。上翅具8列淡色点刻纹。足强壮，第5跗节长，具2个钩形爪。成虫、幼虫皆水生。

侧面观　　　　　　　　　　背面观

稻水象甲（*Lissorhoptrus oryzophilus*）

3. 步甲科（Carabidae）

体长圆形或圆柱形，多为暗黑色，少数具有金属光泽。头前口式，常窄于前胸；复眼凸圆或退化。触角11节，丝状。可见腹板6～8节。足细长，有些类群前、中足演化为适于开掘的特征。

（1）细胫步甲属（*Agonum*）

形态特征：头、胸及腹部背面有铜色至铜绿色金属光泽。触角黑色。前胸背板圆形，盘区光滑，基凹处具细点刻，后角圆。

生境：在河流等水边潮湿地带栖息。

采集地：辽河流域。

1）点刻细胫步甲（*Agonum impressum*）

形态特征：体长10mm。头、胸及腹部背面有铜色至铜绿色金属光泽。触角黑色。前胸背板圆形，盘区光滑，基凹处具细点刻，后角圆。鞘翅长方形，条沟深，在第3行距处具1列大点刻，点刻6～8个。足黑色。

（2）青步甲属（*Chlaenius*）

形态特征：体长约12mm。头、胸及腹部背面有铜色金属光泽。触角褐色。胸部背面无毛。鞘翅点

点刻细胫步甲（*Agonum impressum*）

刻大而密，鞘翅后端具2个不规则黄斑，后部不向翅端延伸。足腿节基半部黑色，其余为黄色。

生境：在河流沿岸地带栖息。

采集地：辽河流域。

引自《辽河流域底栖动物监测图鉴》

腹面观   侧面观

青步甲（*Chlaenius* sp.）

4. 泥甲科（**Dryopidae**）

幼虫整个腹部的腹面具永久性的鳃，或在腹部末端具有一个可以活动的鳃盖，将收缩的气门鳃盖覆盖；头部每边常具1个大单眼；气门为圆形或双孔式，不弯曲。

（1）溪泥甲属（*Elmomorphus*）

形态特征：小型种，体具绒毛。虫体背面有光泽，体表微细毛疏。腹部腹板雌、雄均5节。后足基节呈板状盖于腿节。前足基节横向，有基转节。触角第2节广阔形。

生境：幼虫在山地河流中栖息，清洁水体中多见。

采集地：辽河流域。

1）短脚溪泥甲（*Elmomorphus brevicornis*）

形态特征：成虫长椭圆形，体长3.6～3.9mm，黑褐色。头嵌入前胸背板前缘。触角6节，栉状。前胸背板两前侧角向前突出。上翅具8列淡色点刻纹。足强壮，第5跗节长，具2个钩形爪。成虫、幼虫皆水生。

背面观　　　　　　　　　　　腹面观

短脚溪泥甲（*Elmomorphus brevicornis*）

5. 龙虱科（Dytiscidae）

腹部仅具8节，末端一节无钩状构造，体长形，腹部第8节的尾突若存在，常甚长且附有毛，上颚内具导管。

（1）端毛龙虱属（*Agabus*）

形态特征：体型中等，体长6～11mm。头及前胸背板黑色，鞘翅褐色或黑色。背面具网纹，网眼为多边形或小圆形。后胸腹板翅侧缘不急剧变狭。后足腿节端部后角具1簇小刚毛。雄性前足及中足基部的三个跗节略膨大，具吸附毛。

生境：幼虫肉食性，捕食鱼苗及其他水生动物。在较清洁的河流中栖息。

采集地：辽河流域。

1）日本端毛龙虱（*Agabus japonicus*）

形态特征：幼虫筒状，体黄褐色。触角末节较前一节短1/3。大颚长度不超过宽的2倍。第8腹节末端呈锥状延伸到尾节基部，尾节具2根长刺毛。

（2）真龙虱属（*Cybister*）

形态特征：体大型，小盾片完全可见，复眼不凹

日本端毛龙虱（*Agabus japonicus*）

入。雄性前足基部3个跗节极度膨大，形成圆形或卵圆形的巨大吸盘。中足跗节略膨大。后足跗节各节的后缘无短棘。后足胫节近方形，末端具1个爪。

生境：成虫生活在河流、湖泊、池塘等水草多的水体中。常倒悬，使尾端露出水面，进行呼吸。

采集地：辽河流域。

1）日本真龙虱（*Cybister japonicus*）

形态特征：体长40mm。椭圆形，前端略窄，背面较隆拱，黄绿色。前胸及鞘翅黄边较宽。腹部黄色，具黑色边缘。前足跗节膨大呈吸盘状，后足发达，侧扁如桨，被长毛，末端具1爪。

 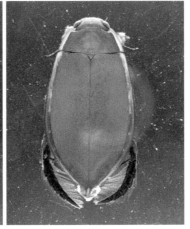

腹面观　　　　　　　　　　　背面观

日本真龙虱（*Cybister japonicus*）

2）真龙虱属幼虫一种（*Cybister* sp.）

形态特征：体长筒状，灰白至深灰色，体长50mm。头部扁平，具有1对钳形大颚。口上片前缘具3个齿，两侧齿的顶端达中齿端部。触角9节。腹部暗褐色，背面散布灰褐色小斑。胸、腹部腹面色淡。尾节退化。

生境：中污染水体中多见。

采集地：辽河流域。

（3）龙虱属（*Dytiscus*）

形态特征：幼虫筒状，黄灰褐色。头部扁平，具1对钳形大颚。口上片前缘无齿。下唇无舌。腹部第8节两侧有长而密的游泳毛。尾节发达。

生境：幼虫在水中捕食鱼苗，遇到同类时也互

真龙虱（*Cybister* sp.）

相残食，极凶猛，对鱼苗危害很大。中污染偏轻的水体中多见。

　　采集地：辽河流域。

（4）异爪龙虱属（*Hyphydrus*）

　　形态特征：鞘翅无纵带，前胸背板前侧角向前凸，后缘"V"形。前足第4跗节长。后足的爪不等长。部分种类雄性腹板第3节具刺突或前足转节具缺刻及长突。体长3～5mm，卵形或长椭圆形。

　　生境：生活在山地清洁河流的水体中。

　　采集地：辽河流域。

1）日本异爪龙虱（*Hyphydrus japonicus*）

　　形态特征：体长4mm。卵圆形，拱起强烈。头红棕色，眼间具1对深褐色斑。触角及下颚须黄棕色。前胸背板红棕色，基部具"V"形黑色带。鞘翅黄棕色，具黑褐色斑。翅面小点刻均匀，大点刻稀疏。腹部红棕色。足黄色至红棕色。后足胫节端部长距边缘锯齿状。

龙虱（*Dytiscus* sp.）　　　　日本异爪龙虱（*Hyphydrus japonicus*）

（5）粒龙虱属（*Laccophilus*）

　　形态特征：体小型，体长3～5mm，卵形、宽卵形或宽椭圆形。体色黄色或深棕色。前胸背板后缘"V"角明显。鞘翅具横带、"Z"形纹或无斑，网纹清晰刻入，网眼近圆形或多边形。前胸腹板突起长针状。腹面具圆弧形刻线。前足及中足跗节5节，雄性跗节略膨大。后足腿节短，胫节外缘齿状。

生境：在山地河流、湖泊等较清洁的水体中栖息。

采集地：辽河流域。

1）圆眼粒龙虱（*Laccophilus difficilis*）

形态特征：体长5.2mm，宽椭圆形，略拱起。头棕黄色，触角淡黄色；眼大小均一，小圆形。前胸背板棕黄色，后缘具深色窄边；鞘翅黄棕色，鞘翅凹线由深棕色的小圆斑构成。腹面光滑；前胸腹板突起末端短。后足基节板表面具横刻；足黄棕色，前足及中足腿节扁平，后足腿节短粗。体深褐色，黄色斑纹明显。

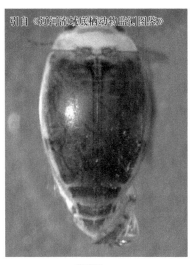

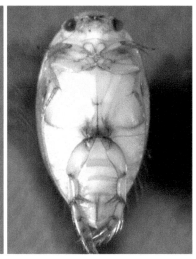

背面观　　　　　　　　　　腹面观

圆眼粒龙虱（*Laccophilus difficilis*）

（6）滑龙虱属（*Liodessus*）

滑龙虱（*Liodessus* sp.）

形态特征：幼虫筒状，黄灰褐色，体长10mm。头部扁平，三角形。具有1对钳形大颚。口上片前缘具3个齿，两侧齿的顶端达中齿端部。触角9节。腹部暗褐色，背面散布灰褐色小斑。胸、腹部腹面色淡。尾节退化。

生境：幼虫在水中捕食鱼苗及其他水生动物。中污染水体中多见。

采集地：辽河流域。

（7）斑孔龙虱属（*Nebrioporus*）

形态特征：鞘翅具深色纵带，头部后缘具深色、窄的横带。鞘翅背部表面网纹清晰。雄性前爪长。体长4～6mm，卵形或长卵形。

生境：在清洁河流水体中栖息。

采集地：辽河流域。

1）细带斑孔龙虱（*Nebrioporus hostilis*）

形态特征：体长5.0mm。卵形，略拱起。头黄色，复眼后具窄的黑色横带；触角红棕色，第6～11节端部深色；下颚须末节端部深色。前胸背板黄色，基部中央具1对黑色斑。鞘翅黄色，每个翅瓣具5条深色纵纹及3个侧缘的深色斑。背部刻点列清晰可见。足黄色，跗节颜色略深。

（8）山龙虱属（*Oreodytes*）

形态特征：体长3～5mm，黄色到棕黄色，卵形或长卵形，鞘翅具深色纵带。头部后缘无深色横带或斑。鞘翅端部明显变狭。前胸背板基部具1对褶皱。

生境：生活在山地河流有水草的较清洁水体中。

采集地：辽河流域。

1）善游山龙虱（*Oreodytes natrix*）

形态特征：小型种，体长3.6mm。体棕黄色，长卵形，背部拱起明显，鞘翅端部明显变狭。前胸背板棕色，中央具褐色横带。鞘翅棕褐色，端部和中部各具2对黄褐色斑，中下部和基部各具1对黄褐色斑。

细带斑孔龙虱（*Nebrioporus hostilis*）　善游山龙虱（*Oreodytes natrix*）

（9）斑龙虱属（*Rhantus*）

形态特征：体中型，体长7～10mm。鞘翅上具密集的黑色小斑。雄性前足跗节1～3

引自《辽河流域底栖动物监测图鉴》

小雀斑龙虱（*Rhantus suturalis*）

节膨大，具长椭圆形吸盘。后足跗节的2个爪不等长，外爪明显短于内爪。辽河流域分布雀斑龙虱属1种。

生境：成虫及幼虫生活在河流、湖沼、池塘及水田中。

采集地：辽河流域。

1）小雀斑龙虱（*Rhantus suturalis*）

形态特征：体长11mm。卵圆形，略扁平。头部黑色，具"工"字形黄色斑纹。前胸背板黄色，中央具1菱形黑纹。鞘翅黄色，具细微暗色纹路。腹面黑色。

6. 长角泥甲科（Elmidae）

体细长，坚硬，一般呈黄褐色。腹部具侧板的腹节数不定。

（1）*Pseudamophilus*

形态特征：前足胫节前缘有细毛。前胸背板基部侧方无纵沟。鞘翅第3、第4刻点中间愈合，到达翅端。触角端节长。

生境：幼虫在山地流水中栖息，以水中砾石上附着的藻类为食。清洁水体中多见。

采集地：辽河流域。

1）日假爱菲泥甲（*Pseudamophilus japonicas*）

形态特征：成虫长椭圆形，体长4.8~5.3mm，暗褐色。触角长，11节。上翅间室具显著的黄色毛。足长，前足胫节前缘具细毛，爪强壮。幼虫体细长，圆筒状，黄褐色。

引自《辽河流域底栖动物监测图鉴》

| 侧面观 | 背面观 |

日假爱菲泥甲（*Pseudamophilus japonicas*）

7. 牙甲科（Hydrophilidae）

幼头壳腹面的骨化区在腹中线处被1条缝所分割；从背面看，腹部8节可见；下颚细，呈须状；上颚内缘处的沟不明显，常被1臼突隔断，水生种类末端具气管鳃。

（1）尖音牙甲属（*Berosus*）

形态特征：幼虫体长7.5mm。细纺锤形，淡黄色。头部方形，头甲前缘中央的三角形突出，端部具3个齿。触角第1节长，第3节短小。大颚镰刀形，左右不对称。小颚须3节，第1节极短，第2节长，第3节短小。中胸背板两侧各具1三角形板。中、后胸与腹部各节背面具数个小疣状突起。腹部第1～7节两侧各具1长的鳃突。足无游泳毛，爪细长。

生境：幼虫在池沼、沟渠等水体中栖息。中污染偏重的水体中多见。

采集地：辽河流域。

尖音牙甲（*Berosus* sp.）

（2）苍白牙甲属（*Enochrus*）

形态特征：成虫长椭圆形，体长4.8～5.3mm，暗褐色。触角长，11节。上翅间室具显著的黄色毛。足长，前足胫节前缘具细毛，爪强壮。幼虫体细长，圆筒状，黄褐色。

生境：幼虫在山地河流中栖息，以水中砾石上附着的藻类为食。清洁水体中多见。

采集地：辽河流域。

侧面观　　　　　　　　　背面观

苍白牙甲（*Enochrus* sp.）

（3）牙甲属（*Hydrophilus*）

形态特征：成虫额前缘略平直，下颚须不长，末节短于第3节。

生境：本属常生活在水草丰富的河流、湖沼等水体中。常在水草上爬行，以水草、丝状藻和腐叶、腐屑等为食，也吃死的或行动缓慢的动物，还伤害鱼苗和鱼卵。

采集地：辽河流域、松花江流域。

1）尖叶牙甲（*Hydrophilus acuminatus*）

形态特征：大型种，体长42mm。体长椭圆形，背面拱起。身体离水后为黑褐色，泛墨绿色光泽。在水中为墨绿色。头、前胸及鞘翅颜色一致，触角红褐色，末端数节膨大。小盾片三角形。腹面，后胸刺发达，长达第2腹板。胸部腹面具银绿色细绒毛。腹板黑色。足黑色，跗节具金黄色游泳毛。

背面观   腹面观

采白辽河流域

尖叶牙甲（*Hydrophilus acuminatus*）

8. 沼梭科（Haliplidae）

（1）沼梭属（*Haliplus*）

形态特征：成虫体小，通常2～5mm。成虫和幼虫均以藻类为食。卵产于水草或丝状藻类尸体上，发育期1.5～2个月。幼虫常在漂浮的丝状藻类或水草上爬行，幼虫期3～5周，蛹期2～3周。成虫游泳时其足交叉划动，后足基节板状，可盖住足的腿节和腹部等，与小龙虱相区别。

生境：幼虫主要生活在池沼、沟渠等水中丝状藻类丛生之处。中污染水体中多见。

采集地：辽河流域、松花江流域、太湖流域。

9. 扁泥甲科（Psephenidae）

幼虫身体圆形，背甲与体节紧密相连，侧缘具细毛。

（1）真扁泥甲属（*Eubrianax*）

形态特征：成虫体长约4mm。体卵圆形，扁平。头部略露出前胸背板，触角雄性明显栉状，雌性丝状。鞘翅红色或黑色，表面具密点刻及绒毛，条沟浅但明显。腹部可见5节腹板。幼虫身体卵圆形，背甲与体节紧密相连，侧缘具细毛。腹部具鳃4对。

生境：成虫、幼虫在山地清洁河流、溪流中栖息。

采集地：辽河流域。

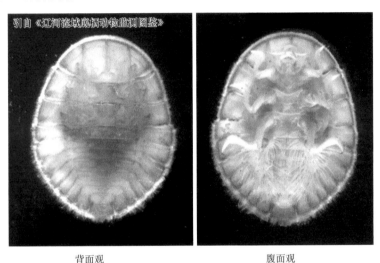

背面观　　　　　　　　　　　　腹面观

真扁泥甲（*Eubrianax* sp.）

（2）纯扁泥甲属（*Mataeopsephus*）

形态特征：成虫体长约6mm。体扁平，近黑色，表面具细绒毛，体壁较柔软。头小，通常隐蔽于前胸背板之下，触角丝状。前胸背板半圆形，腹部雄性可见7节腹板，雌性可见6节腹板。跗节5：5：5。幼虫身体圆形，背甲与体节紧密相连，侧缘具细毛。腹部具鳃6对。

生境：成虫在山地溪流的岩石上、幼虫在山地流水砾石表面栖息，运动缓慢，以微小藻类为食。栖息地水质清洁。

采集地：辽河流域。

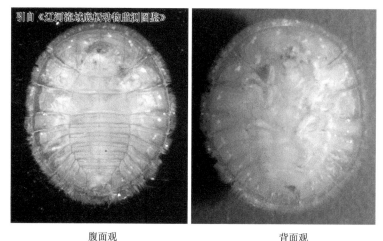

腹面观　　　　　　　　　　　　背面观

纯扁泥甲（*Mataeopsephus* sp.）

（3）肖扁泥甲属（*Psephenoides*）

形态特征：成虫体长2～3mm。体扁平，灰色。头部短宽，复眼较大。触角雄性栉状，分枝长。雌性分枝短。前胸背板短，颜色略淡。鞘翅柔软，方形，表面无点刻。腹部可见5节腹板。幼虫身体长卵圆形，背甲与体节紧密相连，侧缘具细毛。腹部具鳃6对。

生境：成虫、幼虫经常在山地清洁流水的石头或砾石表面栖息，以微小藻类为食。

分布：辽河流域。

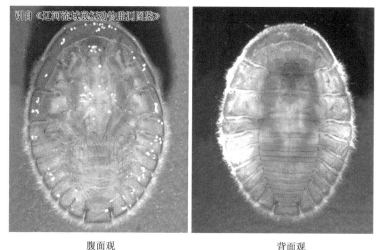

腹面观　　　　　　　　　　　　背面观

肖扁泥甲（*Psephenoides* sp.）

10. 隐翅甲科（Staphylinidae）

本科昆虫小到中型。体狭长、两侧平行，鞘翅极短，末端截形，腹部大部外露。

体呈褐、黄与蓝色，较光滑，并覆细毛。复眼小型或大型，单眼1或2个。口器发达。触角10或11节，很少为9节，丝状或棍棒状。腹板6或7节，末端具尾毛状突起，跗节因种而异。

引自《辽河流域底栖动物监测图鉴》

采自辽河流域

隐翅甲（*Xantuorinus* sp.）

（1）隐翅甲属（*Xantuorinus*）

形态特征：体长约10mm，体略扁平。头黑色、胸部黄褐色。触角10或11节，丝状或半棍棒状。前胸背板宽大，向下弯曲。鞘翅很短，方形，略宽于前胸背板。腹露出6节腹板。足淡黄色。

生境：幼虫多为腐食性种类，本种在河流的沿岸带栖息。

采集地：松花江流域、太湖流域、辽河流域。

（九）双翅目（Diptera）

双翅目昆虫包括日常熟悉的蚊、蚋、蠓、虻、蝇等。它们的头部有小颈，能自由活动，复眼发达，单眼3只或无。口器有刺吸式（蚊）、舔吸式（蝇）等多种形式。胸部3节紧接。中胸最大，前翅发达，膜质。后翅退化成棒状的平衡棒。足3对，相似。跗节5节。腹部4～11节，无尾毛。双翅目昆虫小或大型，为完全变态。幼虫一般为无足的蛆型，头部明显外露的蚊类为全头型。虻类头部为半缩半露，为半头型。蝇类头部很不明显，为无头型。蝇类的蛹外面包着一层没有脱去的幼虫皮，称为围蛹。蚊类的蛹能在水中游泳，为动蛹或裸蛹。卵圆形或椭圆形，一般白色，单粒或成堆。

幼虫水生或陆生，多以腐殖质或植物组织为食。双翅目的水生幼虫是鱼类的天然饵料。还可作为各种不同类型水域的指示标志。

1.伪鹬虻科（Athericidae）

幼虫褐色或淡褐色。头小，可缩入前胸，圆筒形。胸部3节，腹部8节。腹部第2～7腹节背面和侧面各具1对尖刺状突起。第8节背面具二叉状背突。腹部腹面第1～7节具伪足，伪足末端具钩状刺。

（1）苏伪鹬虻属（*Suragina*）

形态特征：特征与科相同。

生境：幼虫在山地清洁河流中栖息，雌性成虫具有吸血习性。

采集地：辽河流域。

1）蓝苏伪鹬虻（*Suragina caerulescens*）

形态特征：幼虫体长约15mm，体宽约2mm，体褐色或淡褐色，圆筒形，体节11节。头小，可缩入前胸。腹部第1～7节腹足（侧面观）的长为宽的2倍以上。腹足端部具3层钩状刺毛，最下层刺毛细小。腹部第2～5节背面具短的背突。腹部第8节侧面具细毛列。

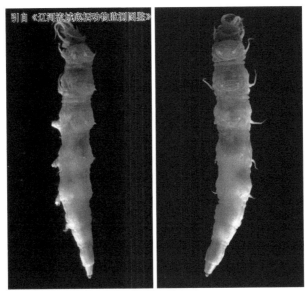

侧面观　　　　　　　背面观

蓝苏伪鹬虻（*Suragina caerulescens*）

2. 网蚊科（Blephariceridae）

本科幼虫头部、胸部和腹节第1节愈合；腹部具微小气门，腹部第2～6节的腹面具气管鳃丛，沿腹中线处有6个盘状的吸盘；生活在急流水中，附着在石上。

（1）斐网蚊属（*Philorus*）

形态特征：幼体长8mm，黄褐色。头部触角3节。胸部3节，背纹火焰形。腹部7节，颈片发达。各节触毛足1对，分为背、腹2枝。腹部颈片间具条状鳃。胸部及腹部具6个吸盘。尾足退化，第7节半圆形。

生境：幼虫在河流、溪流、急流的湿岩上生活。栖息地水体清洁。

采集地：辽河流域。

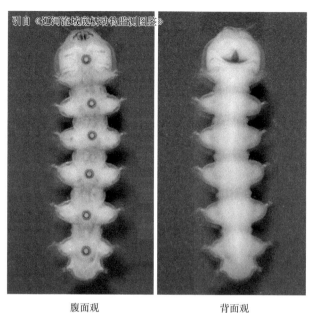

引自《辽河流域底栖动物监测图鉴》

腹面观　　　　　　　　　背面观

斐网蚊（*Philorus* sp.）

3. 摇蚊科（Chironomidae）

摇蚊幼虫整体为蠕虫状，成熟幼虫体长2～60mm，大部分幼虫体长10mm左右。体分头、胸、腹三部分。头部黄色、褐色、黑色等。胸部3节，腹部10节，体节由13节组成。

（1）无突摇蚊属（*Ablabesmyia*）

形态特征：幼虫中至大型，体长可达11mm。淡黄色至褐色，有时具黑斑。头淡黄褐色，椭圆形。触角约为头长的1/2，上颚长的3倍。上颚锥形，端部弯曲；端齿长为基齿宽的3倍，基半部黑褐色；端齿基部具1大的基齿和1个大而钝的圆形副齿；齿下毛粗，长度适中。下颚须第1节内再分2～6节，环器位于端部2节之间。背颏无齿；颏附器三角形，两侧各有1椭圆形上唇泡，基部骨化区内各有几个重叠上举的钝突。唇舌5个齿，长约为端部宽的2倍，端部1/3褐色至黑色。侧唇舌2分叉。体节两侧无缨毛。

生境：幼虫生活在山地河流、溪流的缓流水体中。栖息地水质轻污染。

采集地：太湖流域、辽河流域。

1）长铗无突摇蚊（*Ablabesmyia longistyla*）

形态特征：幼虫体长5mm。触角4节，长约为上颚长的3倍。唇舌5个齿，侧唇舌2分叉。上颚端齿是上颚长的0.27倍。下颚须基节分5节。颏附器三角形，两侧各有1椭圆形上唇泡，基部骨化区具1重叠上举的钝突。腹部后原足具1棕褐色爪。尾刚毛台长约为宽的3倍，上具6根尾毛。

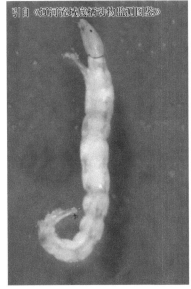
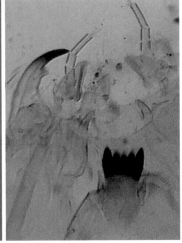

整体观 　　　　　　　　　　唇舌和上颚

采自辽河流域

长镱无突摇蚊（*Ablabesmyia longistyla*）

2）费塔无突摇蚊（*Ablabesmyia phatta*）

形态特征：幼虫体长10mm。头壳黄色，后头缘棕色。触角4节，长约为上颚长的3.8倍，触角叶与鞭节等长。唇舌长是顶部宽的1.5倍，侧唇舌2分叉。舌栉毛约20个齿。上颚端齿是上颚长的0.3倍。下颚须基节分3节。颏附器三角形，两侧各有1椭圆形上唇泡，基部骨化区具1重叠上举的钝突。后原足长，顶端具2或3个深棕色爪。尾刚毛台长约为宽的2.6倍，上具6根尾毛。

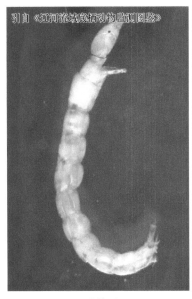

整体观 　　　　　　唇舌和上颚

采自辽河流域

费塔无突摇蚊（*Ablabesmyia phatta*）

（2）异环足摇蚊属（*Acricotopus*）

形态特征：幼虫中等大小，体长8mm。触角5节，各节依次缩小，环器位于第1节基部1/3处。触角叶不超过触角末节。劳氏器约为第3节长的1/2。触角芒约与第3节等长。上唇无上唇片和上唇基骨片。上颚端齿比3个内齿的宽度稍长，齿下毛端部具缺刻，无上颚刷。颏中齿宽，表面有4个浅的刻痕。侧齿6对。腹颏板宽，基部具腹颏鬃。下颚的负唇须片具梳状或尖的叶突。外颚叶突大部分简单，有外颚叶栉。下颚须简单。体节上前、后原足分离，每个足的端部具齿冠状爪。

生境：幼虫生活在流水以及沼泽或湖泊的沿岸水体中。

采集地：辽河流域。

1）亮异环足摇蚊（*Acricotopus lucens*）

形态特征：幼虫体长7mm。头壳黄色，后头缘黑褐色。触角5节，触角比2。触角叶达第4节端部。上唇SⅠ刚毛2分叉，外叉端部又分2～3个细刺。前上颚单一。上颚具1端齿和3个内齿，无上颚刷。颏中齿宽，端部的2个小齿乳突状。侧齿6对，黑褐色。腹颏板显著，腹颏板鬃14～18根。尾刚毛台部分骨化，上具根6尾毛。

（3）北绿摇蚊属（*Boreochlus*）

形态特征：幼虫体长6mm。触角细长，第5节不明显，第2节生有间距相等的触角环，环纹区中部具1小的劳氏器，触角叶超过触角第2节，副叶小或无。上唇刚毛SⅠ和SⅡ着生在高托上。内唇栉3叶形。上颚具6个内齿。颏具1突出的中齿和7或8对侧齿。尾刚毛台细长，前半部透明，后半部黑色，具尾毛5根。第11体节背部具2个小的通气孔。

生境：幼虫在山地清洁河流、冷溪流苔藓植物丛中栖息。

采集地：辽河流域。

1）西氏北绿摇蚊（*Boreochlus thienemani*）

形态特征：幼虫体长6mm。触角5节，各节之间不易区分，第3节具环纹，环纹区中部具1小的劳氏器。触角叶比第2节长且位于触角基环上。上唇刚毛粗刺状，SⅠ和SⅡ刚毛着生在粗大等高的托上。上颚具背齿、端齿和6个内齿，第1、第2内齿小。颏中齿1个，侧齿7对。尾刚毛台长，黑褐色，上具5根黑色长短不等的尾毛。

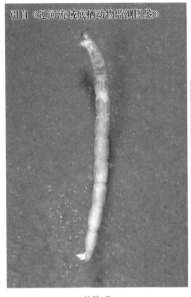

整体观

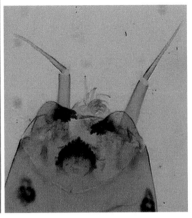

头壳

西氏北绿摇蚊（*Boreochlus thienemani*）

（4）底栖摇蚊属（*Benthalia*）

形态特征：幼虫中到大型，体色淡红色至深红色。触角5节，触角叶与鞭节等长或稍长于鞭节，基部具黑斑。上唇SI刚毛两侧羽毛状，SⅡ、SⅢ单一。上唇片发达，倒"人"字形；内唇栉具2或3个界线不明显的骨片，端部缨毛状。前上颚端部具2齿，外侧齿纤细，前上颚刷发达。上颚背齿色淡，端齿黑色，内齿2个，上颚臼常具假齿。齿下毛粗壮。上颚刷4根。颏中齿单一，两侧具缺刻，中齿明显高于第1侧齿，侧齿6对，第4侧齿比相邻的齿低；腹颏发达，宽度长于背颏，两腹颏间距大于颏中齿的宽度，影线纹发达；后颏颜色加重。腹部第8节具1对腹管，中间具有2或3个缢缩，端部常常弯折，长度稍微长于其着生体节宽度；尾刚毛台长稍微大于宽；肛管2对，香肠状，不长于后原足。幼虫生活在底质柔软的静水中，富营养到超富营养水体多见。滤食性。

生境：幼虫在河流的缓流处及湖沼等静水水体中生活。栖息地水质中污染偏重。

采集地：辽河流域。

1）分离底栖摇蚊（*Benthalia dissidens*）

形态特征：幼虫体长7mm，活体红色，头壳黑褐色，后头缘黑色。触角5节，触角比1.3。触角叶超过鞭节。上唇SI刚毛两侧羽状，SⅡ刚毛单一。内唇栉为3个独立的缨毛状鳞片。前上颚2分叉，具前上颚刷。上颚具1端齿、2个内齿。上颚刷4根，刷的一侧羽毛状。颏具1个中齿和6对侧齿。中齿明显高于侧齿，两侧具缺刻。第5侧齿明显高于第4、第6侧齿。腹部第8节具1对腹管，长是其着生体节的1.5倍。尾刚毛台顶端生有6根刚毛。肛管2对。

（5）摇蚊属（*Chironomus*）

形态特征：中至大型幼虫，体长达7～60mm，浅红色至深红色。头部背面具额唇基和上唇骨片SⅠ。无上唇骨片SⅡ，两对眼点分离。触角5节，环器位于第1节近中部，触角叶不超过触角末节，副叶约为第2节长的0.5倍。劳氏器和触角芒着生在第2节端部。上唇SⅠ刚毛羽状或梳状，SⅡ刚毛简单，SⅢ刚毛细短，SⅣ和上唇片发育正常。内唇栉由15～30个约等长的齿组成。前上颚具2个齿，但新热带区的一些种类具5个齿。上颚背齿色淡、端齿黑色，内齿3个。齿下毛简单。上颚栉发达，上颚刷羽状。基部外表面有1排放射状纹。颏中齿三分叶，侧齿6对。第1和第2侧齿紧靠在一起，有时第4侧齿比2个邻齿小。腹颏板扇形，中部分离的距离为颏宽的1/4～1/3，有时比颏宽。亚颏毛简单。体节通常具2对腹管，或长或短或呈螺旋形卷曲（喜盐摇蚊*Chironomus salinarius*无腹管）。肛管或长或粗壮。

生境：本属幼虫喜爱软淤泥底质，分布于各种静水水体和流水中。数种幼虫生活于低溶解氧的腐殖质丰富的黑色淤泥中，在富营养化水域中常有众多的数量。

采集地：三峡库区（湖北段）、丹江口水库、松花江流域、辽河流域、洱海流域、滇池流域、太湖流域。

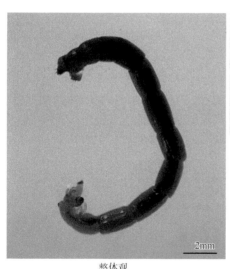

头壳

整体观

头部

采自滇池流域

摇蚊（*Chironomus* sp.）

1）猛摇蚊（*Chironomus acerbiphilus*）

形态特征：幼虫体长15mm，活体红色，头壳橘黄色。触角5节，触角比2.4。触角叶长达第4节的基部。SⅠ刚毛宽，外侧端部1/4和内侧锯齿状。内唇栉具约20个大小不同的齿。前上颚2分叉。上颚具背齿、端齿和3个黑褐色内齿。齿下毛钉状。上颚刷4根，羽状。上颚臼基部具3个短棘。颏具相对宽的3个中齿，明显比第1侧齿低，其他6对侧齿逐渐降低。第7腹节侧腹管弯钩状，第8节的2对腹管细长，前面1对向后伸，后面1对在基部1/3弯折，长度与前1对相等。肛管2对，从基部到端部逐渐膨大。

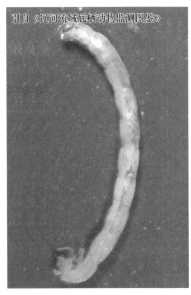

整体观 头壳

采自辽河流域

猛摇蚊（*Chironomus acerbiphilus*）

2）墨黑摇蚊（*Chironomus anthracinus*）

形态特征：幼虫红色，体长12mm。头壳褐色。颏板和后颏1/3黑褐色。触角5节，触角比2.1。环器位于基部。触角叶与末节等长或者稍长。上唇SⅠ刚毛羽状，SⅡ单一，内唇栉具14～16个齿。前上颚2分叉。上颚具1背齿、1端齿和3个内齿。颏板中齿3分叉，侧齿6对，第4侧齿明显比邻齿低。腹部第7节无侧腹管，第8节具2对不长于其着生体节宽度的腹管。肛管2对，短于后原足。

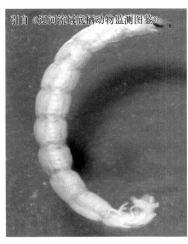

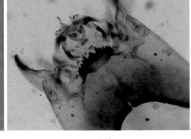

整体观 头壳

采自辽河流域

墨黑摇蚊（*Chironomus anthracinus*）

3）溪流摇蚊（*Chironomus riparius*）

形态特征：幼虫红色，体长10mm。活体血红色，头壳黄褐色，近后头区1/2黑褐色。触角5节。内唇栉11～16个齿。上颚内齿黑褐色。颏中齿3个，侧齿6对，高度从中间到两侧逐渐降低，腹颏板影线明显。腹部具2对腹管，无侧腹管，腹管的长度是其着生体节宽的1.2～1.4倍。2对肛管不长于后原足。

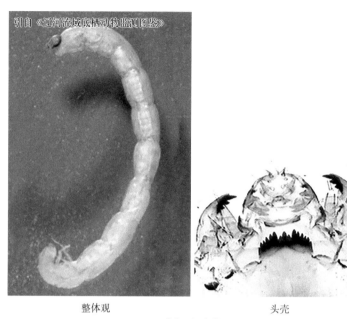

整体观　　　　　　　　头壳

采自辽河流域

溪流摇蚊（*Chironomus riparius*）

4）中华摇蚊（*Chironomus sinicus*）

形态特征：幼虫红色或暗红色，体长20mm，头壳黑褐色。触角5节，触角比2.0。触角叶约与鞭节等长。上唇S I 刚毛羽状，S II 单一。内唇栉14个齿。前上颚2分叉。上颚

整体观　　　　　　　　头壳

采自洱海流域

中华摇蚊（*Chironomus sinicus*）

具1背齿、1端齿和3个黑褐色内齿。颏中齿3分叉，6对侧齿。腹颏板外缘强烈褶皱状，后颏和颊强烈黑化。腹部第7节具1对侧腹管，第8节具2对腹管，长度与其着生体节宽度近似相等，后面1对弯折。尾刚毛台退化，顶生7根尾毛。

5）黄色羽摇蚊（*Chironomus flaviplumus*）

形态特征：幼虫红色，体长18～28mm。后颏褐色，额唇基板后端颜色加深。触角5节，触角比1.7。触角叶达第5节基部。上唇SⅠ刚毛羽状，SⅡ单一，内唇栉具14～16个齿。前上颚2分叉。上颚具1背齿、1端齿和3个内齿。颏中齿3分叉，侧齿6对，腹部第7节具1对侧腹管，第8节具2对腹管，长度大约是其着生体节的2倍，前面1对长于身体的后端。

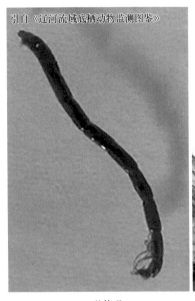
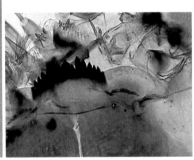

整体观 头壳

采自辽河流域

黄色羽摇蚊（*Chironomus flaviplumus*）

（6）枝角摇蚊属（*Cladopelma*）

形态特征：中型幼虫，体长7mm。触角5节，第1节比鞭节长。触角叶发达。上唇SⅠ刚毛尖叶状，SⅣ A刚毛分2节。前上颚2分叉，前上颚刷发达。上颚无背齿，具1端齿和2个扁平的内齿。齿下毛细长。上颚刷具4根羽状毛，无上颚栉。颏中齿通常为2个，侧齿7对，最外侧齿有时很小，或多或少与邻近齿融合。第2侧齿小，第2侧齿增大并向中部倾斜。腹颏基半部影线明显。后原足爪简单。

生境：幼虫在山地、河流缓流水体中生活。轻污染水体中多见。

采集地：太湖流域、辽河流域。

1）平铗枝角摇蚊（*Cladopelma edwardsi*）

形态特征：幼虫体长5mm。头壳黄色，后头缘黑色。触角5节，触角第4节是第3节的2倍。触角比1.6。触角叶不超过第4节顶端。上唇SⅠ刚毛单一。前上颚单一。上颚无背齿，具1三角形和1扁平内齿。颏中齿中间具1凹刻，侧齿7对，第5、第7侧齿小，第6侧齿发达并向中间倾斜。腹部尾刚毛台退化，上具4～7根尾毛。肛管2对，肠形。

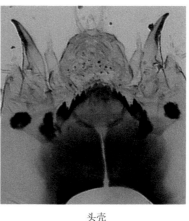

整体观　　　　　　　　　头壳

采自辽河流域

平铗枝角摇蚊（*Cladopelma edwardsi*）

（7）枝长跗摇蚊属（*Cladotanytarsus*）

形态特征：小至中型幼虫，体长达5mm。触角5节，触角托短、无刺突。第1节与鞭节等长或稍长，基部具1环器，近中部有1根发达的刚毛，第2节楔形，比第3节短或相等。触角叶位于第1节端部，副叶短，触角芒和劳氏器从第2节伸出，劳氏器大，花蕾状，劳氏器柄短粗。上唇SⅠ刚毛梳状，SⅡ刚毛位于高托之上，末端羽状。SⅢ刚毛单毛状。上唇片发达。内唇栉由3带锯齿的鳞组成。前上颚具4或5个小齿，前上颚刷发达。上颚背齿色淡，端齿和3个内齿褐色。齿下毛长，弯曲。上颚刷由4根羽状毛组成。上颚栉发达。颏中齿宽，侧面具缺刻，侧齿5对，向侧面逐渐缩小或第2侧齿比邻齿小。偶尔第1侧齿很小。腹颏板的长比颏的宽度宽。体节上后原足的一些爪内缘具细的锯齿。

生境：本属幼虫适应性广。在河流、大川、湖泊及池塘以及温水溪流都是它们的栖息场所。

采集地：太湖流域、辽河流域。

1）残枝长跗摇蚊（*Cladotanytarsus mancus*）

形态特征：幼虫体长3.5mm。头壳淡黄色。触角5节，触角比0.9。触角叶不超过第

3节。劳氏器发达，花冠状。前上颚端部具4个齿。上颚背齿色淡，端齿和3个内齿黄褐色。颏中齿色淡，深裂成3个小齿，第2侧齿明显比其他齿低。腹颏板宽是高的5倍。腹部第2～7节具2分叉的羽状毛。尾刚毛台具6根尾毛。肛管长于后原足。

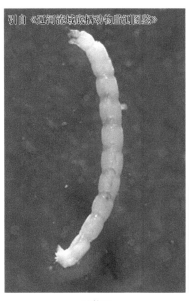

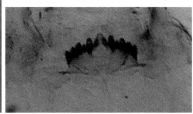

整体观　　　　　　　　　　　　头壳

采自辽河流域

残枝长跗摇蚊（*Cladotanytarsus mancus*）

2）范德枝长跗摇蚊（*Cladotanytarsus vanderwulpi*）

形态特征：幼虫体长3.6mm。触角5节。触角叶达末节中部。劳氏器发达，花冠状。前上颚端部具5个齿。上颚背齿色淡，端齿和3个内齿褐色。颏中齿分成3小齿，第1侧齿比第2侧齿小。腹部第2～7节具2分叉的羽状毛。尾刚毛台具6根尾毛。

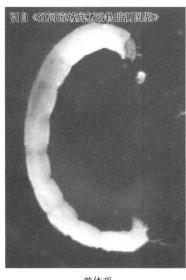

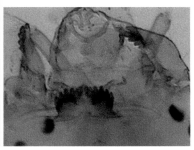

整体观　　　　　　　　　　　　头壳

采自辽河流域

范德枝长跗摇蚊（*Cladotanytarsus vanderwulpi*）

（8）隐摇蚊属（*Cryptochironomus*）

形态特征：中至大型幼虫，体长达15mm。触角5节，第1节与鞭节约等长或比鞭节长，端半部具环器。触角叶位于第2节端部2/4处，超过或不超过触角末节，触角副叶短。触角芒位于第2节、第3节端部。无劳氏器。上唇S I 刚毛短，S II 刚毛长、尖叶状，S III 刚毛单毛状，S IV 刚毛细长、分3节。上唇片不发达。内唇栉三角形，分3叶，前缘具锯齿。内唇侧棘毛中间的1对宽且具锯齿，其他毛细长。前上颚具4～6个齿，端部向基部逐渐缩小。有前上颚刷。上颚无背齿，具1长的端齿和2个三角形内齿。齿下毛细长。上颚刷1～4根，1根时只为单一的毛，具4根时，前2根羽状，后2根简单。上颚栉毛1根，简单或基部具细齿。颏中齿宽、色淡。侧齿6或7对，向中部倾斜。第1侧齿通常与中齿融合，最外侧的齿具凹刻。腹颏板明显比颏宽，侧端尖锥形，腹颏板影线细。下颚须细长，第1节长为宽的2倍。体节上后原足爪简单，无侧腹管和腹管。

生境：本属幼虫生活在湖泊、小溪和河流的各种沙质和泥质中。

采集地：松花江流域、三峡库区（湖北段）、丹江口水库、太湖流域、辽河流域。

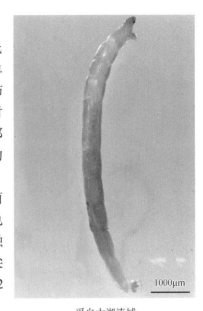

1000μm

采自太湖流域

隐摇蚊（*Cryptochironomus* sp.）

1）凹铗隐摇蚊（*Cryptochironomus defectus*）

形态特征：幼虫橘红色，体长7mm，头壳黄色，后头缘淡黄色。触角5节，触角比1.1。触角叶达触角末节顶端。前上颚顶端具6齿。上颚端齿长，内齿2个，黑色。齿下毛叶状，达第2内齿顶部。颏中齿色淡，侧齿6对，黑色，第6侧齿与第5侧齿基部愈合。腹颏板长约为宽的3倍，影线纹几乎达整个腹颏板的边缘。腹部后原足发达，其长是宽的1.4倍，顶端具12个黄褐色爪。尾刚毛台端部具尾毛8根。肛管2对，长大约是宽的2倍。

2）喙隐摇蚊（*Cryptochironomus rostratus*）

形态特征：幼虫体长6mm，头壳黄色，后头缘淡棕色。触角5节，第2节、第3节等长，触角比1.0。触角叶超过第3节顶端。前上颚具5个齿。上颚具1端齿，2个内齿，齿下毛超过第1内齿。颏中齿宽，侧齿6对。腹颏板影线纹分布在基部，部分影线纹有重叠现象。腹部后原足长为宽的2倍。肛管2对，长为宽的2倍。短于后原足。

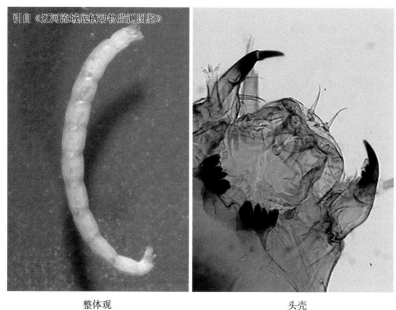

引自《辽河流域底栖动物监测图鉴》

整体观　　　　　　　　　　　头壳

采自辽河流域

喙隐摇蚊（*Cryptochironomus rostratus*）

3）指突隐摇蚊（*Cryptochironomus digitatus*）

形态特征：颏前缘凹陷，具宽的淡色中齿和几对暗色透明的侧齿。内唇栉为多少呈三角形的锯齿状鳞。上颚刷4根，前2根羽状，后2根简单。上颚栉简单。触角叶达第触角末端。颏侧齿6对。

采自丹江口水库，头壳

指突隐摇蚊（*Cryptochironomus digitatus*）

（9）弯铗摇蚊属（*Cryptotendipes*）

形态特征：中型幼虫，体长达6mm。触角5节，第1节稍长于鞭节，环器位于基部近1/3处。触角叶和副叶约等长。无触角芒和劳氏器。上唇SⅠ和SⅡ刚毛宽叶状，但SⅡ刚毛约为SⅠ刚毛长的2倍，SⅢ刚毛单毛状，SⅣ刚毛小、分2节。无上唇片。内唇栉为1宽鳞，端部分为3个浅的钝突。前上颚端部具2个细齿，前上颚刷发达。上颚无背齿，具1端齿和2个扁平的内齿。齿下毛细长。上颚刷4根，端部2根羽状，后2根简单。无上颚栉。颏中齿圆且宽、侧面具凹刻或三分叶，侧齿6对，外侧的2个齿仅靠在一起并向中部倾斜，第2侧齿紧靠第1侧齿。腹颏板约与颏等宽，腹颏板影线明显。下颚须短，第1节长、宽约相等。体节上后原足爪简单，无腹管。

生境：本属幼虫生活在沙质和泥质的湖泊及河流中。

采集地：太湖流域、辽河流域。

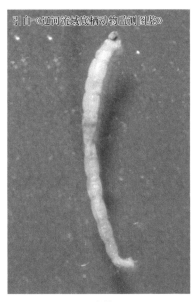

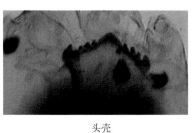

整体观　　　　　　　　　　　头壳

采自辽河流域

弯铗摇蚊（*Cryptotendipes* sp.）

1）亮黑弯铗摇蚊（*Cryptotendipes nigronitens*）

形态特征：幼虫体长7mm。头壳棕黄色，后头缘和颊黑褐色。触角5节。触角比1.5。触角叶长达第5节顶端。上唇SⅠ刚毛细长。前上颚具2个尖齿。上颚具1端齿，三角形，内齿3个，齿下毛叶状，上颚刷4分支。颏中齿3分叶，侧部凹陷明显。后原足长，具16个黄色爪。尾刚毛台具8根尾毛。肛管比后原足长。

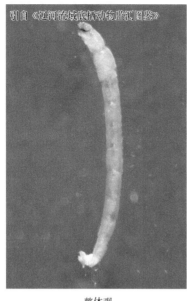

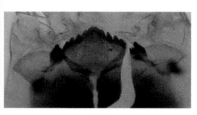

整体观　　　　　　　　　　　头壳

采自辽河流域

亮黑弯铗摇蚊（*Cryptotendipes nigronitens*）

（10）心突摇蚊属（*Cardiocladius*）

形态特征：幼虫中至大型，体长11mm。触角5节，各节依次缩小或第3节和第4节的长度相等。环器位于第1节基部1/4处。触角叶短或比鞭节长。劳氏器大，触角芒长者可达第4节末端。上颚端齿比4个内齿的宽度短，齿下毛短。上颚刷具长柄，端部具5个预装分叉，内缘具1～5个锯齿形长刺，有时明显缺。颏具1个宽的中齿和5对侧齿。腹颏板三角形。亚颏毛着生在颏的末端。下颚的负唇须片具叶状叶突。外颚叶具毛状叶突。无外颚叶栉。下颚毛简单。体节上的前原足基部融合，端部具冠状爪。

生境：幼虫生活在流速快的水体中。

采集地：辽河流域。

1）端心突摇蚊（*Cardiocladius capucinus*）

形态特征：幼虫体长8mm。触角5节，触角比1.9。触角叶长达第3节端部。上唇SⅠ、SⅡ刚毛单一。前上颚端部不分叉。上颚具1个端齿和3个内齿。齿下毛超过第1内齿。上颚刷具5或6个分支，内缘具棘刺。颏具1宽的中齿和5对侧齿。腹部尾刚毛台退化，端部具7根尾毛，其中3根强壮，4根弱小。

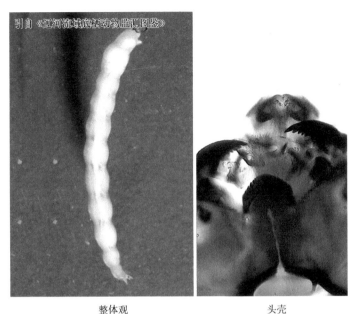

整体观　　　　　　　　头壳

端心突摇蚊（*Cardiocladius capucinus*）

（11）环足摇蚊属（*Cricotopus*）

形态特征：幼虫中等大小，体长8mm。触角4或5节，各节依次缩小或第3节、第4节等长。个别种类的触角很短。环器位于第1节基部1/3处。触角叶多数不超过触角末节，劳氏器明显，有时退化或无。触角芒比第3节的长度短。上颚端齿比3个内齿的宽度短。齿下毛端部尖或具钩状缺刻。上颚刷具6或7根简单的或有锯齿的毛。上颚臼平滑，有时具刺。颏具1个中齿和6对、很少是5或7对的侧齿。腹颏板窄，无鬃。下颚具三角形棘毛。外颚片形状各异。无外颚叶栉。上颚毛简单。体节上前原足端部具冠状爪，有时爪具明显的端齿。后原足的爪简单。

生境：幼虫生活在各种类型的淡水中，以及咸水湖和近海地区。

采集地：三峡库区（湖北段）、丹江口水库、太湖流域、辽河流域、松花江流域。

1）三束环足摇蚊（*Cricotopus trifascia*）

形态特征：幼虫体长5mm。触角5节，触角比2.18。触角叶达末节基部。上唇S I 刚毛2分叉。前上颚端部不分叉。无前上颚刷。上颚端齿黑色，外缘呈皱褶状，齿下毛长，上颚刷具5～7个分支。颏黑褐色，中齿宽，第1、第2侧齿基部愈合，第6侧齿特别小。腹部 I～VI 节具小的毛簇。后原足和肛管发达。尾刚毛台具6根尾毛。

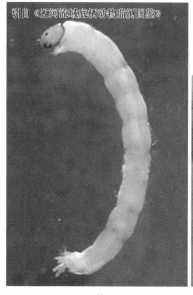

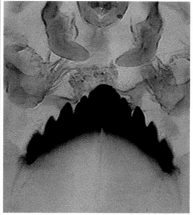

整体观　　　　　　　　　头壳

采自辽河流域

三束环足摇蚊（*Cricotopus trifascia*）

2）三带环足摇蚊（*Cricotopus trifasciatus*）

　　形态特征：幼虫体长7.5mm。触角5节，触角比1.8。触角叶长，超出鞭节。劳氏器与第3节近等长。第1节基部具环器。上唇S I 刚毛2分叉。前上颚2分叉。具前上颚刷。上颚端部黑褐色，外缘呈皱褶状，齿下毛长，上颚刷6根。颏中齿宽，第2侧齿与第1侧齿基部愈合。腹部第1～6节具毛簇。前原足爪的顶齿明显大于亚顶齿。肛管短于后原足。尾刚毛台具6根尾毛。

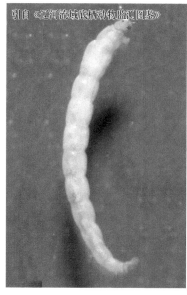

整体观　　　　　　　　　头壳

采自辽河流域

三带环足摇蚊（*Cricotopus trifasciatus*）

3）双线环足摇蚊（*Cricotopus bicinctus*）

形态特征：幼虫体长5mm。触角5节，触角比1.8。触角叶长达第4节端部。劳氏器与第3节约等长。上唇S Ⅰ 刚毛2分叉。前上颚具1个端齿。无前上颚刷。上颚端部黑褐色，外缘皱褶显著，上颚臼具2或3个小刺。上颚刷5～7根。颏中齿宽，中齿和第1、第2侧齿色淡。腹部末端的肛管短于后原足。尾刚毛台具6根尾毛。

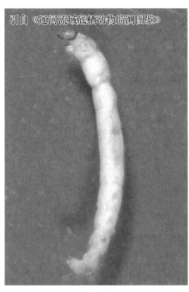

整体观　　　　　　　　头壳

采自辽河流域

双线环足摇蚊（*Cricotopus bicinctus*）

4）三轮环足摇蚊（*Cricotopus triannulatus*）

形态特征：幼虫体长5mm。触角5节，触角比1.5。触角叶长，超出鞭节。劳氏器约

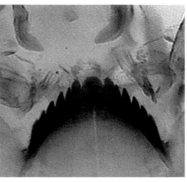

整体观　　　　　　　　头壳

采自辽河流域

三轮环足摇蚊（*Cricotopus triannulatus*）

与第3节等长。上唇SⅠ刚毛2分叉。前上颚单一。无前上颚刷。上颚端部黑褐色，外缘呈皱褶状，上颚刷5～7根。颏中齿宽，为第1侧齿的2倍。第1侧齿长于第2侧齿。腹部1～6节具毛簇。后原足发达，具14个黄色爪。尾刚毛台具6根尾毛。肛管发达。

5）白色环足摇蚊（*Cricotopus albiforceps*）

形态特征：幼虫中型，体长8mm。触角5节，触角叶不超过触角末节，劳氏器明显。上唇SⅠ刚毛2分叉，无上唇片。前上颚端部不分叉。上颚端齿约与3个内齿的宽度相等，齿下毛钉状，上颚白平滑。颏中齿1个，侧齿6对。前原足端部具冠状爪，后原足爪简单。尾刚毛台长、宽约相等，上具6根尾毛。肛管比后原足短。腹节具1对束状刚毛。

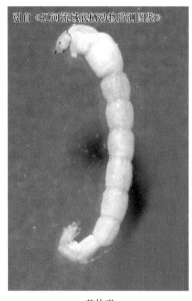
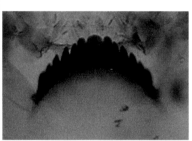

整体观   头壳

采自辽河流域

白色环足摇蚊（*Cricotopus albiforceps*）

（12）壳粗腹摇蚊属（*Conchapelopia*）

形态特征：幼虫体中型，体长7～9mm。头色浅，体节淡黄色。头壳长卵圆形。触角为头长的1/2，上颚长的2倍；触角第1节长约为宽的10倍，基部和端部1/3处具环器；触角芒棒状，伸至第4节中部，劳氏器小。上颚弯曲，端半部窄。下颚须第1节长为宽的4倍，端部1/3处具环器。背颏无齿，颏附器三角形。上唇泡卵形。两边骨化区具折叠的钝突。唇舌5个齿，长度至少为端部宽的2倍，端部1/3黑褐色，齿的前缘内凹，中齿长为宽的2倍，内齿端部向外倾斜。

生境：本属幼虫喜冷水环境，生活在河流和湖泊的沿岸地区。

采集地：辽河流域。

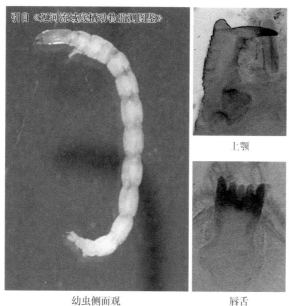

上颚

幼虫侧面观　　　　　　唇舌

壳粗腹摇蚊（*Conchapelopia* sp.）

（13）菱跗摇蚊属（*Clinotanypus*）

形态特征：头壳向前渐窄。肛突位于腹部末端。上颚明显呈钩状，具大的尖形基齿。触角长度至少为上颚的4倍，触角比＞10。唇舌内齿不弯曲或稍微向外弯。

生境：本属幼虫生活在湖泊和河流沙质及富含软泥的底质中。

采集地：丹江口水库。

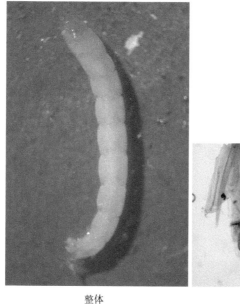
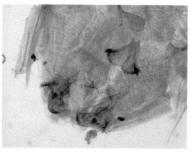

整体　　　　　　　　头壳

菱跗摇蚊（*Clinotanypus* sp.）

（14）拟隐摇蚊属（*Demicryptochironomus*）

形态特征：中至大型幼虫，体长达12mm。触角7节，第1节比鞭节短，端半部具环器。触角叶和触角芒着生在第3节上。无劳氏器。上唇SⅠ刚毛短毛状，SⅡ刚毛长叶状，SⅢ刚毛单毛状，SⅣA刚毛细长、分3节，SⅣB短钉状。无上唇片。内唇栉为1锯齿状的三角形鳞。内唇侧棘毛中间宽、锯齿形，其他毛细长。前上颚具4个粗齿，无上颚刷。上颚无背齿，端齿细长，2个内齿尖。齿下毛短。上颚刷毛2根。具上颚栉。颏中齿宽、色淡，侧齿7对，褐色，类梳状。腹颏板明显比颏宽，侧端尖锥形，腹颏板与颏等宽或比颏宽，侧端尖锥形，腹颏板影线细。下颚须细长，第1节长为宽的4～5倍。体节上后原足爪简单，无腹管。

生境：本属幼虫生活在湖泊和河流沙质及富含软泥的底质中。

采集地：辽河流域。

1）缺损拟隐摇蚊（*Demicryptochironomus vulneratus*）

形态特征：幼虫体长7mm。头壳灰黄色，后头缘灰色。触角7节，触角第2节长大于宽，触角比0.9。触角叶达第6节基部。上唇SⅠ刚毛小，SⅡ刚毛单一且粗壮。前上颚具4个齿。上颚具1端齿和2个尖的内齿。颏中齿宽、半圆形，侧齿7对，向中间倾斜。腹颏板长，影线细。尾刚毛台具8根尾毛。

（15）二叉摇蚊属（*Dicrotendipes*）

形态特征：中型幼虫，体长8～11mm，淡红至棕红色。眼点2或3对，头部背面、额通常与唇基上唇区分离，上唇骨片1和2明显分离。有的种只有1块上唇骨片。额的前部具椭圆形或圆形印痕，有时具粗糙的颗粒状隆起。额唇基大部具圆齿状末端，前侧伸出延长呈翅形。触角5节，第1节基部近1/3处具1环器。第4节长为宽的4～6倍。触角叶比鞭节短或等长，副叶通常超过第2节。触角芒和劳氏器着生在第2节上。上唇SⅠ刚毛掌状或羽状，SⅡ刚毛简单，SⅢ刚毛短毛状，SⅣ刚毛正常。上唇片正常。内唇栉由5～7个钝齿组成。前上颚具3个齿，第2和第3齿宽钝。上颚具1淡色背齿，基部有时具1或2个小的副齿。端齿1个，内齿3个。齿下毛通常简单，相对宽。颏中齿两侧具缺刻，侧齿6对，第1侧齿倾斜并与第2侧齿基部融合，第6侧齿有时向外缘扩展成1宽突。腹颏板窄、弯曲，中部距离至少是颏宽的1/3，背缘光滑或钝齿形，具完整的腹颏板影线。亚颏毛简单或末端分叉。腹部无侧腹管，无或有1对短的腹管。

生境：本属幼虫生活在静止水体和流水的沉积物中。

采集地：三峡库区（湖北段）、丹江口水库、太湖流域、辽河流域。

1）叶二叉摇蚊（*Dicrotendipes lobifer*）

形态特征：幼虫棕红色，体长8 mm。触角5节。额唇基前中部具1条形深凹。上唇SⅠ刚毛羽状。前上颚具3个齿。上颚背齿色淡，端齿1个，内齿3个。颏中齿两侧具缺刻，侧齿6对，第1、第2侧齿完全分开，第4侧齿稍比邻齿小。腹颏板长为宽的0.6倍，背缘钝齿形，影线纹完整。亚颏毛端部分叉。两腹刻板中间分开的距离为颏中齿宽的1.3倍。

整体观

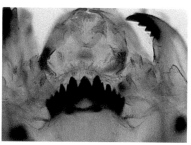
头壳

采自辽河流域

叶二叉摇蚊（*Dicrotendipes lobifer*）

（16）寡角摇蚊属（*Diamesa*）

形态特征：幼虫中等大小，体长11.5mm，触角5节，第5节比第4节长，第3节具环纹，无环纹者罕见。劳氏器小或无，触角芒约与第3节等长。上颚端齿1个，内齿4个。齿下毛小，上颚刷简单或无。颏具1或2个中齿，侧齿7～11对。腹颏板痕迹状或小，亚颏毛着生在颏的后缘。下颚须的长和宽几乎相等，边缘弯曲。下颚须后棘突和外颚片具刚毛。上颚毛简单。体节上前、后原足分离，端部具爪。

生境：幼虫喜冷水环境，多生活于流动水体、浅水湖泊和潮湿地带。多见于清洁水体中。

采集地：松花江流域、辽河流域。

1）泽尼寡角摇蚊（*Diamesa zernyi*）

形态特征：幼虫中等大小，体长11mm。触角5节，第3节具环纹，触角比1.6。上唇SⅠ刚毛粗钉状，SⅢ刚毛2分叉。上颚具1端齿、4个内齿，齿下毛小。颏具1个中齿、9对侧齿。体节上前、后原足分离，端部具爪。尾刚毛台退化，尾毛4根，直接长在体壁上。

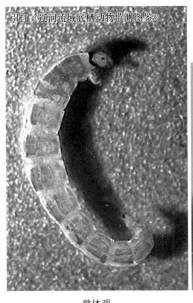

整体观　　　　　　　　　　头壳

采自辽河流域

泽尼寡角摇蚊（*Diamesa zernyi*）

2）稀见寡角摇蚊（*Diamesa insignipes*）

形态特征：幼虫中等大小，体长11mm。触角5节，第3节具环纹，触角比1.7。上唇 S I 刚毛薄片状，S Ⅲ 刚毛简单。前上颚端部具6个齿和1个羽状背刺，上颚具1端齿、4个内齿，齿下毛小。颏具1个中齿、8对侧齿，中齿宽约为第1侧齿的1.5倍。体节上前、后原足分离，端部具爪。尾刚毛台退化，4根尾毛直接长在体壁上。

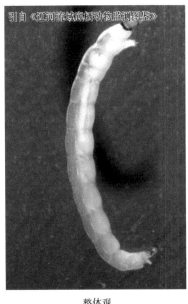

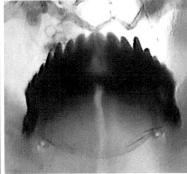

整体观　　　　　　　　　　头壳

采自辽河流域

稀见寡角摇蚊（*Diamesa insignipes*）

（17）双突摇蚊属（*Diplocladius*）

形态特征：幼虫中等大小，体长7mm。头部背面具额，头壳毛简单。触角5节，第5节比第4节长。环器位于第1节基部1/4处。触角芒长于第3节。上颚端齿比4个内齿的宽度短。齿下毛小，稍弯曲。上颚刷7或8根，端部羽状。颏具1或2个中齿、侧齿6对。腹颏板长，腹颏鬃发达。下颚具简单的圆形叶突，外颚叶具少数点状叶突，无外颚叶栉。上颚毛简单。体节上的前、后原足分离，端部具爪。

生境：幼虫喜冷水性，生活在静水和流水中。

采集地：辽河流域。

（18）真开氏摇蚊属（*Eukiefferiella*）

形态特征：幼虫小至中型，体长7mm。触角4或5节，第4节比第3节长或相等。环器位于第1节基部1/3处，触角叶比鞭节短。劳氏器与第3节等长。触角芒发达，通常与第3节等长。无上唇片，上唇棘毛锯齿形。上颚端齿比3或4个内齿的宽度短。齿下毛类似钉状。上颚刷4～7根，简单或具锯齿。上颚臼齿1～5个刺或无，颏具1或2个中齿，侧齿4～6对（通常5对），具不同形状褐色硬化条纹。腹颏板窄或不明显，无腹颏鬃。下唇的负唇须片无或具三角形棘毛。外颚叶具毛样叶突，无外颚叶栉或退化。下颚毛简单。体节上的前、后原足分离，端部具褐色爪。

生境：本属幼虫为广温性种类，生活于各种类型的流水中。

采集地：辽河流域。

1）伊尔克真开氏摇蚊（*Eukiefferiella ilkleyensis*）

形态特征：幼虫体长4mm。头壳黑褐色。触角5节，触角比1.2。触角叶长达第4节

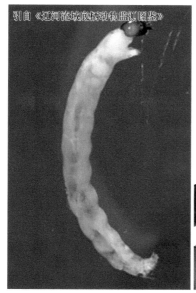

整体观　　　　　　　　　头壳

伊尔克真开氏摇蚊（*Eukiefferiella ilkleyensis*）

端部。劳氏器中等发达，长达第3节末端。上唇SⅠ刚毛粗壮，SⅢ刚毛2分叉。前上颚单一。上颚具1个端齿和3个内齿，上颚臼具3个长刺。颏中齿1个。侧齿4对。后原足具14个黄色或褐色爪。尾刚毛台具6根尾毛。

2）亮铗真开氏摇蚊（*Eukiefferiella claripennis*）

形态特征：幼虫体长4mm。头壳黄褐色，后头缘黑褐色。触角4节，触角比2。触角叶与触角第2节等长。劳氏器长于第3节。上颚具1个端齿和4个内齿，上颚臼具3个棘刺，上颚刷5根。颏中齿2个，与第1侧齿近等宽。侧齿5对。尾刚毛台顶端具7根尾毛。肛管肠形。

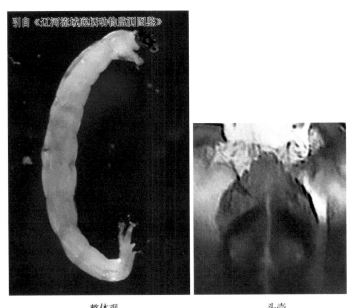

整体观　　　　　　　头壳

亮铗真开氏摇蚊（*Eukiefferiella claripennis*）

（19）骑蜉摇蚊属（*Epoicocladius*）

形态特征：幼虫中等大小，体长5mm。触角4节，第4节比第3节长。触角叶超过触角末节。无劳氏器，只在第2节亚端部具1触角芒。上颚端齿比4个内齿的宽度长，内齿仅最内部的齿明显分开，另外的2个内齿不宜区分。齿下毛前端尖，弯曲。上颚刷具简单的分支。颏中齿6个，侧齿5对。腹颏板显著，无腹颏鬃。下颚须细长。下颚毛简单或具锯齿。前、后原足分离，后原足的爪为粗和细两部分。

生境：幼虫营寄生生活，常在蜉蝣稚虫的翅芽下寄生。

采集地：辽河流域。

1）蜉蝣骑蜉摇蚊（*Epoicocladius ephemerae*）

形态特征：幼虫体长4mm。头壳黄色，后头缘黄色或褐色。触角4节，触角比1.8。触角叶超过末鞭节，劳氏器退化。上唇SI刚毛羽状。内唇栉具6～8根细刺。前上颚2分叉，无前上颚刷。上颚齿褐色，内齿扁平。齿下毛前端尖，弯曲。颏梯形，端部具6个中齿，最外侧两齿较大，黑褐色，中间4齿淡黄色。侧齿5对，第1对侧齿色淡，明显宽于其他侧齿；腹颏板退化呈带状，无腹颏鬃。腹部体节被覆短、粗壮的体毛，每节数目80～120根。后原足短。尾刚毛台高是宽的2倍，上具5根尾毛。肛管1对，长是宽的2倍。

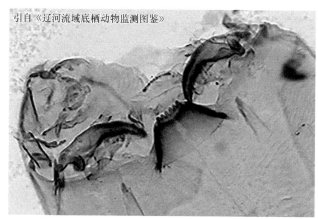

引自《辽河流域底栖动物监测图鉴》

头壳

腹部末端

蜉蝣骑蜉摇蚊（*Epoicocladius ephemerae*）

（20）雕翅摇蚊属（*Glyptotendipes*）

形态特征：中至大型幼虫，体长8～10mm，红色或黑红色。眼点2对，头部背面的额光滑，有些种类在亚端部具1凹点。额前缘向内凹陷，平直或向前凸。具上唇骨片1和2，有些种类上唇骨片1的后缘向内凹陷，有些种类上唇骨片具1长方形的印痕。某些种仅具上唇骨片2，上唇骨片1的位置为六角形的唇基。触角5节，第3节长至少是宽的3倍，某些种第3节仅稍长于宽，基部近1/3处具环器。触角叶明显比鞭节短，副叶与第2节等长或仅为第2节长的1/2。第2节端部具1对劳氏器，触角芒约为第3节的1/2。上唇SI刚毛羽状、齿状或掌状，SII刚毛简单。上唇片正常。内唇栉具多或少、长度不等的齿。前上颚具2个齿。上唇基骨片圆形或带形。上颚背齿色淡，具端齿和3个内齿，有时仅有2个内齿。齿下毛长叶状。颏中齿简单，两侧具缺刻或无。侧齿6对，第4侧齿有时比2个邻齿小。腹颏板中间分开的距离约为颏中齿宽的1.5倍或近乎相连，背缘平滑或具波纹。腹颏板影线通常是不间断的。亚颏毛简单，或长或短或粗。腹部无侧腹管。有些种具1对短的或中等长度的腹管。

生境：本属幼虫生活于湖泊、池塘及各种小型水体和流水富含碎屑的沿岸地带。

采集地：松花江流域、太湖流域、辽河流域。

1）德永雕翅摇蚊（*Glyptotendipes tokunagai*）

形态特征：幼虫红色，体长7mm。触角5节，后颏颜色明显加重。在眼点区生有1块黑褐色斑块。上唇SⅠ刚毛羽状。上颚背齿显著，具端齿和3个内齿。颏中齿比第1侧齿稍低，第4侧齿很小。腹颏板中间分开的距离约为颏中齿宽的1.1倍。腹部第8节具1对腹管，长度约与肛管等长。

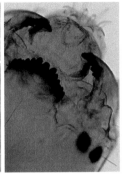

腹部末端的腹管　　　　　　　头壳

采自辽河流域

德永雕翅摇蚊（*Glyptotendipes tokunagai*）

2）浅白雕翅摇蚊（*Glyptotendipes pallens*）

形态特征：幼虫红色，体长10mm。触角5节。上唇SⅠ刚毛羽状。上颚背齿色淡，端齿和3个内齿黑色。颏中齿不比第1侧齿低，第4侧齿稍比邻齿小，两腹刻板中间分开的距离为颏中齿宽的1.3倍。腹部具1对中等长度的腹管。

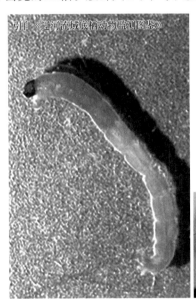

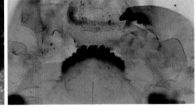

整体观　　　　　　　　　头壳

采自辽河流域

浅白雕翅摇蚊（*Glyptotendipes pallens*）

3）柔嫩雕翅摇蚊（*Glyptotendipes cauliginellus*）

形态特征：幼虫体长10mm，头壳黄褐色，后头缘黑褐色，触角5节，触角比1.4。环器在基部1/4处，触角叶达第4节的顶端。内唇栉具16～20梳状齿，大小不等。上颚具端齿、背齿各1个，内齿3个。颏具1个中齿和6对侧齿，中齿约与第1侧齿等宽，稍低于第1侧齿或者与第1侧齿等高。后颏具色斑。两腹颏板中间的距离小于颏中齿宽度的一半；腹颏板外缘突起明显。腹部肛管2对，短于后原足。

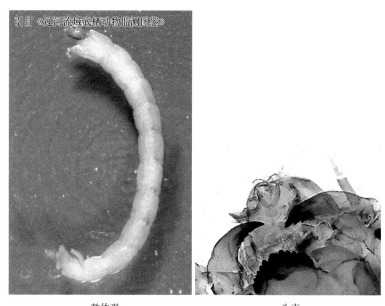

整体观　　　　　　　　　　　头壳

采自辽河流域

柔嫩雕翅摇蚊（*Glyptotendipes cauliginellus*）

（21）哈摇蚊属（*Harnischia*）

形态特征：中型幼虫，体长9mm。触角5节，第1节比鞭节长，第2和第3节约等长，触角叶与第2节基部融合。无劳氏器。上唇S Ⅰ 和S Ⅲ 刚毛小毛状，S Ⅱ 刚毛长叶状，S Ⅳ A细长，分3节。内唇栉为单一的端部3分叶的骨片。前上颚具2个大的端齿和4个小齿，具或无前上颚刷。上颚无背齿，端齿约与1或2个拉平的内齿等长。齿下毛细长，上颚刷4根，端部的2根粗，单面具锯齿。后面的2根细长。颏中齿圆，色淡，有时中间具1凹刻，侧齿7对。腹颏板长约为宽的3/4，影线纹弱。后原足的爪简单，腹部无侧腹管和腹管。

生境：幼虫生活在河流或湖泊的各种基质上。常在中污染水体中生活。

采集地：辽河流域。

1）暗肩哈摇蚊（*Harnischia fuscimana*）

形态特征：幼虫橙红色，体长5mm。触角5节，第2和第3节约等长。触角叶达第3节端部。前上颚具2个大齿和4个小齿。上颚具1端齿和1个拉平的内齿，上颚刷4根，前2根端部梳状，后2根简单。颏中齿色淡，中间具1凹刻。侧齿7对，黑色。尾刚毛台长、宽约相等，上具6根尾毛。肛管三角锥形。

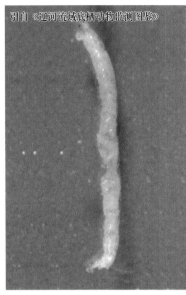

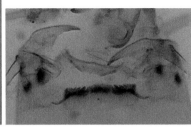

整体观 头壳

暗肩哈摇蚊（*Harnischia fuscimana*）

（22）异三突摇蚊属（*Heterotrissocladius*）

形态特征：幼虫中至大型，体长9.5mm。触角7节，第3节比第4节小，第7节毛发状。环器位于第1节基部1/4处。触角叶比鞭节短或长。劳氏器无或退化。上唇SⅠ刚毛羽状。上唇片2个，圆形、尖或三角形。内唇栉微骨质化，由3个锯齿状的鳞组成。内唇侧棘毛简单，前上颚具2个明显的齿，无前上颚刷。上颚端齿比3或4个内齿的宽度短。上颚刷6或7根，其中1或2根平滑，其他的端部有锯齿。颏具1对中齿，有或无附齿，侧齿5对。腹颏板发达，常超过颏的最外侧齿，无腹颏鬃。下颚前内颚叶刚毛宽，有时区别于其他上唇棘毛。外颚叶栉具明显的齿。体节上尾刚毛台发达。肛管比后原足短。体刚毛显著。

生境：本属幼虫多数分布在湖泊的沿岸带或深水区，少部分分布于河流和塘堰中，为寡污冷水性种类。

采集地：辽河流域。

1）软异三突摇蚊（*Heterotrissocladius marcidus*）

形态特征：幼虫体长5.8mm。头壳黄色，后颏明显黑化。触角共7节，第7节毛状。触角比1.2。环器着生在第1节近1/6～1/5处。触角叶延伸至第5节顶端。上唇SⅠ刚毛端部羽状，SⅡ刚毛单一。前上颚2分叉。上颚具3个内齿和1个端齿，端齿长。齿下毛伸达第1内齿。颏具1对中齿，5对侧齿。腹颏板宽，无腹颏鬃。腹部尾刚毛台顶端具7根尾毛。肛管长约是宽的4倍。

（23）水摇蚊属（*Hydrobaenus*）

形态特征：幼虫大型，体长9mm。触角6节，各节依次缩小，第6节退化。触角叶比鞭节短。劳氏器约与第3节等长或稍短。上唇SI刚毛粗，有时细羽状。上唇片三角形，微骨质化。内唇栉由3个骨质化的小刺组成。内唇侧棘毛7或8对。前上颚具2个明显的端齿，内齿钝圆，无前上颚刷。上颚端齿比3个内齿的宽度短。齿下毛端部具锯齿或缺刻。上颚刷几根平滑、几根有锯齿。颏具2个中齿，6对侧齿。腹颏板很发达，无腹颏鬃。下颚前内颚叶刚毛纵向卷曲，通常圆棒状。外颚叶有时具锯齿，外颚叶栉发达。体节上尾刚毛台发达。后缘骨质化，上具7根尾毛。肛管比后原足短或稍长。

生境：本属幼虫生活在静水和流水中，多数种类分布在北方的湖泊中，喜寡营养环境。

采集地：太湖流域、辽河流域。

1）近藤水摇蚊（*Hydrobaenus kondoi*）

形态特征：幼虫体长11mm。头壳褐色，后头缘黑褐色。触角6节，第6节退化。触角比2.1。环器在距末端1/8处。触角叶伸至第4节顶端。上唇S I 刚毛粗，端部羽状。S II 刚毛单一。前上颚端部2分叉。上颚端齿比3个内齿的宽度窄。上颚刷7根，其中4根端部有锯齿。颏具2个中齿，中间略微聚合。侧齿6对。腹颏板发达。胸部附带胸角，胸角比4.9。尾刚毛台端部黑褐色，顶端具7根粗尾毛。

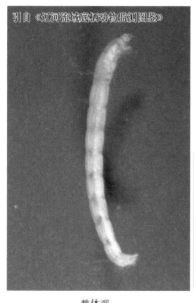
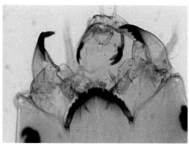

引自《辽河流域底栖动物监测图鉴》

整体观　　　　　　头壳

采自辽河流域

近藤水摇蚊（*Hydrobaenus kondoi*）

（24）基弗摇蚊属（*Kiefferulus*）

形态特征：幼虫体长8mm，红色或暗红色。触角5节，触角比1。触角叶长达第4节的顶端，劳氏器退化。S I 刚毛锯齿状。前上颚顶端具5或6齿，前上颚刷发达。上颚具端齿、背齿和3个内齿。背齿色淡，内齿和端齿均黑褐色。齿下毛端部锯齿状。颏具13个齿，中齿两侧具缺刻，比第1侧齿稍低。两腹颏板间距约为颏中齿的宽度。腹部第8节具有1对腹管，长度与其着生体节的宽度相等。后原足具15或16个爪，尾刚毛台顶端具6根尾毛。肛管2对，长度不超过后原足。

生境： 幼虫在静水或流水中栖息，中度污染水体中多见。

采集地： 辽河流域。

（25）松施密摇蚊属（*Krenosmittia*）

形态特征： 小至中型幼虫，体长6mm。头相对小。触角为上颚长的1/2。触角4节，但有时形状像5节，第2节与第1节等长，末节缩小。触角叶很发达，但不超过鞭节。劳氏器不明显。上唇S I 刚毛羽状，其他上唇刚毛简单，无上唇片。前上颚具2个端齿，无前上颚刷。上颚端齿比3个内齿的宽度短。齿下毛小，上颚刷有时末端具锯齿。颏中齿单一，圆形、乳突形。侧齿5对。颏齿的最外侧基部有1小齿或突起。腹颏板小，无腹颏鬃。下颚须上的感受器和外颚叶缩小。负唇须片基部有几个叶突。下颚毛简单，下颚须分2个部分。前原足基部融合，端部具若干简单的爪，基部具许多细刺。后原足缩小，但分离，端部的爪简单。无尾刚毛台。肛管缩小，但显著。

生境： 本属幼虫生活在寡营养湖及河流中。

采集地： 辽河流域。

1）弯松施密摇蚊（*Krenosmittia camptophieps*）

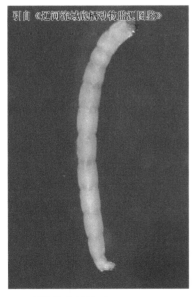

弯松施密摇蚊（*Krenosmittia camptophieps*）

形态特征： 幼虫体长3.5mm。头壳淡黄色，后头缘暗淡。触角5节。触角比1.5。触角叶伸至第5节基部。前上颚端部具3个齿。上颚具端齿和3个内齿，端齿是3个内齿宽的1.33倍。齿下毛伸达第3内齿顶端。颏中齿1个、乳突状，宽是第1侧齿的2.5～3.0倍。尾刚毛台小，顶端具5根尾毛，最长的尾毛是体长的1/2。肛管短于后原足。

（26）沼摇蚊属（*Limnophyes*）

形态特征： 中型幼虫，体长6mm。触角比上颚的1/2长，触角5节，第4节比第3节长。触角叶与鞭节一样长。劳氏器有或无。具触角芒。上唇S I 刚毛简单或端部单侧具锯齿。内唇栉和内唇侧棘毛简单。前上颚具2～4个齿，前上颚刷有或无。上颚端齿比3个内齿的宽度短。具齿下毛。

上颚刷端部羽状。颏具2个高的或比第1侧齿高的中齿，侧齿4对。颏的基部具圆形齿。腹颏板小，无腹颏鬃。下颚发育正常。无外颚叶栉。下颚毛简单毛，前、后原足分离，端部具爪。尾刚毛台长大于宽，具6或7根尾毛。肛管长度不等，通常比后原足短，体刚毛发达程度不同，通常简单。

生境：本属幼虫广适应性，生活在各种类型的水体中。

采集地：辽河流域。

1）单毛沼摇蚊（*Limnophyes asquamatus*）

形态特征：幼虫体长6mm。头壳黄色，后头缘淡黄色或黄色。触角5节，第4节比第3节长。触角比1.2。环器靠近中间，触角叶几乎与鞭节等长或略长于鞭节。上唇SⅠ刚毛顶端锯齿状，具4～6分支，SⅡ刚毛单一。前上颚具2基齿和2顶齿。上颚端齿是3内齿宽的0.7倍。齿下毛伸至第1内齿顶端。颏具2个中齿和5对侧齿。腹颏板退化。腹部后原足基部长宽比为1.6～2.0。尾刚毛台长宽比为1.2～1.5，顶端具7根尾毛。

（27）林摇蚊属（*Lipiniella*）

形态特征：大型幼虫，体长11mm，淡红色。具约相同的2对眼点。头部背面的额很宽，后缘具1小尖，前缘具许多颗粒。无上唇骨片1，具上唇骨片2。触角5节，第1节近中部，具1环器。触角叶相对短。第2节具1对劳氏器和触角芒，触角托内具1暗色瘤突。上唇SⅠ刚毛羽状，SⅡ刚毛简单，SⅢ刚毛短，SⅣ刚毛正常。内唇栉长，实际上是被2个细条分离成3个紧靠在一起的节，前缘具大或小的齿。前上颚5个齿。上颚具短的淡色背齿，端齿后面是3个内齿，齿下毛短。上颚栉端部具2或3个小叉。上颚背缘具显著的隆突。颏中齿4个，近乎相等。侧齿6对，依次向侧面缩小。腹颏板窄，长大于颏宽的2倍，中部连接。腹颏板影线细，近中部有1横向的黑带。亚颏毛简单。腹部无侧腹管，具1对短的腹管。

生境：本属幼虫生活在河流的缓流处和水库0～5m沙质底的沉积物中，也生活在半咸的水体中。

采集地：辽河流域。

1）马德林摇蚊（*Lipiniella moderata*）

形态特征：幼虫体长11mm，淡红色。触角5节，触角叶不超过鞭节。上唇SⅠ刚毛羽状。内唇栉由单一骨片组成，游离端具长短不等的齿。前上颚顶端具5个齿。上颚背齿色淡，端齿和3个内齿黑褐色。齿下毛短。颏具16个齿，4个中齿中间的2个大，两侧的相对小，侧齿6对。腹颏板长约为颏宽的2倍。腹部第8节具有1对腹管，长度约与肛管等长。

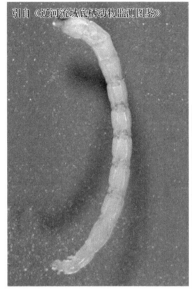

引自《辽河流域底栖动物监测图鉴》

整体观 头壳

马德林摇蚊（*Lipiniella moderata*）

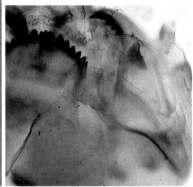

（28）单寡角摇蚊属（*Monodiamesa*）

形态特征：幼虫体大型，体长16mm。触角环器位于触角第1节1/3～1/2处，触角叶梢比鞭节长。上唇片宽梳状。上颚具1长的端齿和2个内齿。上颚刷具5根相对短小的端部带锯齿的毛和2根长的简单的毛。颏具13个齿，中齿宽，中间凹陷。复颏板长，相对窄，末端具4～9根小刚毛。内颚叶刚毛短，前颚叶刚毛粗大，椭圆形。外颚叶片为相同、光滑的三角形鳞。体节无显著的腿毛。

生境：幼虫生活在湖泊为沙质底的流水和溪流中。幼虫喜清洁水体。

采集地：辽河流域。

1）尼提达单寡角摇蚊（*Monodiamesa nitida*）

形态特征：幼虫黄色，体长12mm。触角5节，第3、4、5节很小。触角叶稍比鞭节长，触角比1.1。上唇SⅠ刚毛端部有小齿。前上颚强壮，端部不分叉。上颚端齿强壮，4个小的内齿紧密相靠。上颚刷7根。颏中齿中间凹陷。侧齿6对。腹颏板窄长，末端具4～9根小刚毛。尾毛8根。肛管长卵形。

（29）大粗腹摇蚊属（*Macropelopia*）

形态特征：幼虫体大型，体红色，体长11～14mm。头浅黄色，圆至椭圆形，触角比上颚稍长，触角比6.5。上颚细长，弯曲度适中，端齿长为基部宽的3倍，为上颚长的1/3。下颚须第1节长至少为宽的3倍，近1/3处具环器。背颏7或8对齿，外侧齿小。唇

引自《辽河流域底栖动物监测图鉴》

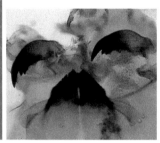

整体观　　　　　　　　　　　头壳

尼提达单寡角摇蚊（*Monodiamesa nitida*）

舌5个齿，长约为端部宽的1/3，基部1/4～1/3处窄，齿的前缘深凹，外齿为中齿长的2倍，内齿端部明显弯向外齿或稍直。侧唇舌细长，2分叉，为唇舌长的1/2，外叉至少是内叉的3倍。舌栉毛具15～20个或18～25个齿，基部具1列或少数2列简单的小齿。体节两侧具缨毛。

生境：幼虫生活在河流或湖泊中，栖息地水质轻污染。

采集地：太湖流域、辽河流域。

1）拟杂色大粗腹摇蚊（*Macropelopia paranebulosa*）

形态特征：幼虫体红色。体长约10mm。触角比上颚稍长，触角比6.5。触角叶与鞭节等长。上颚细长，稍弯曲。端齿长为上颚长的1/3，黑色。下颚须第1节长为宽的4.2倍。近1/3处具1环器。背颏板具7对齿，中间的5对齿稍大，两端较小。唇舌具5个齿，外缘内陷，内侧齿很直；侧唇舌2分叉。舌栉毛具17个齿。尾刚毛台顶端具尾毛14或15根。肛管长锥形。

（30）倒毛摇蚊属（*Microtendipes*）

形态特征：大型幼虫，体长达15mm，橙红色或黑红色。眼点2对，头部背面的额与唇基被1直缝分开。无上唇骨片1，具上唇骨片2。唇基前面有细的颗粒状物或光滑。触角6节，第1节近1/3处具1环器。触角叶比鞭节短或稍长，副叶很短。劳氏器互生在第2节和第3节上。触角芒着生在第3节上。上唇S I 刚毛粗羽状，S II 刚毛简单或端部弱羽状，S III 刚毛相对细长，S IV 正常。内唇栉具3个相同长度的宽齿或具若干大的中齿和小的侧齿。前上颚具3或5个齿，前上颚刷发达。上颚背齿色淡，端齿和3个内齿深褐色。齿下毛细长，微弯。上颚刷发达。颏中齿3个，有时中间的齿很小，深陷在2个外侧中齿的中间。侧齿6对，黑色。第1和第2侧齿基部融合，第1侧齿比第2侧齿窄和低。腹颏板中间的距离为颏宽的1/2，腹颏板影线粗壮。亚颏毛简单。下颚须短，第1节长为宽的1～2倍。腹部无侧腹管和腹管。

生境：本属幼虫多生活在大型水体浅水区底部的沉积物中，也生活在流水的苔藓和软沉积物中。

采集地：辽河流域。

1）绿倒毛摇蚊（*Microtendipes chloris*）

形态特征：幼虫红色，体长12mm。触角6节，触角比1，劳氏器柄互生，与其对应的触角节等长。上颚具背齿、端齿和3个内齿，齿下毛细长。颏中齿淡黄色，中间的小齿深陷在2个外侧中齿的中间，侧齿6对，黑色。尾刚毛台小，顶端具8根尾毛，其中有3根长毛、5根短毛。肛管2对。后原足短。

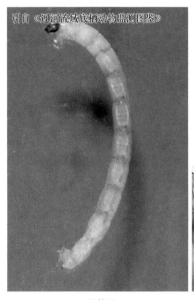
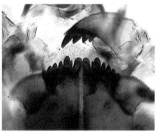

整体观　　　　　　　　　　头壳

绿倒毛摇蚊（*Microtendipes chloris*）

（31）小突摇蚊属（*Micropsectra*）

形态特征：中至大型幼虫，体长达8mm。触角5节，触角托发达，端部具明显的刺突，长度为10～40μm。第1节比鞭节长，微弯。基部具1环器，近中部具1短毛。第2节圆柱状，比第3～5节的长度长。触角叶细长，触角芒短，劳氏器小，柄为第3～5节长的3～5倍。上唇SⅠ刚毛栉状，SⅡ刚毛位于高托之上，弱羽状或明显简单，SⅢ刚毛单毛状。上唇片发达。内唇栉由3个端部带锯齿的鳞组成。前上颚端部2分叉，前上颚刷发达。上颚背齿、端齿和3个内齿褐色。齿下毛长，弯曲。上颚刷由4根羽状毛组成。上颚栉10～15根。颏中齿色淡，侧面具缺刻或无，侧齿5对。腹颏板长为颏宽的1~2倍，中间靠近。后原足端部由密集的爪排列成马蹄形，有时具少数单爪。

生境：本属幼虫生活在各种类型的水体中，包括热泉水和温带池塘，亦分布于中营养和富营养湖及小河流中，多数种类喜冷水环境。

采集地：太湖流域、辽河流域。

1）中禅小突摇蚊（*Micropsectra chuzeprima*）

形态特征：幼虫体长7.5mm。头壳黄褐色。触角5节，触角比2.1。劳氏器柄长约为后3节长的3.2倍。触角托外缘的小距长约是基部宽的2倍。上唇SⅠ刚毛锯齿状。前上颚2分叉。上颚具背齿、端齿和3个内齿。颏中齿两侧具缺刻，侧齿5对，腹颏板宽是高的4.5倍。尾刚毛台顶端具8根尾毛。后原足约具50个爪。

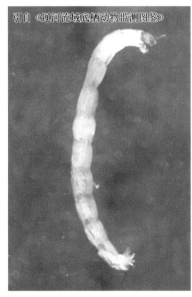
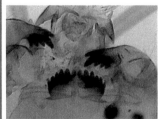

引自《辽河流域底栖动物监测图鉴》

整体观　　　　　　　头壳

采自辽河流域

中禅小突摇蚊（*Micropsectra chuzeprima*）

（32）矮突摇蚊属（*Nanocladius*）

形态特征：小型幼虫，体长5mm，黄色。触角5节，各节依次缩小，第5节毛发状或退化。触角比1.0~2.3。环器位于第1节基部。触角叶比鞭节短。劳氏器显著。上唇SⅠ~SⅢ刚毛简单。小刺毛和上唇棘毛小或无。内唇栉由3个尖鳞组成。内唇侧棘毛6或7对，内唇基棘毛1对。前上颚具3~5个齿或简单。上颚端齿比3个内齿的宽度长。齿下毛细长。上颚刷3~5根。颏中齿宽，双乳突状。侧齿3、5或6对，第1和第2侧齿基部融合。有时侧齿很不清楚或微小。腹颏板长，尾端圆或边缘直。下颚多数种的棘毛和叶突减少或短缩。外颚叶栉无或很小。体节上原足发达。前原足的爪光滑或具弱至强壮的锯齿。尾刚毛台发达，上具3~6根尾毛，基部骨质化，具2或3个小刺或突起。肛管2对，大小相同或比后原足短，有时有1对比后原足长。

生境：本属幼虫生活在湖泊和池塘，特别在河流的中、上游地区栖息。

采集地：辽河流域。

1）双色矮突摇蚊（*Nanocladius dichromus*）

形态特征：幼虫体长4.5mm。头壳黄色，后头缘黑褐色。触角5节。触角比1.8。触角叶伸至第3节顶端，触角副叶与触角叶约等长。上唇SⅠ、SⅡ刚毛单一。前上颚基部有1钝齿。上颚具1端齿和3个内齿，端齿是3个内齿宽的2倍，齿下毛伸至第3内齿。颏具2个中齿和5对侧齿。腹颏板明显伸长，末端边缘直。前原足爪的内缘具细小锯齿。尾刚毛台顶端具6尾毛。肛管2对。

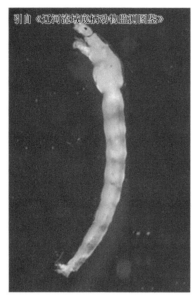
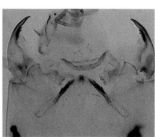

整体观 头壳

双色矮突摇蚊（*Nanocladius dichromus*）

（33）纳塔摇蚊属（*Natarsia*）

形态特征：幼虫中等大小，体长达10mm，淡红色。头淡褐色，长椭圆形，头壳指数0.6～0.7。触角约为头长的1/3，上颚长的2倍。上颚逐渐弯曲，端半部窄，基半部明显增宽。端齿长为基部的2倍，上颚长的1/4，端半部暗褐色。基齿大，副齿很小，齿下毛显著。下颚须第1节长为宽的2.5倍。背颏无齿，颏附器三角形，基部两侧骨化区伸向腹颏并托起稍长的上唇泡。唇舌5个齿，长约为端部宽的1.5倍，上1/3黑褐色。

生境：幼虫生活在河流缓流处的水体中，栖息地水质轻污染。

采集地：太湖流域、辽河流域。

1）斑点纳塔摇蚊（*Natarsia punctata*）

形态特征：幼虫体长10mm。头壳黄色，后头缘棕色。触角4节，长约为上颚长的3.8倍。触角比6。触角叶与鞭节等长。唇舌长是顶部宽的1.5倍。侧唇舌2分叉。舌栉毛约20个齿。上颚端齿是上颚长的0.3倍。下颚须基节分3节。端节刚毛分2节。颏附器三角形，两侧各有1椭圆形上唇泡，基部骨化区具1折叠的钝突。后原足长，顶端具2或3个深棕色爪。尾刚毛台长约为宽的2.6倍，上具6根尾毛。

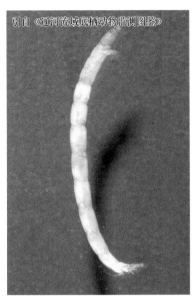

整体观　　　　　　　　　　头壳

采自辽河流域

斑点纳塔摇蚊（*Natarsia punctata*）

（34）乌烈摇蚊属（*Olecryptotendipes*）

形态特征：幼虫中等大小，体长5～9mm。触角弱骨质化，7节。触角第1节与鞭节等长或短。触角叶着生在第3节，长超过触角末节。无劳氏器，触角芒着生在第4节上。上唇S I 刚毛短叶状，S II 刚毛长叶状，侧面具1长叶状棘毛。S III 刚毛短毛状，S IV 刚毛A3节具从第1节伸出的叶突S IV B。上唇片很弱，分为2部分。内唇栉为1简单的圆鳞。前上颚具2～5个齿。无前上颚刷。上颚无背齿，具1端齿和2个内齿。齿下毛细长。无上颚栉和上颚刷。颏中齿宽、三裂状或侧面钝齿形，具4～6对颜色相同的褐色侧齿。颏前缘中间内凹。腹颏板约与颏等宽，前缘具粗条纹的钝突。下颚须发达。后原足很长，尖锥形，无尾刚毛台。具2对肛管，背面的1对与后原足等长，腹面的一对短。

生境：幼虫生活在富含沙质沉积物的河流中。

采集地：辽河流域。

1）伦氏乌烈摇蚊（*Olecryptotendipes lenzi*）

形态特征： 幼虫体长9mm。触角6节，触角比0.86。触角长达第5节顶端，触角芒位于第3节顶端。上唇SⅠ和SⅡ刚毛柳叶状，SⅠ短SⅡ稍长。前上颚具2个齿，无前上颚刷。上颚具1个端齿和2个内齿，齿下毛达第2节顶端。上颚刷4根。额中齿宽是第1侧齿的3倍，两侧具缺刻。侧齿6对。腹颏板不规则，前部外缘具1个隆起，影线纹显著。幼虫细长，体节多达20节。尾刚毛台小，顶端具6～8根尾毛，其中1或2根强壮，是躯干长的一半。肛管长锥形。

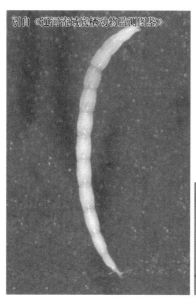

整体观   头壳

伦氏乌烈摇蚊（*Olecryptotendipes lenzi*）

（35）明摇蚊属（*Phaenosectra*）

形态特征： 中型幼虫，体长达8mm，红黄色。具2对分离的眼点，头部背面的额前缘向前凸，无上唇骨片1，具上唇骨片2。触角5节，环器位于第1节基部1/4处。触角叶比鞭节长，副叶中等长。劳氏器对生，触角芒位于第2节。上唇SⅠ和SⅡ刚毛羽状，SⅢ和SⅣ刚毛正常。内唇栉由3个分离的端部具齿的鳞组成。前上颚具3个齿。上颚齿黑色，背齿相对短，端齿下面是3个内齿，近基部的内齿深凹。齿下毛细长。上颚刷发达。额亮黑色，中齿4个，中间的1对比外侧的1对稍短。侧齿6对，第2和第3对侧齿大，第1、第4～6对侧齿小，第5对侧齿有时明显退化。腹颏板中间的距离为额宽的0.5倍，约与额等宽。腹颏板影线粗壮，亚颏毛简单。腹部无侧腹管及腹管。

生境： 本属幼虫生活在小型静水及流水的淤泥底或沙底中。

采集地： 辽河流域。

1）黄明摇蚊（*Phaenopsectra flavipes*）

形态特征：幼虫红色，体长8mm。触角5节，触角比1.2，劳氏器对生，触角叶稍长于鞭节。SⅠ、SⅡ刚毛羽状。前上颚具3个齿，黑色。颏黑色，中齿4个，其中间的1对较外侧的小，侧齿6对，第1侧齿明显低于邻齿，最后1对侧齿常发生不同程度的愈合。尾刚毛台顶端具8根尾毛。

（36）拟枝角摇蚊属（*Paracladopelm*）

形态特征：中型幼虫，体长达10mm。触角5节，第3~5节短，环器位于第1节基部近1/3处。触角叶和副叶与第2节基部融合。劳氏器不发达，触角芒位于第2节。上唇SⅠ和SⅢ刚毛小毛状，SⅡ刚毛长叶状，侧面具1或2个长叶状棘毛，SⅣA刚毛分3节，长度不等。上唇片不发达。内唇栉三角形，有时侧面具缺刻或为分离的3个叶突。前上颚具4~7个齿，无前上颚刷。上颚无背齿，端齿长，内齿2或3个。齿下毛中等长。上颚刷4根。上颚栉2~4根，列外有7~9根。颏中齿宽，有时中间具凹刻，通常具7对侧齿，个别例外的仅具3对。单色或中区色淡。腹颏板约与颏等宽或窄，腹颏板影线粗，前缘具粗大的钝突。下颚须细长，第1节长为宽的2~3倍。后原足长为宽的1.5~3倍，爪简单。肛管约为后原足长的0.5倍。腹部无腹管。

生境：本属幼虫生活在湖泊或河流软沉积物底质中。

采集地：太湖流域、辽河流域。

1）长方拟枝角摇蚊（*Paracladopelm undine*）

形态特征：幼虫体长5mm，头壳黄色，后头缘灰棕色。触角5节，触角比1.5。基节长是宽的3.3倍，触角叶长达第4节基部。上唇SⅣa四分节，前上颚具4个内齿和1外棘。上颚具2个三角形内齿，齿下毛达第1内齿顶端，外边缘具2长棘，上颚刷4分支。颏具2个中齿和6对侧齿，中部单齿宽是第1侧齿的6.5倍；腹颏板影线纹明显。下颚须基节长是宽的2倍。腹部尾刚毛台顶端具7根尾毛。肛管长是宽的2.6倍，与后原足几乎等长。

（37）多足摇蚊属（*Polypedilum*）

形态特征：幼虫体长5~14mm，淡橘红色至深红色。具2对分离的眼点，头部背面的额前缘增宽，形成侧突，前缘直。无上唇骨片1，具上唇骨片2。触角5节（少数种类6节），第1节比鞭节长，环器位于第1节基部近1/4处。触角叶比2~5节的长度短或等长。劳氏器对生或互生。上唇SⅠ刚毛宽羽状，SⅡ刚毛细羽状，SⅢ、SⅣ刚毛和上唇片正常。内唇栉由3个分离的锯齿形鳞组成，少数种内唇栉无锯齿。前上颚具1~3个齿，前上颚刷发达。上颚背齿显著，黑色。有些种无背齿，端齿下面有2个内齿，很少有3个内齿。齿下毛细长，端部直或弯曲。颏齿黑色，正常类型具4个中齿和6对侧齿，中齿中间的1对高，两边的1对低。侧齿大小不一，正常类型仅具5对侧齿。腹颏板中间的距离宽，至少是颏宽的1.2倍，腹颏板影线完整，细或粗。亚颏毛简单。腹部无侧腹管及腹管。

生境：本属幼虫种类多，分布广，除北极及高山地区外，各种流水及静水水域皆有分布。

采集地：松花江流域、三峡库区（湖北段）、丹江口水库、太湖流域、辽河流域。

1）鲜艳多足摇蚊（*Polypedilum laetum*）

形态特征：幼虫体长8mm，红色。头壳黄色，后头缘近黑色。触角5节，触角比1.2。触角叶达第4节端部。上唇SⅠ刚毛两侧膨大。SⅡ刚毛细长。内唇栉由3个独立的鳞片组成，中鳞具3个齿，侧鳞具5个齿。前上颚2个齿，具前上颚刷。上颚具端齿、背齿和3个内齿。齿下毛达第2内齿的端部。颏具16齿。最后1对侧齿很小，且低于其他齿。两腹颏板间距约等于2对中齿的宽度。腹部尾刚毛台具尾毛14根。肛管2对，发达。

2）小云多足摇蚊（*Polypedilum nubeculosum*）

形态特征：幼虫体长9mm，红色。触角5节，触角比1.2。触角叶达或稍超过第5节末端。上唇SⅠ刚毛端部膨大，SⅡ刚毛细长，SⅢ刚毛锯齿状。内唇栉由3个分离的鳞片组成。前上颚3个齿，具前上颚刷。上颚具5个黑色齿。颏具16个齿。中齿和第2侧齿高于其他齿。后颏黑褐色到黑色。后原足端部具16个黑色的爪。尾刚毛台具8根尾毛。肛管2对，2/3处具1缢缩。

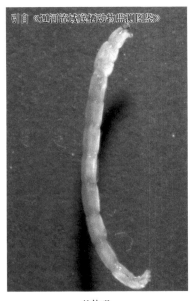

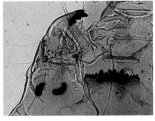

整体观　　　　　　　头壳

采自辽河流域

小云多足摇蚊（*Polypedilum nubeculosum*）

3）马速达多足摇蚊（*Polypedilum masudai*）

形态特征：幼虫体长5mm，活体红色。头壳黄褐色，后头缘淡黄色。触角5节，第3节、第5节退化，触角比1.2。触角叶超过触角鞭节很多。上唇SⅠ刚毛端部膨大并分裂成几支。SⅡ刚毛端部锯齿状。前上颚具3个齿，具前上颚刷。上颚具1端齿、1背齿和3个内齿。颏具16齿。中齿高于第1侧齿，倒数第2侧齿稍大于邻近齿。两腹颏板间距约等于2对中齿的宽度。腹部尾刚毛台具尾毛6根。肛管2对，发达。

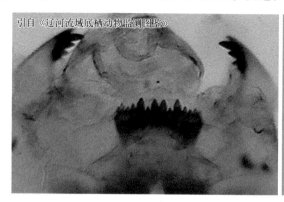

头壳　　　　　　　　　触角

采自辽河流域

马速达多足摇蚊（*Polypedilum masudai*）

4）梯形多足摇蚊（*Polypedilum scalaenum*）

形态特征：幼虫体长6mm，红色。头壳黄褐色，后头缘深黄色。触角5节，第3节和第5节特别短。触角比1.4。触角叶超过鞭节。上唇SⅠ刚毛掌状。SⅡ刚毛稍宽，端部锯齿状。内唇栉由3个独立的鳞片组成。前上颚2个齿，具前上颚刷。上颚具1端齿、1背齿和3个内齿。齿下毛达第3内齿的端部。上颚臼具2个针状棘刺。颏具16齿。第2侧齿稍高于中齿。两腹颏板间距约等于2中齿的宽度。腹部尾刚毛台具尾毛7根。肛管2对，端部具1缢缩。

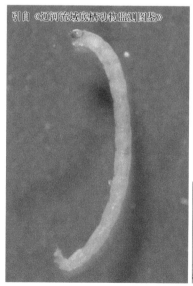

整体观　　　　　　　头壳

采自辽河流域

梯形多足摇蚊（*Polypedilum scalaenum*）

5）云集多足摇蚊（*Polypedilum nubifer*）

形态特征：幼虫体长9mm，红色。头壳黄褐色，后头缘深黑色。触角6节，触角比1.2。触角叶达第4节的端部或者中部，劳氏器互生在第2节的端部或第3节的中部。上唇S 刚毛端部2/3羽状或丝状。前上颚3个齿，具前上颚刷。上颚具5个黑色齿，齿下毛达第3内齿的端部。颏具16个齿。中齿和第2侧齿明显高于其他齿。后颏着色加重。后原足端部具16个黑色的爪。尾刚毛台具7或8根尾毛。肛管2对，中部具缢缩。

6）步行多足摇蚊（*Polypedilum pedestre*）

形态特征：幼虫红色，体长8mm。触角5节，触角叶与触角末节等长，劳氏器对生。上唇S Ⅰ刚毛宽羽状，前上颚具3个齿，前上颚刷发达。上颚无背齿，具1端齿和3个内齿。颏的4个中齿大小相同，侧齿依次缩小。腹颏板中间的距离约为宽的0.3倍。腹颏板影线完整。腹部无腹管及侧腹管。尾刚毛台上具7根尾毛。

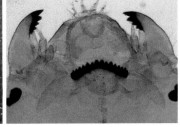

整体观 头壳

采自辽河流域

步行多足摇蚊（*Polypedilum pedestre*）

7）拟踵突多足摇蚊（*Polypedilum paraviceps*）

形态特征：幼虫红色，体长7mm。触角5节，第1节比鞭节长，劳氏器对生。上唇S Ⅰ刚毛羽状。前上颚具3个齿，前上颚刷发达。上颚背齿显著，端齿下具2个内齿。上颚白具齿。颏中齿4个，中间的1对高，两边的1对低。腹颏板中间的距离约为颏宽的0.5倍，腹颏板影线粗壮，前缘具钝突。腹部尾刚毛台上具7根尾毛。

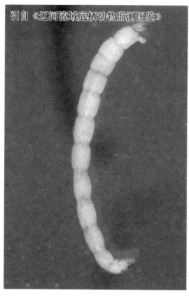

整体观　　　　　　　　头壳

采自辽河流域

拟踵突多足摇蚊（*Polypedilum paraviceps*）

8）白角多足摇蚊（*Polypedilum albicorne*）

形态特征：幼虫体长5mm，红色。头壳黄色，后头缘近黑色。触角5节，第3节和第5节特别短。触角比1.1。触角叶达第4节顶端。劳氏器小。上唇S I 刚毛掌状。S II 刚毛细长。前上颚3个齿，具前上颚刷。上颚具1端齿、1背齿和3个内齿。上颚臼具2个针状刺。额具16个齿。第1侧齿略小于中齿和第2侧齿。腹部尾刚毛台具尾毛7根。肛管2对，端半部具1缢缩。

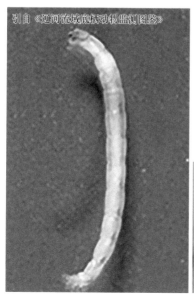

整体观　　　　　　　　头壳

采自辽河流域

白角多足摇蚊（*Polypedilum albicorne*）

（38）前突摇蚊属（*Procladius*）

形态特征：幼虫中至大型，体长6～11mm，色微红，头椭圆形。触角约与上颚等长，触角比3.5～5.0。上颚细长，逐渐弯曲。端齿黑色，长为基部宽的3倍，为上颚长的1/4，基部腹面具1小的尖齿。基齿宽大，顶端钝圆。下颚须第1节长约为宽的2.5倍，中部具环器。背颏具6～11对亮褐色齿，外侧齿小。颏附器三角形，两侧的上唇泡下垂。伪齿舌明显，颗粒分布均匀，端部向基部方向逐渐变宽。唇舌5个齿，长为宽的1.5～2倍，基部窄，端部暗褐色。侧唇舌至少是唇舌的1/2，内缘具少数齿或无齿，外缘齿多达10个。

生境：幼虫生活在水库、池塘及河流缓流处软沉积物底质中。常见于较重污染的水体中。

采集地：松花江流域、三峡库区（湖北段）、丹江口水库、太湖流域、辽河流域。

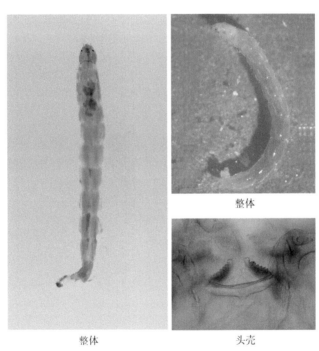

整体

整体　　　　　　　　头壳

采自太湖流域

前突摇蚊（*Procladius* sp.）

1）花翅前突摇蚊（*Procladius choreus*）

形态特征：幼虫体长8mm。头壳黄色，唇舌和上颚黑色，后头缘棕色。触角第2节长约为宽的1.7倍。背颏齿6～9对。侧唇舌外侧具5或6个齿，内缘具2～5个齿。舌栉毛9～12个齿。腹部尾刚毛台顶端具14根尾毛。

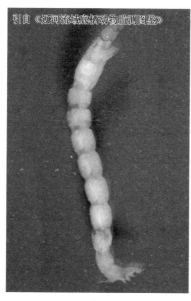

整体观　　　　　　　　　　头壳

采自辽河流域

花翅前突摇蚊（*Procladius choreus*）

（39）拟麦锤摇蚊属（*Parametrionemus*）

形态特征：中至大型幼虫，体长9mm。触角5节，第4节比第3节短或相等。触角叶约与鞭节等长或短。劳氏器发达。上唇SⅠ刚毛羽状，SⅡ简单或羽状，SⅢ和SⅣ正常。上唇片微骨质化，位于两SⅠ刚毛间。上唇棘毛梳状或简单。内唇栉由3个简单的短鳞组成。内唇侧棘毛6对，简单或梳状。前上颚具2～6个齿，无前上颚刷。上颚端齿比3个内齿的宽度短。具齿下毛。上颚刷羽状。颏中齿2个，侧齿5对。腹颏板明显，无腹颏鬃。下颚无外颚叶栉。内颚叶刚毛基部宽。前内颚叶刚毛小三角形，端部有锯齿。体节上尾刚毛台长大于宽，上具5～7根尾毛。肛管比后原足短。体节刚毛不明显。

生境：本属幼虫生活在泉水、冷溪流和急流河水中。

采集地：辽河流域。

1）刺拟麦锤摇蚊（*Parametrionemus stylatus*）

形态特征：幼虫体长5mm。头壳黄褐色，上颚和颏板黑色，后头缘黄色。触角5节，触角叶与鞭节等长。触角比1.3。上唇SⅠ刚毛羽状，前上颚具3个齿。上颚具1端齿和3内齿。齿下毛达第2内齿顶端，上颚刷7枝。颏具2个中齿，单一中齿是第1侧齿的1.8倍。侧齿4对。尾刚毛台长大于宽，上具7根尾毛。肛管具一缢缩。

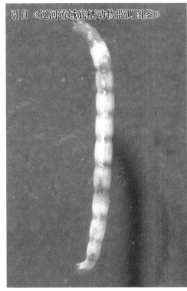

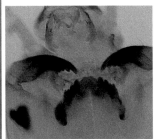

整体观 头壳

刺拟麦锤摇蚊（*Parametrionemus stylatus*）

（40）伪施密摇蚊属（*Pseudosmittia*）

形态特征：小至中型幼虫，体长15mm。触角3～5节。触角叶粗大，超过鞭节。劳氏器不明显。上唇SⅠ和SⅡ刚毛2分叉，SⅢ和SⅣ简单。内唇栉由3个简单、有时带锯齿的鳞组成。前上颚具2～4个齿，前上颚刷显著。上颚端齿比3个内齿的宽度短。齿下毛小或无，无上颚刷。颏中齿乳突形，侧齿4对。腹颏板明显，有些种具腹颏板。无腹颏鬃。外颚叶和下颚须上的感受器小。下颚毛短、简单。体节上的前原足显著，后原足小或无。无尾刚毛台。肛管2对。比后原足长。

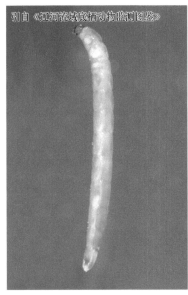

整体观 头壳

伪施密摇蚊（*Pseudosmittia* sp.）

生境：本属幼虫生活在湖泊或河流的沿岸地区。

采集地：辽河流域。

（41）裸须摇蚊属（*Propsilocerus*）

形态特征：中型幼虫，体长8mm。头部背面具额唇基。触角4节，各节依次缩小。环器位于第1节基部1/4处。触角叶末端达第3节。劳氏器为第3节长的1/2。触角芒为劳氏器的2倍。上唇的上唇骨片S11和S12融合。上唇S I 刚毛羽状，其他刚毛简单。上唇片三角形，后缘骨质化。上唇棘锯齿形。小刺毛简单。内唇栉由3个端部圆形的长鳞组成。内唇侧棘毛简单或具锯齿，有内唇基棘毛。U形板"U"形，无基鳞。前上颚端部分叉，无前上颚刷。上颚端齿比4个内齿的宽度长或等长。齿下毛端部尖。上颚刷5～11根，前面的刚毛有时具锯齿。颏中齿宽，前缘不规则。侧齿7对，但有时有个小的第8侧齿。中齿和第1侧齿比其他齿色淡。腹颏板细长，无腹颏鬃。亚颏毛靠近颏。下颚的负唇须片具叶状棘毛。无外颚叶和外颚叶栉。下颚毛简单。前、后原足分离，端部具褐色爪。尾刚毛台长大于宽，上具6或7根尾毛，后缘具1直的端钩。肛管短，体节刚毛简单。

生境：本属幼虫主要生活在湖泊及其他静水和海滨地区的半咸水中。

采集地：松花江流域、三峡库区（湖北段）、丹江口水库、太湖流域、辽河流域。

1）红裸须摇蚊（*Propsilocerus akamusi*）

形态特征：幼虫体长15mm。头壳呈褐色，后颏黑褐色至黑色，后头区黑色。触角4节，触角比3.1。环器在第1节基部1/5～1/4处。触角叶达第3节顶端。上唇S I 刚毛羽毛状，前上颚端部分叉不明显。上颚具4个内齿，其宽度约与端齿的长度相等。齿下毛达第2内齿顶端。颏中齿2对，中间的一对又可以分成许多小齿，侧齿10对。腹颏板极发达。腹部后原足具15个爪。尾刚毛台具7根尾毛。

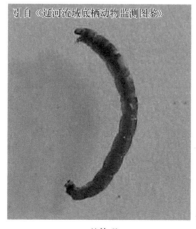

整体观　　　　　　　　头壳

采自辽河流域

红裸须摇蚊（*Propsilocerus akamusi*）

（42）流粗腹摇蚊属（*Rheopelopia*）

形态特征：幼虫中型，体长达8mm，黄白色，头长椭圆形，后缘2/3处暗褐色。触角为上颚长的2.5～3.0倍，触角比3.4～3.8。第1节长约为基部宽的10倍，端部1/3处具环器。上颚端半部窄且弯曲，长约为基部宽的3.5倍，基半部增宽。下颚须第1节长为宽的3.5倍，端部1/3处具环器。背颏无齿。颏附器三角形，端部钝圆，上唇泡肾形。唇舌5个齿，长约为端部宽的2倍，端半部增宽，黑褐色。舌栉毛具18～20个齿，外侧1/3处的齿小。体节两侧无缨毛。

生境：幼虫生活在清洁至轻污染的河流中。

采集地：松花江流域、辽河流域、太湖流域。

1）斑点流粗腹摇蚊（*Rheopelopia maculipennis*）

形态特征：幼虫体长约8mm。触角4节，第1节长为基部宽的10倍。劳氏器小，触角芒棒状。触角叶明显超过鞭节。上颚端半部窄，基半部增宽。端齿长为基部宽的1.8倍，齿下毛细长。背颏无齿，颏附器三角形，端部圆钝，上唇泡肾形。基部骨化区有2个约等长的折叠的钝齿。伪齿舌的颗粒纵向并行排列。唇舌具5个齿，长约为端部宽的2.2倍。尾刚毛台顶端具尾毛7根。肛管纺锤形，长约为宽的3倍。

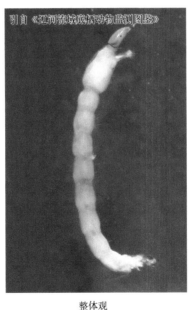
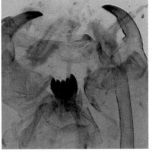

整体观　　　　　　　头壳

采自辽河流域

斑点流粗腹摇蚊（*Rheopelopia maculipennis*）

（43）趋流摇蚊属（*Rheocricotopus*）

形态特征：中型幼虫，体长6.5mm。胸节常有褐色条纹，头淡黄色，次后头缘黑色。触角5节，各节依次缩小。环器位于第1节基部。触角叶比鞭节短。劳氏器明显，但比第3节短。上唇SⅠ刚毛2分叉或有时具6~8个端齿。内唇栉由3个光滑相同的或外侧宽的鳞组成。内唇侧棘毛3或4根，内唇基棘毛简单。前上颚具1个端齿，无前上颚刷。上颚端齿比3个内齿的宽度短。齿下毛具端钩。上颚刷5或6根，简单或羽状。颏中齿2个，有或无附属齿。侧齿5对。腹颏板宽，末端伸向颏齿的外侧，腹颏鬃显著。下颚的外颚叶栉很发达。前颚叶三角形。体节上原足发育正常，前原足爪具内齿。尾刚毛台长大于宽，端部尾毛3~5根，后缘中部有1距。肛管短。体刚毛长或短或无。

生境：本属幼虫广泛分布在流水中。

采集地：太湖流域、辽河流域。

1）散趋流摇蚊（*Rheocricotopus effuses*）

形态特征：幼虫体长5mm。头壳黄色，后头缘黑褐色。触角5节，触角比1.4。触角叶与鞭节等长。劳氏器约与第3节等长。上唇SⅠ刚毛呈不等的2分叉，外叉长于内叉。内唇栉3分叶。前上颚单一。上颚端齿长是3内齿宽的0.9倍，齿下毛超过基齿的顶端。颏具2个中齿，无副齿。腹颏板宽，腹颏鬃22~28根。腹部尾刚毛台长大于宽，上具5根强壮尾毛。肛管不超过后原足的长度。

2）钢灰趋流摇蚊（*Rheocricotopus chalybeatus*）

形态特征：幼虫体长3.5mm。头壳黄褐色，后头缘黑褐色。触角5节，触角比1.6。触角叶达第4节顶端。触角副叶与第2节等长。上唇SⅠ刚毛分叉相等。内唇栉3分叶，外侧叶厚。前上颚单一。上颚端齿约与3个内齿的宽度相等。颏中齿2个，两侧有副齿。腹颏板基部宽，腹颏鬃14~16根。腹部尾刚毛台基部部分骨化，上具5根尾毛，其中3根强壮。肛管略长于后原足。

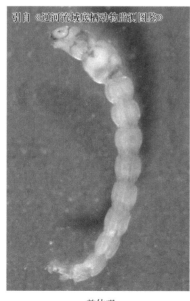

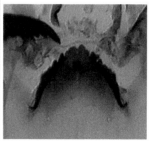

整体观　　　　　　　头壳

采自辽河流域

钢灰趋流摇蚊（*Rheocricotopus chalybeatus*）

（44）流长跗摇蚊属（*Rheotanytarsus*）

形态特征：小型幼虫，体长达5mm。触角5节，触角托端部无刺突。第1节比鞭节长，基部具1环器，近中部具1根发达的刚毛。第2节楔形。触角芒大小适中，劳氏器柄不超过触角末节。触角叶亦不超过触角末节，副叶短。上唇SⅠ刚毛梳状，SⅡ刚毛端部羽状，位于高托之上，SⅢ刚毛细毛状。上唇片发达。内唇栉梳状或分为3个部分的梳状鳞。前上颚端部2分叉，前上颚刷发达。上颚背齿褐色，端齿和第2、第3个内齿的颜色相同。齿下毛长、弯曲。上颚刷4根，羽状。上颚栉发达。颏中齿1个，侧缘有缺刻，有时明显分为3个齿。侧齿5对。腹颏板前缘明显弯曲，中部几乎连在一起。腹节侧后角具"人"字形刚毛。后原足上的爪简单。尾刚毛台和肛管正常。

生境：本属幼虫喜冷水环境，有筑巢习性，巢筒"臂"状依附于石块或植物体上，生活在小溪或河流中。

采集地：三峡库区（湖北段）、丹江口水库、太湖流域、辽河流域。

1）苔流长跗摇蚊（*Rheotanytarsus muscicola*）

形态特征：幼虫体长4mm，头壳黑褐色。触角5节，触角前3节黑色，触角比2.2。触角叶达第4节中部。内唇栉具15个齿，前上颚2分叉。上颚具1个背齿、1个端齿和2个内齿。颏中齿两侧具缺刻或单一，侧齿5对。腹颏板长是宽的3.2倍。腹部刚毛L2单一，L4两分叉，端半部羽毛状。尾刚毛台具7根尾毛。

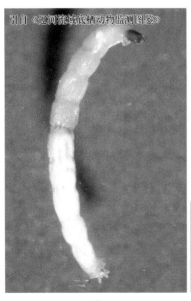
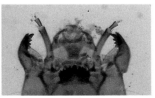

整体观　　　　　　　　头壳

采自辽河流域

苔流长跗摇蚊（*Rheotanytarsus muscicola*）

（45）罗摇蚊属（*Robackia*）

形态特征：中型幼虫，体长8mm。触角7节，第1节比第2节和第3～5节的长度短，环器位于第1节近中部。触角叶着生在第2节端部，达第4节顶端。无劳氏器，第5节具1大的触角芒，长度超过触角末端。上唇SⅠ和SⅢ刚毛细毛状，SⅡ刚毛中等长且宽，SⅣ A刚毛分3节。无上唇片。内唇栉为1小的三角形鳞。前上颚具4个齿，具前上颚刷。上颚无背齿，端齿长，内齿4个。齿下毛长，无上颚刷和上颚栉。颏具12或14个单色齿，中齿1对比第1侧齿低。腹颏板与颏等宽，腹颏板影线粗壮。前缘具不规则的钝凸。下颚须很长，第1节长为宽的4倍。后原足细长，长为基部宽的6～7倍。尾刚毛台高为宽的1/2。肛管圆锥形，为后原足长的1/2。

生境：本属幼虫生活在河流沙底和湖泊的沿岸带。

采集地：辽河流域。

1）毛尾罗摇蚊（*Robackia pilicauda*）

形态特征：幼虫体长9mm，黄绿色，腹部各节具复节。触角7节，最后2节极小。前上颚具4个齿。上颚具1端齿、3个内齿，第1内齿端部分叉。颏齿平直，具12个尖锐的小齿。腹颏板具粗而不规则的隆突，影线纹粗壮。后原足细长。尾刚毛台小，上具7根尾毛。

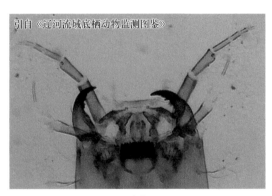

头壳

毛尾罗摇蚊（*Robackia pilicauda*）

（46）似波摇蚊属（*Sympotthastia*）

形态特征：幼虫中型，体长7mm。触角5节，第5节比第4节长，第2节端部的环纹与第3节的环纹分节不明显。劳氏器短，触角芒比第3节长。上唇片由两个半透明的片状叶突组成。上颚端齿比4个内齿的长度短，有时端齿与第1内齿相同。上颚刷具12～21根，简单或具小的锯齿。颏具1个中齿，侧齿8～10对。下颚须长、宽约相等，侧面具曲线。体节上前、后原足分离，原足端部具爪。

生境：幼虫喜生活在寒冷的流水中，包括溪流水体。幼虫喜清洁水体。

采集地：辽河流域。

1）高田似波摇蚊（*Sympotthastia takatensis*）

形态特征：中型幼虫，体长7mm。触角5节，第5节比第4节长，第2节端部与第3节具环纹。上唇SⅠ刚毛扁叶状，SⅢ刚毛简单。前上颚具5个齿。上颚端齿比4个内齿的长度短，齿下毛长刺形。颏具1宽的中齿，7对侧齿，中齿和第1侧齿色浅，其他侧齿褐色。体节上前、后原足分离，端部具爪。尾刚毛台短而宽，后缘骨质化，尾毛7根。

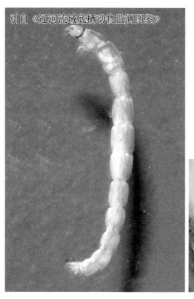
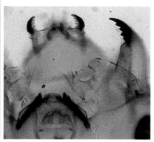

整体观　　　　　　　　　头壳

高田似波摇蚊（*Sympotthastia takatensis*）

（47）萨摇蚊属（*Saetheria*）

形态特征：中至小型幼虫，体长达5mm。触角5或6节，如为5节，则第2节比第3节长。环器位于第1节近1/4处。触角叶与第2节端部或亚端部伸向顶端。触角芒生于第3节上。上唇S Ⅰ和S Ⅲ刚毛毛状，S Ⅱ刚毛宽叶状，侧面具1或2根长叶状棘毛。S Ⅳ A刚毛细长、分3节。无上唇片或小。内唇栉为中部裂开的小三角形鳞。前上颚具3个齿，无前上颚刷。上颚无背齿，具端齿和2或3个内齿，三角形或第1内齿扁平。齿下毛长叶状或细长。上颚刷4根，端部具锯齿。上颚栉3～5根。颏中齿窄或宽，色淡或与第6、第7侧齿的颜色相同。腹颏板中间距离宽，长约与颏宽相等，腹颏板影线显著。下颚须发达，第1节长为宽的1.5～2.0倍。比触角稍短或等长。后原足爪简单，无侧腹管和腹管。

生境：本属幼虫生活在沙底的湖泊和河流中。

采集地：辽河流域。

1）瑞斯萨摇蚊（*Saetheria reissi*）

形态特征：幼虫体长5mm。触角6节，触角比1.3。触角叶达第4节顶端，触角副叶达第3节端部。前上颚具3个端齿和1个基齿。上颚具1个端齿和3个三角形内齿，端齿是内齿的3倍。颏具1个中齿和6对侧齿。中齿宽是第1侧齿的5倍。第3对侧齿比邻齿小。腹颏板影线粗壮，宽是长的1.4倍。尾刚毛台小，上具7根尾毛。后原足细长，肛管圆锥形。

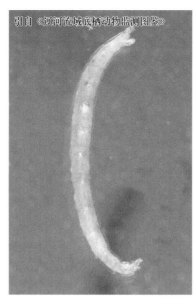
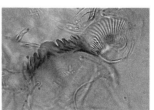

整体观　　　　　　　　　头壳

瑞斯萨摇蚊（*Saetheria reissi*）

（48）齿斑摇蚊属（*Stictochironomus*）

　　形态特征：中型幼虫，体长达14mm，红色。2对眼点分离，头部背面额前缘向前凸。无上唇骨片1，具上唇骨片2。触角6节，有时第2节和第3节很短。环器位于第1节基部1/4～1/3处。触角叶与鞭节等长或稍比鞭节短，副叶约为第2节长的1/2。劳氏器互生在第2节和第3节上。触角芒生于第3节上。上唇SⅠ和SⅡ刚毛羽状，SⅢ和SⅣ刚毛及上唇片正常。内唇栉由3个分离的端部有锯齿的鳞组成。前上颚具3个齿，前上颚刷显著。上颚宽，基部膨大。上颚齿黑色，背齿长，具端齿和2或3个内齿。齿下毛简单、细长，端部弯曲。颏齿黑褐色，具4个抬高的中齿，中间的1对中齿小。侧齿6对，第1和第4侧齿小。腹颏板中间距离约为颏宽的1/3，腹颏板长约为颏宽的1.2倍。腹颏板影线显著，亚颏毛简单。后原足爪简单，无侧腹管和腹管。

　　生境：本属幼虫生活于深水的软沉积物底质中，在寡营养湖、中营养湖和缓流河川的沙底中都有分布。

　　采集地：三峡库区（湖北段）、丹江口水库、太湖流域、辽河流域。

1）俊才齿斑摇蚊（*Stictochironomus juncaii*）

　　形态特征：幼虫红色，体长10mm。触角6节，触角第3节比第4节长。触角明显长于鞭节。上唇SⅠ刚毛和SⅡ刚毛羽状，内唇栉的3个骨片的游离端具齿。上颚齿黑色，齿下毛达第2内齿的端部。上颚臼具2个棘。颏中齿4个，第1侧齿比邻齿低。腹部尾刚毛台发达，顶端具8根尾毛。

2）斯蒂齿斑摇蚊（*Stictochironomus sticticus*）

　　形态特征：幼虫体长8mm，头壳棕色。触角6节，触角比1.5。触角叶长达第5节端部。上唇S I 刚毛基部宽，端部具细刚毛。内唇栉由3个分离骨片组成，骨片端部具齿。前上颚3个齿。上颚具1端齿、1个背齿和2个内齿，棕黑色。齿下毛超过第1内齿端部。颏具4个中齿，第1侧齿与其他侧齿等高。腹部后原足粗壮，尾刚毛台顶端具8根尾毛。

（49）长足摇蚊属（*Tanypus*）

　　形态特征：大型幼虫，体长10～12mm。头椭圆形，头壳指数0.95，触角为上颚长的1/4，触角比5～8。第1节约为宽的5倍，端部1/3处具环器。第2节长度不定，长为宽的1.5～4.5倍。第3节比第4节短，触角芒伸至第3节端部或超过第3节。劳氏器1对，着生在第2节顶端。触角叶与鞭节等长或稍短。上颚相对短，基部腹侧的关节向外缘延长。端齿长为基部宽的2倍，为上颚长的1/5。内缘具2个长扁状齿和紧挨着的2个大小相等的副齿。基齿在内上颚缘端部形成。下颚须第1节长为宽的2.0～2.5倍，端部窄、倾斜，基部或端部1/3处具环器。背颏5或6个齿，暗褐色或淡色。中齿的前缘和基部两侧具1凹陷，末端向背侧弯曲。唇舌5个齿，长至少是端部宽的2～4倍，齿列直或前缘内凹，齿的大小近乎相等，长为宽的2～3倍。侧唇舌相对较大，长度为唇舌的3/4，内缘光滑。舌栉毛明显缩小，前缘具3～7齿突。体节两侧具缨毛。

　　生境：幼虫生活在湖泊、池塘和流水的软沉积物底质中。掠食性或植食性。

　　采集地：三峡库区（湖北段）、丹江口水库、洱海流域、滇池流域、太湖流域、辽河流域。

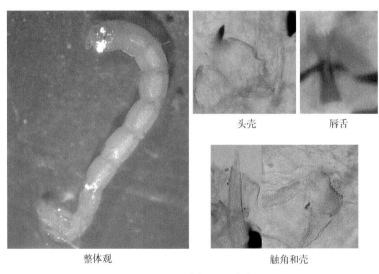

整体观　　　　　　　　　　　　　触角和壳

采自丹江口水库

长足摇蚊（*Tanypus* sp.）

1）刺铗长足摇蚊（*Tanypus punctipennis*）

　　形态特征：幼虫体长10mm。触角为上颚长的1/4，触角比6.4。端部1/3处具环器。触角叶比鞭节长。上颚端齿深棕色，约为上颚长的1/5。齿下毛长。下颚须第1节长为宽的2.4倍，基部1/3处具环器。感觉毛分2节，等长。背颏具8对齿。唇舌长为宽的2.4倍。侧唇舌梳状，外缘具12根细长的棘刺。腹部末端尾刚毛台顶端具尾毛14根。肛管3对，三角形。腹部第6节无刚毛簇。

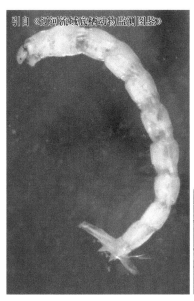
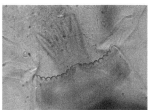

整体观　　　　　　　　　唇舌

采自辽河流域

刺铗长足摇蚊（*Tanypus punctipennis*）

（50）特突摇蚊属（*Thienemannimyia*）

形态特征：幼虫中型，体长达10mm，黄白色。头浅褐色，后缘黑褐色。头壳长椭圆形。触角为头长的1/2，上颚长的2倍。触角比4～6。第1节长约为宽的6～7倍，端部1/3处具环器。第2节长为宽的4.5～10倍。触角芒棒状，伸至第4节中部。劳氏器小。上颚逐渐弯曲，端半部窄，暗褐色。基半部增宽，端齿长约为基部宽的2倍，为上颚长的1/4。基部齿明显，端部内缘平直，端齿的基部具1钝圆的副齿。下颚须第1节长为宽的3.5倍，端部1/3处具环器。背颏无齿。颏附器三角形，端部钝圆，中部侧缘具1大的和1个小的突起。上唇泡卵形。端部具延长的突起。唇舌5个齿，长度为基部宽的2倍，端部1/3暗褐色，齿的前缘内凹。体节两侧无缨毛。

生境：幼虫为聚氧生物，喜冷水环境，生活在清洁泥沙底的河流和贫营养湖的沿岸地区。

采集地：辽河流域。

1）盖氏特突摇蚊（*Thienemannimyia geijskesi*）

形态特征：中型幼虫，体长10mm。触角第2节长约为宽的8倍，触角叶基环高约为宽的1.3倍，触角芒不超过第3节。唇舌5个齿，长约为宽的2倍，中齿长约为宽的1.6倍，侧唇舌2分叉。颏附器两侧的上唇泡椭圆形，端部缩窄，基部骨化区具2个钝突。体节两侧无缨毛。尾刚毛台长约为宽的3.5倍，上具7根尾毛。

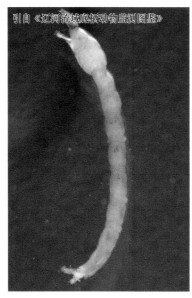

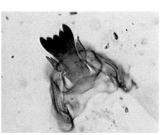

侧面观   唇舌

盖氏特突摇蚊（*Thienemannimyia geijskesi*）

2）合铗特突摇蚊（*Thienemannimyia fusciecps*）

形态特征：中型幼虫，体长10mm。触角第2节长约为宽的10倍，触角叶基环高约为宽的2倍，触角芒伸达第4节末端。唇舌5个齿，长约为宽的1.9倍，中齿长约为宽的1.7倍，侧唇舌2分叉。颏附器两侧的上唇泡卵形，基部骨化区具1钝突。体节两侧无缨毛。尾刚毛台长约为宽的3.5倍，上具7根尾毛。

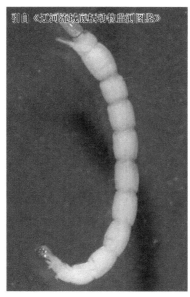

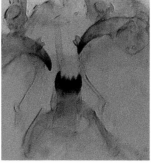

整体观   头壳

合铗特突摇蚊（*Thienemannimyia fusciecps*）

（51）特维摇蚊属（*Tvetenia*）

形态特征：小至中型幼虫，体长7mm。触角5节，第3节和第4节几乎相等或第4节比第3节长。环器位于第1节基部1/4处。触角叶不超过鞭节。劳氏器明显，约与第3节等长。触角芒发达，通常与第3节等长。上唇SⅠ刚毛微羽状，其他刚毛简单。无上唇片。上唇棘毛梳状，小刺毛简单。内唇栉由3个鳞片组成。内唇侧棘毛简单或有锯齿，内唇基棘毛端部有小的分支。"U"形板具细长的基鳞。前上颚具1个端齿，无前上颚刷。上颚端齿比3个内齿的宽度短。齿下毛小钉状，上颚刷6根，光滑或具锯齿。上颚臼具2或3个简单的刺。颏具1或2个中齿，侧齿5对。腹颏板窄，无腹颏鬃。下颚的负唇须片具三角形叶突。外颚叶和外颚叶栉具棘状叶突。下颚毛简单。体节上尾刚毛台长至少是宽的1.5倍，骨质化，端部具5或6根尾毛。肛管比后原足短。体刚毛强壮，至少是各节长的1/2。

生境：本属幼虫主要在流水的植物间栖息。

采集地：辽河流域。

1）塔马特维摇蚊（*Tvetenia tamafulva*）

形态特征：幼虫体长7mm。触角5节，触角第3节明显小。触角叶与鞭节等长。上颚端齿比第1内齿长，上颚臼具2个小刺。颏具2个中齿，侧齿5对。腹部尾刚毛台长超过宽的1.5倍。肛管短于后原足。

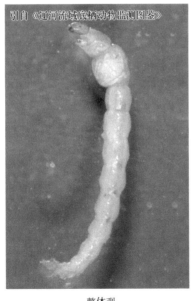

整体观　　　　　　　　　头壳

塔马特维摇蚊（*Tvetenia tamafulva*）

（52）长跗摇蚊属（*Tanytarsus*）

形态特征：中至大型幼虫，体长达9mm。头部背面唇基刚毛简单或羽状。触角5节，触角托有或无刺突。第1节比鞭节长，基部具1环器，近中部具1根刚毛。第2节圆柱形，比3～5节的长度长或等长。触角叶不超过触角第2节。劳氏器小，柄细长，远超过触角末节。上唇SⅠ刚毛梳状，SⅡ刚毛简单或羽状，位于高托之上，SⅢ刚毛细毛状。上唇片发达。内唇栉由3个端部具锯齿的鳞组成。前上颚具3～5个齿，前上颚刷发达。上颚背齿黄色或黄褐色，有些种具2个背齿和1或2个其他齿。端齿和3个内齿褐色。齿下毛长、弯曲。上颚刷4根，羽状。上颚栉发达。颏中齿圆形，侧缘具缺刻或无，中间常比侧区色淡，侧齿5对。腹颏板窄，中部分离。肛鳃发达。后原足仅具简单少数呈马蹄形排列的爪，栖息在咸水中的种类除外。

生境：本属幼虫分布于各种类型的水体中，有几种为海洋种类。幼虫较流长跗摇蚊具有更广泛的适应性。

采集地：太湖流域、辽河流域。

1）台湾长跗摇蚊（*Tanytarsus formosanus*）

形态特征：幼虫体长6mm。头壳黄色，后头缘黑褐色。额唇基毛单毛状。触角5节，触角比1.5。触角第1节长约为宽的16倍。劳氏器小，柄长仅为最后3节长的1.2倍。前上颚具4个齿。上颚端齿比3个内齿的宽度短。颏中齿两侧具缺刻。侧齿5对。尾刚毛台长是宽的2倍，顶端具8根尾毛。

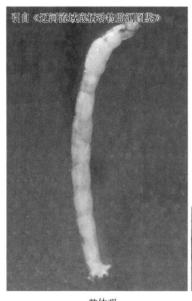

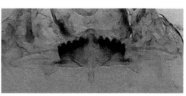

整体观　　　　　　　　　　　头壳

采自辽河流域

台湾长跗摇蚊（*Tanytarsus formosanus*）

2）渐变长跗摇蚊（*Tanytarsus mendax*）

形态特征：幼虫体长6mm。额唇基毛单毛状。触角5节，约为上颚长的1.5倍，触角第1节长约为宽的6.8倍，劳氏器小，柄长约为最后3节长的1.5倍。前上颚具4个齿。上颚背齿黄褐色，端齿和3个内齿褐色。颏中齿两侧具缺刻。侧齿5对。腹颏板窄，中间分离。尾刚毛台顶端具8根尾毛。肛管2对，长约为宽的2倍。

整体观 头壳

采自辽河流域

渐变长跗摇蚊（*Tanytarsus mendax*）

4. 蠓科（Ceratopogonidae）

形态特征：本科幼虫腹部末端末节具成圈的刚毛。无骨化短突起；前胸气门明显位于背面。

生境：中污染偏重的水体中多见。

采集地：辽河流域、松花江流域、太湖流域、丹江口水库。

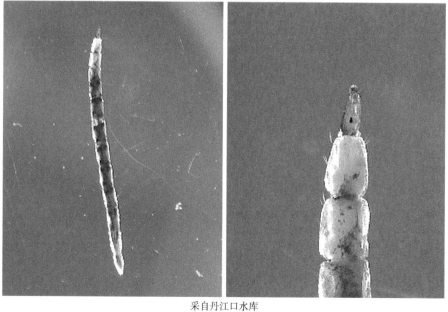

采自丹江口水库

蠓科一种（Ceratopogonidae sp.）

（1）库蠓属（*Culicoides*）

形态特征：幼虫体长6mm，丝状，灰白色，中胸、后胸及腹部各节具红褐色斑纹。头黄色，眼点大、小各2个。触角退化。胸部、腹部各节圆筒形。胸部各节前部具6根轮生刚毛，腹部各节背面、腹面各具2根长刚毛。尾端具4根短刚毛。

5. 丽蝇科（Calliphoridae）

形态特征：本科幼虫后气门平露或位于浅凹陷中，后气门缝横生，有钮状突起，在多数体节上具有色的微刺，排列成不规则或平行地行列。
生境：幼虫采自河流中。栖息地水质轻污染。
采集地：辽河流域。

（1）带绿蝇属（*Hemipyrellia*）

形态特征：幼虫黄乳白色，圆筒形，无头。舌咽骨杆状。腹部末节后缘具明显的肉质形突起，后气门2个。

1）瘦叶带绿蝇（*Hemipyrellia ligurriens*）

形态特征：幼虫体长约13mm。黄乳白色，圆筒形。无头。具1能自由伸缩的骨化口钩，口钩后面的舌咽骨杆状，背角圆滑，端部钝。腹部末节后缘具明显的肉质形突起。前气门具6～8个指形突起。腹部末节具后气门2个，后气门骨环中间各具3个长卵形裂孔。

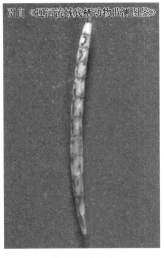

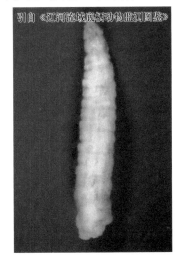

采自辽河流域
库蠓（*Culicoides* sp.）

瘦叶带绿蝇（*Hemipyrellia ligurriens*）

6. 幽蚊科（Culicidae）

本科幼虫胸部各节愈合且特别膨大，腹面中央无伪足；头部骨化，可以活动，有具色素的眼点；腹端有4个气管鳃和1个扇状的刚毛丛；腹部第8节的背面具呼吸管，无伪足。
生境：幼虫可在无游离氧的深水中生活，在污染较重的水体中多见。

采集地：丹江口水库、辽河流域。

（1）幽蚊属（*Chaoborus*）

形态特征：幼虫细长，虫体透明。触角向下折，末端具4或5条捕捉刚毛，上唇长刚毛状。胸部和第7腹节具2或3个气囊。第8节背部无呼吸管。平衡器新月形。

引自《辽河流域底栖动物监测图鉴》

侧面观　　　　　侧面观　　　　　　头部
A. 采自丹江口水库　　　　　　　B. 采自辽河流域
幽蚊（*Chaoborus* sp.）

7. 长足虻科（Dolichopodidae）

形态特征：本科稚虫头部不骨化，背面有横生的背骨片和具色素的纵杆，纵杆向后延伸达中胸；后气门被4个或更多的短突起所包围，其中2个在气门的背面，其余在气门的侧方或腹方，腹部位于最后方的几节具纵纹；生活于石上的藻类中或腐烂的食物中。

生境：幼虫水生。多生活在较清洁河流的水体中。

采集地：辽河流域、太湖流域。

（1）针长足虻属（*Rhaphium*）

形态特征：幼虫体长约15mm，淡黄褐色，圆柱形，后气门式。体节11节。头部小，可以缩入前胸。腹部第1～4节前缘生有瘤状突起，是幼虫的爬行器官。腹部第8节末端具呼吸盘，呼吸盘周围具2对叶形突起。呼吸盘中央具2个气门。

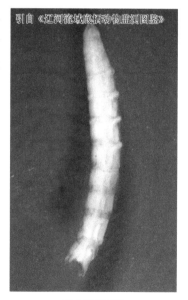

引自《辽河流域底栖动物监测图鉴》

采自辽河流域
针长足虻（*Rhaphium* sp.）

8. 蝇科（Muscidae）

形态特征：幼虫蛆状，圆筒形，前尖后粗，呈截断状。腹部具伪足。气门上有4个或4个以上的小管，两端气门式或后气门式，成对的后气门为半球状。每个气门有3个呈放射状的裂孔，前气门每个有6～8个突起。

生境：幼虫在河流水体中，栖息地水质中污染。

采集地：辽河流域。

引自《辽河流域底栖动物监测图鉴》

灰腹厕蝇（*Fannia scalaris*）

（1）厕蝇属（*Fannia*）

形态特征：幼虫体扁平，灰褐色。体节背面、侧面各节的突起羽毛状。

生境：幼虫在有机质丰富的河流中栖息。

1）灰腹厕蝇（*Fannia scalaris*）

形态特征：幼虫体长约10mm。体扁平，灰褐色。体节背面、侧面各节的突起羽毛状。前气门具8个指状分枝。第2节左右具1个突起。第5～11节侧面具2对长的、1对短的突起。第12节具3对羽状突起。后气门1对。

（2）血蝇属（*Haematobia*）

形态特征：幼虫黄乳白色，无头。具1能自由伸缩的骨化口钩，腹部末节后缘无肉质形突起。

1）扰血蝇（*Haematobia irritans*）

形态特征：幼虫体长约5mm。黄乳白色，无头。具1能自由伸缩的骨化口钩，口钩

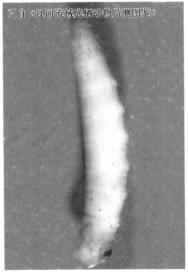

引自《辽河流域底栖动物监测图鉴》

| 整体观 | 舌咽骨 |

扰血蝇（*Haematobia irritans*）

后面的舌咽骨小，背角尖细，腹角长宽，内侧中部具1突起。腹部末节后缘无肉质形突起。第2节的前气门具6个指形突起。腹部末节的1对后气门淡褐色，肾形，后气门骨环中间裂孔长蛇型。

（3）家蝇属（*Musca*）

形态特征：幼虫长圆筒形，无头。舌咽骨小。腹部末节后缘无明显的肉质形突起。前气门具6～8个指形突起。

生境：幼虫采自中污染河流中。

1）家蝇（*Musca domestica*）

形态特征：幼虫体长约10mm。长圆筒形。无头。骨化口钩左右不同，口钩后面的舌咽骨小，背角窄，端部分叉。腹角宽，内缘具1尖突。腹部末节后缘无明显的肉质形突起。前气门具6～8个指形突起。腹部末节后气门小，蚕豆形。后气门骨环中间具蛇形裂孔。

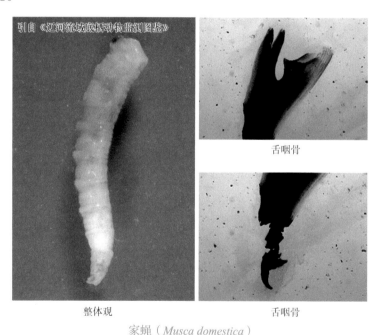

整体观　　　　　　舌咽骨　舌咽骨

家蝇（*Musca domestica*）

9. 毛蠓科（Psychodidae）

形态特征：本科幼虫腹部末节末端无成圈的刚毛，如在腹端有刚毛时则同时有1对骨化突起；前胸如有气门则不位于背面，胸部和腹部各节具小环节，有时沿腹中线上具吸盘。

生境：污染的水体中多见。

采集地：辽河流域。

（1）毛蠓属（*Psychoda*）

形态特征：幼虫体节6～7节环带的背面各具1个褐色小骨片。呼吸管细长。

1）星斑毛蠓（*Psychoda alternate*）

形态特征：幼虫体长7～8mm，灰白色，体表生细毛。触角小。胸部及腹部第1节，每节2环。腹部其余6节，每节各3环。第6、第7腹节背面各环具1小褐色的带状骨片。尾端具细长的黑褐色呼吸管，端部具短的缘毛和4个肉质突围成的呼吸盘。

（2）池畔蠓属（*Telmatoscopus*）

形态特征：幼虫体节各节背面列生黑色小骨片。呼吸管短锥形。

1）白斑池畔蠓（*Telmatoscopus albipunctatud*）

形态特征：幼虫体长8～9mm，黑褐色，体表具细小刺毛和多数长刚毛。触角小。胸部3节，第1腹节具2个小环，第2～7腹节具3个小环。各环节背面列生黑色带状小骨板。尾端呼吸管短锥形。呼吸盘具带缘毛的叶形突起。

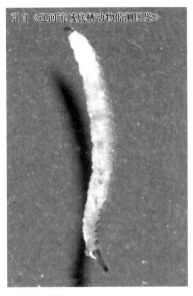

星斑毛蠓（*Psychoda alternate*）　　　白斑池畔蠓（*Telmatoscopus albipunctatud*）

10. 蚋科（Simuliidae）

形态特征：本科幼虫伪足仅着生在前胸上；腹部末端膨大，在腹端有1吸盘和可以收缩的气囊。口刷明显。

生境：幼虫在山地溪流下游的石块和枯枝落叶间栖息。喜清洁水体。

采集地：辽河流域。

（1）原蚋属（*Prosimulium*）

形态特征：头扇明显，肛板"X"形。亚颏齿分3组，中齿和角齿突出。上颚第3顶齿和第3梳齿粗长，锯齿多个。后颊裂短而浅，方形或圆形。

1）辽宁原蚋（*Prosimulium liaoningense*）

形态特征：幼虫体长7mm。头斑阳性，触角长于头扇柄，头扇毛32～34支。上颚具锯齿15个，前3齿及第7～10齿较大。亚颏中齿较角齿粗长。后环62～64排，每排具11或12个小钩。

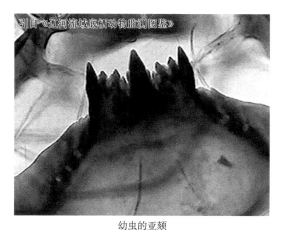

幼虫的亚颏

辽宁原蚋（*Prosimulium liaoningense*）

（2）蚋属（*Simulium*）

头扇明显，肛板"X"形。亚颏齿排成1行，中齿和角齿突出或不突出。后颊裂多种多样，少数可伸达亚颏后缘

1）新宾纺蚋（*Simulium xinbinense*）

形态特征：幼虫体长5mm。头斑阳性，触角长于头扇柄，头扇毛约30支。上颚缘齿具附加锯齿列。亚颏中齿、角齿突出。侧缘毛每侧3支。后颊裂深，圆形，基部收缩，长度略超过后颊的2倍。胸部具棕色横带，背侧具单刺毛。腹部具棕褐色斑，背侧具单刺毛。肛鳃每叶分6个次生小叶。后环约60排，每排约具10个钩刺。腹乳突存在。

2）角逐蚋（*Simulium aemulum*）

形态特征：幼虫体长6mm，黄褐色。头部额斑曲柄状。头扇毛40～42枝。上颚第3顶齿发达，梳齿3个，内齿5或6个。亚颏中角齿大，内中齿小。亚颏侧缘毛4或5枝。后颊裂椭圆形。肛鳃每叶具6～8个附叶。后环72排，每排约具12个钩刺。

引自《辽河流域底栖动物监测图鉴》

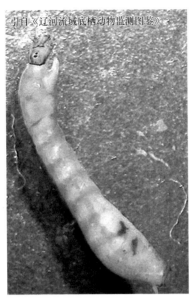
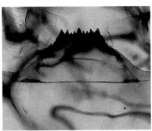

整体观　　　　　　　　　　幼虫的亚颏

新宾纺蚋（*Simulium xinbinense*）

引自《辽河流域底栖动物监测图鉴》

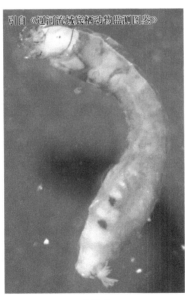
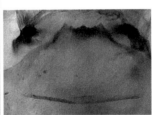

整体观　　　　　　　　　　幼虫的亚颏

角逐蚋（*Simulium aemulum*）

11. 水虻科（Stratiomyidae）

　　形态特征：本科幼虫头部位置固定，不能缩入前胸内；体略横扁，表皮坚硬，表面粗糙；胸部与腹部共11节。水生的种类在一个或较多体节的腹面具成对的钩，在腹部末端最后的长形尾节上有1圈长而分支的毛。

　　生境：幼虫在河流有机质丰富的水体中栖息。污染的水体中多见。

采集地：松花江流域、辽河流域。

（1）扁角水虻属（*Hermetia*）

1）亮斑扁角水虻（*Hermetia illucens*）

形态特征：幼虫体长约20mm。体扁平，淡黄褐色。体节12节，背面具黄色丝状纵纹。第2节两侧具1褐色前气门，背面具2列10根刚毛、侧面左右各2根刚毛、腹面2根刚毛。第3～11节背面具6根刚毛，第12节背面具2根刚毛。末节后端具后气门，第4～11节两边各具1极小的侧气门。

（2）水虻属（*Stratiomyia*）

形态特征：幼虫扁梭形。体壁较硬。色暗，体长约10mm。触角短。体节12节，末节细长。末端有丛生环毛的呼吸管，无足。

采自辽河流域

亮斑扁角水虻（*Hermetia illucens*）

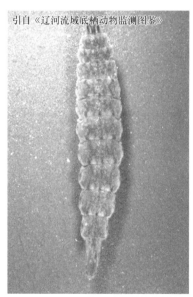

采自辽河流域

水虻（*Stratiomyia* sp.）

12. 食蚜蝇科（Syrphidae）

形态特征：本科幼虫体的腹面具伪足（可能不明显）；2个后气门互相接触，着生在短的骨化突起上或在1个长而分节并能收缩的凸起的尖端，前气门角状或环状；胸节和腹节具有几条横褶，白色，有时体末端具鳃；头部可以缩入前胸，触角3节；上颚退化。

生境：幼虫多在富含有机质的污水中栖息。重污染水体中多见。

采集地：辽河流域。

（1）管蚜蝇属（*Eristalis*）

形态特征：幼虫圆筒形，头小，口器退化。体节腹面具8对肉质形突起。身体末端具细长如鼠尾状的呼吸管，呼吸管分3节，可伸缩。端部具2个气门，引入直肠鳃辅助呼吸。幼虫活动时在水底或水下物体上爬行，以尾端呼吸管露出水面呼吸。

管蚜蝇（*Eristalis* sp.）

13. 虻科（Tabanidae）

形态特征：本科幼虫头部缩入前胸内，体圆柱形或纺锤形，表皮柔软，不粗糙，但常全部或局部有纵纹；胸部和腹部共11节（如包括腹末端的管状部则为12节）；每一腹节具2个或不止2个伪足，伪足具钩或不具钩。

生境：较清洁的水体中多见。

采集地：辽河流域。

（1）瘤虻属（*Hybomitra*）

形态特征：幼虫两头尖似纺锤。头部小而长，能缩入前胸。上颚钩状。腹部第1～7节的前部有环生的瘤状突起。腹部第8节背面基部具较宽的毛纹。

1）毛头瘤虻（*Hybomitra hirticeps*）

形态特征：幼虫体长20mm，橙黄色，圆柱形。两头尖似纺锤。体节包括头在内共

11节。头部小而长，能缩入前胸。上颚钩状。腹部第1～7节的前部有环生的瘤状突起。腹部第8节背面基部具较宽的毛纹。

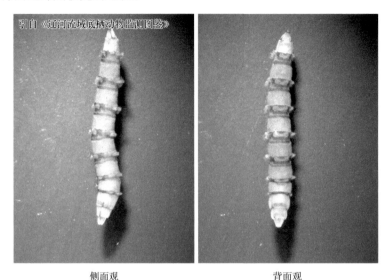

引自《辽河流域底栖动物监测图鉴》

侧面观　　　　　　　　　　背面观

毛头瘤虻（*Hybomitra hirticeps*）

14. 大蚊科（Tipulidae）

本科幼虫头部缩在前胸内，头部后面的部分不骨化或局部骨化；触角长，常为1节；额与唇基愈合；上唇和额的前缘具毛；体常呈圆柱形，较柔软，每一体节具1个或数个横褶；腹端末节在气门周围具叶状构造；有时具气管鳃。

（1）巨吻沼蚊属（*Antocha*）

形态特征：幼虫体长4～7mm，圆筒形，乳白色或黄白色。头壳发达，坚硬。颏板中齿3个，侧齿3对，似山形排列。腹部第2～7节背板具圆形带斑。

生境：幼虫在清洁河流水体的砾石表面栖息。

采集地：辽河流域。

1）双叉巨吻沼蚊（*Antocha bifida*）

形态特征：幼虫黄白色，体长7mm，圆柱形。头壳发达，坚硬。颏板中齿3个，侧齿3对，似山形排列。第2～7腹节背面具长圆形斑带，腹面具肉足形环带。尾端具1对具毛的肉质形突起，无气门。

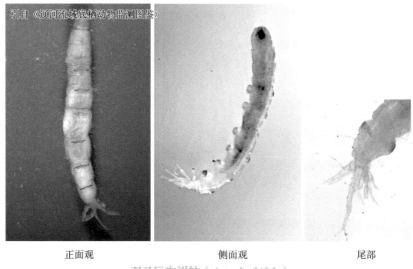

| 正面观 | 侧面观 | 尾部 |

双叉巨吻沼蚊（*Antocha bifida*）

（2）双大蚊属（*Dicranota*）

形态特征：幼虫黄褐色，体长10mm，圆柱形。头壳完整，硬化。腹部第3～7节各具1对肉质性原足。端部具扇形排列的小钩。尾端呼吸盘腹侧具1对长的和2对小的肉质突起。呼吸盘中央有1对圆形气门，气门中等大小，颜色较深。

生境：幼虫在山地河流、溪流清洁的水体中栖息。

采集地：辽河流域、松花江流域。

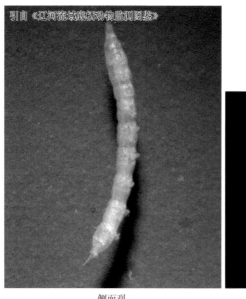

| 侧面观 | 尾部呼吸盘 |

A. 采自辽河流域

侧面观　　　　　　　　头部

B. 采自松花江流域

双大蚊（*Dicranota* sp.）

（3）棘膝大蚊属（*Holorusia*）

形态特征：体型较大，腹部无匍匐痕，呼吸盘上叶突6个，叶突上有深色带，叶突周围有细密的毛。气门较大且颜色较深，侧面的和1个内侧的肛门乳头体弯曲背向，环绕在第8腹节上。

生境：幼虫在山地河流较清洁的水中栖息。

采集地：松花江流域。

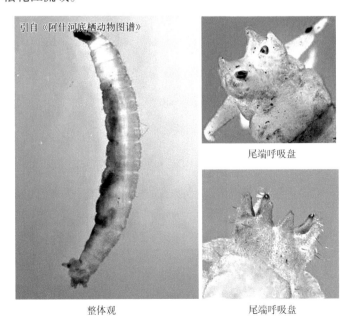

整体观　　　　　　　　尾端呼吸盘

棘膝大蚊（*Holorusia* sp.）

（4）黑大蚊属（*Hexatoma*）

形态特征：幼虫黄褐色，体长15mm，圆柱形。体表微毛，泛金丝绒样光泽。头壳退化显著。腹部末端膨大，呼吸盘周围具4个叶状突起，突起的边缘具长毛，呼吸盘中央具黑色条纹和1对气门。呼吸盘上方具6个白色指状突起。

生境：幼虫在山地河流清洁的水体中栖息。

分布：辽河流域。

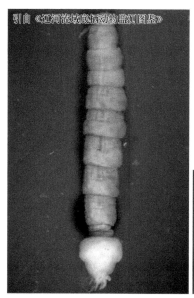 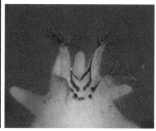

整体观　　　　　　　　　　尾端呼吸盘

黑大蚊（*Hexatoma* sp.）

（5）解大蚊属（*Llisia*）

形态特征：幼虫黄褐色，体长约15mm，圆柱形。头部骨化，大部分缩入前胸内。胸部、腹部分节不明显。腹部末端，呼吸盘周围具5个猫耳状突起，突起的边缘具缘毛。腹面具1白色唇样突起。呼吸盘中央有1对猫眼样气门。

生境：幼虫在清洁河流水体中栖息。

采集地：辽河流域。

（6）短柄大蚊属（*Nephrotoma*）

形态特征：幼虫黄褐色，体长25mm，圆柱形。头黑褐色，大部分缩入前胸内。胸部各节背面、侧面及腹面具短刚毛。腹部各节具短刚毛。腹部呼吸盘周围具3对叶形突起。腹面具肥厚的唇样突起。呼吸盘中央有1对圆眼形气门。

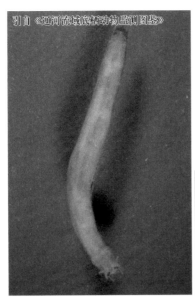

整体观   尾端呼吸盘

解大蚊（*Llisia* sp.）

生境：幼虫栖息在清洁河流中。

采集地：辽河流域。

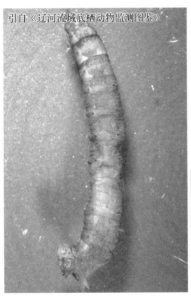

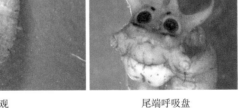

整体观   尾端呼吸盘

短柄大蚊（*Nephrotoma* sp.）

（7）克氏大蚊属（*Nippotipula*）

　　形态特征：呼吸盘有6个肉质突起，还有2对附属的肉质突起，除背叶突较小外，其他肉质突起的形状和大小相似，气门中等大小。

生境：幼虫生活在植物根部、有湿润泥土的树洞或清洁水体中，取食植物根部和土壤中的腐殖质。

采集地：松花江流域。

整体观　　　　　　　　　　　　尾端呼吸盘

克氏大蚊（*Nippotipula* sp.）

（8）*Pilaria*

形态特征：最后1个体节比前面体节略粗，呼吸盘小，叶突4个，侧叶突明显短于腹叶突，叶突端部的黄金毛从这个叶突形成的腔中长出。

整体观　　　　　　　　　叶突

采自松花江流域

Pilaria sp.

生境：幼虫生活在植物根部、有湿润泥土的树洞或清洁水体中，取食植物根部和土壤中的腐殖质。

采集地：松花江流域、辽河流域。

（9）大蚊属（*Tipula*）

形态特征：幼虫体长15～25mm，长圆筒形。头部大部分骨化，部分缩入前胸内。胸部3节，腹部8节。腹部背面具4列条斑或无。呼吸盘与腹节约等宽，周围具三角形叶突6个。

整体观　　　　　　　　　　尾端呼吸盘

大蚊（*Tipula* sp. 1）

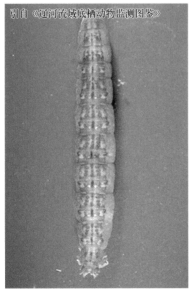

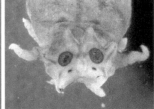

整体观　　　　　　　　　　尾端呼吸盘

大蚊（*Tipula* sp. 2）

生境：幼虫在清洁河流的水体中栖息。以新鲜的水草为食。

采集地：辽河流域。

15. 伪蚊科（Tanyderidae）

（1）原伪蚊属（*Protanyderus*）

形态特征：幼虫黄褐色。头小，黑褐色。前胸无原足。腹部第8节两侧具1对长鞭状尾突，第9节背面和两侧各具1对长鞭状尾突，第9节侧面尾突的基半部又伸出1对尾突。肛原足灰白色，爪黄色。

生境：在清洁河流中栖息，幼虫以新鲜的水草为食，有些在溪流底层捕食摇蚊幼虫或食腐殖质。

采集地：辽河流域。

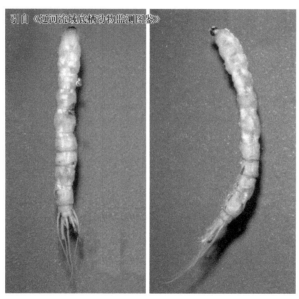

引自《辽河流域底栖动物监测图鉴》

侧面观　　　　　　背面观

原伪蚊（*Protanyderus* sp.）

第四篇
浮游动物

第二十五章

原生动物（Protozoa）

原生动物多数是由单细胞构成的微小动物。大小一般多为30~300μm。虽然没有后生动物的器官，但是它们在细胞内部有了形态上的分化，形成执行各种功能的不同结构，特称为"胞器"或"类器官"。原生动物的生殖方式可分为无性生殖和有性生殖两类。当环境条件良好时，就连续进行无性生殖，个体数量增加很快。有性生殖往往发生在环境条件较差，或者种群已连续进行较长时间无性生殖，因而需要通过有性生殖来增加其种群生活力的时候。

Ⅰ、肉足亚门（Sarcodina）

以叶状伪足、丝状伪足或网状伪足运动，或者不形成明显的伪足而以原生质流运动。

一、根足纲（Rhizopodea）

行动时伪足形成叶足、丝足或网足。

（一）变形目（Amoebida）

原生质体赤裸，没有加厚的表膜或壳，伪足可以从质体任何地方伸出。内外质分界明显，外质透明，内质泡状或颗粒状。多数类群在个体生活中有变形期和鞭毛期。

1. 变形虫科（Amoebidae）

本科归于变形目内。体一般较大，呈分支或不分支的圆柱状。多伪足，伪足圆柱状或管状，内有颗粒状的内质，在顶端有半球形的透明帽。身体后端如有小球，则为桑椹球，很少是绒毛球。细胞核呈颗粒状。漂浮型的辐射状伪足末端钝圆。

（1）变形虫属（*Amoeba*）

形态特征：在多个伪足中总是有一个具优势的伪足，在主身体上有一些较短的伪足伸出。伪足内常可见明显的脊状延伸，顶端常有半球形的透明帽。行动很快时也可暂时变成单伪足。

采集地：丹江口水库、三峡库区（湖北段）。

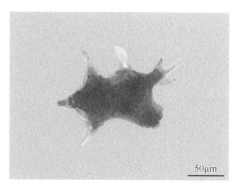

变形虫（*Amoeba* sp.）

2. 盘变形科（Discamoebidae）

体很小，不到50μm。体椭圆、卵圆、扇形。背面条纹很弱或缺。

（1）蒲变虫属（*Vannella*）

形态特征：体呈扁平的蒲扇形，有时呈铲形或卵形。前端透明区占身体的1/4～1/2，有时还向两侧扩张，包围了后部厚的颗粒质区。前缘一般光滑，有的有暂时性的锯齿状。行动时后部能形成暂时性的泡状突起，但泡上不会有细丝。漂浮型常有圆的中央质体及几个柔软、透明、削尖的辐射伪足。

采集地：丹江口水库、三峡库区（湖北段）。

1）平足蒲变虫（*Vannella platypodia*）

形态特征：体呈扇形或半圆形，通常有明显的"尾巴"。锥形辐射伪足。单核，细胞质中无晶体，通常有不收缩的1或2个大而独特的液泡。

采集地：丹江口水库、三峡库区（湖北段）。

3. 马氏科（Mayorellidae）

体呈三角形、铲形。亚伪足可以从前面的透明区产生，也可以从别处放出。亚伪足是金字塔状或矮锥状，顶端不会削尖。

（1）马氏虫属（*Mayorella*）

形态特征：体形很不规则，有扁平的扇形、三角形、卵圆形、长方形、拉长的圆柱形等。体拉长时，前端变宽，后端常有球茎和桑椹球，甚至有鳞片状覆盖物。亚伪足有透明钝锥形的基部，前面收缩成指状或乳头状，一般等长。有的种类在成对的伪足间有透明的"蹼"联结。有的种类有从伪足向体后伸展的纵向条纹，大小随种类而异，小的只有12μm，大的可达300μm，是淡水中分布很广的一个属。

采集地：丹江口水库。

1）扇形马氏虫（*Mayorella penardi*）

形态特征：体扁平，一般体长为体宽的2倍。行动时前面透明区不如颗粒区宽。从透明区伸出几个乳状亚伪足，有时呈指状扩张，由于亚伪足比细胞内质还硬一些，故向后常有纵长、细的条纹延伸。不论伸出亚伪足的情况如何，透明区很浅，只有4～5μm厚。颗粒细胞质常能分布到亚伪足的基部，亚伪足向后的条纹犹如细胞质流的通道。在行进中前端亚伪足向后隐退，埋没于后端不规则的小球中。1个囊状核，内含1个大的核仁。1个伸缩泡在后端，有时还未排空前第2个伸缩泡已形成。常能见到结晶体固着在盘状体的一边，盘状体的化学性能不详。以细菌和其他变形虫为食。分布广，是淡水中常见的种类。漂浮型是不规则的圆形，有乳状伪足，很少放射状。行动时体长50～110μm。

采集地：丹江口水库。

（二）表壳目（Arcellinida）

外壳、顶盖或其他外膜由无机物或有机物或二者组成，上有1孔。

1. 表壳科（Arcellidae）

壳由膜状的几丁质组成，有时壳表面有小的网眼。壳口位于腹面或纵轴的一端。

（1）表壳虫属（*Arcella*）

形态特征：壳由透明的几丁质似的物质组成。壳背腹面观时，壳呈圆形；侧面现时，拱起为圆弧形。壳口在腹面的中央，背面与口面连接的基角明显翘出。壳口内陷，通常可达壳高的1/3，在接近壳口处时可以看到一个轻微的口前弧弯。通常不具有口管。表膜上的点凹洞较大，排列较整齐。伪足呈指状。生活时，表壳上有浓密的麻点，壳色随日龄由无色变为淡黄色、棕色或深褐色等。壳直径48～216μm，壳高25～57μm，壳口直径16～46μm。

生境：为淡水中常见种，喜生活于水沟、水坑、水塘或沼泽中。

采集地：湘江流域、滇池流域、丹江口水库、三峡库区（湖北段）、珠江流域（广州段）、浙江各淡水水源地、洱海流域。

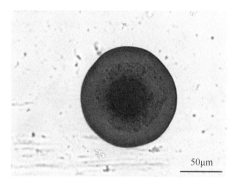 

A. 采自滇池流域　　　　　　　　B. 采自丹江口水库、三峡库区（湖北段）

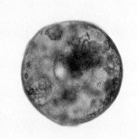

C. 采自珠江流域（广州段）

表壳虫（*Arcella* sp.）

1）半圆表壳虫（*Arcella hemisphaerica*）

形态特征：壳黄褐色至深褐色。腹面观时壳呈圆形。侧面观时背面至少是半圆形，甚至还会超过半圆周。背面和腹面连接的基角微圆，不翘出。壳口圆，通常有口管。壳表面有很细的点子。壳直径48～70μm，壳高28～48μm，壳口直径16～24μm。

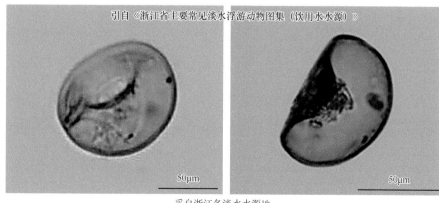

引自《浙江省主要常见淡水浮游动物图集（饮用水水源）》

采自浙江各淡水水源地

半圆表壳虫（*Arcella hemisphaerica*）

生境：以藻类为食，喜在较为干净的有苔藓的小水体中生长。

采集地：湘江流域、丹江口水库、三峡库区（湖北段）、浙江各淡水水源地、滇池流域、洱海流域。

2）弯凸表壳虫（*Arcella gibbosa*）

形态特征：壳黄或棕色。腹面观时壳呈规则的圆形。侧面观时壳大于半球，并有翘出的基角。壳口圆，有口管。顶面观时壳背有排列规则的、同心层的、多角形波纹。壳上还有规则的小点，排列十分紧凑。在壳的半球体上多角形的波纹呈规则的陷凹面。壳直径90～96μm，壳高52～57μm，壳口直径23～25μm。

生境：以藻类为食，喜在干净的、有苔藓的水体中生长。

采集地：浙江各淡水水源地、滇池流域、洱海流域、珠江流域（广州段）。

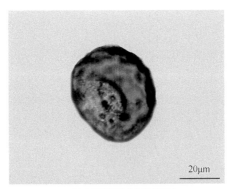

20μm

A. 采自珠江流域（广州段）

引自《浙江省主要常见淡水浮游动物图集（饮用水水源）》

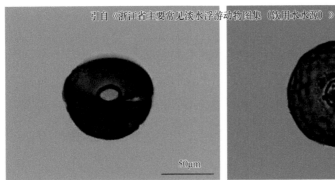

50μm

B. 采自浙江各淡水水源地

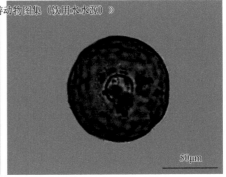

50μm

C. 采自浙江各淡水水源地

弯凸表壳虫（*Arcella gibbosa*）

3）盘状表壳虫（*Arcella discoides*）

形态特征：壳淡黄色至深褐色。顶面观或腹面观时均呈圆形。侧面观时很扁平，壳背光滑，较平坦地滑向两侧，没有翘出的基角。背面和腹面连接的基角浑圆。壳口圆，周围没有微孔，下陷相当深，几乎及壳高的一半，有口管。壳直径128～152μm，壳高25～40μm，壳口直径42～46μm。

生境：以藻类为食，分布较广。

采集地：浙江各淡水水源地。

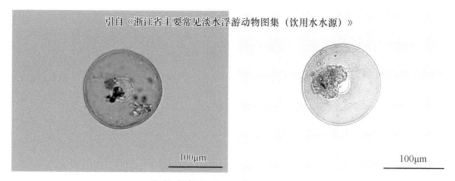

盘状表壳虫（*Arcella discoides*）

2. 砂壳科（**Difflugiidae**）

壳呈半球形、圆形、卵圆形以至纵长形，表面覆盖它生质体的硅质颗粒、碎屑及硅藻的空壳。壳口在纵轴的末端或腹面，呈圆形或不规则叶片形。

（1）匣壳虫属（*Centropyxis*）

形态特征：壳的内层是1几丁质构成的膜，外层覆盖1层它生质体。这些它生质体包括砂质、硅质、石英质的无机矿物粒，有时还有硅藻残壳黏附其上。壳一般呈盘状或亚球状。壳口偏离中心，呈圆形、椭圆形或叶形等。侧面观时壳背通常在壳口处压扁，向后有不同高度的隆起，也有的整个背腹面压扁。有的种类壳还能延伸为刺，分布于壳口后端、两侧和背部。一般壳呈灰色或黑色，有时也呈棕色或深棕色。胞质无色，伪足指状。

采集地：三峡库区（湖北段）。

1）针棘匣壳虫（*Centropyxis aculeate*）

形态特征：壳体的轮廓和大小可变，黄色或棕色，帽形、卵形或圆形，通常有4个或更多的侧刺。在背视图中为球形并朝向壳口孔径逐渐变细。壳口外围光滑，其他壳表面粗糙，通常覆盖有石英等颗粒或硅藻壳。壳口内陷，椭圆形。个体大小为92～178μm。

采集地：三峡库区（湖北段）。

（2）葫芦虫属（*Cucurbitella*）

形态特征：壳由几丁质构成内膜，其外表覆盖它生质体的矿物裂片。壳由本体和颈两部分组成，分界明显。较大的壳本体呈球形或卵形。颈部短小，亦称为领，它位于球形壳体的主轴上。领的边缘呈波浪形，有3～10个瓣片。壳口位于领底和壳体的交接处，圆形。口缘齿状或星形，口的直径比领小。壳不侧扁，横切面呈圆形。原生质内有1个核，1至多个伸缩泡，伪足指状。

采集地：浙江各淡水水源地。

1）杂葫芦虫（*Cucurbitella mespiliformis*）

形态特征：壳本体呈卵圆形。壳口位于顶端，其前有矮的领子，为颈部。颈与壳体界线分明。颈部稍微向外扩张，随即向里弯转，并有波浪形的边缘。顶面观时领呈四瓣形的边缘。壳口的直径比领小，边缘被小而尖的石英颗粒包围，故顶面观时呈齿状。表壳与砂壳虫一样覆盖大小不等的无机裂片或石英颗粒，颈部则覆盖很小的砂粒。壳呈黄褐色。壳长（包括颈）88～116μm，壳球直径77～88μm；颈长15～16μm，颈宽31～37μm。

生境：以藻类为食，喜生长在有水草的生境中。

采集地：浙江各淡水水源地。

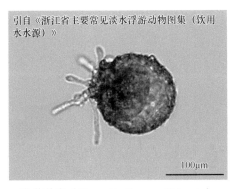

杂葫芦虫（*Cucurbitella mespiliformis*）

（3）砂壳虫属（*Difflugia*）

形态特征：壳除了内层几丁质膜外，其外还黏附着由它生质体如矿物屑、岩屑、硅藻空壳等颗粒构成表层，而且颗粒很多，以致壳面粗糙而不透明。壳形状多变，梨状至球状，有的还能延伸为颈。横切面大多呈圆形。口在壳体的一端，位于主轴正中。壳口的边缘有的光滑，有的呈齿状或叶片状。胞质占了壳腔的大部分，常用原生质线固着于壳的内壁上。核一般只有1个，伸缩泡1至多个。伪足指状，2～6个。

采集地：浙江各淡水水源地、丹江口水库、三峡库区（湖北段）、滇池流域、洱海流域。

1）瘤棘砂壳虫（*Difflugia tuberspinifera*）

形态特征：壳体亚圆球形，微黄色至棕色，壳表面覆盖着细砂粒和扁平不定型小石片，常黏附有硅藻空壳。口面观时，壳体呈圆形，四周较均匀地分布着3～8个壳刺，其中5或6个最常见；壳口位于顶端正中央，圆形，沿口缘有1圈整齐排列的小石粒，壳口边缘有伸向内侧的7～10个齿状突起，其中8或9个最常见。侧面观时，壳口处有1短颈，在壳体赤道偏上处分布有壳刺。壳表面不光滑，有排列整齐的瘤状突起，即表面有桑椹状突起，这些突起由很细的砂粒和扁平的小石片组成，壳壁厚度均匀。

采集地：浙江各淡水水源地。

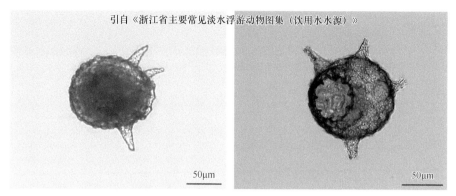

引自《浙江省主要常见淡水浮游动物图集（饮用水水源）》

瘤棘砂壳虫（*Difflugia tuberspinifera*）

2）湖沼砂壳虫（*Difflugia limnetica*）

形态特征：壳除了内层有几丁质膜外，其外还黏附着由它生质体如矿物屑、岩屑、硅藻空壳等颗粒构成的表层，而且颗粒很多，以致壳面粗糙而不透明，壳形状多变，梨状至球状，有的还能延伸为颈。横切面大多呈圆形，口在壳体的一端，位于主轴正中，壳口的边缘有的光滑，有的呈齿状或片状。胞质占了壳腔的大部分，常用原生质线固着于壳的内壁。核一般只有1个，伸缩泡1至多个，伪足指状，2～6个。

采集地：浙江各淡水水源地。

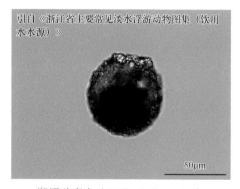

引自《浙江省主要常见淡水浮游动物图集（饮用水水源）》

湖沼砂壳虫（*Difflugia limnetica*）

3）瓶砂壳虫（*Difflugia urceolata*）

形态特征：壳本体呈球形。前部突出1个短的颈状部分。壳口的边缘外翻。口缘光滑，无齿。有时壳上砂粒很少，故壳透明，几丁质膜呈黄色。有时壳的后端有1至几个突出的基刺，大多无刺。本种大小变异甚悬殊，为60～400μm。

生境：以硅藻等藻类为食，喜生长在干净的、有水草的生境中。

采集地：浙江各淡水水源地。

引自《浙江省主要常见淡水浮游动物图集（饮用水水源）》

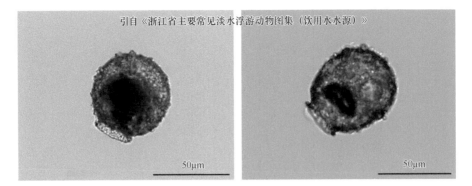

瓶砂壳虫（*Difflugia urceolata*）

4）球砂壳虫（*Difflugia globulosa*）

形态特征：壳棕色，圆或卵圆形。壳上覆盖大的砂粒，有时也混有硅藻空壳，故一般较为粗糙。壳口浑圆，位于腹面中央。壳口边缘的砂粒均小。大小变异较大，一般壳长70～110μm，壳宽55～85μm。

生境：以藻类为食。分布广，既可在干净的、有水草的水体中生长，也可以在有机物较为丰富的小水体中出现。

采集地：浙江各淡水水源地。

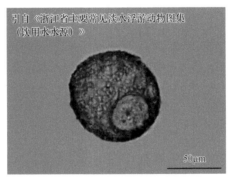

引自《浙江省主要常见淡水浮游动物图集（饮用水水源）》

球砂壳虫（*Difflugia globulosa*）

5）琵琶砂壳虫（*Difflugia biwae*）

形态特征：壳褐色，纺锤形，壳薄，厚度均匀，周围的圆形口头光圈是一个突出的低漏斗形状，并且表面凹凸不平；本身是圆形的截面，靠近对口角突然缩小，对口角坚固，管状，稍弯曲，可变长度，逐渐变细、钝尖。通过孔从原生质体可以伸出无色的指状伪足。为寡污性种类。

采集地：浙江各淡水水源地。

6）木兰砂壳虫（*Difflugia mulanensis*）

形态特征：壳体呈长圆瓶形，有1非常宽大的漏斗状颈环，其开口部的圆孔周围环绕着1个明显的大领环，领环的直径通常超过颈的宽度，颈部相对较长。靠近圆形壳体的末端有1个卵形的细胞核。外壳表面附有石英砂砾、破碎硅藻颗粒等。体长约85μm，颈

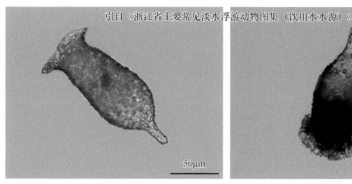
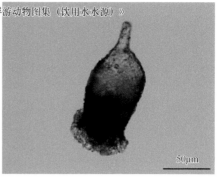

琵琶砂壳虫（*Difflugia biwae*）

环直径约83μm，颈宽约55μm，孔径直径约25μm。

采集地：浙江各淡水水源地。

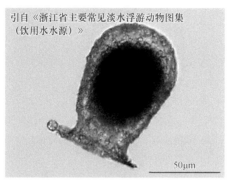

木兰砂壳虫（*Difflugia mulanensis*）

7）乳头砂壳虫（*Difflugia mammillaris*）

形态特征：壳体呈长卵圆形，开口部较平，末端削尖。体长90～130μm，宽50～80μm。无色或淡褐色，多在砂质环境中出现。

采集地：浙江各淡水水源地。

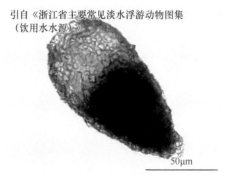

乳头砂壳虫（*Difflugia mammillaris*）

8）褐砂壳虫（*Difflugia aveilana*）

形态特征：外壳是棕色的，向前收缩为口。无颈。侧面观时壳稍侧扁，横切面呈椭圆形。顶面观时壳口呈卵圆形，被整齐的小砂粒所包围。壳表面有泥土和矿物颗粒混合黏附在一起，呈斑点状。壳长130~162μm，壳宽105~130μm，外壳深度86~95μm，口直径36~43μm。

采集地：丹江口水库、三峡库区（湖北段）。

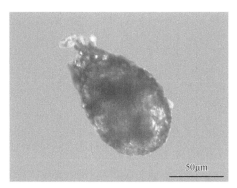

褐砂壳虫（*Difflugia aveilana*）

9）尖顶砂壳虫（*Difflugia acuminata*）

形态特征：壳圆筒状。自前端壳口处向后逐渐扩张，以壳后2/3处为最宽，再向后端逐渐变窄，并延伸为1直的尖角。壳长为壳宽的3~4倍。壳表面粗糙，通常有砂粒黏附，壳口圆。壳长（包括刺）256~280μm，壳口直径42~52μm。

生境：各种类型水，从贫营养到富营养。

采集地：丹江口水库、三峡库区（湖北段）。

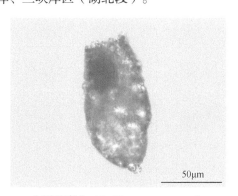

尖顶砂壳虫（*Difflugia acuminata*）

10）冠冕砂壳虫（*Difflugia corona*）

形态特征：壳本体亚半球形至球形，由中线至底部有数量不定的壳刺（0~20个，平均5个）。壳上附有石英颗粒、硅藻壳等。壳口为圆形，有9~15个齿状裂片。壳长为105~193μm。

生境：水藓、水生植物中常见。

采集地：丹江口水库、滇池流域、洱海流域。

11）圆钵砂壳虫（*Difflugia urceolata*）

形态特征：壳体主要为宽卵形或球形。壳口圆形，具有数量不定的明显的内向生长的颈环，延伸为较宽的边缘。壳主要由几丁质组成。多核，8～60个粒状。一般没有壳刺，有些会有从眼底生长出来的短粗刺。壳长为150～550μm，细胞核通常为20～30μm。

生境：沟渠、池塘等有苔藓的水中。

采集地：丹江口水库、三峡库区（湖北段）。

12）长圆砂壳虫（*Difflugia oblonga*）

形态特征：壳细长卵圆形，表面光滑，外观通常透明，褐色。长60～440μm。

生境：淡水池塘、沟渠、沼泽。

采集地：丹江口水库、三峡库区（湖北段）。

3. 梨壳科（Nebelidae）

壳烧瓶状，由几丁质的内膜组成，其外覆盖有自生质体的硅质板片，具有各种不同的形状和大小，有时还附着一些碎屑。壳口位于末端。

（1）梨壳虫属（*Nebela*）

形态特征：壳薄而透明，卵圆形或梨形，多少侧扁，黄色或棕黄色。壳有几丁质组成的内膜。在内膜外覆盖有自生质体构成的表层。这些自生质体是圆形或椭圆形的硅质板片，有时是不规则的形状，有时板片互相接触，但大都有一定距离。壳口卵圆形，边缘光滑或有齿突。在壳侧扁的边缘上有时有小孔。胞质不完全充满壳腔，有许多油滴及少许小泡，用外质线与壳的底部连接。伪足钝指状，很少分枝。细胞核1个，位于体后。

采集地：丹江口水库。

1）齿口梨壳虫（*Nebela dentistoma*）

形态特征：壳侧扁，在宽面观时一般呈宽椭圆形，有的个体略有变异，接近正常的椭圆形。壳口边缘为锯齿状。狭面观时其宽度为宽面的1/3～1/2。壳表面覆盖有椭圆形的板片，有时有多角形甚至杆形的板片。壳长64～96μm，壳宽44～65μm，壳口宽22～30μm。

生境：有苔藓的水边。

采集地：丹江口水库。

（三）单室目（Monothalmia）

伪足是柔软的线状，分布很小的颗粒，并互相交错成网。壳由薄膜或几丁质构成，单室。

1. 异尺盘科（Allogoromiidae）

伪足线形分叉并交错成网，从壳内原生质伸出的1个长的肉梗上射出。只薄壳虫属1属。

（1）薄壳虫属（*Lieberkühnia*）

形态特征：壳呈卵圆形、圆形及梨形。壳膜由较硬的有机物质组成。胞质紧贴着壳膜，因此当动物活动时，壳膜随着原生质的活动而变柔软，具有可塑性。壳表面一般光滑，有的也覆盖一些外来颗粒。壳口位于侧旁或靠近前端。核1或多个。伸缩泡多个。伪足从壳内原生质伸出的1个长的肉梗上射出。伪足线状，并互相交错成网，有细的颗粒在网内移动。

采集地：丹江口水库。

1）柔薄壳虫（*Lieberkühnia wagneri*）

形态特征：壳一般呈梨形，因壳膜柔软而常变形，有时甚至变成圆球形。壳透明，光滑，通常没有外来的颗粒。壳口狭缝状，斜位于靠近前端处。原生质内有100多个核及数个伸缩泡。伪足由原生质的肉梗上伸出，线状，彼此互相交错成网。活体时常可看到伸出壳外的原生质和伪足把整个壳都包围起来。壳长60～150μm。

生境：以藻类为食。在有机质丰富的水体中也有分布。

采集地：丹江口水库。

二、辐足纲（Actinopodea）

体圆球形，典型的浮游生活，但也有着生生活。伪足辐射生出，分轴足、丝足或网足型。体赤裸或有壳，壳有膜状的、几丁质的和硅质的。有性生殖或无性生殖。配子常有鞭毛。

（一）太阳目（Actinophryida）

从身体的中央颗粒伸出轴足，很少有网状的丝足。

1. 太阳科（Actinophryidae）

轴足呈放射状，细胞质高度液泡化。

（1）太阳虫属（*Actinophrya*）

形态特征：细胞体呈球形，体小，直径25～50μm。身体外面没有胶质膜，不粘外来物质。原生质外质有许多空泡，内质较少空泡，常有共生藻类，但内、外质分界不明显。细胞核1个，位于中央。伪足呈针状，内有硬的轴丝，自细胞核附近伸出，长度为细胞直径的1～2倍，形成如太阳的光芒状。

生境：主要浮游或生活在水草上，沙底质的小水沟、池塘、湖泊、水库等水体也分布。以纤毛虫和小轮虫为食。

采集地：丹江口水库。

Ⅱ、纤毛虫门（Ciliophora）

一、动基片纲（Kinetofragminophira）

（一）前口目（Prostomatida）

胞口顶位或亚顶位；细胞核分化为大、小两种核型；大多为自由生活；具背触毛结构。

1. 裸口科（Holophryidae）

体通常呈圆形或椭圆形。胞口圆形，位于前端或亚前端，构造十分简单，胞咽常有刺杆。体纤毛均匀排成子午线列。

（1）裸口虫属（*Holophrya*）

形态特征：体卵形至球形，辐射对称。胞口圆形，在前端中央，口缘周围无加长的纤毛。胞咽漏斗形，有或无刺杆。体纤毛均匀分布，有些种类体末有1根或几根长的尾纤毛。大核1个，圆形。伸缩泡1个。摄食其他小型原生动物。

采集地：三峡库区（湖北段）。

1）简裸口虫（*Holophrya simplex*）

形态特征：体椭圆形。胞咽短而无刺杆。体纤毛细长而密，无刺丝泡。口腔开口是一个简单的内陷，与顶端表面齐平。大核很大，伸缩泡在体末中央。

采集地：三峡库区（湖北段）。

2. 前管科（Prorodonidae）

胞口圆形或椭圆形，位于前端或亚前端，有时位于1个浅腔内。在胞口周缘常具有与体纤毛不同的、稍坚硬的纤毛或膜状小盖等附属物。

（1）前管虫属（*Prorodon*）

形态特征：体呈椭圆形到圆柱形，有些种类后端较窄。胞口圆形，位于前端中央的浅穴内，口围有较长而硬的纤毛。胞咽漏斗状，由双层刺杆组成。口的背面常有一短列的刚毛。体纤毛均匀分布，有些种类有一束较长的尾纤毛。大核1个，圆形或长形。伸缩泡1或多个，常有辅助胞。摄食原生动物和藻类。

采集地：丹江口水库、三峡库区（湖北段）、洱海流域。

1）绿色前管虫（*Prorodon viridis*）

形态特征：体呈椭圆形，两侧中部微窄。前端略比后端宽。体末有1束长的尾纤毛。体内有共生绿藻。体长100～140μm。

生境：在腐殖质多的水体中存在，摄食藻类和细菌。

采集地：丹江口水库、三峡库区（湖北段）。

2）片齿前管虫（*Prorodon platyodon*）

形态特征：体呈倒卵形或近似圆柱形。前端较后端宽。具有前管虫的一般特征。胞咽刺杆斜伸。外质有刺丝泡。后端有几根较长的尾纤毛。体长160～200μm。

采集地：丹江口水库、三峡库区（湖北段）。

（2）尾毛虫属（*Urotricha*）

1）双叉尾毛虫（*Urotricha furcata*）

形态特征：体呈椭圆形。前口缘膜状小盖短。胞咽漏斗形。体纤毛长而稀。体后裸露而无纤毛。体末有2根长的尾纤毛。体长22～25μm。

采集地：丹江口水库、三峡库区（湖北段）。

2）武装尾毛虫（*Urotricha armatus*）

形态特征：体呈宽或窄卵形。前端口围有短的膜状小盖。胞咽刺杆明显。虫体后端无纤毛。外质有明显的刺丝泡。体末有1根长的尾纤毛。体长45～52μm。

采集地：丹江口水库、三峡库区（湖北段）、洱海流域。

（3）斜板虫属（*Plagiocampa*）

体呈圆柱形或卵圆形。胞口在前端，胞口右缘增厚呈脊凸，其上有一些长的膜状物。胞咽具柔细刺杆。体纤毛均匀分布。有些种类有1根或数根长的尾纤毛。大核1个，椭圆形。伸缩泡1个，位于体末一侧。

1）黑斜板虫（*Plagiocampa atra*）

形态特征：体呈长椭圆形，两侧不对称。口在前端呈裂缝状，胞口右缘有数条膜状（或指状）物，可伸开和关闭。纤毛细密，表膜有凹穴。体末有2根长的尾纤毛。体长50～60μm。肉食性种类，喜食楯纤虫。

采集地：丹江口水库、三峡库区（湖北段）。

3. 板壳科（Colepidae）

体呈桶状或榴弹状，不变形，外质硬化形成板壳片，排列有一定规则。胞口位于前端。纤毛均匀地分布周身。前端围绕胞口的纤毛略长，后端一般有1至数根长尾毛。

（1）板壳虫属（*Coleps*）

形态特征：体呈榴弹形，外质硬化，体表由排列整齐的外质壳板围裹。从前至后，壳板由横沟分隔成围口板、前副板、前主板、后主板、后副板和围肛板6段。每段均有一定形式和数量的"窗格"。围口板前端呈锯齿状，胞口即在此处。围肛板后端浑圆，常有2至数个棘刺。体纤毛由壳板的纵行均匀分布。胞口由纤毛围绕，胞咽刺杆细。大核1个，圆形，中部。伸缩泡1个，在体末。有1或数根尾纤毛。

采集地：湘江流域。

1）毛板壳虫（*Coleps hirtus*）

形态特征：体高桶状，长50～70μm，尾部具4个棘突。体表被有栅格状壳板并被横沟隔为4段，"8"字形"窗格"在各段由前至后排成2、4、4、2模式。15～18列体纤毛，1根尾纤毛。伸缩泡单一。淡水生。

采集地：湘江流域。

（二）刺钩目（Haptorida）

胞口位于顶端或亚顶端，呈裂缝状或卵圆形。胞咽在某些种类能向外翻出。在虫体前面有钉形的感觉纤毛区。在口区及其附近通常刺丝泡和刺杆存在。有些种类前端具"鼻"突，有些则有吸管状（非吸管）触手。为肉食性种类。

1. 斜口科（Enchelyidae）

胞口位于前端或亚前端。胞咽内常有刺杆。胞口有时会少许突出在前端之外。

（1）瓶口虫属（Lagynophrya）

形态特征： 体小，长卵形以至短圆柱形。两侧不对称。背突而腹平。前端有一圆锥形塞状物，无纤毛，可伸缩。胞咽由细的刺杆组成，从塞状突起伸向体内。大核椭圆形，1或2个。伸缩泡1个，在后端。
采集地： 丹江口水库、三峡库区（湖北段）。

1）回缩瓶口虫（Lagynophrya retractilis）

形态特征： 体呈椭圆形至瓶形，前半部略窄，末端浑圆，虫体不断收缩变形。胞咽能向外翻出和缩回。前端有较长的纤毛。纤毛短而稀，有较宽的纵沟。大核1个，椭圆形。体长50～60μm。
生境： 摄食小型单细胞藻类。为污水种类。
采集地： 丹江口水库、三峡库区（湖北段）。

2. 栉毛科（Didiniidae）

体呈卵圆形、圆筒形或圆锥形，胞口位于身体前端圆锥状凸起的尖顶上，口缘没有纤毛，但有时被能伸缩的触手包围。胞口引入胞咽，咽内有刺杆。体躯部分有1至多圈粗壮而长的纤毛环包围，纤毛环由纤毛栉围成，其他地方赤裸或有短的纤毛。

（1）栉毛虫属（Didinium）

形态特征： 体桶形，前端中央有一短的圆锥形"吻"突。胞口在"吻"突的顶端。胞咽有长的刺杆支撑。体纤毛退化，仅有1或数圈由排列整齐的梳状纤毛栉形成的纤毛环围绕。大核1个，肾形或马蹄形。伸缩泡1个，在后端中央，常有辅助泡。摄食草履虫等其他纤毛虫。

采集地：丹江口水库、三峡库区（湖北段）。

1）小单环栉毛虫（*Didinium balbianii nanum*）

形态特征：体呈卵圆形或球形。该虫仅1圈纤毛。大核呈肾形。体长60～85μm。
生境：摄食小型纤毛虫。常在小型池塘中。
采集地：丹江口水库、三峡库区（湖北段）。

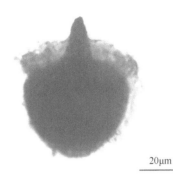

小单环栉毛虫（*Didinium balbianii nanum*）

2）双环栉毛虫（*Didinium nasutum*）

形态特征：有2圈纤毛环，1圈围绕在吻的下面，另1圈围绕虫体中部。大核呈马蹄形。体长90～150μm。可摄食草履虫等大型纤毛虫。
采集地：丹江口水库、三峡库区（湖北段）。

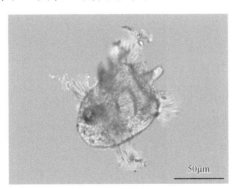

双环栉毛虫（*Didinium nasutum*）

（2）眯睨虫属（*Askenasia*）

形态特征：体卵圆形或梨形。前部较细，呈锥形，后部较粗，形似圆形，胞口在前端中央。胞咽具刺杆。有2圈十分靠近的纤毛环。上1圈纤毛短，总是向前运动。下1圈纤毛较长，总是向后运动。虫体后常有短的纤毛。有些种类在下1圈纤毛之后还有1圈放射状的长刚毛。大核1个，球形或卵形。伸缩泡1或2个。在体后。
采集地：丹江口水库、三峡库区（湖北段）、滇池流域、洱海流域。

1）团睥睨虫（*Askenasia volvox*）

形态特征：纤毛环上的纤毛排成梳状的纤毛栉。从顶面观，上圈的纤毛栉分为7束。下圈纤毛栉之后还有1圈放射状刚毛。大核圆形。伸缩泡1个，在体后一侧。体长40～50μm。

生境：生活在浅水池塘水生植物茂盛的环境中。

采集地：丹江口水库、三峡库区（湖北段）、滇池流域、洱海流域。

（三）侧口目（Pleurostomatida）

体常背腹侧扁，胞口位于侧面，呈缝隙状。常见于淡水和海水中。

1. 裂口虫科（Amphileptidae）

体呈纵长的矛状，侧扁，前部颈状延伸部分多少向背弯曲，因此腹面凸，背面直，呈"之"字形弯曲。胞口位于侧面，呈纵长的缝隙状，口缘有很柔细的刺丝泡。全身披有均匀的纤毛，但有些属如半眉虫属、漫游虫属只右侧有纤毛。有背刚毛，但不易察见。大核多半是2～4节，很少或不分节的带状。伸缩泡1至多个。

（1）半眉虫属（*Hemiophrys*）

形态特征：体矛形或柳叶刀状，两侧微扁，左侧"躯干"部平凸。前端有"颈"而后端无明显的"尾"部。体纤毛仅分布在右侧。胞口在"颈"的腹侧，裂缝状。"颈"的顶端有刺丝泡束，形成"钉钯"。"颈"部有背刚毛。大核2个，中间共1小核。伸缩泡1或多个。

采集地：丹江口水库。

1）直半眉虫（*Hemiophrys procera*）

形态特征：体矛形，前部有十分细长的"颈"，其顶端向背面弯转。体末有一尖削的"尾"。裂缝状的胞口位于"颈"的腹面，口侧有刺丝泡，顶端有一束如钉针的刺丝泡。体部及"颈"部尚有细长的刺丝泡，大核2个。伸缩泡多个，在背缘及腹缘各排成1列。体长250～300μm。摄食小型鞭毛虫和其他纤毛虫。

采集地：丹江口水库。

2）纺锤半眉虫（*Hemiophrys fusidens*）

形态特征：体矛形或纺锤形、柔软、可变形。前端窄而形成不显著的"颈"，"颈"长最多不超过体长的1/3。后端圆钝或较窄，但不形成尾突。在"颈"部有纺锤形刺丝泡。大、小核由索套包在一起。伸缩泡1个，位于后端，周围有时出现7或8个收集泡。体长130～180μm。为肉食种类。

采集地：丹江口水库。

3）敏捷半眉虫（*Hemiophrys agilis*）

形态特征：体小、粗壮矛形，稍弯曲。体长约为体宽的3倍。1/3的前端为细"颈"，常向背面弯，后端宽阔而浑圆。胞口侧缘无刺丝泡，体内其他部分亦无刺丝泡。大、小核由索套包围。伸缩泡1个，后端靠腹侧，有一显著小管可通向体外。体长35～55μm。以小型鞭毛虫为主要食料，兼食细菌。

采集地：丹江口水库。

（2）漫游虫属（*Litonotus*）

形态特征：体呈宽柳叶形，侧扁，常有变异，前部有宽而短的"颈"，向背面弯转。背刚毛有或无。后端窄而扁，透明，刺丝泡在后端放射状排列。胞口侧缘有刺丝泡，"颈"部纤毛较长。1个大核，1个小核。1个或几个伸缩泡，在后端一侧。体长为40～200μm。

生境：淡水江湖常见。

采集地：丹江口水库。

（四）篮口目（Nassulida）

口前腔内口后纤毛轮不如合膜目发达，仅限于腹面左侧或有时退化成3或4片拟小膜，有明显的接缝线，口器发生是侧生型或口生型。

1. 篮口科（Nassulidae）

胞口在腹面的前半部，胞咽有刺杆，组成咽管，全身有纤毛，有时背面纤毛比腹面稀少。

（1）篮口虫属（*Nassula*）

形态特征：体椭圆形，有时纵长。胞口位于前部1/4～1/3的腹面，胞咽具刺杆，篮口式，胞咽的前端膨大。有明显的口前接缝线。口后纤毛轮小膜总是仅在口的左侧存在。全身有纤毛。常有刺丝泡。大核及伸缩泡各1个。

采集地：丹江口水库。

二、寡膜纲（Oilgophymenophora）

胞口常在腹面或靠近身体前端，位于口腔的底部。口器通常由3或4片复合的口腔纤毛膜和小膜组成。体纤毛系统有十分规则的动纤维。有的已退化。

（一）膜口目（Hymenostomatida）

口腔在腹面前半部，内有3～4片小膜和1片波动膜。胞口位于口腔底部。口器发生时不会出现鞭钩原基。

1. 草履科（Parameciidae）

体较大，呈履状。有非常发达的口沟，口沟引入口腔，口腔内右边有1片内膜，左边有2片波动膜及1片四分膜。全身均匀地布满体纤毛。外质有刺丝泡，大核1个，小核1到多个。伸缩泡通常2个，一前一后，每个主泡周围有几个呈辐射状的收集管伸向全身。

（1）草履虫属（*Paramecium*）

形态特征：体大，呈雪茄状，履状。有十分发达的、斜凹的口沟，口沟从顶部扩伸至腹面中部，并引入口腔。口腔的右边有1片比较小的波动膜。2片小膜彼此并排，称为咽膜，第3片小膜由4排毛基体组成，各排的中间彼此岔开，形成一称之为四分体的结构。有刺丝泡。1个或多个（通常为2个）伸缩泡，有辐射管。大核1个，卵形至肾形。

采集地：丹江口水库、三峡库区（湖北段）、浙江各淡水水源地、湘江流域。

1）尾草履虫（*Paramecium caudatum*）

形态特征：体雪茄形，前端钝圆，后半部中间最宽，然后往后尖削。前半部腹面有一从左向右的口沟，胞口在口沟底部。体末有若干较长的纤毛。大、小核卵各1个，中位。伸缩泡前、后各1个，周围有6个或6个以上的集合管。体长180～300μm。主要摄食细菌。

生境：在腐烂有机物的水体中均有。

采集地：丹江口水库、三峡库区（湖北段）、浙江各淡水水源地、湘江流域。

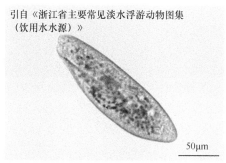

引自《浙江省主要常见淡水浮游动物图集
（饮用水水源）》

50μm

采自浙江各淡水水源地

尾草履虫（*Paramecium caudatum*）

（二）盾纤毛目（Scuticociliatida）

体纤毛均匀地分布全身或较稀少。典型的有1至多根尾纤毛。口腔内右侧有1大的口侧膜。左侧有三片小膜，几乎占满口腔。

1. 帆口科（Pleuronematidae）

体大，卵形或椭圆形。胞口大，为1狭长的口沟，口围区从前端向后一直延伸到虫体2/3处。口右缘的波动膜十分发达，它起始于亚顶端，在体后1/3处就转圈成"6"字形，形成一个囊袋。体纤毛长而稀，尾纤毛通常较多。

（1）帆口虫属（*Pleuronema*）

形态特征： 体卵形到椭圆形，口围区从前端向后一直伸到虫体2/3处。口右缘的波动膜十分发达，可超出体缘之外，在接近后面的胞口处呈半圆形。体纤毛长而稀，尾纤毛通常较多。

采集地： 丹江口水库。

1）冠帆口虫（*Pleuronema cornatum*）

形态特征： 体呈椭圆形，略有变异。大核1个，圆形，在前部。伸缩泡1个，在后部右侧。体长90～120μm。以细菌为主要食料。

采集地： 丹江口水库。

2. 膜袋科（Cyclidiidae）

体小，卵状，前端常有平截的、无纤毛的"前板"。口围从前端起向后延伸较远，通常占体长的一半左右，甚至占3/4。口围右缘的帆状波动膜十分发达。体纤毛一般较长而稀疏，后端有1到多根尾纤毛。

（1）膜袋虫属（*Cyclidium*）

形态特征：体小，卵状，前端常有平截的、无纤毛的"前板"。口围靠近右侧，有时延伸至体长的2/3处，后部变宽，口围的右缘有一袋状的波动膜围绕口腔。体纤毛列行距宽，纤毛十分稀疏，静止时纤毛伸开，后端有1到多根尾刚毛。大核圆，小核紧贴大核。伸缩泡通常在后端。

采集地：丹江口水库。

1）苔藓膜袋虫（*Cyclidium muscicola*）

形态特征：体呈卵圆形。口围达体长的2/3。伸缩泡位于后半部中央。体长20μm。

采集地：丹江口水库。

（2）发袋虫属（*Cristigera*）

形态特征：体形与膜袋虫属十分相似，不同的是口围在腹面中线，口围后有1深浅不等的纵沟。波动膜从身体的亚顶端开始，后部也卷成囊袋。体纤毛不均匀，稀疏且长，后半部纤毛更为稀疏。前顶和后端无纤毛。有尾纤毛，大核中位。伸缩泡1个，在后半部。

采集地：丹江口水库。

1）小发袋虫（*Cristigera minuta*）

形态特征：体宽卵形。口围不及体长的一半。体后纤毛较前部少，1根尾纤毛。大核在前半部。伸缩泡在后端右侧。体长25～30μm。摄食细菌。

采集地：丹江口水库。

3. 梳纤科（Ctedoctematidae）

前端具无纤毛覆盖的"前板"，体小，尾纤毛一根，无口后沟，口围不在腹面中央并从前端右侧向左侧延伸至腹面中线。

（1）梳纤虫属（*Ctedoctema*）

形态特征：虫体与膜袋虫相似。前端有"前板"。但口围从前端右侧呈对角线倾向左侧。波动膜帆状。

采集地：三峡库区（湖北段）。

1）前顶梳纤虫（*Ctedoctema acanthocrypta*）

形态特征：体为长卵形。口围在亚前端从右向左斜行到2/3的后端中央，波动膜显著、亦斜向左，但不形成囊袋。体纤毛稀而长。体末有1根尾纤毛，体缘呈缺刻状。大核1个，在前半部。伸缩泡1个，在亚后端。体长30～381μm。摄食细菌。

采集地：三峡库区（湖北段）。

（三）缘毛目（Peritrichida）

体常呈钟形。口纤毛系统非常发达，在身体顶端形成3层（内缘2层，外缘1层）很长的、左旋的纤毛口缘区。体纤毛系统已退化，只在游泳体的后部有一圈暂时性的纤毛。

1. 钟形科（Vorticellidae）

体呈倒置钟形，口缘向外扩大形成围口唇，有柄，柄具肌丝，且肌丝波形扭曲，柄呈螺旋状收缩。柄分枝或不分枝。

（1）钟虫属（*Vorticella*）

形态特征：形似倒置的钟，口缘往往向外扩张。包括种类非常多，都是单独生活。柄没有分枝而只有1单独伸缩的个体，是本属的主要特征。
生境：钟虫属在自然界种类非常多，在淡水和海水中都有分布。
采集地：湘江流域、滇池流域、洱海流域、长江流域（南通段）、浙江各淡水水源地、珠江流域（广州段）。

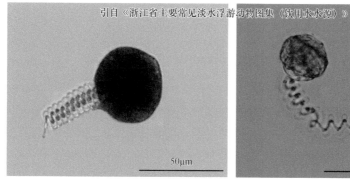

引自《浙江省主要常见淡水浮游动物图集（饮用水水源）》

A. 采自浙江各淡水水源地　　　　　B. 采自浙江各淡水水源地

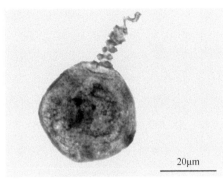

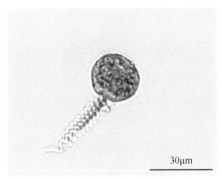

C.采自长江流域（南通段）　　　　　　　　D.采自珠江流域（广州段）

钟虫（*Vorticella* sp.）

1）钟形钟虫（*Vorticella campanula*）

形态特征：体宽钟形，围口唇明显超过体缘。口围盘宽而平。表膜横纹细。体内充满黑色的储藏物，大核纵位。伸缩泡1个。体长50～130μm，柄长200～500μm。

生境：摄食细菌。着生在各种水生动植物体上

采集地：湘江流域、滇池流域。

2）小口钟虫（*Vorticella microstoma*）

形态特征：虫体近似圆球形，体长仍大于体宽。围口唇很窄，中部最宽，后端细。表膜横纹很细。大核纵位。伸缩泡1个。柄内肌丝光滑。体长32～70μm。

生境：主要摄食细菌，也食单细胞藻类。适应性强，在腐烂物质较多的水体及有机质不多的水体中均有。常单生。

采集地：滇池流域、洱海流域。

（2）独缩虫属（*Carchesium*）

形态特征：形体与钟虫相同，但柄分枝形成群体，肌丝在柄的分叉处互不相连。肌丝扭曲，柄收缩时螺旋盘绕。大核及伸缩泡各1个。

采集地：浙江各淡水水源地、珠江流域（广州段）。

1）螅状独缩虫（*Carchesium polypinum*）

形态特征：具柄，群体生，本体呈长钟形，长80～125μm，宽38～60μm；柄长280～1500μm。口围前端是具有纤毛的口围盘，显著地突出在口围边缘之外。胞咽较长，虫体向下弯曲时，后端可见若干横纹。内质含有食泡和贮藏粒体。伸缩泡1个；大核纵长带形，两端弯转。柄分枝复杂，主柄上先作伞形分枝，每一分枝再呈双叉型二级、三级分枝。每一个体柄内肌丝轴鞘只伸展到分枝基部为止。在自然环境中群体很大。

生境：螅状独缩虫以细菌为主要食料，世界性分布。常见于有机物质较多的静水或流水，通常固着在石头、沙粒、转瓦片和贝壳上面，也能够固着在各种水生植物的根茎上或水生昆虫的肢体上。常被用来作为水体污染的指示物种。

采集地：浙江各淡水水源地、珠江流域（广州段）。

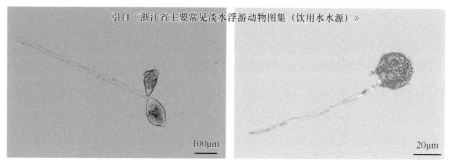

引自《浙江省主要常见淡水浮游动物图集（饮用水水源）》

A. 采自浙江各淡水水源地   B. 采自珠江流域（广州段）

螅状独缩虫（*Carchesium polypinum*）

2. 累枝科（**Epistylidae**）

虫体与钟形科相似。体末有柄，单体或分枝形成群体。但本科柄内无肌丝，柄不收缩。

（1）累枝虫属（*Epistylis*）

形态特征：虫体与钟虫相似，前端有膨大的围口唇。群体，柄无肌丝而不收缩。

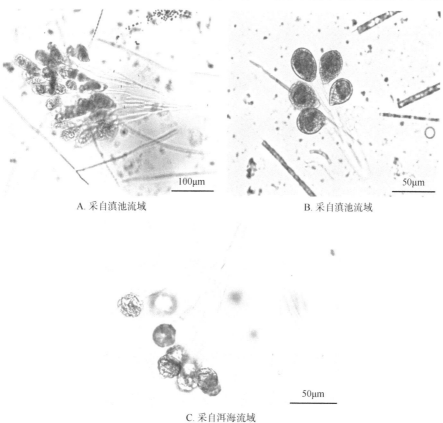

A. 采自滇池流域   B. 采自滇池流域

C. 采自洱海流域

累枝虫（*Epistylis* sp.）

生境：着生在各种水生动植物体上。个别种营浮游生活。

采集地：滇池流域、洱海流域、浙江各淡水水源地、湘江流域、珠江流域（广州段）。

1）瓶累枝虫（*Epistylis urceolata*）

形态特征：本体通常呈较大的瓶形或瓮形，有一定程度的变异。前端围口唇窄而显著增厚，与本体交界处约束为1环形的颈。表膜横纹细而清晰。大核横位。伸缩泡1个，在口围。柄初次为双分叉，从第二级起为不规则的伞形。群体有多达100个以上的虫体。体长90～190μm。

生境：瓶累枝虫主要摄食细菌，也会兼食很小的单细胞藻类。分布很广，沼泽、池塘和浅水湖泊中常见。

采集地：浙江各淡水水源地、滇池流域、湘江流域、洱海流域、珠江流域（广州段）。

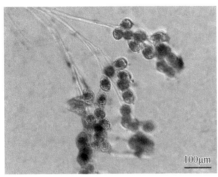

A. 采自珠江流域（广州段）

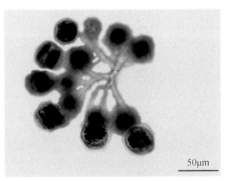

B. 采自珠江流域（广州段）

引自《浙江省主要常见淡水浮游动物图集（饮用水水源）》

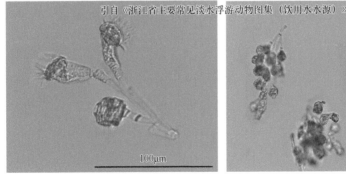

C. 采自浙江各淡水水源地

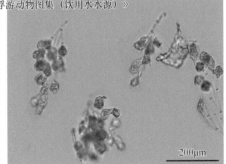

D. 采自浙江各淡水水源地

瓶累枝虫（*Epistylis urceolata*）

2）褶累枝虫（*Epistylis plicatilis*）

形态特征：本体呈细长漏斗状或圆筒形，本体长95～160μm，宽30～40μm，柄长200～2500μm。体宽占体长的1/3～1/2。个体收缩时后半部形成若干横的褶皱，末端套入首柄的顶端。口围较大，直径常超过本体最阔处。口围盘略小于口围，能显著地突出在口围边缘之外。表膜上横纹较细。内质呈乳白色，含有少量食泡。伸缩泡1个，常位于口围盘内。大核呈短而两端弯转的带形。柄较光滑，呈有规则的双叉型分枝。在自然环境中分枝可多达7级。在活性污泥中分枝比较少。

生境：分布最广的累枝虫。在富营养型沼泽、池塘和小型湖泊中常见；也存在于被生活污水所污染的河流。

采集地：浙江各淡水水源地。

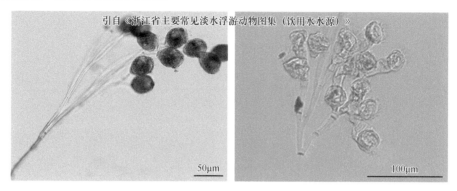

引自《浙江省主要常见淡水浮游动物图集（饮用水水源）》

褐累枝虫（*Epistylis plicatilis*）

三、多膜纲（Polymenophora）

有十分发达的口腔小膜口缘区，从前端起向右旋转，在体表扩展到相当大的范围，小膜很多，有时很厚实，常超出体外。除少数种类外多半已没有简单的体纤毛。体纤毛已发展成由几层纤毛融合而成的触毛。

（一）异毛目（Heteraotrichida）

体大至非常大，且有强伸缩性，常含色素。有发达的小膜围口区（AZM）和密而均匀分布的体纤毛。大核卵形，也常见念珠形。寄生或自由生活。

1. 喇叭科（Stentoridae）

体大，伸展时呈喇叭形或圆桶形，收缩及伸展十分迅速。围口在体前端，AZM小膜顺时针旋转近360°形成1个右旋的环。体纤毛均匀分布在全身。含有色素或虫绿藻的种可呈现蓝、绿、玫瑰色等多种颜色。

（1）喇叭虫属（*Stentor*）

形态特征：体伸展时为喇叭状，伸缩性很强。游泳时体呈卵形到梨形。围口区显著，AZM螺旋围绕整个围口，仅在腹面留1狭缝。体表具多列条纹样的颗粒带，往后条带渐窄。大多数自由游泳生活，少数种有黏性外壳，常附着在岩石或碎屑上。少数种大核圆形、卵形，大多数为长念珠形。伸缩泡位于体左前方。喇叭虫为杂食性，食物有细菌、藻类、鞭毛虫、其他纤毛虫和轮虫等，以AZM纤毛的运动激起水流，驱使食物进入围口基部的胞口后形成食物泡。消化后废物经由伸缩泡下的胞壁排出。

采集地：浙江各淡水水源地、长江流域（南通段）、湘江流域。

1）多态喇叭虫（*Stentor polymorphrus*）

形态特征：体呈喇叭形，体形多变。胞质无色，常有共生绿藻。大核念珠状。伸缩泡位于前面。体长1～2mm。摄食鞭毛虫和单细胞绿藻。

采集地：浙江各淡水水源地、长江流域（南通段）。

引自《浙江省主要常见淡水浮游动物图集（饮用水水源）》

100μm

采自浙江各淡水水源地

多态喇叭虫（*Stentor polymorphrus*）

2）天蓝喇叭虫（*Stentor coeruleus*）

形态特征：体长约350μm，充分伸展时达1～2mm。体后部位于外壳内，通过外壳附着基质。外层细胞质含蓝色素而使体呈蓝色。体表有明显的色素条带。螺旋形AZM围着体前端膨大的喇叭口，喇叭口向内为胞咽。围口区密布短纤毛，胞口在围口底部。大核占有体前、后相当长度，多节形。伸缩泡带有长收集管，在胞咽左侧。

生境：大多数自由游泳生活，少数种有黏性外壳，常附着在岩石或碎屑上。

采集地：湘江流域。

（二）寡毛目（Oligotrichida）

体卵形或拉长，有时带尾部。表膜增厚。AZM占有范围广，其小膜通常有一部分在口腔内，另一部分在体表围前端。口侧膜由1列基体排列组成。体纤毛稀少。有大核复制带。无胞肛。取食大颗粒食物。大多数为海洋浮游种，少数生于淡水中。

1. 弹跳虫科（Halteriidae）

体小，圆形至椭圆形。AZM小膜在体顶部形成环。体纤毛仅由少数触毛组成。

（1）弹跳虫属（*Hlateria*）

形态特征：体呈球形或宽梨形。前顶有发达的小膜口缘区。体中部有1圈刚毛束，跳跃运动。大核1个，卵形。伸缩泡1个。无正常的体纤毛。

采集地：湘江流域。

1）大弹跳虫（*Hlateria grandinella*）

形态特征：体长27～45μm，呈球形至纺锤形。前、后端微圆或稍尖。体赤道线上每3根触毛为一组，绕体一圈，触毛用于弹跳运动。大核卵圆形，位于体中央。伸缩泡在赤道线左前侧。

采集地：湘江流域。

2. 急游科（Strombidiidae）

体小，多半呈侧卵形至球形。AZM小膜在顶部围成一圈，然后入口腔。体纤毛大大减少或完全消失。表膜由"骨针"或多糖壳板加固，硬性。体赤道线区域刺丝泡隆起物形成腰带。

（1）急游虫属（*Strombidium*）

形态特征：体卵形至球形。围口前段在体顶端明显凸起形成领，领向腹面左侧弯曲形成1个窄的开口。领周缘的AZM前段小膜发达，小膜顺时针旋转进入口腔内。整个口纤毛器占据体前半大部分。体赤道线上有腰带样隆起。大核卵圆形或带状。1个伸缩泡。

采集地：长江流域（南通段）、丹江口水库、三峡库区（湖北段）、湘江流域、洱海流域。

1）绿急游虫（*Strombidium viride*）

形态特征：体长36～57μm，近似球形，两端稍尖。体中部由刺丝泡隆起物形成腰带，将身体分为呈锥体状的前、后两半。大核圆形，位于体前半部右侧。伸缩泡主泡似1个粗管，其向前延伸成弯曲的小细管。体内有共生绿藻。

采集地：滇池流域、洱海流域。

3. 侠盗科（Strobilidiidae）

整个围口在体顶部，周缘的AZM小膜围成1个封闭的环形顶冠。体纤毛形成稀疏的螺旋形列或纵行的列，或完全消失。

（1）侠盗虫属（*Strobilidium*）

形态特征：体小，呈梨形或萝卜形。口器同科的描述。体前部有1个马蹄形大核。1个伸缩泡。

采集地：长江流域（南通段）、丹江口水库、三峡库区（湖北段）。

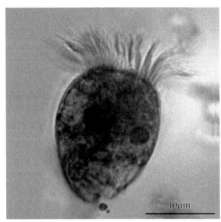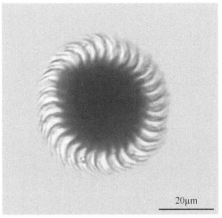

A. 采自长江流域（南通段）　　　B. 采自丹江口水库、三峡库区（湖北段）

侠盗虫（*Strobilidium* sp.）

1）旋回侠盗虫（*Strobilidium gyrans*）

形态特征：体长36～48μm，为体宽的1.5倍。体呈侧倒锥形或萝卜形。体后部变细，后端平截。前端AZM小膜螺旋形成顶冠，右旋入口腔。体表有5或6行柔细的螺旋形纤毛列。大核在体前部。伸缩泡在体后部1/3处。自由游泳，或后端平截处分泌线状黏液附着在底物上。

采集地：丹江口水库、三峡库区（湖北段）、湘江流域、洱海流域。

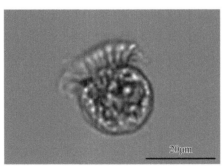

采自丹江口水库、三峡库区（湖北段）

旋回侠盗虫（*Strobilidium gyrans*）

2）陀螺侠盗虫（*Strobilidium velox*）

形态特征：体呈陀螺形，上宽下尖，从前向后有8～10条肋嵴呈螺旋形，肋嵴在末端形成1尖刺，体长45～65μm。

采集地：丹江口水库、三峡库区（湖北段）。

4. 筒壳虫科（Tintinnidiidae）

体纤毛退化，小膜口缘发达。有几丁质鞘，鞘纵长，鞘外有砂粒黏附，砂粒松散。鞘末端封闭或开孔。

（1）麻铃虫属（*Leprotintinnus*）

1）淡水麻铃虫（*Leprotintinnus fluviatile*）

形态特征：壳呈长管形，口端稍粗大，后端略狭小并有时弯曲。壳长为口径的6.7倍。后端开孔，较小于口孔，其边缘亦较口孔粗糙。壳壁柔弱，前部较厚，越往后变得越薄。壳上自由黏附着比较粗的颗粒，但螺旋纹不可见。虫体在固定的标本中常位于壳的中央或稍前部分。尾柄针形，常斜附壳壁后端的1/3～2/5处而不接近后端。壳长138μm（103～163μm）；口径26μm（25～27μm）。

采集地：浙江各淡水水源地。

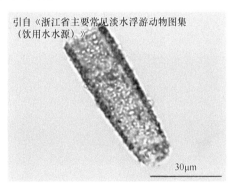

淡水麻铃虫（*Leprotintinnus fluviatile*）

5. 铃壳虫科（Codonellidae）

外壳管形到杯形，仅口端常变尖。壳壁常有网格或黏性。大多数为海洋浮游生活种，某些在浅海，少数在淡水浮游动物群落内大量发生。

（1）似铃壳虫属（*Tintinnopsis*）

形态特征：鞘呈筒形、杯形或碗形。有颈或无颈。鞘壁上砂粒紧密。末端封闭。
采集地：滇池流域、丹江口水库、三峡库区（湖北段）、浙江各淡水水源地、湘江流域。洱海流域、珠江流域（广州段）。

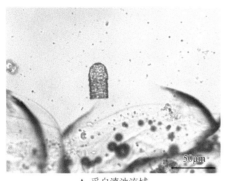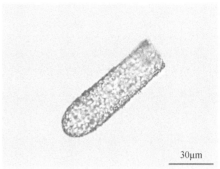

A. 采自滇池流域　　　　　　　　　　B. 采自丹江口水库、三峡库区（湖北段）

似铃壳虫（*Tintinnopsis* sp.）

1）江苏似铃壳虫（*Tintinnopsis kiangsuensis*）

形态特征： 壳呈樽形，长为口径的1.73倍。口缘较不规则。口颈部没有环纹。钵部圆而渐向后端缩小：中部最粗，其直径为口径的1.5倍。底部呈锥形，底端突出。壳壁薄而有粗的块粒黏附在上面。长50.4μm（48～60μm）；口径29.1μm（25～35μm）。本种的口径较大，长度亦略有变化。底端突出的交角可达50°～102°，通常为80°～95°。

采集地： 浙江各淡水水源地。

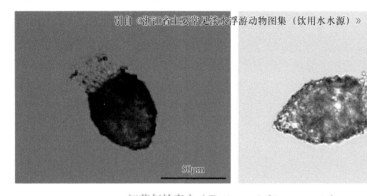

引自《浙江省主要常见淡水浮游动物图集（饮用水水源）》

江苏似铃壳虫（*Tintinnopsis kiangsuensis*）

2）樽形似铃壳虫（*Tintinnopsis potiformis*）

形态特征： 壳呈矮樽形，长为口径的1.18倍。口缘完整，略向外翻，较不规则。口下部位占全长0.23～0.28处向里收缩，约为口径的0.95倍，向下逐渐膨大，其最大横径为口径的1.05倍。底部通常宽而圆，或呈针形。壳壁有较粗颗粒附着。长39.2μm（36～65μm）；口径33.1μm（27～40μm）。本种与锥形似铃虫比较，不同点主要为口缘向外翻。口下部位收缩后又膨大。

采集地： 浙江各淡水水源地。

3）钵杵似铃壳虫（*Tintinnopsis subpistillum*）

形态特征： 壳呈钵杵形，长为口径的2.89倍。口缘不规则。口颈部筒形。靠近底端略收缩后又膨大，其最大横径为口径的1.22倍。底端浑圆。壳壁较薄，无环纹。壳上有颗粒附着。长107μm；口径37μm。本种与管形似铃壳虫比较体型稍大。底端膨大，呈钵杵形。

采集地：浙江各淡水水源地。

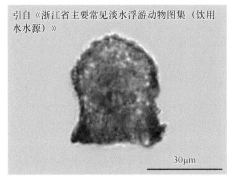

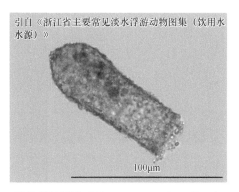

樽形似铃壳虫（*Tintinnopsis potiformis*）　　钵杵似铃壳虫（*Tintinnopsis subpistillum*）

4）长筒似铃壳虫（*Tintinnopsis longus*）

形态特征：壳长，呈试管形，长为口径的4.11倍。口缘稍不规则。口颈部没有环纹，其直径与体部几乎相同。底端为半圆形，无突起。壳壁均匀，较薄。壳上附着各种大小不一的颗粒。长132μm（120～162μm）；口径32.1μm（30～35μm）。此新种为本文记载的似铃壳虫属中体形最长的一种。长与口径之比竟达4倍左右。

采集地：浙江各淡水水源地。

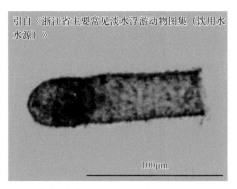

长筒似铃壳虫（*Tintinnopsis longus*）

5）恩茨似铃壳虫（*Tintinnopsis entzii*）

形态特征：壳呈粗壮樽形，长为口径的1.16倍。口缘不规则。领项亦短，微向外翻，具有1或2道环纹。颈部并不缩小。钵部圆形。底端浑圆。壳壁附着较粗颗粒。壳的长度与口径大小变异较大。长42.2μm（38.5～47μm）；口径36.5μm（30～44μm）。

采集地：浙江各淡水水源地。

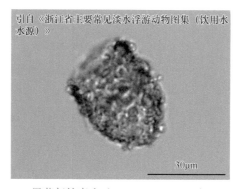

引自《浙江省主要常见淡水浮游动物图集（饮用水水源）》

恩茨似铃壳虫（*Tintinnopsis entzii*）

6）雷殿似铃壳虫（*Tintinnopsis leidyi*）

形态特征：壳呈钟形，长为口径的1.1～1.26倍。口缘外展，比较平整或微不规则。颈部与钵部界线分明。颈短，占全长的1/5～1/3，呈倒截锥形，通常具有1或2道（很少为3道）环纹。钵部球形；底端凸锥形，有时呈尖突。壳壁有较粗的颗粒附着。长43.3μm（38～49μm）；口径35.9μm（31～41μm）。壳形的变异极大，可归纳为下列几种类型：①口径与钵部的最大横径大约相等。颈部收缩显著。底端通常尖突，呈凸锥形。②口径大于钵部的最大横径。底端亦呈凸锥形。③壳短，口径小于钵部的最宽横径。口下部位的收缩并不显著。底端浑圆。④钵部中间甚为突出，其最大横径比口径大很多。底端为钝锥形。

采集地：浙江各淡水水源地、湘江流域。

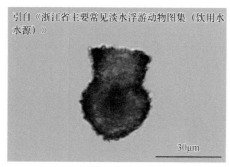

引自《浙江省主要常见淡水浮游动物图集（饮用水水源）》

采自浙江各淡水水源地
雷殿似铃壳虫（*Tintinnopsis leidyi*）

7）王氏似铃壳虫（*Tintinnopsis wangi*）

形态特征：壳呈烧瓶形，长约为口径的1.6倍。口缘通常较不规则。颈部与钵部界线分明。颈部筒状，可以很清楚地看到有4～6道环纹。钵部球形或者多少呈锥形，最大横径为口径的1.5倍。体壁薄，仅包括较粗的初生泡沫状构造。长48.5μm（42～65μm）；口径36.3μm（27～35μm）。

采集地：丹江口水库、三峡库区（湖北段）、浙江各淡水水源地、湘江流域、滇池流域、洱海流域、珠江流域（广州段）。

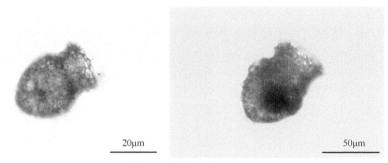

采自珠江流域（广州段）

王氏似铃壳虫（*Tintinnopsis wangi*）

8）中华似铃壳虫（*Tintinnopsis sinensis*）

形态特征：壳甚长大，包括筒状的颈部和较大的体部；长为口径的2.16倍。口缘不很规则。颈部具有几道环纹，靠近口缘者比较清晰，以下变得较模糊。体部多少呈球形，最大横径为口径的1.18倍。底端半圆形或阔锥形。壳壁薄，具有比较透明的泡沫状，并有较粗的颗粒黏附在上面。长65.3μm（62～67μm）；口径30.3μm（27～33μm）。

采集地：浙江各淡水水源地、湘江流域。

9）安徽似铃壳虫（*Tintinnopsis anhuiensis*）

形态特征：壳呈粗壮的樽形或烧瓶形，长为口径的1.4倍。口缘较粗糙。颈部较粗，通常具有3～5道环纹。樽部膨大。底端通常为凸锥形或钝圆形。壳壁较薄，厚度几乎相等。壳上附着的颗粒较细。长73.9μm（70～84μm）；口径52.6μm（45～56μm）。此新种比王氏似壳铃虫粗大。颈部的最大横径长于钵部的最大横径。

采集地：浙江各淡水水源地。

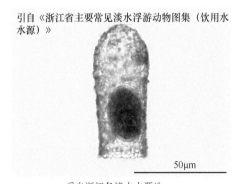

引自《浙江省主要常见淡水浮游动物图集（饮用水水源）》

采自浙江各淡水水源地

中华似铃壳虫（*Tintinnopsis sinensis*）

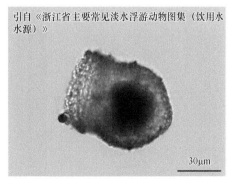

引自《浙江省主要常见淡水浮游动物图集（饮用水水源）》

安徽似铃壳虫（*Tintinnopsis anhuiensis*）

（三）下毛目（Hypotrichida）

身体有腹、背明显分化，腹面平，背面凸。运动迅捷。AZM在体前部左侧宽的围口区边缘，含许多小膜。口侧膜在围口右缘，由2至多个膜片组成。腹面的体纤毛聚合成棘毛，背面的体纤毛组成数列背触毛，占有相当大范围。皮层有复杂的纤维系统。大核DNA复制时形成复制带。含伸缩泡系统，也总有胞肛。某些种有外壳，少数种形成群体。大部分自由生活，分布在各种栖息地。

1. 尖毛科（Oxytrichidae）

体细长，AZM位于身体前面1/3或1/4范围内，腹面的左、右缘棘毛和额腹横棘毛很容易区分。大核通常2个，小核数目变动较大。

（1）棘尾虫属（*Stylonychia*）

形态特征：体卵形至肾形，一般较大。腹面平，背面凸。AZM发达。额腹横棘毛式为8·5·5，左、右缘棘毛各1列。体后端有3根尾棘毛。背触毛较短。生手海水或淡水。

采集地：浙江各淡水水源地。

1）贻贝棘尾虫（*Stylonychia mytilus*）

形态特征：体形大小常有变化，但前端小膜口缘区宽大、呈扇形向左扩开。前触毛、腹触毛及臀触毛式为8·5·5，3根尾触毛末端分叉。体长100～300μm。

生境：摄食藻类、鞭毛虫及纤毛虫。在有机物质多的水体中存在。

采集地：浙江各淡水水源地。

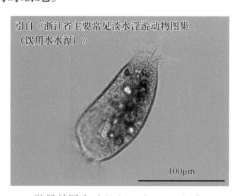

引自《浙江省主要常见淡水浮游动物图集（饮用水水源）》

100μm

贻贝棘尾虫（*Stylonychia mytilus*）

2. 楯纤科（Aspidiscidae）

体呈扁平、卵形至圆形，一般较小。AZM小膜减少，腹面棘毛仅限于额腹横棘毛，无缘棘毛。背面常形成明显的肋、脊或峰样凸起。

（1）楯纤虫属（*Aspidisca*）

形态特征：体小、卵圆形。表膜坚硬而不变形。小膜口缘区高度退化。前触毛和腹触毛共7根，臀触毛5～12根。大核带形、弯曲。伸缩泡1个。

采集地：洱海流域。

1）齿楯纤虫（*Aspidisca dentata*）

形态特征：体卵圆形，左缘直，右缘圆弧形。腹面左后侧有1个齿突。额腹棘毛7根，横棘毛倾斜排列成2组，左2根，右3根，共5根。背面4条肋，左起第2肋上常有1刺。大核1个，带状。伸缩泡1个，位于中部偏后的右侧。

采集地：洱海流域。

第二十六章

轮虫（Rotifera）

（一）双巢目（Digononta）

卵巢左右各一，是成对的。咀嚼器是枝型。侧触手不存在。纵长的身体呈蠕形，"假体节"能够像望远镜那样有套筒式的伸缩。至今未发现过雄体。

1. 旋轮科（Philodinidae）

除了宿轮科以外，所有旋轮科及其他双巢目蛭态亚目轮虫的胃和肠虽然也是由合同细胞所组成，但中间总是具有细或粗的管子，上有纤毛，即胃腔或消化管道。这一长的胃腔往往在合同细胞内卷曲而形成环眼。蠕形或长圆筒形的身体，以及像套筒式的伸缩，在旋轮科尤为显著。

（1）轮虫属（Rotaria）

形态特征： 眼点1对，总是位于背触手前面吻的部分，有时眼点的红色素会减退而消失。整个身体一般比旋轮属细长。吻也比旋轮虫的吻要长一些，因此会或多或少突出在头冠之上。足末端的趾有3个。齿式为2·2。在池塘及浅水湖泊内的种类较多，分布亦广。

采集地： 珠江流域（广州段）、浙江各淡水水源地。

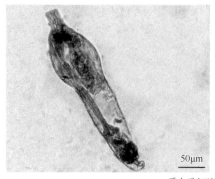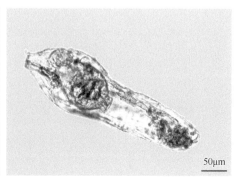

采自珠江流域（广州段）

轮虫（*Rotaria* sp.）

1）橘色轮虫（*Rotaria citrina*）

形态特征：完全伸直时呈纵长纺锤形。体长700～1050μm；刺戟25～30μm。躯干部总是呈橘色或橘黄色。皮层光滑，具有纵长的条纹。皮层外表常黏附"微尘"杂质。颈部分为3节；躯干分割为4节；足一般为6节；足和躯干之间界线不明显。头冠具左、右两个向前展开的宽阔轮盘，轮盘周围各有1圈轮环纤毛；头冠后端有1圈较短的腰环纤毛，腰环与两个轮环之间的盘托相对发达而很显著。眼点1对，呈圆球形，位于背触手之前，吻的上面。背触手自颈部的第1节射出，粗而短，末端具有1束感觉毛。刺戟1对，位于足最后一节的基部。3个趾短而等长，鼎足而立，爬行时支持全身前进。口位于头冠腹面左、右腰环纤毛相连接之处。咀嚼囊呈宽阔的圆形。咀嚼器是典型的枝型，齿式为2·2，各有隆起而平行的肋条状大齿2个。唾液腺小而不易观察。消化腺1对，呈圆球形，大小适中。胃和肠的界线不十分清楚。膀胱比较小而明显。足腺1对。

生境：橘色轮虫的分布相对广泛，主要栖息在沼泽和池塘及浅水湖泊的沿岸带。个体游动非常迟缓。一年四季都有出现的可能，但数量较少。

采集地：浙江各淡水水源地。

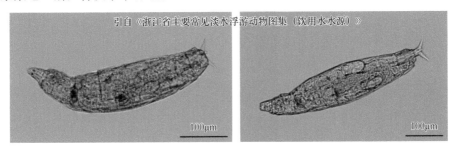

引自《浙江省主要常见淡水浮游动物图集（饮用水水源）》

橘色轮虫（*Rotaria citrina*）

2）长足轮虫（*Rotaria neptunia*）

形态特征：身体呈透明乳白色；能高度伸缩。完全伸直时极其长而细，是双巢目蛭态亚目轮虫中最细的一种。皮层光滑。头部比较小。颈部为3节，前两节较长，后一节很短。躯干一般为3～5节，第1节的长度总是远远超过后面几节。足长而细，6节，长度是头和躯干长度的1.5～2.0倍。完全张开的头冠宽阔，左、右两个轮盘短而小；轮环纤毛、腰环纤毛和盘托皆相当显著。吻较短；当轮盘完全缩入体内时，吻伸在最前端，且射出1束纤毛。眼点1对，呈圆球形，在吻的上面。背触手位于颈部第1节，呈长管状，末端具有1束感觉毛。足最后1节的基部具有1对明显的刺戟，每一刺戟分成2节，第1节较粗，第2节细而末端尖削。趾3个，长而细，鼎足而立，支持全身前进。咀嚼囊呈宽阔的圆形；咀嚼器是典型的枝型；齿式为2·2，左、右两个肋条状的大齿针锋相对。唾液腺1对，不显著。消化腺1对，呈不规则的长梨形或卵圆形。体长505～1640μm；棘刺35～55μm。

生境：淡水水体的双巢目蛭态亚目轮虫中，长足轮虫是最常见的种类之一。从最浅的沼泽至大型湖泊的沿岸带，凡是沉水植物比较茂密和有机物质多一些的场所，往往有这一种类的存在，每逢出现，个体数量较多。

采集地：珠江流域（广州段）、浙江各淡水水源地。

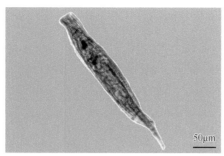

A. 采自珠江流域（广州段）

引自《浙江省主要常见淡水浮游动物图集（饮用水水源）》

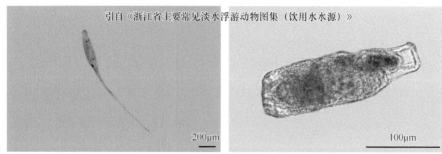

B. 采自浙江各淡水水源地　　　　　　　　C. 采自浙江各淡水水源地

长足轮虫（*Rotaria neptunia*）

（2）旋轮属（*Philodina*）

形态特征：眼点1对，总是位于背触手之后的脑的背面，相对较大且显著。两眼点之间的距离也比较宽。整个身体特别是躯干部分比轮虫属短而粗壮。躯干和足之间有明显的界线，可以把二者区分开来。吻比较短而宽。足末端的趾有4个。齿式一般也为2·2。是卵生而非胎生。

采集地：丹江口水库、三峡库区（湖北段）。

（二）单巢目（Monogononta）

卵巢1个，非枝型咀嚼器。有侧触手，身体虽然能伸缩变动，但不能做套筒式的伸缩。不少种类发现有雄体。

1. 猪吻轮科（Dicranophoridae）

身体纵长，或多或少呈纺锤形；皮层硬化并且部分已经形成被甲；有1显著的颈连接头和躯干两部；到了躯干后端再向后尖削而形成1很小的倒圆锥形的足。足的末端具有1对相当长的趾。头冠是典型的猪吻轮虫的头冠型式；有的呈卵圆形而完全面向腹面，即口位于"卵圆"的中央；有的接近圆形而只倾斜到腹面，即口位于靠近头冠的腹面。头冠绝对没有耳存在，但两侧各有1束长的耳状纤毛，作为游动的工具。口周布满了同样长短的纤毛。吻大而显著。咀嚼器是钳型或变态的钳型，咀嚼板能或多或少伸出口外，摄取食物。脑后囊一般都有，脑侧腺则很少有存在的种类。眼点如存在，总是1对；位于头部的最前端。本科包括的属不多。生活习性以底栖为主。

（1）猪吻轮属（*Dicranophorus*）

形态特征：形体方面具有科的特征。包括的种类很多。它们虽然以底栖为主要习性，但非常善于游泳，能够自由活动于水的上、中、下各层。所有猪吻轮虫的食欲很大，时常伸出钳型的咀嚼板摄取其他小型的浮游动物或底栖动物。

采集地：三峡库区（湖北段）、浙江各淡水水源地。

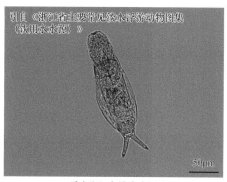

采自浙江各淡水水源地

猪吻轮虫（*Dicranophorus* sp.）

2. 柔轮科（Lindiidae）

身体一般柔弱而细长，呈纺锤形或类似蠕虫。在头和躯干之间还有1相当明显的颈部存在。躯干后端背面还与1相当明显或不明显的腹尾相连接。足很短，一般分成2节。趾1对，很小。全身呈橘红色，或黄金色，或无色而透明。头冠与椎轮虫相近，从腹面向后延伸，可占身体全长1/4；口围后部下垂，形成1不甚显著的颚。头冠两侧的耳也能够延伸，耳的末端也具有较长且很密的纤毛作为游动的工具。咀嚼器是典型的梳型，为这一科最主要的特征。柔轮科只包括1属，种类亦不多，主要营底栖生活，出没于沉水植物丛中。

（1）柔轮属（*Lindia*）

形态特征：特征与科相同。

采集地：丹江口水库。

1）截头柔轮虫（*Lindia truncata*）

形态特征：身体纵长，比较瘦弱，或多或少呈纺锤形，或近似圆筒形，最宽之处的宽度约占全长的1/4。全身各部分都带有深的黄金色或橘红色。皮层相当坚韧，体形的变动不很大。头部与颈部几乎同长短或宽窄；它们的宽度与最宽部分比较也只略小一些。头与颈及颈和躯干交界处都有1明显紧缩的折痕。躯干很长，最宽处位于中部，自最宽处向后端逐渐瘦削，一直到最后的尾部为止；尾不十分显著，只由后端浑圆的1处所形成。躯干外表，特别是后半段具有若干环状的折痕，但折痕所形成的"假节"在身体收缩的时候不能像"套筒"那样彼此部分互相套入。足宽而短，和躯干的后端相连接，并无任何紧缩的分界线；足由两节组成，第1节较大，它的中央有钝圆形突出的薄片，把后面的第1节部分遮盖住。趾1对，很短，呈倒圆锥形；每一个趾的长度约为身体全长的1/20。头冠从后面向后延伸，占腹面1/3的前端；口围后部下垂，形成1不甚显著的颚。头冠两侧的耳较短而粗壮，具有1束紧密排列的长纤毛，和头盘上短的纤毛相连接。咀嚼囊相当大。唾液腺1对，同样大小且很发达，呈卵圆形或梨形。咀嚼板是少许变态的梳型。砧板从腹面观呈提琴形；砧枝基部两旁具有相当发达的翼膜片。砧基与砧枝同长，细而瘦削。槌钩的末端是由3个不同大小的齿及连接这3个齿的膜所组成。只有正面观才能看出这3个齿和膜。槌柄腹面作月牙形弯曲的部分比一般常见的要小；背面的薄膜片也比较短，除了砧板、槌板，还有1对非常发达的前咽板，每一前咽板呈拐杖状，锤形"杖头"即位于本体口的下面，长的"杖竿"倾斜向后、向背面伸展，逐渐尖削到线形的末端，在"杖竿"的中部内侧还具有1齿状突出。食道相当长而细。消化腺呈椭圆形或长卵圆形。胃和肠从外表上不容易区分出来。膀胱很大，呈倒置的长梨形。足腺比较小。脑相当大，呈长椭圆形。脑后囊呈圆球形，前端的导管已完全消失；囊中充满液体，并带有暗红色。眼点位于脑的后端背面，为脑后囊的前端所掩盖，它的存在往往由于脑后囊的暗红颜色而不容易辨别清楚。背触手是具有1束感觉毛的微小痘痕。身体全长300～355μm；趾长15μm；咀嚼板长30μm；宽50μm。

采集地：丹江口水库。

3. 臂尾轮科（Brachionidae）

须足轮虫型头冠，槌型咀嚼器，多数种类具有足和被甲。

（1）鞍甲轮属（*Lepadella*）

形态特征：被甲背腹面扁平，背面和腹面的甲片除了前端的孔口和后端的足沟外，在四周边缘完全愈合在一起。因此事实上背腹面是1块整套的被甲。背面或多或少隆起而凸出；有的很光滑，有的中央具有"龙骨状"的脊状突起。被甲前端背腹面往往有很显著的颈圈。和狭甲轮虫一样，头部的最前端也有1钩状的甲片（自侧面伸出）；在游动的时候遮盖头冠。足一般3节，在不少种类中最后1节足的背面具有尾感觉毛。趾1对，有的左右同样笔直，有的一直一弯而不对称。咀嚼器是槌型；槌钩具有箭头状的齿5个。个体出没于沉水植物丛中，善于作"滑翔式"比较快的游泳。种类很多，每一种都有一定程度的变异。

采集地：浙江各淡水水源地、湘江流域。

1）盘状鞍甲轮虫（*Lepadella patella*）

形态特征：被甲轮廓的变异大，从接近圆形至长卵圆形；宽度等于长度的2/3～4/5。背甲显著隆起，两侧缘撑出，腹甲扁平。接近圆形的个体背甲后端在足沟之上，具有2条或4条纵长折痕。在狭卵圆形的个体中，折痕不存在。背甲背腹面的深度约为长度的1/3。口孔宽度约为被甲长度的1/4。背凹窦"U"形，深度约为宽度的1/2。腹凹窦近似"V"形，两侧少许向外弯转，底部钝圆。背颈圈与腹颈圈发达。具有明显点刻。足沟两侧近平直而平行，少数呈卵圆形。后端凹入很浅，两旁有时形成圆角，有时形成尖角；足沟边缘逐渐弯转，和腹甲融合消失。足粗壮，第1、第2两节长度相等，较短；第3节比较长，背面有1感觉凹痕。趾1对，长度约为被甲全长的1/3。身体全长125～140μm；被甲长98～110μm；趾长25～30μm。

生境：普通常见种类之一。凡是沉水植物比较多的沼泽、天然池塘、养鱼池塘及浅水湖泊经常可以找到。

采集地：浙江各淡水水源地、湘江流域。

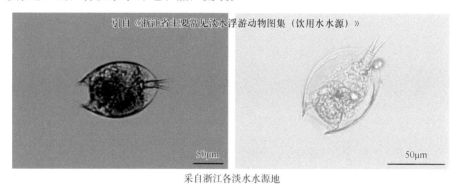

引自《浙江省主要常见淡水浮游动物图集（饮用水水源）》

采自浙江各淡水水源地

盘状鞍甲轮虫（*Lepadella patella*）

（2）鬼轮属（*Trichotria*）

形态特征：除了头部外，颈、躯干及足都被相当厚的被甲所包裹，尤其躯干部分的被甲更坚硬。颈部及躯干部分的背甲总是隔成或多或少的"甲片"；"甲片"呈长方形、四方形或三角形。被甲表面具有粒状的突起，有规则地排成纵长的行列。在某些种类躯干后端和足的基部还有棘刺的存在。趾1对，相当长，头冠是鬃足轮虫的头冠型式。眼点很显著。鬼轮属所包括的都是底栖种类，其中台杯鬼轮虫在我国的分布十分广泛，为常见种。

采集地：浙江各淡水水源地、湘江流域。

1）截头鬼轮虫（*Trichotria truncata*）

形态特征：除了趾外，整个身体为1层坚厚的被甲所包裹。头和躯干呈宽阔的卵圆形；背面稍隆起凸出，腹面近扁平。包围头部前甲片中央下沉凹入，左、右两叉向前伸展形成2个大钝齿。躯干被甲坚硬，总是隔成一定数目突出的甲片；左、右两侧各4块方块形的侧甲片；侧甲片外缘有的具钝齿，有的光滑；背甲中央无间隔。甲片都具粒状突起，有规则地排成纵长的行列。包裹足的背甲上面也具有粒状的突起。足分成3节；第1节很短而宽阔，背面中央附有1近似三角形的小刺；第2节最长，前端较宽而少许向两旁叉出；第3节比较短，末端无任何刺的存在。趾1对，细而长，每一个趾的长度约等于足。头冠上的围顶纤毛伸出在头部背甲之外。咀嚼囊大而宽阔，咀嚼器是典型的槌型。眼点位于头部后端中央，只有1个，裂成两半。背触手在眼点之前不明显；侧触手1对很明显，呈圆锥形。身体全长288μm；足长72μm；趾长72μm。

生境：截头鬼轮虫是比较稀少的底栖种类。

采集地：浙江各淡水水源地。

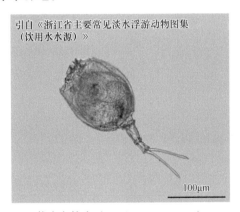

截头鬼轮虫（*Trichotria truncata*）

2）方块鬼轮虫（*Trichotria tetractis*）

形态特征：整个身体呈圆筒形、圆锥形或菱形；除趾外，自头部至足部，都为1层坚厚的被甲所包裹。头和躯干呈菱形；背面显著地隆起而凸出，腹面平直，包围头部的被甲较薄，头部细而短，能够完全或部分地缩入躯干之内。躯干被甲坚硬，后端尖削；背甲总是隔成一定数目凸出的甲片；左、右两侧各有甲片5块，除最后1块略呈三角形外，其他都近似四方形；背甲中央无间隔。所有甲片都具有微小的粒状突起，有规则地排成纵长的行列。足的被甲上面也具有微小的粒状突起。足分成3节：第1节较短而宽，背面中央有1矩形或菱形的附甲片，附甲片后半部向左、右分叉而形成1对短而尖锐的侧刺；第2节足比较长，前端为第1节的附甲片所遮盖，后端背面长出1根短的中央有乳头状下垂体的附片；第3节足很短。趾1对，细而长，长度等于或少许超过足的长度。头冠上的围顶纤毛，即使是收缩状态下的标本，也总是伸出头部被甲之外。咀嚼囊大而宽阔，咀嚼器是典型的槌型。眼点1个，呈红色的圆球形或卵圆形，位于头部后端的中央。背触手位于眼点的前面，侧触手1对，不容易观察到。身体全长192～240μm；头和躯干长94～108μm；足长48～60μm；趾长50～72μm。

生境：分布广；在沼泽、池塘、浅水湖等的小型水体常见，个体数多；大型的水体中个体数有限。

　　采集地：浙江各淡水水源地、湘江流域。

引自《浙江省主要常见淡水浮游动物图集（饮用水水源）》

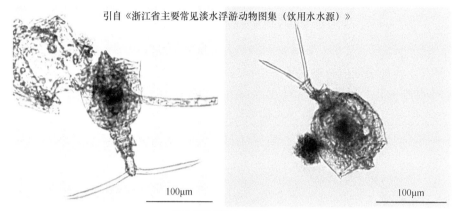

采自浙江各淡水水源地

方块鬼轮虫（*Trichotria tetractis*）

（3）臂尾轮属（*Brachionus*）

　　形态特征：足长，有环纹，可伸缩，呈蠕虫样。身体壮实，前端有2个、4个、6个棘，后端浑圆，角状或具1或2个棘。足孔有棘刺或无棘刺。广布。

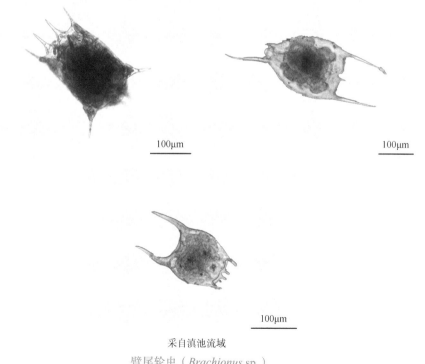

采自滇池流域

臂尾轮虫（*Brachionus* sp.）

采集地：丹江口水库、三峡库区（湖北段）、滇池流域、长江流域（南通段）、浙江各淡水水源地、湘江流域、珠江流域（广州段）、洱海流域。

1）角突臂尾轮虫（*Brachionus angularis*）

形态特征：被甲是不规则的圆形；有两类不同的类型。"棱型"背面非常凸出，并有若干隆起的肋条，被甲周围形成若干两边匀称而很明显的棱角。背面前端具有1对微小的刺状突起。突起尖端向内略弯转。腹面前缘自两侧渐渐浮起，中央形成1凹痕。被甲后端有1马蹄形的孔，为本体的足伸出或缩入的通路。孔口两旁也有1对刺状突起。"双齿型"的被甲光滑，并无肋条存在，两侧浑圆，下半部膨大一些。前、后两段的棘状突起，前端背腹两面的边缘，以及后端马蹄形的孔，则与"棱型"的被甲没有大的区别。被甲全长110～205μm；宽5～165μm。

生境：角突臂尾轮虫是最常见的种类之一。在我国的分布非常广泛。最适宜生存的环境是含有机质较多的天然水塘、养殖池塘及浅水湖泊的湖汊或小湾。属于乙型-中腐性的种类。在同一个水体中，一年四季都可观察到，春、秋两季会出现种群数量高峰。

采集地：丹江口水库、长江流域（南通段）、三峡库区（湖北段）、浙江各淡水水源地、湘江流域、珠江流域（广州段）。

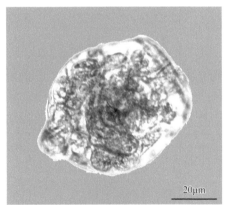

A. 采自珠江流域（广州段）

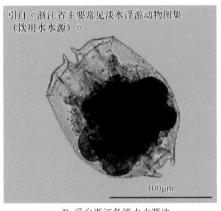

引自《浙江省主要常见淡水浮游动物图集（饮用水水源）》

B. 采自浙江各淡水水源地

C. 采自长江流域（南通段）

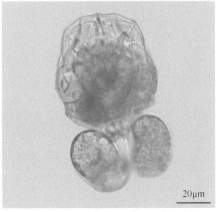

D. 采自丹江口水库、三峡库区（湖北段）

角突臂尾轮虫（*Brachionus angularis*）

2）萼花臂尾轮虫（*Brachionus calyciflorus*）

形态特征：被甲透明，长圆形，长度的变异很大。被甲后半部少许膨大。被甲腹面前端边缘自两侧浮起，呈波状，至中央又向后凹入；背面边缘有4个长而发达的棘状突起，中间1对较大。前端棘状突起之间都形成凹入的缺刻，中间1对向后凹入的缺刻呈"V"形，两侧的凹入缺刻呈"V"形或"U"形。被甲后端很圆，有1圆孔，为本体的足伸出或缩入的通路。围绕圆孔的两旁，有"后突起"1对。由于周期性变异的结果，一年四季在不同地区及不同水域看到的标本，后突起的长短不同，有的标本，被甲后半部膨大之处还生出1对同样大小且能动的刺状的侧突起；有的标本侧突起共有2对。1对或2对侧突起发达的被甲，后突起比较长；没有侧突起的被甲，后突起比较短。头冠纤毛环形游动或取食时，自被甲前端伸出。遇到外界不利的环境就缩在甲内。纤毛环上有3个棒状的突起，突起末端着生许多粗大的纤毛，为触毛。足全部伸出在甲外时很长，经常摆动弯曲，表面具有环状沟纹。足的末端有1对铗状趾，1对足腺自足的基部一直通到铗状趾。口位于纤毛环腹面，3个棒状突起的下端。咀嚼器是典型的槌型，槌钩自基部裂成6片栅状的线条，每一线条末端又变成尖圆形的齿。胃壁由1层明显的上皮细胞所形成，内有纤毛。胃外两旁有消化腺1对，有1显明的眼点。背触手呈棒状，末端具有1束感觉毛，自被甲前端2个棘状突起之间伸出。侧触手1对，纺锤形，末端也具有感觉毛。被甲全长300～350μm；宽180～195μm；中间1对前突起长70～120μm；后突起长10～45μm。

生境：最普通种类之一，几乎在任何水体内（除酸性水体）可见，一直从最浅的沼泽到深水湖泊的沿岸带都有这一种类的存在。

采集地：丹江口水库、长江流域（南通段）、三峡库区（湖北段）、浙江各淡水水源地、湘江流域、珠江流域（广州段）。

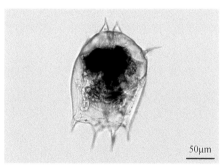

A. 采自珠江流域（广州段）

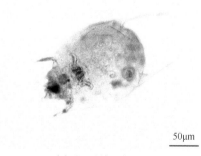

B. 采自珠江流域（广州段）

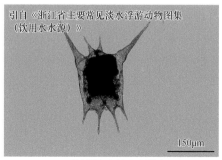

C. 采自浙江各淡水水源地

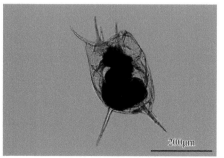

D. 采自长江流域（南通段）

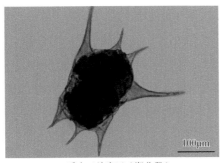

E. 采自三峡库区（湖北段）

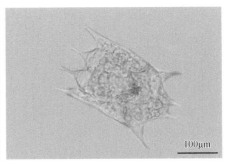

F. 采自三峡库区（湖北段）

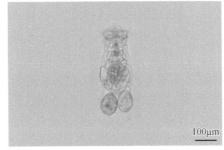

G. 采自长江流域（南通段）

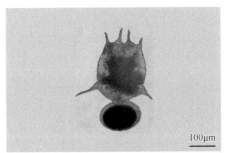

H. 采自长江流域（南通段）

萼花臂尾轮虫（*Brachionus calyciflorus*）

3）剪形臂尾轮虫（*Brachionus forficula*）

形态特征：被甲腹面扁平。背面略凸出，并有若干隆起，后端的隆起和两侧边缘平行的隆起最为明显。长度稍超过宽度。被甲本体的大小和后端棘状突起的长短有季节性变异，可分为"小型"和"剪形"两个类型。背面前缘有2对棘状突起，中间1对很短，两旁1对稍长。腹面前缘自两侧向中央渐渐隆起，中央形成1凹痕。小型后端的1对棘状突起很短、很细且直，"剪形"后端的1对棘状突起长而粗，并向内弯转。右边较左边稍长；突起基部的内侧有1浮突。"剪形"被甲表面布满很微小的粒状突起，尤以在后端棘状突起上的更为显著。后端2个棘状突起之间有1扁圆形的孔，为本体的足伸出或缩入的通道。头冠型式和其他臂尾轮虫相同。足末端1对铗状趾，很发达。咀嚼器、胃、肠及膀胱都正常，但1对长圆形的消化腺特别发达。"小型"被甲（不包括前后突起）长95μm，宽85μm；后端棘状突起；左边一个长25μm，右边一个长32μm。"剪形"被甲（不包括前后突起）长105～120μm，宽100～115μm；后端棘状突起；左边一个长65～115μm，右边一个长75～125μm。

生境：最常见的种类之一。在我国分布很广，长江中下游沿江各省的沼泽、池塘及浅水湖泊常见。

采集地：丹江口水库、三峡库区（湖北段）、浙江各淡水水源地、湘江流域、滇池流域、洱海流域、珠江流域（广州段）。

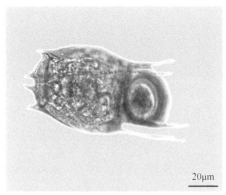
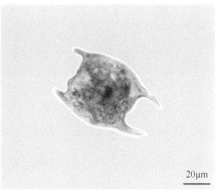

A. 采自珠江流域（广州段）　　　　　　B. 采自珠江流域（广州段）

引自《浙江省主要常见淡水浮游动物图集（饮用水水源）》

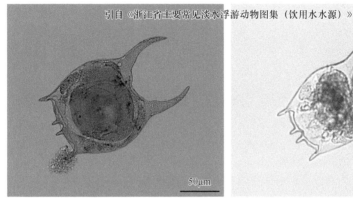
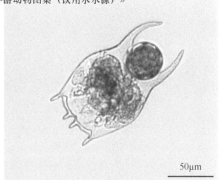

C. 采自浙江各淡水水源地　　　　　　D. 采自浙江各淡水水源地

剪形臂尾轮虫（*Brachionus forficula*）

4）蒲达臂尾轮虫（*Brachionus budapestiensis*）

　　形态特征：被甲呈长圆形。宽度约为长度的2/3（不包括前端棘状突起）；两侧边缘几乎平行，但最前端略宽一些，后端细削而钝圆。前半部扁平，后半部腹背膨大而突出，尤其背面更隆起。被甲背面前端伸出2对长棘，中间1对比较长，尖端向内弯转。腹面前端中央凹入，自中央逐渐浮起而再向两侧下降；边缘呈锯齿。被甲腹和棘状突起都满布微小粒状突起，作纵长排列。被甲背面有4条明显的纵长条纹，自前端棘状突基部起到后端1条波状的横纹为止。足伸缩的孔口，开在被甲后端细削部分的腹面，呈心形。被甲（不包括前端棘状突起）长105μm，宽75μm；前端中间1对棘状突起长35μm。

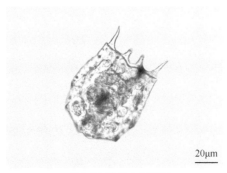

A. 采自珠江流域（广州段）

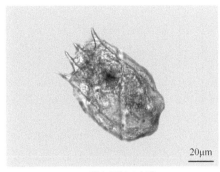

B. 采自丹江口水库

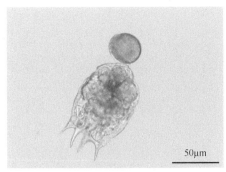

C. 采自三峡库区（湖北段）

引自《浙江省主要常见淡水浮游动物图集（饮用水水源）》

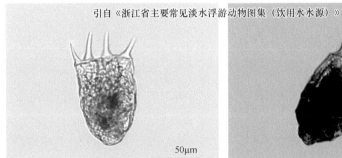

D. 采自浙江各淡水水源地

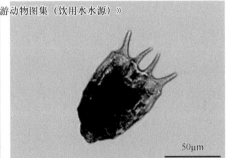

E. 采自浙江各淡水水源地

蒲达臂尾轮虫（*Brachionus budapestiensis*）

生境： 不常见的种类。适宜有机质较丰富的水体。

采集地： 丹江口水库、三峡库区（湖北段）、浙江各淡水水源地、珠江流域（广州段）。

5）方形臂尾轮虫（*Brachionus quadridentatus*）

形态特征： 被甲宽阔，一般自前向后逐渐膨大。不包括前、后两段的突起，被甲宽度总是超过长度。被甲背面具有粒状的小突起，规则排列，但在有的类型，背面是完全光滑的。背面自前端向后呈现显著的拱状凸出；腹面扁平。背面前端棘状突起共有3对：中央1对最长，其尖端又分向两侧弯转。第2对最短。第3对介于二者之间。腹面前端边缘呈波状，左、右各有浮突和凹痕3处。被甲后端两侧各有1比较长的棘状突起，但在被甲光滑的类型，后端棘状突起不发达或无。被甲后端中央有1半椭圆形的孔，为足伸缩的通路；开孔之处呈管状的突出；后端（即腹面）常有1对缺刻状的凹痕。头冠纤毛环3个棒状突起比在其他臂尾轮虫中发达，上面的感觉毛粗而长。背触手很发达。眼点明显，呈四方块形。咀嚼板、胃和肠、膀胱及卵巢等均正常，肾和消化腺分列在体两侧，特别发达，有很长的管道通入胃内。被甲（不包括后突起）长135μm，宽150μm；后端棘状突起长63μm。

生境： 适应于偏碱性的水体，在春、夏两季出现，个体数目较少。

采集地： 浙江各淡水水源地、湘江流域。

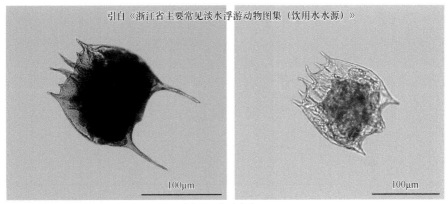

引自《浙江省主要常见淡水浮游动物图集（饮用水水源）》

采自浙江各淡水水源地

方形臂尾轮虫（*Brachionus quadridentatus*）

6）壶状臂尾轮虫（*Brachionus urceus*）

形态特征：被甲透明且很光滑，短而宽，长度略大于宽度。腹面扁平，背面自甲的前端和左、右两旁起，逐渐向后端和中央凸起。后半部膨大，形成壶状。被甲前端边缘有3对棘状突起：中间1对比较大而突出，两旁2对几乎等长；突起和突起之间，边缘都下沉凹入而形成缺刻；尤以中间2个棘状突起之间的缺刻更宽而深，呈"V"形。腹面前端边缘中央亦有1比较狭而浅的"V"形缺刻，缺刻前端两旁各形成1尖角，自尖角向两侧做1平稳的波浪式的弯转起伏，和两侧最外1对棘状突起相连接。被甲后端浑圆，背面中央有1半圆形或马蹄形的孔，为足的通路；孔后端边缘形成1对很短小的齿。被甲后端并无棘状突起或其他任何刺的存在。头冠发达，除了围顶纤毛和口围纤毛之外，还有3个很显著的棒状突起，突起上着生许多粗大的纤毛。足全部伸出时很长，表面具有环状沟纹。足的末端有1对铗状趾，1对足腺自足的基部一直通到铗状趾，足内的1对牵引肌亦很发达。口位于头冠的腹面，有大而发达的咀嚼囊。咀嚼器是典型的槌型；槌钩自基部裂成5片栅状的线条，每一线条的末端又变成尖圆形的齿。食道短而粗，消化腺1对，相当大，呈椭圆形，胃由1层很明显的上皮细胞所形成。膀胱大而发达。脑呈横卧的肾形。眼点1个，很大，呈方块形或菱形，它的中央往往有一"X"形的区域红色素较深。背触手呈短棒状，末端具有1束感觉毛，自被甲前端中间1对棘状突起之间伸出。侧触手1对，呈纺锤形，末端也具有感觉毛。被甲长196～240μm；宽152～202μm。

生境：最普通的种类之一。分布很广，自最浅的沼泽到深水湖泊的敞水带均有分布。以底栖为主。属于乙型-中污染-甲型-中污染的种类，适应于有机质比较多一些的水体。

采集地：丹江口水库、三峡库区（湖北段）、浙江各淡水水源地、湘江流域、珠江流域（广州段）。

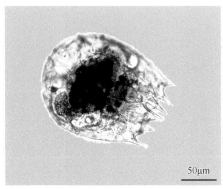

A. 采自珠江流域（广州段）

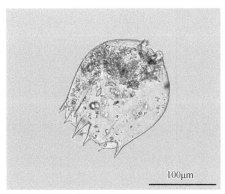

B. 采自三峡库区（湖北段）

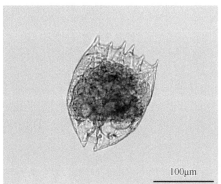

C. 采自丹江口水库

引自《浙江省主要常见淡水浮游动物图集（饮用水水源）》

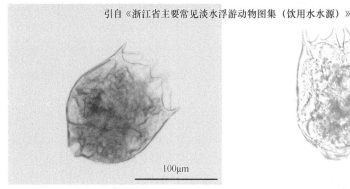

D. 采自浙江各淡水水源地

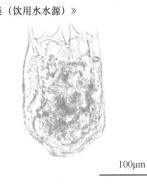

E. 采自浙江各淡水水源地

壶状臂尾轮虫（*Brachionus urceus*）

7）镰状臂尾轮虫（*Brachiouns falcatus*）

形态特征：被甲呈宽的卵圆形。长度和宽度几乎相等。腹面非常扁平，背面略显凸出。自前端3对棘状突起的基部起，纵长的隆起条纹一直到达后端2个长棘状突起为止。除条纹以外，被甲背面有微小的粒状突起，很有规则地分列在其表面。粒状突起的数目在不同的个体中不一致。前端3对棘状突起，中间1对最小，细而尖锐。第2对最长，且其尖端形似镰刀，长度至少有被甲长度的3/4。被甲后端1对棘状突起特别发达，长度超过前端第2对的长度，后端1对棘状突起基部之间有1半圆形的孔，为足的通路。被甲腹面前端边缘，呈波状的起伏，有4处凸出和5处凹痕。头冠、足及身体内部的咀嚼板、消化器、胃、肠、膀胱等构造基本上和其他臂尾轮虫相同。

被甲（不包括前后突起）长135～150μm；第2对前端棘状突起长75～160μm，后端棘状突起长90～175μm。

生境：镰状臂尾轮虫的分布虽然很广，但个体的数目总是很少。

采集地：长江流域（南通段）、浙江各淡水水源地、湘江流域、珠江流域（广州段）。

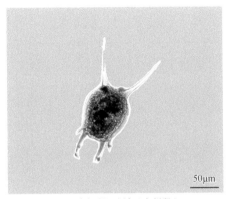
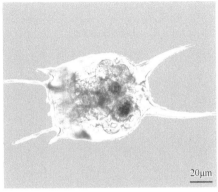

A. 采自珠江流域（广州段）　　　B. 采自珠江流域（广州段）

引自《浙江省主要常见淡水浮游动物图集（饮用水水源）》

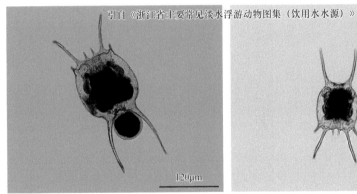
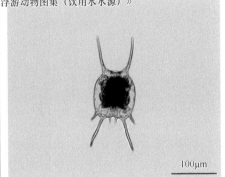

C. 采自浙江各淡水水源地　　　D. 采自浙江各淡水水源地

镰状臂尾轮虫（*Brachiouns falcatus*）

8）尾突臂尾轮虫（*Brachionus caudatus*）

形态特征：总体长108～220μm，被甲长78～170μm。前棘刺1～3对，内侧1对与角突臂尾轮虫相似，长9～12μm；中间1对最短，约3μm，或缺失；外侧1对长12～15μm，或缺失。后棘刺1对，长18～60μm。为本次调查首次发现的一种形态变化，后棘刺末端有分叉，内侧叉枝长约为外侧的2倍。

生境：常见于有机质污染水体。

采集地：丹江口水库、长江流域（南通段）、浙江各淡水水源地、湘江流域、珠江流域（广州段）。

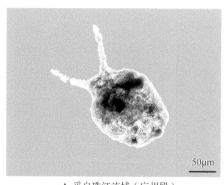

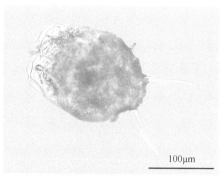

A. 采自珠江流域（广州段）

B. 采自丹江口水库

引自《浙江省主要常见淡水浮游动物图集（饮用水水源）》

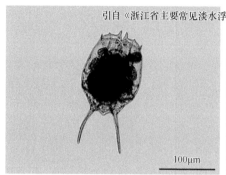

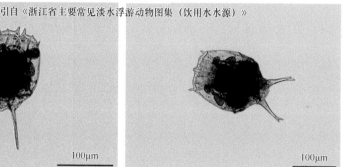

C. 采自浙江各淡水水源地

D. 采自浙江各淡水水源地

尾突臂尾轮虫（*Brachionus caudatus*）

9）裂足臂尾轮虫（*Brachionus diversicornis*）

形态特征：被甲光滑而透明，长卵圆形，前半部较后半部为宽；不包括前后两段的棘状突起在内，长度总是超过宽度。前端边缘平稳，具2对棘状突起；中间1对突起小而短，尖端竖直或向外少许弯转；侧边1对粗而长，有的向内少许弯转，有的竖直向上。后端尖削，足出入孔口的两旁，伸出1对不对称的棘状突起，右侧长度远远超过左侧。被甲腹面前缘中央略显凹入；两侧则各具有1很小的刺，腹面足出入的孔口边缘向上凹入。

头冠纤毛环的形式和臂尾轮虫相似。咀嚼器的咀嚼板为典型的槌型，足伸长，表面上也有环状沟纹，后端约全长1/4的部分裂开成叉形；每一叉的末端具有1对大小稍许不同的爪状趾。消化腺1对，直接附着在胃的前端两旁。膀胱和卵巢均正常。脑椭圆形；眼点显著位于脑的后端。背触手棒状粗大；侧触手纺锤形，它们末端的1束感觉毛自被甲后半部背面两侧射出。

被甲（不包括前后突起）长175～210μm。被甲宽90～170μm；前端侧突起长35～60μm；后端右突起长55～80μm。

生境：典型的浅水池塘的浮游动物。个体一般出现于春、夏两季，数目较多。

采集地：丹江口水库、三峡库区（湖北段）、浙江各淡水水源地、湘江流域。

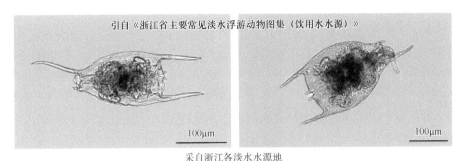

引自《浙江省主要常见淡水浮游动物图集（饮用水水源）》

采自浙江各淡水水源地

裂足臂尾轮虫（*Brachionus diversicornis*）

（4）真跌轮属（*Eudactylota*）

1）真跌轮虫（*Eudactylota eudactylota*）

形态特征：身体纵长，近似圆筒形或纺锤形，躯干有被甲，背甲两侧自前向后逐渐压缩而瘦削，直到最后凸出少许的尖端为止；背甲总是或多或少凸出而隆起，背甲和腹甲之间有1倾斜的侧沟，左、右侧沟在后端连在一起。头部在被甲外面，呈梯形。足、趾细而长，头冠略向腹面倾斜；1圈边缘纤毛环上的纤毛长而发达，环上两侧各有1束"耳状"纤毛。咀嚼器大，咀嚼板杖型，两侧不匀称。眼点呈月牙形。雄性个体自足的基部伸出1发达的交配器。身体全长356~428μm，头和躯干部长128~130μm，足长120~126μm，趾长108~172μm。

生境：广布型，多分布于沉水植物较多的沼泽、池塘、中小型浅水湖、大型湖泊沿岸带等。

采集地：丹江口水库。

（5）平甲轮属（*Plationus*）

形态特征：被甲是整块的，表面具有很多微小的粒状突起，并有明显的条纹，把背面隔成一定数目的几块小面积。被甲前端具有比较长的棘刺2~10根，后端也有或长或短的棘刺2~4根。本体的足显著分成3节。趾1对，比较细长。平甲轮属所包括的种类不多，是比较常见的种类。它们的生活习性虽然以浮游为主，但也习惯于底栖，往往生存在沉水植物及有机碎片比较多的沼泽、池塘及浅水湖泊。

采集地：浙江各淡水水源地。

1）十指平甲轮虫（*Plationus patulus*）

形态特征：被甲背面凸出，腹面扁平。近四方块形。前端边缘一共有10个棘状突起；6个自背面伸出，4个自腹面伸出。背面中央1对突起最长；背面其他2对突起的长短和粗细都相近，它们的尖端方向颇不一致。被甲后端具有2对棘状突起：1对位于外侧，1对位于足出入的圆孔的两旁，长短和弯转的方向变异很大。外侧的1对，长短变异较大。圆孔两侧的1对比较短且右边的1根总是比左边的稍长。被甲上满布微小的粒状突起；背面有明显的条纹，形成6个五边形。

头冠纤毛环与臂尾轮虫同一型式，但棒状突起和感觉毛没有那样发达。咀嚼器亦是槌型。胃和肠、消化腺、膀胱及卵巢均正常。足经常伸出在外面，分成3节，第1节最粗，第3节最细，表面都无环纹。趾1对，细长而尖削，侧触手1对，自后端的两侧棘状突起伸出。

被甲（包括前突起，不包括后突起）长150～235μm；宽110～155μm；前端最长1对突起长33～37μm，后端方块两侧突起长20～115μm；后端圆孔两突起长：左20～95μm，右26～115μm。

生境：最普通种类之一，分布很广。最适宜的环境是水生植物比较繁茂和有机质比较多的水体。大多数在靠近水体的底层游动。

采集地：浙江各淡水水源地。

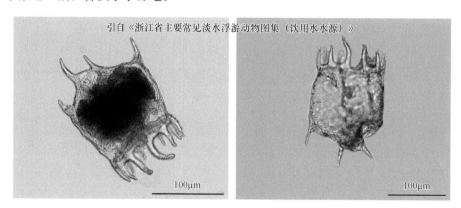

引自《浙江省主要常见淡水浮游动物图集（饮用水水源）》

十指平甲轮虫（*Plationus patulus*）

（6）龟纹轮属（*Anuraeopsis*）

形态特征：头冠或多或少向腹面倾斜，上面的纤毛环相当发达。被甲为增厚的几丁质，呈截锥形，背腹愈合。被甲前端或多或少下沉，后端浑圆，多少较前端细削。身体末端皱褶，带有大型泡状卵，附在体末端。没有真正足的存在。龟纹轮虫为小型的浮游种类，分布虽广，但居住的场所往往只限于沼泽及池塘等浅水水体。

采集地：丹江口水库、三峡库区（湖北段）、浙江各淡水水源地、洱海流域。

1）裂痕龟纹轮虫（*Anuraeopsis fissa*）

形态特征：体型较小，呈卵圆形，被甲光滑，黄金色或褐色；背甲和腹甲由两侧柔韧的薄膜联络在一起。被甲前端稍下沉，呈"V"形的凹痕；后端浑圆；背面隆起而凸出，腹甲扁平。被甲前、后两端都没有棘状突起；前端孔口很大；后端有1很小而圆的泄殖腔孔口，但没有真正足的存在。头冠稍向腹面倾斜，纤毛环相当发达，有假轮环和3个棒状突起，但不容易观察到。咀嚼囊大，呈囊袋形。有1对唾液腺。咀嚼器是槌型，左、右槌钩各具有7或8个箭头栅状的齿。消化腺1对，很大，呈圆球形。胃和肠之间没有很明显的紧缩界线。通过泄殖腔孔口往往伸出1薄膜，形成袋状结构，内部贮有液体，外部可能有黏性，作为暂时附着之用。卵巢和卵黄腺发达；已经排出的非需精卵附着在被甲后端。脑大，呈长圆锥形。眼点1个，大而显著，呈深红色的卵圆形。背触手1个，管状或乳头状，上有1束感觉毛；侧触手1对，小而不容易观察到。身体长（不包括后端泡状结构）85~120μm，被甲长76~98μm。

生境：小型的浮游种类。分布虽广，但居住的场所只限于沼泽及池塘等浅水水体。这一种类每年夏季最多，春季和秋季温暖的时候也可能找到，冬季绝迹。

采集地：丹江口水库、三峡库区（湖北段）、浙江各淡水水源地、洱海流域。

引自《浙江省主要常见淡水浮游动物图集（饮用水水源）》

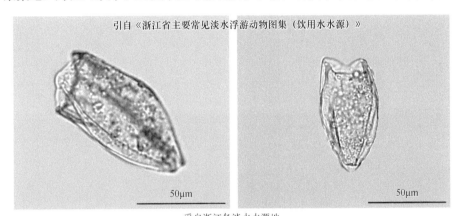

采自浙江各淡水水源地

裂痕龟纹轮虫（*Anuraeopsis fissa*）

（7）龟甲轮属（*Keratella*）

形态特征：背甲或多或少隆起而凸出；腹甲扁平或略凹入。背甲具有很明确的线条，把表面有规则地隔成一定数目的小块片。背甲前端总是有3对或6个笔直的或者弯曲的棘刺；后端或浑圆光滑，或具有1或2个棘刺。本体没有足的存在。龟甲轮属包括的种类虽然不多，但每种的分布非常广泛，而且都是普通常见的种类。龟甲轮虫都是典型的浮游种类，自最浅的沼泽至深水湖泊的敞水带都有它们的踪迹。

采集地：滇池流域、洱海流域、长江流域（南通段）、丹江口水库、三峡库区（湖北段）、浙江各淡水水源地、湘江流域、珠江流域（广州段）。

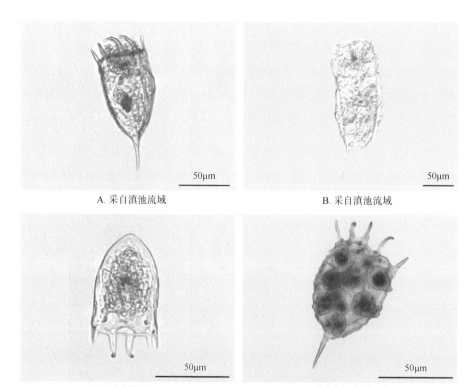

A. 采自滇池流域　　　　　　　　　　　　B. 采自滇池流域

C. 采自洱海流域　　　　　　　　　　　D. 采自长江流域（南通段）

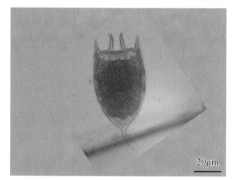

E. 采自长江流域（南通段）

龟甲轮虫（*Keratella* sp.）

1）螺形龟甲轮虫（*Keratella cochlearis*）

形态特征：背甲非常凸出，或略凹入。表面有线条凸出，把背甲隔成11块匀称的小片。前端中间1块为前片，前片下面4块为脊片，周围6片侧片。片上都有细致的网状纹痕。4块脊片合拢之处，隆起最高，该处中央形成一"龙骨"。背甲前端有棘状突起3对；中间1对最长，向左、右分歧弯转；第2、第3两对等长，背甲后端有1根棘状突起，有显著的季节性变异。腹甲构造简单，表面也有网状的纹痕。头冠纤毛环上有3个棒状突起，不明显。无足。咀嚼器是槌型。胃和肠、消化腺、膀胱及卵巢均正常，但由于背甲比较厚而不透明，这些本体内部的构造都不易看到。被甲（不包括前后突起）长95μm，宽65μm。前端中央1对突起长30μm，后端突起长55μm。

生境：是最普通常见种类之一，分布广。这一种类适宜于乙型-中腐性-寡污性的水体。一年四季均有它的踪迹，繁殖最高峰在温暖的季节。

采集地：丹江口水库、三峡库区（湖北段）、浙江各淡水水源地、湘江流域、滇池流域、洱海流域、珠江流域（广州段）。

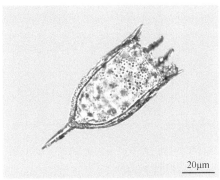

A. 采自珠江流域（广州段）

引自《浙江省主要常见淡水浮游动物图集（饮用水水源）》

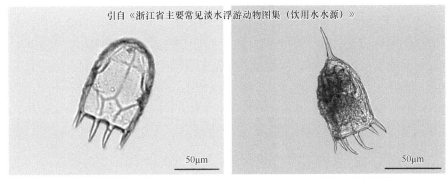

B. 采自浙江各淡水水源地　　　　　　　　C. 采自浙江各淡水水源地

螺形龟甲轮虫（*Keratella cochlearis*）

2）矩形龟甲轮虫（*Keratella quadrata*）

形态特征：被甲长方形，少数椭圆形。背甲自两侧与前、后两端向中央隆起；表面有规则地隔成20块小片，中央4块为正中片；正中片两旁各有4块侧片，在左侧的可称为左侧片，在右侧的可称为右侧片。正中片和侧片都是六角形。左、右两侧侧片与甲的边缘连接之处又各有4块边片。边片都是三角形，左、右两边最后1块边片，位于背甲后端，一方面与最后1块正中片相连接。所有小片的表面都有很微小的粒状雕纹；小片以外背甲的边缘，亦有粒状的雕纹可见。背甲前端伸出3对棘状突起，通常中央1对最长，也有3对同样长短的。中央1对分别向外弯转。其他2对有竖直的，也有弯曲的。在有的个体中背甲的后端没有棘状突起；在有的个体中从两侧边缘生出1对棘状突起。这对突起有的长得很长，左、右两根或分别向外弯转；或1根内弯，1根外弯；或两根都向内弯。腹甲简单，但表面也有粒状的雕纹。被甲以内本体的构造和螺形龟甲轮虫相同。被甲（不包括前后突起）长105～135μm；宽75～90μm。前端中央1对突起长40～45μm，后端突起10～115μm。

生境：是最普通常见种类之一，分布广。这一种类适宜于乙型-中腐性-寡污性的水体。一年四季均有它的踪迹，繁殖最高峰在温暖的季节。

采集地：长江流域（南通段）、浙江各淡水水源地、湘江流域。

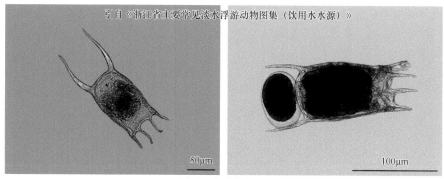

引自《浙江省主要常见淡水浮游动物图集（饮用水水源）》

采自浙江各淡水水源地

矩形龟甲轮虫（*Keratella quadrata*）

3）曲腿龟甲轮虫（*Keratella valga*）

形态特征：呈长方形，少数椭圆形；背腹甲的形式和构造也完全和矩形龟甲轮虫相同。其前端3对棘刺，中央1对的末端显著向腹面作钩状的弯曲；后端左、右两个棘刺一长一短或向两旁倾斜，作八字形射出。背腹甲上也都有粒状的网纹。被甲的内部构造与螺形龟甲轮虫及矩形龟甲轮虫相同。被甲长（不包括前后棘刺）102～120μm，宽74～90μm。后端左棘刺长11～37μm，后端右棘刺长56～74μm。

生境：分布在我国大小湖泊，长江以南各水体、华中各湖泊、云南的滇池及阳宗海分布较多。

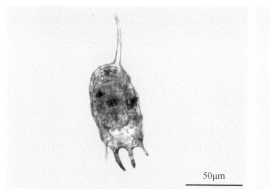

A.采自珠江流域（广州段）

B.采自珠江流域（广州段）

引自《浙江省主要常见淡水浮游动物图集（饮用水水源）》

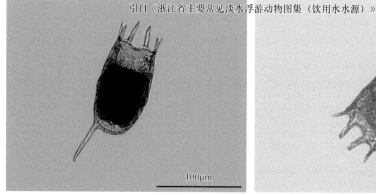

C.采自浙江各淡水水源地

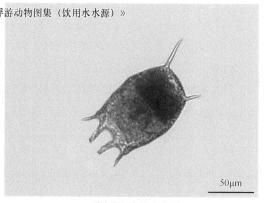

D.采自浙江各淡水水源地

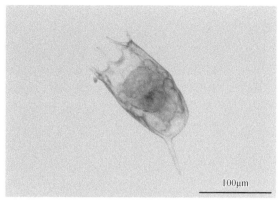

E. 采自三峡库区（湖北段）

曲腿龟甲轮虫（*Keratella valga*）

采集地： 丹江口水库、三峡库区（湖北段）、浙江各淡水水源地、湘江流域、珠江流域（广州段）。

4）缘板龟甲轮虫（*Keratella ticinensis*）

形态特征： 背甲中间为1排龟板（中龟板），中龟板的末端为2条侧线，中龟板中有3个完全封闭的龟板片。被甲后端具小缘龟板。无后棘刺。

采集地： 丹江口水库、三峡库区（湖北段）。浙江各淡水水源地。

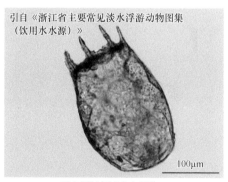

引自《浙江省主要常见淡水浮游动物图集（饮用水水源）》

采自浙江各淡水水源地

缘板龟甲轮虫（*Keratella ticinensis*）

（8）叶轮属（*Notholca*）

形态特征： 背甲中央没有隆起的脊，腹甲后半部叶没有尖三角状小"骨片"的凸出。被甲后端或浑圆，或瘦削，或形成1突出的短柄。本体没有足。

采集地： 丹江口水库、三峡库区（湖北段）、湘江流域。

（9）须足轮属（*Euchlanis*）

形态特征： 被甲腹面一般扁平，背部拱起，有或无龙骨，侧面扩张或呈羽状。外形呈卵圆形或梨形，背面末端具"V"形凹陷。足很短，2或3节，2个趾，较大，呈箭形或针形。

  采集地：丹江口水库、三峡库区（湖北段）。

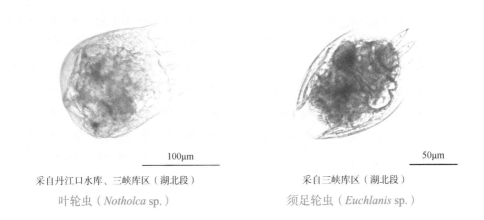

100μm   50μm

采自丹江口水库、三峡库区（湖北段）   采自三峡库区（湖北段）

叶轮虫（*Notholca* sp.）   须足轮虫（*Euchlanis* sp.）

4. 腔轮科（Lecanidae）

  被甲呈卵圆形，背腹扁平，整个被甲由背腹甲各1片在两侧和后端由柔韧的薄膜连接在一起而成，因而有侧沟和后侧沟的存在。足很短，分2节，只有后端的1节能动。趾较长，1或2个。种类多，均为底栖性种类。

（1）腔轮属（*Lecane*）

  形态特征：趾有2个或1对，若干种类2个并列的趾正处于融合成1个的过程中。极少数种类没有真正的被甲。

  采集地：丹江口水库、洱海流域、浙江各淡水水源地、三峡库区（湖北段）。

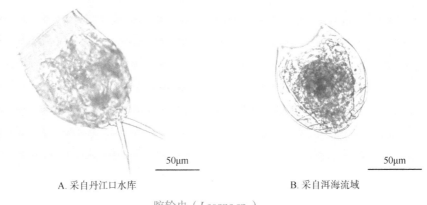

50μm   50μm

A. 采自丹江口水库   B. 采自洱海流域

腔轮虫（*Lecane* sp.）

1）长圆刻纹腔轮虫（*Lecane signifera ploenensis*）

  形态特征：被甲长卵圆形，长宽比约为5∶3。背腹甲前端边缘平直，两侧外角各有

1小的尖头状刺。背甲表面具有很显著的刻纹：中央部分的刻纹表面有规则地隔成若干多边形的小块，两旁刻纹多弯曲，不连续。腹甲外形比较狭。腹甲表面在足的前面有一长一短横的折痕，还有3对纵长的刻纹；此外还有少数短的刻纹。侧沟相当深。甲后节比较短而宽，突出在背甲之后。足基节大而后端浑圆。足的第1节狭而长；第2节近似四方形。趾长而细，每一个趾的长度超过身体全长的1/3；笔直而两侧平行，最后端外侧形成1尖锐的末端，没有爪。被甲长（不包括趾在内）130μm；宽78μm；趾长50μm。

生境：分布虽然很广，但并不是在每个地区所能常见的种类。

采集地：浙江各淡水水源地。

2）真胫腔轮虫（*Lecane eutarsa*）

形态特征：被甲卵圆形，腹背面扁平。背甲和腹甲前端边缘重合；两侧外角各形成1比较小的尖刺。腹甲除了中部比背甲略狭外，前、后两端都较背甲宽；后半部两侧边缘远在甲后节之前，各有1向内的凹痕。背甲表面具有4行纵长的条纹，彼此有规则地交错排列。腹甲表面具有3对纵长的折痕，交错排列；两侧还有1对长的折痕，和足的前面1条横的折痕相连接。侧沟相当深。甲后节比较狭；后端浑圆，或多或少突出于背甲之后。足的第1节狭而长；第2节呈不规则的四方形或长方形；后半部往往突出于甲后节之后。1对趾细而长，每一个趾的长度超过身体全长的1/4；笔直，两侧平行；爪细长刺状，基部有1基刺。

这一种类背甲和腹甲的形态，以及它们表面上刻纹和折痕的排列，与其他种类比较都有不同之处。第2节足非常大，更为突出，是这一种类的主要特征，被甲长（不包括趾在内）93μm，宽68μm；趾连同爪长35μm。

生境：真胫腔轮虫是一种很罕见的种类，分布相当广，但出现的频率很低。

采集地：浙江各淡水水源地。

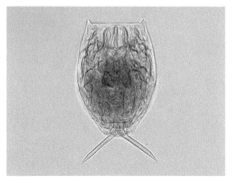

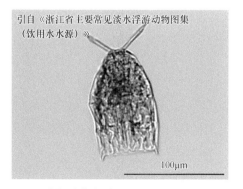

引自《浙江省主要常见淡水浮游动物图集（饮用水水源）》

100μm

长圆刻纹腔轮虫（*Lecane signifera ploenensis*）
中国科学院水生生物研究所冯伟松提供

真胫腔轮虫（*Lecane eutarsa*）

3）四齿腔轮虫（*Lecane quadridentata*）

形态特征：被甲呈很宽的卵圆形，宽度超过或等于全长的3/4。被甲腹、背两面压缩，前端很狭；背甲比腹甲宽。背甲前端两侧形成1对侧刺，侧刺的尖头少许向内弯转；2个侧齿之间有1对镰刀状的长刺；长刺向外弯转。2个长刺中间有1下沉的凹痕，为背触手伸到甲外的通路。腹甲前端边缘的凹痕略呈三角形。在被甲上有2条背折；腹甲在足的前面有1横的折痕。侧沟在背甲和腹甲之间，深而明显。甲后节小，后端浑圆。足的第1节呈狭长的卵圆形；第2节为长圆形。趾尖笔形，大约等于身体全长的1/3。趾的内缘往往呈波纹；爪相当长，其基部具有1对很细弱的针状体。被甲长（不包括趾）175μm，宽125μm；趾（连爪在内）长65μm。

生境： 四齿腔轮虫的分布及其最适宜的居住环境和囊形腔轮虫相同，但个体的数量远不及囊形腔轮虫的多。

采集地： 浙江各淡水水源地。

4）尖爪腔轮虫（*Lecane cornuta*）

形态特征： 被甲近圆形，有时略呈椭圆形。背甲和腹甲的前端边缘完全重合，从两侧有规则地下沉，形成1月牙形的凹痕。背甲前端左、右各有1弯的斜行的折痕，自月牙形凹痕的底部起，一直到达侧面的边缘；两旁还各有1弯转的纵长条纹。腹甲表面比背甲光滑，在足的前面有1明显的横贯后半部的折痕，把后端的足部几乎完全和前面分隔开。侧沟痕深。足的第1节短而宽；第2节呈心脏形。趾粗壮而短，长度约相当于全长的1/4；爪大而尖锐，中央有明显的沟痕，把它隔成左、右两部，在某些个体，沟痕完全裂开而变成两个平行的爪；爪的基部左、右两旁各有基刺。被甲全长（包括趾在内）140μm；趾长（包括爪在内）28μm。

生境： 常见种，分布广泛。

采集地： 浙江各淡水水源地。

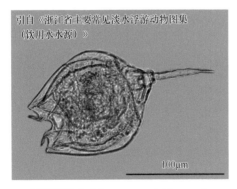

引自《浙江省主要常见淡水浮游动物图集（饮用水水源）》

四齿腔轮虫（*Lecane quadridentata*）

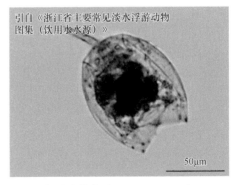

引自《浙江省主要常见淡水浮游动物图集（饮用水水源）》

尖爪腔轮虫（*Lecane cornuta*）

5）尖角腔轮虫（*Lecane* (*Monostyla*) *hamata*）

形态特征： 被甲长卵圆形。背甲隆起，腹甲相当扁平，除了前端一小部分外，它的宽度略比背甲狭。被甲前端边缘因为背甲狭而腹甲宽，两者形成不一致的边缘。背甲的前端边缘很显著地下沉，形成1半月形的凹痕。腹甲前端边缘下沉的程度更较背甲深，呈"U"形，两侧各有1粗壮的、呈钩状弯曲的尖角。背甲后端浑圆，表面有纵长断续的条纹。第1足节比较小，呈椭圆形；第2足节略似四方形，不突出被甲末端。趾细而长，两侧接近平行。无爪。背甲长78～88μm，背甲宽58～64μm；腹甲长80～92μm，腹甲宽55～60μm；趾长31～35μm。

生境：广生性种类，分布十分广泛，在pH 4～8、水温5～32℃的水环境中均能生存。有机质丰富、水生植物茂盛的小水体应是该种最适宜的生活环境。

采集地：丹江口水库、三峡库区（湖北段）、浙江各淡水水源地、洱海流域。

6）囊形腔轮虫（*Lecane bulla*）

形态特征：被甲长卵圆形；宽度约相当于长度的3/5。背甲和腹甲非常相似；不过背甲远较腹甲隆起。背甲前端有1小而浅的半圆形凹陷。背触手即自此处伸出。腹甲前端有1大而深的"V"形缺刻。侧沟深。背甲后面有1膜质甲后节，浑圆的边缘突出于背甲的后端。刻纹只限于腹甲1明显的横纹。足的第1节很短且宽；第2节也很短，后端紧缩，且裂成左、右下垂的两片。趾长度为被甲全长的1/3；其末端形成1细长针状的爪，爪的中央有1纵长的条纹，基部两旁各有1很短的刺状体。被甲长（不包括趾在内）140～195μm，宽105～125μm；趾长（包括爪在内）65～140μm。

生境：最普通种类之一，多出现在水生植物比较繁茂和有机质相当多的沼泽、天然池塘及养鱼池塘。

采集地：浙江各淡水水源地。

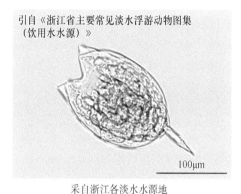

引自《浙江省主要常见淡水浮游动物图集（饮用水水源）》

100μm

采自浙江各淡水水源地

尖角腔轮虫（*Lecane* (*Monostyla*) *hamata*）

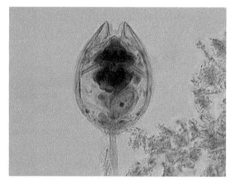

囊形腔轮虫（*Lecane bulla*）

中国科学院水生生物研究所冯伟松提供

7）梨形腔轮虫（*Lecane pyriformis*）

形态特征：被甲卵圆形；宽度约相当于长度的5/6。背甲和腹甲的前端边缘平直，彼此重合。背甲表面非常光滑。侧沟痕不发达。甲后节小，后端浑圆，突出于背甲之后。足的第1节呈半椭圆形；第2节粗壮，呈菱形或接近四方形。趾的长度约为全长的1/3；上半段粗而两侧平行，下半段逐渐细削，最后形成1针状尖锐的末端。全长82μm；背甲长54μm；腹甲长58μm；趾长27μm。

生境：梨形腔轮虫是小型种类之一，分布广泛。

采集地：浙江各淡水水源地。

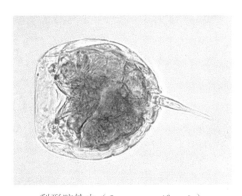

梨形腔轮虫（*Lecane pyriformis*）
中国科学院水生生物研究所冯伟松提供

（2）单趾轮属（*Monostyla*）

形态特征：除了只有1个单独的趾以外，本属的其他构造基本上和腔轮属相同。
采集地：滇池流域、丹江口水库、三峡库区（湖北段）。

1）尖趾单趾轮虫（*Lecane (Monostyla) closterocerca*）

形态特征：被甲轮廓很接近圆形；宽度与长度相等，或长度少许超过宽度一些。被甲和腹甲前端的边缘彼此重合，共同形成1很宽阔"V"形的凹痕；凹痕向左、右张开，使两侧相当明显地突出。被甲比较宽阔而更接近圆形，后端浑圆，前端向内弯转，实质上并不到达整个被甲的前端，与腹甲愈合在一起。腹角远较被甲狭，呈长卵圆形。被甲表面有1横的折痕，在前半部还有4行纵长的条纹。侧沟比较浅。甲后节宽，呈半圆形，少许突出于被甲的后面。足的第1节狭长，两侧平行，但不容易观察清楚；第2节略呈四方形或近似圆形。趾相当长，但它的长度不及全长的1/3，前半段两侧平行，后半段瘦削而形成1尖锐的末端。

被甲长（不含趾）68μm，宽62μm；趾长28μm。

生境：在我国，除大型深水湖泊还没有看到它的个体外，从采自沼泽、天然池塘、养鱼池塘及中小型浅水湖泊的水样中都曾经找到过这一种类的标本。有机质比较丰富和水生植物繁茂的沼泽和浅水池塘是该种最适宜的居住环境。
采集地：滇池流域、丹江口水库、三峡库区（湖北段）。

5. 晶囊轮科（Asplanchnidae）

皮层薄，像电灯泡。盘状头冠。砧型咀嚼器，无肠和肛门，卵胎生。

（1）晶囊轮属（*Asplanchna*）

形态特征：身体透明而呈囊袋形。咀嚼器是典型的砧型；取食时咀嚼器作90°～180°

的转动，伸出口外，摄取食物后随即缩入。消化管道后半部都已消失，胃则相当发达。胃内残渣自口排出。后端浑圆而无足。本属都是典型的浮游种类，有的能生存在深水湖泊的敞水带。

　　采集地：珠江流域（广州段）、浙江各淡水水源地、长江流域（南通段）、滇池流域。

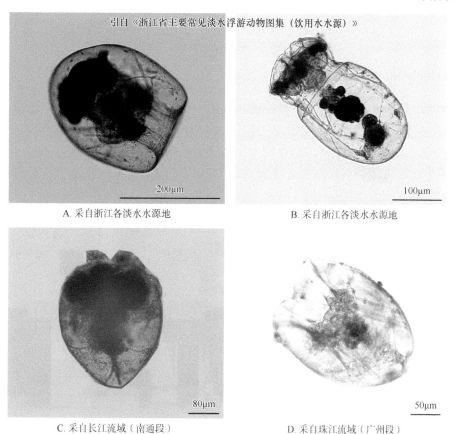

引自《浙江省主要常见淡水浮游动物图集（饮用水水源）》

A. 采自浙江各淡水水源地　　　　　200μm

B. 采自浙江各淡水水源地　　　　　100μm

C. 采自长江流域（南通段）　　　　80μm

D. 采自珠江流域（广州段）　　　　50μm

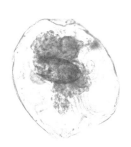

100μm

E. 采自滇池流域

晶囊轮虫（*Asplanchna* sp.）

（2）囊足轮属（*Asplanchnopus*）

　　形态特征：身体的轮廓和构造除了有足和趾的存在外，基本上与晶囊轮属相同。胃相当大，很发达，但也无肠与肛门的存在。咀嚼器也属于典型的砧型，通常横卧在相当大的咀嚼囊内，摄取食物时突然作90°～180°的转动而瞬息伸出口外。这类轮虫的种类很少，习性纯属浮游，不会营底栖生活。

采集地：丹江口水库。

6. 椎轮科（Notommatidae）

本科的种类具有纤毛的头冠总是或多或少偏在腹面。尤其在椎轮属和盲囊轮属两属的头冠完全面向腹部，而且向后伸展到一定长的距离，形成下颚。这两属纵长的身体腹面又总是扁平，在底栖的时候，总是作蠕行活动；而且内部前端都具有与涡虫额器相似的脑后囊和脑侧腺。本科是轮虫中最原始的一科，所包括的属和种很多。咀嚼器在绝大多数的种类是杖型，极少数也有变态的槌型；也有具有被甲的属和种。生活习性在绝大多数的种类中以底栖为主而兼营浮游；亦有极少数种类以浮游习性为主。

（1）巨头轮属（*Cephalodella*）

形态特征：身体呈圆筒形、纺锤形或近似菱形。躯干部分一般为薄而光滑柔韧的皮甲所围裹。头和躯干之间有紧缩的颈圈；躯干和足之间界线不十分明确，头冠除了1圈普通的围顶纤毛外，在两侧各有1束很密、较长的纤毛，作为行动时的工具。口周很少具备纤毛，上、下唇往往突出而形成口缘。咀嚼器是典型的杖型，一般左右对称；有很发达的活塞存在。绝大多数种类没有脑后囊的存在。足短而不分节，趾一般细而较长。巨头轮属所包括的种类很多，除了极少数营寄生生活的以外，大多数分布在沼泽、池塘及湖泊的沿岸带。经常活动于沉水植物丛中，习惯于底栖。

采集地：丹江口水库、三峡库区（湖北段）、湘江流域。

1）小链巨头轮虫（*Cephalodella catellina*）

形态特征：背面或多或少隆起而缓慢地凸出。头部相当大，它的前段倾斜，背面远较腹面为长。头部和腹面交界处有1相当明显紧缩的颈圈凹痕。腹部左、右两侧高度压缩而很狭，腹背面的距离则比较大而高；腹面接近平直；背面2/3的前方很迟缓地转弯，1/3的后方往往急剧地向腹面弯转，腹部后端有大尾状突出。被甲柔韧，两侧裂缝明显。足短而小，倒圆锥形，完全从身体的腹面伸出。趾1对，很短，基部比较宽，向后端尖削。头冠极端倾斜，又显著向上突起。咀嚼器很大，不十分对称。眼点1对，是两个红色小圆球，相当靠拢并排列在一起，位于头冠的顶端。身体全长140μm；趾长20μm；咀嚼板长45μm。

生境：沼泽、池塘及浅水湖泊。

采集地：丹江口水库、三峡库区（湖北段）、湘江流域。

7. 鼠轮科（Trichocercidae）

有被甲，刺不发达。趾发达，具不对称的杖型咀嚼器。

（1）异尾轮属（*Trichocerca*）

形态特征：右趾已高度退化；或远短于左趾，或只留一些痕迹。左趾则非常发达而长。所包括的种类很多；但大多数种类的生活习性以浮游为主。

采集地：滇池流域、浙江各淡水水源地、湘江流域、珠江流域（广州段）、丹江口水库、三峡库区（湖北段）。

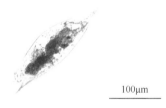

100μm

采自滇池流域

异尾轮虫（*Trichocerca* sp.）

1）等刺异尾轮虫（*Trichocerca stylata*）

形态特征：被甲呈纵长的倒圆锥形，头部和躯干部交界处最宽，逐渐尖削。头部甲鞘的腹面和两侧具有纵长的褶痕；收缩时，裂成许多纵长的褶片，顶端汇集在一起，把孔口关闭。在背面偏右有1对细的背刺；2个背刺可向腹面弯转，或者前端彼此交叉在一起。2条脊状隆起清楚易见；脊状隆起之间形成1横纹区域。足很细，倒圆锥形，趾1对，紧密地并列在一起，一长一短。附趾有2或3个，附着在左、右两趾的基部。咀嚼板细弱，不对称，左侧的槌柄比右侧的发达。脑相当发达。眼点位于脑的后端背面。背触手

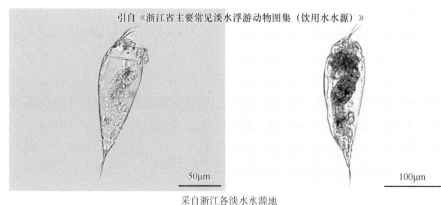

引自《浙江省主要常见淡水浮游动物图集（饮用水水源）》

50μm

100μm

采自浙江各淡水水源地

等刺异尾轮虫（*Trichocerca stylata*）

的1束感觉毛自颈圈下横纹区域射出；侧触手1对，不对称。本体长175～185μm；背刺长32μm；左趾长40～45μm；右趾长32μm。

生境：最普通的种类之一，分布非常广泛，自最浅的沼泽至深水湖泊的敞水带都有可能找到它的踪迹。

采集地：湘江流域、浙江各淡水水源地。

2）纤巧异尾轮虫（*Trichocerca tenuior*）

形态特征：被甲纵长，接近圆筒形；背面凸出，腹面平直。被甲头部与躯干部交界处有1紧缩的颈圈。头部甲鞘上有纵长的褶痕，将头部的前半部隔成褶片。头部前端边缘偏右侧，有1发达的尖齿。1条纵长斜行的脊状隆起自头部甲鞘尖齿的基部起，伸展到中部为止。脊状隆起的左侧有显著的横纹。足发达，呈宽的倒圆锥形。趾1对，左趾长，接近本体长度的1/2；右趾等于或不到左趾长度的1/2；附趾2个，一长一短。咀嚼板很发达，左右不对称，右侧槌柄退化。眼点位于脑的后端。背触手位于眼点前面，自脊状隆起的左侧射出；侧触手1对，从靠近躯干后端的两旁射出。身体全长225μm；本体长160μm；左趾长65μm。

生境：分布很广，凡是沉水植物比较繁盛的淡水水体，都有可能存在。

采集地：浙江各淡水水源地。

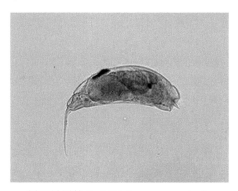

纤巧异尾轮虫（*Trichocerca tenuior*）
中国科学院水生生物研究所冯伟松提供

3）圆筒异尾轮虫（*Trichocerca cylindrica*）

形态特征：被甲接近圆桶形；腹面平直，绝大多数的个体被甲背面前端、背触手的后方下沉而形成1微弱的凹陷。头部与躯干部没有明显区别，二者交界处偶有一些紧缩的痕迹。头部甲鞘长而狭，周围具有不少纵长的折痕；收缩时，甲鞘的孔口就会关闭起来。头部背面有1细而长的钩，从背面射出后，倒挂在被甲前端孔口的上面，能够上下移动。足倒圆锥形，基部粗壮。左趾细而很长，右趾很短。附趾2个，非常微小。咀嚼板发达，左右不对称，左侧的砧板和槌板略较右侧的大一些。眼点位于脑的中部背面。背触手长而显著；侧触手在躯干中部两旁接近腹面的方向伸出。身体全长542μm；本体长296μm；左趾长256μm。

生境：典型的浮游种类，分布很广，也是最普通种类之一。

采集地：湘江流域、浙江各淡水水源地。

引自《浙江省主要常见淡水浮游动物图集（饮用水水源）》

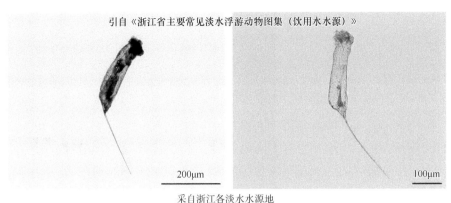

采自浙江各淡水水源地

圆筒异尾轮虫（*Trichocerca cylindrica*）

4）刺盖异尾轮虫（*Trichocerca capucina*）

形态特征：被甲呈纵长的圆筒形，长短和宽阔颇多变异。被甲非常透明，内部器官的构造容易观察；头部较狭，与躯干之间有1明显紧缩的颈圈。头部两侧及腹面有许多纵长的缝线，将甲鞘隔成若干褶片；当头部收缩时，这些褶片的顶端都凸出而集合在一起，形成贝壳扇形的边缘。头部背面有1巨大的三角形的甲鞘，突出于头部的前面。躯干部没有隆起的脊或其他任何特殊的构造。足很短，宽阔的倒圆锥形。左趾长度约为本体全长的1/2；几乎笔直；右趾短，末端往往和左趾交叉；还有2个更短的附趾。咀嚼板细长，左右对称。眼点位于脑的背面，不显著。背触手是1束短而很细的感觉毛，从头部背面三角形的甲鞘片射出。侧触手1对，发达，从躯干后半部中央两侧射出。身体全长430μm；左趾长126μm；头背三角形甲鞘片长68μm。

生境：最普通种类之一，分布很广，自最浅的沼泽至深水湖泊的敞水带都有找到这一种类的可能。

采集地：湘江流域、浙江各淡水水源地。

引自《浙江省主要常见淡水浮游动物图集（饮用水水源）》

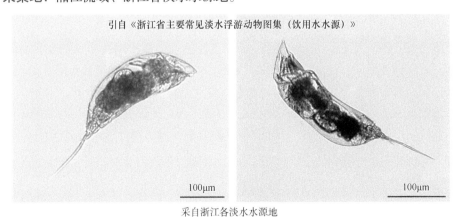

采自浙江各淡水水源地

刺盖异尾轮虫（*Trichocerca capucina*）

5）暗小异尾轮虫（*Trichocerca pusilla*）

形态特征：被甲短小而厚实，背腹面高度约为长度的1/2；外表很简单，没有住何脊状隆起，但在背面自偏向头部右侧的最前端起，有1狭小而下沉很浅的凹沟，一直斜行伸展到背面中央的前面一些或后面一些。狭小的凹沟内看不见有横纹；在某些标本连凹沟本身的存在与否也很难看得清楚。被甲头部与躯干部交界之处有1相当明显紧缩的刻纹或颈圈；紧缩的界线在腹面和两侧比较清楚。头部甲鞘前端孔口边缘很光滑而简单，没有任何刺、齿、缺刻或褶皱；背面凹沟的沟底也绝不凸出在孔口边缘之外。足很小，少许凸出在被甲躯干部之外。左趾很长，它的长度约为体长的4/5；基部或多或少略显弯曲。已经退化的右趾很短，长度相当左趾长度的1/6。附趾可能存在，但不容易观察到。咀嚼板通常为不对称的杖型，左侧的砧板和槌板较右侧的发达。眼点相当大，位于脑后端，偏向左侧。背触手很细小，不容易看到。侧触手1对，位于躯干后半部的两旁。从靠近后面的地方射出。全身体全长145μm；本体长85μm；左趾长60μm。

　　生境：从最浅的沼泽到深水湖泊的沿岸带都有分布记录，但一般只在夏季到初秋有发现，且个体不会很多。

　　采集地：珠江流域（广州段）、丹江口水库、三峡库区（湖北段）。

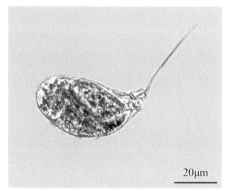

20μm

50μm

A. 采自珠江流域（广州段）　　　　B. 采自丹江口水库、三峡库区（湖北段）

暗小异尾轮虫（*Trichocerca pusilla*）

6）长刺异尾轮虫（*Trichocerca longiseta*）

　　形态特征：被甲纵长，呈纺锤形；最宽之处位于中部或略在中部的前方；前半部比较宽，后半部逐渐向后瘦削。被甲相当柔韧，能够随本体的伸缩而有所变动；头部和躯干部，除了有时在腹面可以看到1交界的凹痕外，并不很明显地分开，被甲头部的背面具有两根很发达的棘状长刺。右边1根远较左边1根长，二者向上伸出后都略向后面弯转。长刺是从下面稍偏右侧的被甲背面2条隆起之脊伸展出来的，两脊之间形成1纵长的浅沟；浅沟自被甲最前端一直延长到躯干中部，这里2条脊线才汇合在一起；浅沟方向少许自右向左斜行。由于两脊内部都附有肌肉纤维纵长的浅沟，从外表上看起来就具有横纹。被甲头部具有若干褶皱，当前端孔口完全张开时，褶皱虽然消失，但不容易看到。除了2根棘状的长刺外，还有4～7个很微小的尖端，突出于两侧和腹面。在高度收缩的标本中，不但前端孔口收缩得很小，而且头部也裂成许多脊片和凹痕；每一脊片的顶端变成1小的尖齿。足相当短，倒圆锥形。左趾很长，为体长的1/2以上。右趾极短或缺乏，有附趾。全长560μm，前端右刺长55μm，左刺长24μm。

　　生境：不但分布很广，而且每逢出现，个体的数目不是很少。在我国，从最浅的沼泽至深水湖泊的沿岸带，凡是沉水植物比较多的地方，都有采到它个体的机会。每年一般在春季和秋季出现。

采集地：丹江口水库、三峡库区（湖北段）。

7）田奈异尾轮虫（*Trichocerca dixonnuttalli*）

形态特征：被甲近似圆筒形，但比较短而粗壮；背面或多或少弯转而凸出，腹面接近平直，或少许凹入一些，后半部往往向后逐渐瘦削。头部甲鞘比较宽，与躯干交界之处，有2条紧缩的颈圈；2条颈圈之间形成1相当明显的颈环；第1条颈圈紧缩的痕迹远较第2条清楚；2条颈圈相隔的距离在腹面比在背面近，因此外表上颈环上、下背面的宽度也就大于腹面。头部甲鞘前端孔口边缘很简单，没有任何齿或刺的存在，但它的周围具有一定数目的纵长折痕，将甲鞘裂成不少纵长的折片；所有折片顶端都平直或浑圆，当本体完全收缩时，这些折片顶端能收缩在一起；把孔口至少部分掩盖起来。被甲背面有1下沉的凹沟，自头部最前端起，一直到颈环后面一些为止；凹沟内虽然并无痕纹可见，但就所在方位而论，无疑等于某些种类的横纹区域。足为短的倒圆锥形，能够自由伸缩，出入于被甲最后端的孔口。趾1对，总是紧密地并列在一起；并非同样长短，左趾较长，它的长度超过体长的1/3；右趾较短，它的长度约为左趾长度的2/3。每一个趾的基部附有1个很短的附趾。咀嚼板相当发达，很不对称，右侧的槌板远较左侧的短而细。眼点位于脑的后端。背触手从凹沟内颈环的中部射出。侧触手1对；右侧触手从靠近身体最后端射出，左侧触手射出的方位则远在右触手的前面。本体长约186μm；左趾长约70μm；咀嚼板长约52μm。

生境：分析前人对这一种类的分布记录，水草茂盛的沼泽和浅水池塘是它最适宜的栖息环境。

采集地：丹江口水库。

8. 疣毛轮科（Synchaetidae）

身体呈钟形、圆锥形、梨形或囊袋形。不具备被甲的种类占多数，只有种类比较少的1属有被甲。有的属身体两旁腹背面附有许多片状或叶状肢，专门用来跳跃和辅助游泳。足的存在与否视不同的种类而异。头冠呈晶囊轮虫的头冠型式。咀嚼器是典型的杖型。所包括的属和种不多，都是典型的浮游种类。

（1）多肢轮属（*Polyarthra*）

形态特征：本属是疣毛轮科中体型比较小的1属；几乎呈圆筒形或长方形，但背腹面或多或少扁平。头冠上没有很长的刚毛和突出的"耳"；身体后端没有足。两旁腹背面附有许多片状的肢，专门用来跳跃和辅助游泳。本属所包括的都是典型的浮游种类。

采集地：滇池流域、丹江口水库、长江流域（南通段）、三峡库区（湖北段）、浙江各淡水水源地、湘江流域、洱海流域。

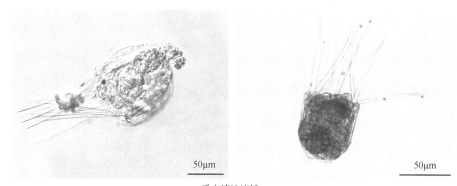

采自滇池流域

多肢轮虫（*Polyarthra* sp.）

1）针簇多肢轮虫（*Polyarthra trigla*）

形态特征：身体透明，呈长方块形或长圆形，背腹面少许扁平；分成头和躯干两部，头和躯干之间有明显的紧缩折痕，头的前端和躯干的后端都平直或接近平直；没有足。在头与躯干之间，背腹面各有2束粗针状的肢，分别自两侧肩部射出；每一束共有肢3条，每条肢呈剑状或细长的针叶片状，两侧边缘有微小的刺。肢附着的肩部表皮总是硬化而形成纽扣状的"关节"。本体和肢的形体有季节性的变异：夏季本体比较纵长而呈长方形，12条肢则比较短而宽；冬季本体比较短而宽，接近四方形，12条肢则比较长而细。头冠呈晶囊轮虫的头冠型式；盘顶大而发达，周围只有1圈纤毛环。盘顶中央具有1对突出的"盘顶触手"，"触手"的末端有1束感觉毛；口的两旁及头冠的周围有若干对感觉刚毛。口位于盘顶的腹部，周围有1圈微弱口围纤毛。咀嚼囊大而发达，呈不规则的心脏形。咀嚼器是杖型。食道很短而粗，消化腺1对，呈圆球形至不规则的长椭圆形。胃和肠之间有相当明显的界线。卵黄腺具有8个细胞核。脑比较小，呈不规则的球形。眼点1个，位于脑的背面，呈暗红色。背触手1个，小而不容易观察到；侧触手1对，呈纺锤形，末端具有1束相当发达的感觉毛，呈暗红色。本体长120·～165μm；宽85·～114μm，肢长100～170μm。

生境：普通常见种。分布极其广泛，从最浅的沼泽至最深的深水湖的敞水带都会有分布。

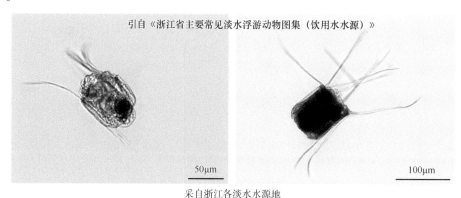

引自《浙江省主要常见淡水浮游动物图集（饮用水水源）》

采自浙江各淡水水源地

针簇多肢轮虫（*Polyarthra trigla*）

采集地：丹江口水库、长江流域（南通段）、三峡库区（湖北段）、浙江各淡水水源地、湘江流域、洱海流域、滇池流域。

2）真翅多肢轮虫（*Polyarthra euryptera*）

形态特征：身体透明，无色或略带淡黄金色；接近方块形，背腹面少许扁平；分成头和躯干两部，头和躯干之间有明显的紧缩折痕，头的前端和躯干的后端都接近平直；没有足，在头与躯干之间、背面和腹面各有2束叶状的肢，分别自两侧肩部射出；每一侧共有肢3片，似宽阔的叶片，上有纵长的主肋，自主肋向左、右两侧分出许多平行的脉纹，肢两侧边缘形成锯齿状的缺刻。肢附着的肩部表皮硬化而形成纽扣状的"关节"。头冠面向最前端，呈晶囊轮虫的头冠型式；盘顶大而发达，周围只有1圈纤毛环。盘顶中央具有1对显著突出的"盘顶触手"，"触手"的末端有1束感触毛；此外，口的两旁及头冠的周围尚有若干对感觉刚毛。口位于盘顶的腹部，周围有1圈很微弱的口围纤毛。咀嚼器是杖型。食道、消化道、胃和肠、泄殖腔及肛门等均正常。卵黄腺具有12个细胞核。脑比较小，呈不规则的球形。眼点1个，呈暗红色，位于脑的背面。背触手1个，大而发达，呈乳头状的突出，并具有1束感觉毛；侧触手1对。本体长148～195μm；宽125～160μm；肢长50～62μm。

生境：不常见的浮游种类。每年仅在夏季出现；主要分布在大水面的湖泊，池塘中偶尔有发现。

采集地：浙江各淡水水源地。

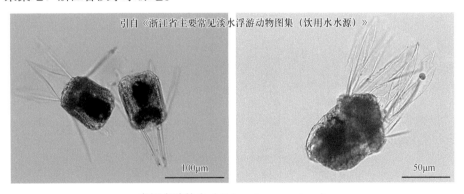

引自《浙江省主要常见淡水浮游动物图集（饮用水水源）》

真翅多肢轮虫（*Polyarthra euryptera*）

（2）疣毛轮属（*Synchaeta*）

形态特征：身体呈倒圆锥形，有后肠和肛门，足在后端，头部两侧具2个耳状突出物，头冠具4根粗的感觉刚毛。广布。

采集地：丹江口水库、三峡库区（湖北段）、浙江各淡水水源地、湘江流域。

1）尖尾疣毛轮虫（*Synchaeta stylata*）

形态特征：身体透明，接近长卵圆形，身体的中部膨大，前端头部两侧疣状突出的"耳"的基部最宽，半圆形凸出。躯干和头部之间形成密集的环纹。躯干中部最宽，骤然向后端细削；后端边缘平直。足很长，基部和躯干后端同样宽阔；逐渐或骤然向后端细削；足和趾的长度占身体全长的1/5～1/4。头冠面向最前端，呈晶囊轮虫的头冠型式；盘顶大而发达，显著向上隆起，并截成若干阶层；盘顶周围只有1圈纤毛环。纤毛环在中央及两侧的背腹面间断而不具备纤毛。盘顶上两对很长而粗的刚毛，1对从近背面纤毛环的两旁射出，1对从左、右两侧靠近"耳"的基部射出。盘顶中央有两束紧密并列的感觉毛，无盘顶触手。口位于盘顶的腹部，周围有1圈微弱的口围纤毛。头冠两侧疣状的"耳"粗大，向后倒挂，围绕"耳"的后端有1圈密而很长的纤毛。咀嚼囊大，呈菱形，具有高度发达的肌肉，其中有横纹的"V"形肌肉明显。咀嚼器是杖型，槌钩上没有锯齿或任何小齿。食道很长，自咀嚼囊一直通入"U"形胃的中部，表面有肌肉纤维所形成的纵长断续的条纹。消化腺1对，呈球形，分布在"U"形胃的两头。胃由5层细胞所组成。肠很小且细。膀胱比较大而显著，足腺1对，细长，紧密并列。眼点呈暗红色，位于脑的背面，两瓣不规则球形的结构并联在一起。被触手1个，呈棒状，末端有1束较长的感觉毛；侧触手1对，呈纺锤形，末端也具有1束感觉毛。排除在体外的非需精卵，圆形至椭圆形，外面具有细长的刚毛，卵内有油滴，自由游泳在水的中上层，雄体还没有被发现过。身体全长220～300μm。

生境： 尖尾疣毛轮虫的分布虽然很广，但并非普通常见的种类。每年仅出现于夏季；个体少。

采集地： 浙江各淡水水源地。

引自《浙江省主要常见淡水浮游动物图集（饮用水水源）》

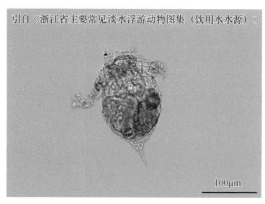

100μm

尖尾疣毛轮虫（*Synchaeta stylata*）

2）梳状疣毛轮虫（*Synchaeta pectinata*）

形态特征： 身体透明钟形，前端头部两侧疣状突出的"耳"的部分特别宽阔；背腹面之间的距离比两侧之间的距离短。前端头部形成半圆形的凸出。躯干大部分两侧平行，到了1/3的后端，显著向后细削，一直到足的基部为止；后端边缘平直；躯干皮层外表具有若干环状的及纵长的条纹。足粗壮且短，呈圆锥形；趾1对，小而尖削。头冠面向最前端，呈晶囊轮虫的头冠型式；盘顶大而发达，周围只有1圈纤毛环。纤毛环在中央及两侧的背面和腹面是间断而不具纤毛的。盘顶上有2对长而发达的刚毛，1对从逼近背面纤毛环的两旁射出，1对从左、右两侧靠近"耳"的基部射出，2对刚毛基部粗壮，末梢尖细。盘顶的中央1对短管状的盘顶触手，具有1束密而比较长的感觉毛。口位于盘顶的腹部；口两旁有2对发达而分叉的口围触毛。头冠两侧疣状的"耳"很粗大，显著向后倒挂，围绕"耳"的后端有1圈密而很长的纤毛。头冠和躯干之间形成密集的环纹。咀嚼囊呈心脏形，具有高度发达的肌肉。其中有横纹的"V"形肌肉明显。咀嚼板是杖型，槌钩相当长，裂成两条叉片，但并不形成锯齿或任何齿状。食道非常长，自咀嚼囊一直通到"U"形的胃的两个叉之间；它的表面有肌肉纤维所形成的纵长断续的条纹；在将近进入胃叉之处，食道被1个肌肉纤维的母细胞所围裹而显著紧缩。消化腺1对，呈球形，胃由5层细胞所组成；胃的后端浑圆。1对原肾管围绕在胃和消化腺的两旁，左、右各有焰茎球4个；膀胱大而显著。足腺1对，不发达。脑呈横卧的长方形。眼点呈暗红色至紫蓝色，位于脑的后端背面。背触手1个，呈棒状，末端具有1束较长的感觉毛；侧触手1对，呈纺锤形，末端具有1束微弱的感觉毛。

雄体不到雌体一半的大小；身体呈倒圆锥形，头冠间断，"耳"已退化，但4根长的刚毛还存在；后端的足和趾与雌体相同；消化系统已完全消失；精巢1个，很大且发达，由输精管直接通入交配器的管道；交配器位于躯干后端背面足的基部，末端孔口的周围具有1圈纤毛。

雌体长360～590μm；雄体长约160μm。

生境：普通常见的浮游种类之一。分布非常广泛，自最浅的沼泽至深水湖泊的敞水带都有分布；而且每逢出现，个体数目多。四季都有发现。

采集地：湘江流域、浙江各淡水水源地。

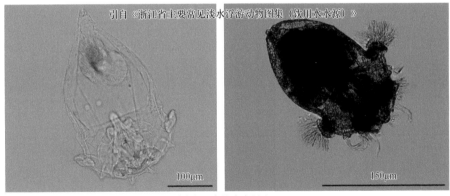

引自《浙江省主要常见淡水浮游动物图集（饮用水水源）》

采自浙江各淡水水源地

梳状疣毛轮虫（*Synchaeta pectinata*）

（3）皱甲轮属（*Ploesoma*）

形态特征：被甲呈倒圆锥形、卵圆形或椭圆形。甲上或具有网状的刻纹，或具有纵横交错的沟痕或肋条。在绝大多数种类中，被甲腹面有1纵长的裂缝。足总是从躯干腹面靠近中央射出；足很长，它的表面虽然并不分节，但具有相当密的环形沟痕。趾1对，相当发达，呈矛头状或钳子形。头冠除周围1圈的围顶纤毛外，还有"盘顶背触手"和"盘顶侧触手"的存在。本属所包括的种类不很多，生活习性虽然以游泳为主，但一般分布在沉水植物比较繁盛的水体内。

采集地：湘江流域、浙江各淡水水源地。

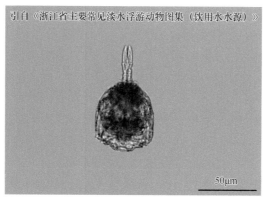

引自《浙江省主要常见淡水浮游动物图集（饮用水水源）》

采自浙江各淡水水源地

皱甲轮虫（*Ploesoma* sp.）

1）郝氏皱甲轮虫（*Ploesoma hudsoni*）

形态特征：被甲由硬化的皮层形成；呈圆锥形，两侧少许紧压，后端浑圆，前端平直。整个被甲具有网状的刻纹；背面前半部有1圆丘形隆起的盾饰，盾饰中央有一"V"形凸出的肋纹；背面靠近后端具1条明显的横沟痕。背腹面都凸出，侧面观呈椭圆形。头冠呈晶囊轮虫头冠的型式，伸展在被甲前端孔口的外面；盘顶宽阔而发达，只有1圈纤毛环绕盘顶周围。靠近盘顶中央有4个乳头状的突起，排列成月牙形，每个突起上具有纤毛。在盘顶背面轮环纤毛圈和腰环纤毛圈之间有1对"盘顶背触手"，其末端具有1束长而粗的感觉毛；盘顶的左、右两侧各有1个手指状的"盘顶侧触手"，分成2节，基节比较粗壮，自由屈曲的1节很长，末端浑圆而光滑。口位于盘顶，靠近腹面边缘。足从背甲腹面靠近中央的，1个孔口伸出；长度超过被甲长度的一半，前端具有很明显的横的环纹；足不会缩入体内。趾1对，长而发达，呈矛头状。咀嚼囊很大，呈宽阔的心脏形。咀嚼板是变态的杖型，已接近钳型。唾液腺1对，不规则的长卵圆形。食道伸缩自如。消化腺1对，呈卵圆形。胃很大，呈圆球形，组成胃的细胞内含有许多发光的油滴。膀胱比较小。脑大而宽阔，呈菱形。眼点1个，相当大，位于脑的前端背面，呈圆球形，深红色或黑色。背触手呈管状，自被甲前端"V"形凸出的肋纹底部射出，末端具有1束感觉毛；侧触手1对，很小。体长320～450μm；足和趾长195～280μm。趾单独长约60μm；咀嚼板长约96μm。

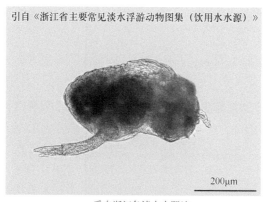

引自《浙江省主要常见淡水浮游动物图集（饮用水水源）》

采自浙江各淡水水源地

郝氏皱甲轮虫（*Ploesoma hudsoni*）

生境：典型的浮游种类之一。分布虽然很广，但并非常见的种类，只在每年夏季出现。

采集地：浙江各淡水水源地、湘江流域。

2）截头皱甲轮虫（*Ploesoma truncatum*）

形态特征：被甲卵圆形；背面观前端或多或少呈四方形，呈很平稳的波浪式的起伏；后端瘦削而钝圆或形成1钝角；腹面自前端到后端都裂开。整个被甲具有浮起的肋条和下沉的沟条。排列有一定的规则，特别在背面后半部较为精致而复杂。围绕背触手射出处的沟和肋形成多边形或圆形的小区域；其他的肋条和沟条都作纵长的排列；背面后半部中央沟条形成1大的长三角形的区域；在某些标本中，这一区域还有1横肋把它隔成前后两半。头冠呈晶囊轮虫头冠的型式，但围顶纤毛长而发达；盘顶中央有4个具有纤毛的浮起，盘顶背面有1对具有纤毛的"盘顶背触手"，盘顶两侧各有1很长的、手指状的"盘顶侧触手"，"盘顶侧触手"不具备纤毛，末端能自由卷曲活动。足从被甲腹面裂缝的中部伸出，前端具有很明显的环状沟纹；足不会完全缩入甲内。趾1对，呈钳形，宽阔而发达。咀嚼器是变态的杖型，已接近钳型。食道、消化腺、胃和肠、膀胱等均正常，眼点1个，相当大，呈圆球形，深红色或黑色。背触手呈管状，末端具有1束感觉毛；侧触手1对，很小。被甲长165～280μm；被甲宽90～120μm。

生境：截头皱甲轮虫的生活习性以浮游为主。分布虽然很广，但每年出现的期间只限于夏季，个体少。

采集地：浙江各淡水水源地。

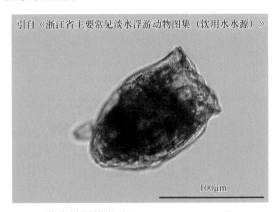

引自《浙江省主要常见淡水浮游动物图集（饮用水水源）》

100μm

截头皱甲轮虫（*Ploesoma truncatum*）

9. 镜轮科（Testudinellidae）

咀嚼器槌枝型。大多具附肢。

（1）巨腕轮属（*Pedalia*）

形态特征：没有被甲的存在。身体前半部周围6个比较粗壮的腕状附肢是非常独特的，能够灵活地划动，使身体在水中自由跳跃。肌肉极其发达；6个腕状附肢内的上升肌和下压肌直接与颈部的括约肌相连接。没有足的存在。所包括的是少数典型的浮游种类，从浅水池塘到深水湖泊的敞水带几乎都有分布。

采集地：浙江各淡水水源地、洱海流域。

1）奇异巨腕轮虫（*Pedalia mira*）

形态特征：身体呈倒圆锥形，短而粗壮，后端钝圆。具有6个能动的腕状的突出，腹面1个突出最大、最长，背面1个突出次之，背侧1对突出又次之，腹侧1对突出最短。每一个腕状突出的后端着生了7～9根非常发达的羽状刚毛；在腹面1个突出上还有3或4对钩状的结构。最长的腹面1个突出的长度总是超过本体的长度；本体与腹面突出的长度的比例大约为1∶1.3；腹面突出在本体后端的部分，如包括刚毛在内；往往超过突出本身长度的1/3。头冠少许紧缩而形成1颈。身体后部背面有拇指状的附属器1对，其末端有纤毛；能分泌黏液。头冠顶端有心脏形的顶盘，周围边缘具有1圈长而发达的轮环纤毛；头冠下端具有1圈发达而短的腰环纤毛；轮环纤毛圈与腰环纤毛圈之间形成1或多个沟状围顶环带；围顶环带具有密集的围顶纤毛；口位于围顶环带腹面的中央；口下形成1下唇，围绕口的周围有口围纤毛。咀嚼板是典型的槌枝型；整个身体虽然很透明，但内部的消化、排泄、神经等系统，被高度发达的肌肉束遮盖，不容易观察。背触手1个，大而显著，位于头冠下面的"颈"部，其末端具有1束感觉毛；侧触手1对，呈管状，末端也具有1束感觉毛，自腹侧腕状突出的前半部外缘射出。眼点1对，大而显著，位于头冠盘顶靠近腹面的两旁。往往有自体内排出的卵，附着在身体腹面后半部。雄体的形体与雌体完全不同，大小只等于雌体的1/5。头部并无头冠的存在，只形成具有1圈纤毛的圆丘状突起。背面和两侧面各具有1腕状突出的残肢，残肢的末端有几根细弱的刚毛。交配器呈长的管状，位于后端。脑很大；脑的背面还有1眼点。1个精巢非常大，输精管纵贯交配器伸出体外。在交配器末端的输精管孔口周围还有1圈比较微弱的纤毛。雄体长包括腹面腕状突出在内210～250μm；雌体长不包括腕状突出在内145～180μm；雌体宽100～120μm；雄体长40～46μm。

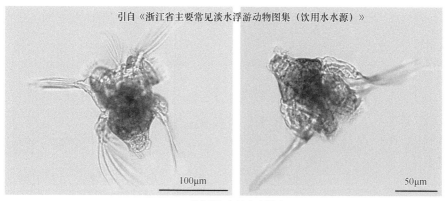

引自《浙江省主要常见淡水浮游动物图集（饮用水水源）》

100μm   50μm

采自浙江各淡水水源地

奇异巨腕轮虫（*Pedalia mira*）

生境：典型的浮游种类，分布很广泛，自浅水池塘一直到深水湖泊的敞水带都有可能出现。

采集地：浙江各淡水水源地、洱海流域。

（2）三肢轮属（*Filinia*）

形态特征：无被甲。身体呈椭圆形，具3条长或短、能动的棘或刚毛，2条在前端，1条在后端。前端2条能自由划动，使本体在水中跳跃，后端1条不能自由划动。

采集地：滇池流域、长江流域（南通段）、浙江各淡水水源地、湘江流域、丹江口水库、三峡库区（湖北段）。

100μm

三肢轮虫（*Filinia* sp.）

1）长三肢轮虫（*Filinia longiseta*）

形态特征：身体透明，呈卵圆的囊袋形，比较宽阔；分成头和躯干两部分，没有足；具有3条鞭状或粗刚毛状的肢。除了游泳外，还有突然跳跃前进的活动。前肢自膨大的基部很缓慢地逐渐向后尖削；每一前肢的长度总是在本体长度的2～4倍。1条后肢附着在躯干的腹面；基部比较粗壮；长度总是比2个前肢要短。3个肢的周围都具有很微小的短刺。头部比较短，前端平直或少许向腹面倾斜。头冠呈巨腕轮虫的头冠型式，只有1圈代表腰环纤毛的围顶纤毛圈。咀嚼器是典型的槌枝型，食道长而细。消化腺不容易辨别清楚。胃相当大，呈长圆形；肠很短而宽，和前面的胃有明显的分界线；肛门位于后端的背面。卵巢和卵黄腺比较小。脑相当小，呈长卵圆形。眼点1对，呈深红色，位于脑的两侧，左、右两眼点相隔较远。背触手是很小的乳头状的突出，末端1束感觉毛则很明显；侧触手1对，自两侧的中部射出。

本体长125～235μm；前肢长285～650μm。后肢长150～410μm。

生境：普通常见种。分布非常广泛，自最浅的沼泽至深水湖泊的敞水带都有分布。

采集地：长江流域（南通段）、浙江各淡水水源地、湘江流域、滇池流域。

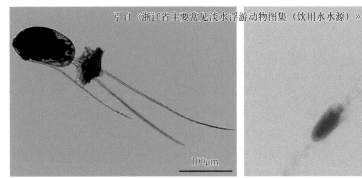

引自《浙江省主要常见淡水浮游动物图集（饮用水水源）》

A. 采自浙江各淡水水源地　　　　　　　B. 采自长江流域（南通段）

长三肢轮虫（*Filinia longiseta*）

2）泛热三肢轮虫（*Filinia camasecla*）

形态特征：体呈宽卵圆形，体被较其他三肢轮虫硬。两前肢从身体中部两侧伸出；后肢从身体末端伸出，较硬而不可动；肢的基部厚实。

体长84～104μm；侧肢长90～127μm；后肢长90～127μm；口器长25μm。

生境：泛热带种类，先后在巴拿马、斯里兰卡、柬埔寨等地被发现。在海南省琼海市一池塘中观察到此种，当时水温20℃，pH 6.0，池塘边有一些水生维管束植物。在海南省三亚市亚龙湾附近一水库中也观察到此种。

采集地：丹江口水库、浙江各淡水水源地。

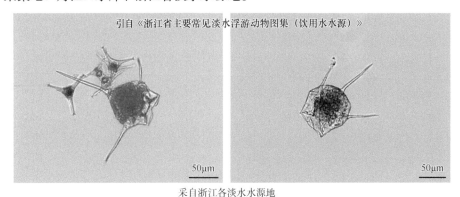

引自《浙江省主要常见淡水浮游动物图集（饮用水水源）》

采自浙江各淡水水源地

泛热三肢轮虫（*Filinia camasecla*）

3）端生三肢轮虫（*Filinia terminalis*）

形态特征：体呈卵圆形，但没有长三肢轮虫那样粗壮，前肢一般比后肢要长一些。它们的比例约为1.25。后肢从离身体末端10μm之内的位置伸出，它不像前肢那样可自由活动。在保存的标本中，由于收缩，后肢并非在末端，侧肢亦向上一些。体长105～180μm；前肢长330～475μm；后肢长235～440μm。

生境：普通种，分布亦很广，自最浅的沼泽到深水湖泊的敞水带，都有可能发现。端生三肢轮虫往往与长三肢轮虫一起出现，分布十分普遍。它们习居于湖泊、池塘和咸淡水中，有时候数量比较多。

采集地：丹江口水库、三峡库区（湖北段）、浙江各淡水水源地。

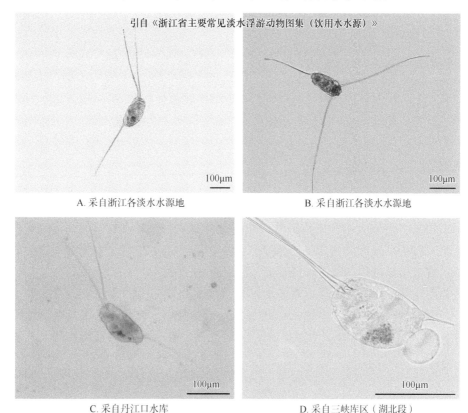

引自《浙江省主要常见淡水浮游动物图集（饮用水水源）》

A. 采自浙江各淡水水源地　　　　　　　B. 采自浙江各淡水水源地

C. 采自丹江口水库　　　　　　　　　　D. 采自三峡库区（湖北段）

端生三肢轮虫（*Filinia terminalis*）

4）跃进三肢轮虫（*Filinia passa*）

　　形态特征：身体相当透明，呈宽阔的卵圆形，总是比较粗壮；分成头和躯干两部分，没有足的存在；具有3条鞭状或刚毛状、相当长而比较细一些的肢。2条前肢自躯干最前端和头部相连处的左、右两侧生出；基部显著膨大，并由肌肉纤维和躯干体壁内很发达的收缩肌相连；由于2条前肢的动作，本体除了游泳外，还有突然跳跃前进的行动。前肢自膨大的基部很缓慢地向后逐渐尖削；每一前肢的长度，虽然总是超过本体的长度，但很少能达到本体长的3倍。1条后肢附着在躯干的腹面；基部比较粗壮，不能像前肢那样的自由活动；它的长度虽然总是超过本体的长度，但不会达到本体长度的2倍。3个肢的周围很少会有微小的短刺存在。头部比较短，前端或多或少凸出，面向腹面稍倾斜。头冠呈巨腕轮虫的头冠型式，不过只有1圈代表腰环纤毛的围顶纤毛圈，轮环纤毛则已退化而缺失，但围环和腰环之间的围顶带还能看出；特别是腹面口所在处围顶带总是下垂，显著地形成围绕在口下面的下唇。身体内部的肌肉，特别是和外面前肢联络的上升肌与下压肌尤其发达。咀嚼器是典型的槌枝型，左、右槌钩都具有很多齿。食道比较短且粗。胃相当大且长。消化腺不容易辨别清楚，肠很短且宽，和胃交界处有很明显的紧缩折痕。肛门位于后端的背面。卵巢和卵黄腺比较小。

脑相当小而呈长卵圆形。眼点1对，位于脑的前端，左、右两眼点并列在一起，距离很近。背触手是很小的乳头状突出，末端1束感觉毛则很明显；侧触手1对，自两侧的中部射出。

本体长175～200μm；前肢长198～300μm；后肢长190～260μm。

生境：分布虽然很广，但只限于沼泽和池塘等小型的水体。在中小型浅水湖泊有时也可找到，不过往往限于小湾或沿岸带，而且个体数量总是比较少；在小型水体则可达到高度的繁殖。跃进三肢轮虫适宜于甲型-中污型-乙型-中污性的水域；在寡污性的水域则很少会发现。

采集地：丹江口水库。

5）脾状三肢轮虫（*Filinia opoliensis*）

形态特征：身体纵长，呈纺锤形，后端显著细削而呈倒圆锥形。表皮已高度硬化而接近形成被甲，无色而透明。分成头和躯干两部；头部比较短而宽阔，能够自由伸出或缩入将近形成被甲的躯干部分；躯干前半部总是比后半部宽阔。没有足。具有4条鞭状或粗刚毛状的肢。头冠呈巨腕轮虫的头冠型式，只有1圈代表腰环纤毛的围顶纤毛圈形成1不很显著的下唇。口先通入1很膨大的"口腔"，再由"口腔"通入咀嚼囊。咀嚼囊的前端具有1对很小的唾液腺。咀嚼器是典型的槌枝型。食道相当长而粗。消化腺1对，呈不规则的圆球形，位于胃前端的两旁；此外，在胃前端背面还有1对似细长盲囊的辅助消化腺。胃大而发达；胃和肠之间有相当明显的紧缩界线；泄殖腔和肛门偏在后端的腹面。卵巢和卵黄腺相当小。已经排出的非需精卵往往附着在躯干的后端。脑呈小的囊袋形。眼点1对，呈深红色，位于脑前端的背面，左右两眼点并列在一起，彼此距离很相近。背触手是乳头状或短管状，往往从左、右两眼点之间突出；侧触手1对，自靠近躯干后端的两旁射出。本体长（不包括后肢）186～210μm；全长（包括后肢）420～525μm。

生境：分布以在沼泽和池塘为最多，个体经常游泳于沉水植物之间。在每一个水体内一旦突然出现之后，个体的数目总是比较多。甲型-中污性至乙型-中污性的水体是对它比较适宜的居住环境。

采集地：浙江各淡水水源地。

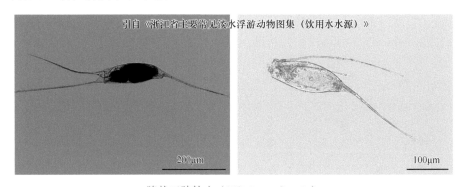

引自《浙江省主要常见淡水浮游动物图集（饮用水水源）》

脾状三肢轮虫（*Filinia opoliensis*）

10. 聚花轮科（Conochilidae）

头冠为聚花轮虫型，围顶带呈马蹄形。多为自由游动的群体，是典型的浮游种类。

（1）聚花轮属（*Conochilus*）

形态特征：具有聚花轮科的特征。所包括的种类形成群体。群体小的由2～25个个体所组成，直径可达到1mm。群体大的由25～100个个体所组成，直径可达4mm。分布很广，尤其在中小型浅水湖泊中经常可见。

采集地：浙江各淡水水源地、湘江流域、洱海流域。

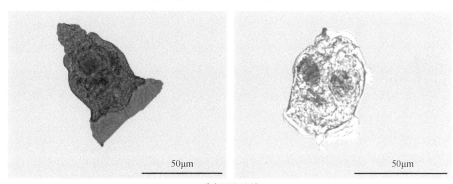

50μm　　　　50μm

采自洱海流域

聚花轮虫（*Conochilus* sp.）

1）独角聚花轮虫（*Conochilus unicornis*）

形态特征：群体自由游动，呈不规则的圆球形；一般群体的个体数目总是在25个左右；所有个体的足的末端都聚集在一点，从聚集的一点向四周分别射出。所有个体的主要物质是非常透明的胶质，胶质很发达，至少围裹了所有个体的足部。个体比较粗壮，呈不规则的长卵圆形。头部和躯干部呈宽阔的卵圆形；头和躯干之间或多或少紧缩而形成1颈圈。躯干背面中部或在中部之前有1小突起，是肛门开孔的处所。足和躯干之间虽然没有任何交界的折痕，但整个足的周围总是被1重椭圆形或纺锤形的胶质所包裹。在单独的个体，躯干部分不会有胶质层。足比较短而粗壮，长度几与头和躯干的长度相等；末端尖削而钝圆。头冠或多或少向腹面倾斜；呈马蹄形的特殊形式。"马蹄"缺口位于腹面中央，在背面"马蹄"向内少许凸出而下垂；口即位于背面"马蹄"向内凸出部分；"马蹄"外面的一圈纤毛比较长而发达，是轮环纤毛圈；"马蹄"内面的一圈纤毛比较短，是自外向内凹入的腰环纤毛圈。头盘的中央顶端往往向上浮起而凸出。咀嚼囊相当大，呈心脏形。咀嚼板是典型的槌枝型。消化腺1对，呈不规则的菱形。胃和肠交界之处有相当明显的折痕可加以区别。已经向背部弯转的肠的后端，又向上伸出1管状的直肠通到肛门。足腺4条，几乎纵贯足的全长；内部肌肉相当发达，纵长的收缩肌自躯干一直通到足的末端；紧贴在身体的内壁还有不少环纹肌。眼点1对，位于头冠的背面两旁，呈深红色或红褐色的小圆球形。腹触手只有1个，位于头冠盘顶靠近腹面边缘。背触手缺乏。

独角聚花轮虫最主要的特征就是原有的2个腹触手已完全并列混合在一起，形成一个单独的腹触手。此外，群体的大小、组成群体的个体数目、个体的长短、比较短而粗壮的足，以及整个足为1重胶质所围裹等特征，与团状聚花轮虫比较，都有显著的差别。

群体直径500~1000μm；个体长280~375μm。

生境：典型的浮游种类。分布很广泛，自浅水池塘一直到大型或深水湖泊的敞水带都有分布，四季均有发现。每年生殖量的最高峰则总是在温暖的季节。

采集地：浙江各淡水水源地、湘江流域、洱海流域。

引自《浙江省主要常见淡水浮游动物图集（饮用水水源）》

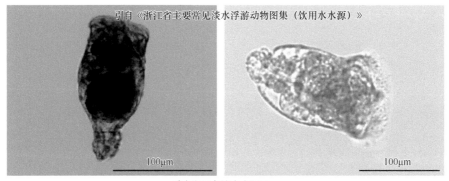

采自浙江各淡水水源地

独角聚花轮虫（*Conochilus unicornis*）

（2）拟聚花轮属（*Conochiloides*）

形态特征：具有聚花轮科的特征。与聚花轮属有差异的是腹触手位于躯干前半部的腹面；一对眼点较小且不甚发达；肛门的位置距咀嚼囊较远。分布较广泛，常见于中小型浅水湖泊。通常单独个体自由生活，偶有少数个体聚集成暂时小群体。

采集地：浙江各淡水水源地。

1）叉角拟聚花轮虫（*Conochiloides dossuarius*）

形态特征：自由浮游生活；单独的个体，或者由极少数的个体联合在一起而形成1暂时的群体；群体是由一个单独的大的母体和若干个比较小的没有完全成熟的雌体所组成。个体长而粗壮；近似高脚杯形。头部和躯干部呈卵圆形；足呈圆角形。头部和躯干之间有1明显的紧缩折痕。胶质外套发达，不仅围裹了整个足，而且也围裹了躯干1/3的后端或整个后半部。足的长度和头与躯干合起来的长度比较，几乎相等。头盘面向前端，偶尔也略向腹面倾斜；呈马蹄形的特殊形式。"马蹄"缺口位于腹面中央，在背面"马蹄"显著向内凸出而下垂；口即位于背面"马蹄"向内凸出的部分；"马蹄"外面的1圈纤毛比较长而发达，是轮环纤毛圈；"马蹄"内面的一圈纤毛比较短，是自外向内凹入的腰环纤毛圈。咀嚼囊呈心脏形。咀嚼板是典型的槌枝型，但槌板左右不对称；砧基呈短棒形而略向一侧弯转；右槌钩具有5个大齿，左槌钩上的最后一个大齿裂成三叉。食道很短。消化腺1对，比较小，呈不规则的圆球形。胃和肠交界之处显著地紧缩细削。肛门孔口位于躯干背面的中部或稍微偏上一些；孔口周围呈乳头状的突起。内部肌肉相当发达；头和躯干之间有比较显著的括约肌；足的外表上形成相当多的环纹。脑在侧面观呈纺锤形。眼点1对，比较小，位于脑的两侧。一个单独的腹触手非常粗壮而发达，前端，分割成两叉；每一叉的末端具有1束感觉毛。背触手即位于"头圈"的前面，是具有一束短的感觉毛的乳头状小突起。围裹在脚趾外套之内，在足的周围，往往有1～4个从体内排出的卵。个体长382～480μm；腹触手长40～50μm。

生境： 典型的浮游种类。分布虽然很广泛，但往往只出现于沼泽、天然池塘、养鱼池塘及中小型的浅水湖泊。这一种类总是在温暖的季节才出现，到夏季和秋初生殖量才达到高峰。属于乙型-中污型的种类。

采集地： 浙江各淡水水源地。

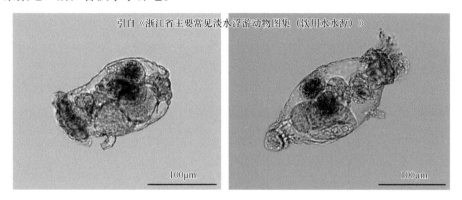

叉角拟聚花轮虫（*Conochiloides dossuarius*）

11. 胶鞘轮科（Collothecidae）

凡是咀嚼器是钩型、头冠呈胶鞘轮虫的型式的种类都属于这一科。胶鞘轮科的头冠由于口围区域达到高度发展，整个头冠的四周张开而作宽阔的漏斗状。漏斗上面周围的边缘总是形成1～7个很突出的裂片；具有2或4个裂片的则很少。裂片上或裂片的顶端往往射出一系列成束或不成束的刺毛或针毛。漏斗边缘的其他部分有无通常的纤毛，随不同种类而异。绝大多数种类是固有的，漏斗状头冠作为捕食器。只有极少数种类漏斗状头冠高度变态而趋于消失，没有刚毛、刺毛、针毛或通常纤毛的存在。

（1）胶鞘轮属（*Collotheea*）

形态特征： 头部呈漏斗形，中间为口。头冠边缘具1～7个裂片。头冠纤毛一般为一排，裂片上纤毛一般较长。足长而细弱，柄状，有或无吸盘。胶囊常很透明而且很大。

采集地： 丹江口水库。

第二十七章

枝角类（Cladocera）

枝角类是一类小型浮游甲壳动物，通称"溞"，俗称"红虫"或"鱼虫"。除透明薄皮溞体长可超过18mm外，多数个体大小一般为0.20~0.60mm。大多数枝角类主要生活在淡水中，并广泛分布于整个地球，无论寒带、温带还是热带，都有枝角类的分布。其一般营浮游、沿岸或底栖生活。作为淡水水体中很重要的组成成员，枝角类是鱼类和无脊椎动物重要的食物来源，也是藻类和有机碎屑的重要牧食者。由于枝角类处于食物链的中间营养环节，它在淡水生态系统的营养循环中起着至关重要的作用。长期以来，枝角类被认为是生态学和古湖沼学有用的指示生物。总之，枝角类是一类分布广、数量大、容易采集、生活周期短、无性繁殖快、便于培养的实验生物。

（一）单足目（Haplopoda）

体长大，不侧扁。游泳肢圆柱形，6对，单肢型（无外肢）。冬卵间接发育，先孵出后期无节幼体。仅1科，即薄皮溞科，仅1属1种。

1. 薄皮溞科（Leptodoridae）

体长圆筒形，颇透明，分节。壳瓣小，不包被躯干部和胸肢。复眼很大，呈球形，除由冬卵孵出的第一代外，其余各代个体都无单眼。第一触角能活动，短小不分节。第二触角粗大，刚毛式。游泳肢6对，圆柱形，分节，只留内肢，外肢退化，其上有许多粗壮的刚毛，各对游泳肢皆为执握肢，缺鳃囊。后腹部有1对大的尾爪。肠管直，无盲囊。雌体长3~7.5mm。雄体较小，为2~6.85mm，第一触角较大，呈长鞭状，前侧列生嗅毛；壳瓣完全退化，该部位突出呈背盾。

（1）薄皮溞属（*Leptodora*）

形态特征：属的分类特征与科相同。
采集地：浙江各淡水水源地。

1）透明薄皮溞（*Leptodora kindti*）

形态特征：雌性体长3.0~7.5mm。分头与躯干两部分，躯干部又分为胸部与腹部。各部分之间都有明显的界线。大多无色透明，少数个体微带黄色。雄性体长2.0～6.85mm。第一触角长鞭状，前侧列生嗅毛，为24～70根。壳瓣完全退化，该部位突出呈背盾。

头背背侧有1片马鞍形的结构。复眼位于头顶，很大，呈球形。每个复眼约有300个小眼。小眼的数目很多而且显著大于一般枝角类。除由冬卵孵出的第1代外，其余各代个体都无单眼。第一触角能活动，位于复眼后方，短小而不分节，末端有9根嗅毛。嗅毛约与触角等长。第二触角粗大，基节很长。游泳刚毛多，数目因个体大小不同而略有出入。外肢共有刚毛26～30根，内肢30～34根。游泳刚毛式为0·10（12）·6（7）·10（11）/6（7）·11（13）·5（6）·8。

胸部1节，后端背侧生出1片不发达的壳瓣。游泳肢全部着生于胸部前端的腹侧。第1游泳肢特别长；第2游泳肢的长度为第1游泳肢的一半；其余各对游泳肢的长度自前向后逐渐减小。各对游泳肢均为执握肢，单肢型。前5对各4节，最后1对仅2节。游泳肢上有很多粗壮的刚毛，前4对的刚毛着生于腹侧，后2对着生于背侧。腹部分为4节，以第2节为最短。最末1节就是后腹部，其前端背侧有1对微小的尾刚毛，末端为1对尾爪。尾爪粗大，稍微向内弯曲，有十余个大刺以及很多小刺。肠管不盘曲。食道特别长，始自头部，通过胸部，直达第3腹节的后端。中肠粗而不长。直肠短小。肛门位于左、右尾爪之间。生殖器官在前3个腹节内。

生境： 典型的浮游种类，大多分布于大中型湖泊的敞水区，少数个体也出现于沿岸区。除大中型湖泊外，小型湖泊与积水较深的池塘中也经常发现。猎食性。

采集地： 浙江各淡水水源地。

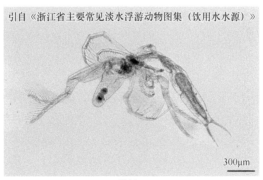

引自《浙江省主要常见淡水浮游动物图集（饮用水水源）》

300μm

雌性♀

透明薄皮溞（*Leptodora kindtii*）

（二）栉足目（Ctenopoda）

1. 仙达溞科（Sididae）

头部长大，颈沟明显，躯干和胸肢全部为壳瓣包被，复眼很大，周缘有很多晶粒。如有单眼，呈点状。第一触角能动。第二触角粗大，双肢型，肢上游泳刚毛的总数至少在10根以上。胸肢6对，全部呈叶片状。本科包括8个属，在我国淡水水域中已知有5个属。

（1）秀体溞属（*Diaphanosoma*）

形态特征：壳瓣薄而透明。头部长大，额顶浑圆。无吻，也无单眼和壳弧。有颈沟。第一触角较短，前端有1根长的触毛和1簇嗅毛。第二触角强大，外肢2节，内肢3节，游泳刚毛式为4·8/0·1·4。后腹部小，锥形，无肛刺，爪刺3个。雄性的第一触角较长，靠近基部外侧生长1簇嗅毛，末端内侧列生1行刚毛或细刺。

采集地：浙江各淡水水源地、湘江流域、滇池流域、洱海流域。

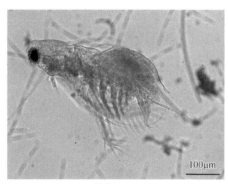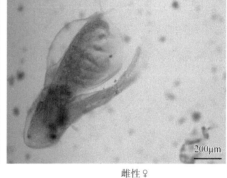

雌性♀ 雌性♀

采自洱海流域

秀体溞（*Diaphanosoma* sp.）

1）短尾秀体溞（*Diaphanosoma brachyurum*）

形态特征：雌性体长0.85～1.20mm。透明或浅黄色。壳瓣背缘弧曲。后背角显著，后腹角浑圆。腹缘无褶片，沿缘有17～25个棘齿和许多细刺，并有长刚毛10～17根。棘齿与长刚毛重叠排列。雄性体长0.68～0.84mm。壳瓣背缘比雌性的平直。腹缘的长刚毛一般为8～10根，比雌性的略少。第一触角基部粗长，末端趋窄，呈鞭状，列生细小的刺毛。刺毛列约占触角长的3/5。第一胸肢有钩。交媾器较细长，侧面观呈研杆状，位于第六胸肢之后，挂在肠管的两侧。输精管开孔于交媾器的末端。

额顶较平。具颈沟。头背面无吸附器。复眼很大，顶位而略偏于腹侧。第一触角能活动，不分节，末端一根触毛的长度为触角长的两倍以上，嗅毛8～9根。第二触角向后伸展时，外肢的末端达不到壳瓣的后缘。

后腹部北缘无肛刺，只在靠近肛门处有少数几簇栉毛。尾刚毛着生于圆锥形的突起上，其长度超过体长的一半，分为两节，端节羽状。尾爪长大，除爪刺外，还有1列栉毛。

生境：广温性浮游种类。在湖泊的敞水区数量较多，沿岸也有。池塘或水坑中则少见。卵鞍内储冬卵2个。夏卵每胎通常为2～4个。最多可达10个。

采集地：浙江各淡水水源地、湘江流域。

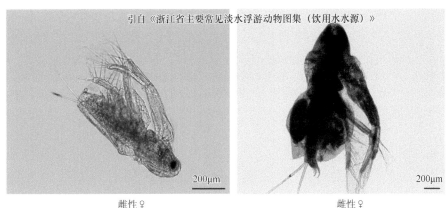

引自《浙江省主要常见淡水浮游动物图集（饮用水水源）》

雌性♀　　　　　　　　　　　　　雌性♀

采自浙江各淡水水源地

短尾秀体溞（*Diaphanosoma brachyurum*）

2）长肢秀体溞（*Diaphanosoma leuchtenbergianum*）

形态特征：雌性体长0.84～1.23mm。体形同短尾秀体溞非常相像。体色透明。壳瓣腹缘也无褶片，沿缘棘齿和刚毛的排列情况也与短尾秀体溞相同。两者最主要的区别在于本种的第二触角特别长，其外肢的末端至少可以达到或者甚至超过壳瓣的后缘。此外，本种的额顶突出呈锥形。复眼略小，离头顶较远且贴近腹面。雄性体长0.91～0.95mm。外形同短尾秀体溞的雄性也很相像，但两种同样可用第二触角的末端是否达到或超过壳瓣后缘这一特征加以区分。交媾器相当长，但比短尾秀体溞的略短。

生境：广温性浮游种类。湖泊、水库的敞水区分布较多。有时也在池塘内大量出现。在河流中也有出现。

采集地：浙江各淡水水源地、湘江流域、滇池流域、洱海流域。

引自《浙江省主要常见淡水浮游动物图集（饮用水水源）》

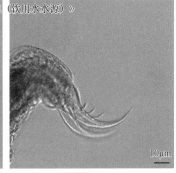

侧面观　　　　　　　　　　　　　腹突

采自浙江各淡水水源地

长肢秀体溞（*Diaphanosoma leuchtenbergianum*）

（三）异足目（Anomopoda）

1. 溞科（Daphniidae）

壳弧发达，壳瓣后背角或后腹角明显，有的属后延成壳刺。壳面上多数具网纹，复眼大，单眼小。第一触角通常短小，不能活动或稍能活动，具有1根触毛和9根嗅毛。第二触角外肢4节，内肢3节，刚毛式为0·0·1·3/1·1·3。肠管不盘曲，前端有1对盲囊。雄体较小，第一对触角长。第一胸肢有钩。

（1）溞属（*Daphnia*）

形态特征：体呈卵圆形或椭圆形，比较侧扁。壳瓣背面具有脊棱。后端延伸而成长的壳刺。后端部分以及壳刺的沿缘均被有小棘。壳面有菱形和多角形网纹。头部与躯干部的界线不很清楚，但附有冬卵的雌体可明显地分为头与躯干两部分。通常无颈沟。吻明显，大多尖。一般都有单眼。第一触角短小，部分或几乎全被吻部掩盖，不能活动。绝大多数种类的第二触角共有9根游泳刚毛，腹部背侧有3或4个发达腹突。靠近前部的腹突特别长，呈舌状，伸向前方。后腹部细长，由前向后逐渐收削。雄性较小。壳瓣背缘平直。前腹角凸出，列生较长的刚毛。吻无或十分短钝。第一触角长大，能活动，通常具有粗长的鞭毛。第一胸肢有钩与鞭毛。腹突常退化。

采集地：浙江各淡水水源地、湘江流域、丹江口水库、滇池流域。

1）大型溞（*Daphnia (Ctenodaphnia) magna*）

形态特征：雌性体长2.20～6.00mm。体呈宽卵形，后半部比前半部略狭。黄色或淡红色，稍透明。壳刺较短，有时几乎完全消失。壳面有菱形花纹。雄性体长1.75～2.50mm。壳瓣狭长，背缘平直，前缘与腹缘密生较长的刚毛。前腹角圆而突出。壳刺很短。

头部宽而低，头顶圆钝，无盔。吻部稍凸出。壳弧发达，在壳弧的背前方，各侧都有2条短的纵行褶纹。盲囊1对，长而弯。复眼不大，位于头顶。单眼小，位于第一触角的正上方。第一触角短而粗；角丘尚膨大。第二触角向后伸展时，游泳刚毛的末端不能达到壳瓣的后缘。触角基肢以及内、外肢均被有细毛。

后腹部大，向后逐渐收削，在肛门之后的背侧显著凹陷。肛刺明显地分为前后两列。肛刺的数目变异很大。凹陷前的一列有刺9～12个，有时只有5或6个。凹陷后的一列有刺6～10个。腹突4个；成长的个体第一个腹突要比第二个长一倍，第二个又比第三个长一倍，第四个最短。后3个腹突的背侧沿缘部均带细刚毛。尾爪略弯曲，有微弱的栉刺2列，前列有小刺8～12个，后列有比前列略长的小刺16～18个。栉刺列之后还有梳毛列。

卵鞍长大，内储黑色卵圆形的冬卵2个。冬卵前后斜卧，其长轴与卵鞍的长轴成一定角度。

头部向下弯曲。复眼特别大。吻十分钝。第一触角很长，两端略粗。前末角有一根长刚毛；后末角约有9根嗅毛。两者之间有一根短的触毛。第一胸肢有一个钩和一根长鞭毛。腹突不明显。后腹部在肛门开口处有肛刺10个左右，末背角呈大的侧突，周缘有细毛。输精管开孔于侧突之间。

生境：广温性。习居于水草繁茂的富营养型小水域中，也可生活在海边低盐度的咸水积水中。出现时往往数量很多。

采集地：浙江各淡水水源地、湘江流域。

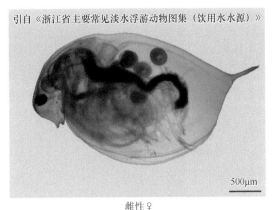

引自《浙江省主要常见淡水浮游动物图集（饮用水水源）》

雌性♀
采自浙江各淡水水源地

大型溞（*Daphnia (Ctenodaphnia) magna*）

2）鹦鹉溞（*Daphnia (Ctenodaphnia) psittacea*）

形态特征：雌性体长2.00～2.70mm。淡红色或浅黄棕色，略透明。壳刺位于背中线之上，斜向背方。刻纹很细，呈不规则的网状。头部低，头顶圆，背侧弧曲，腹侧微凹。吻短，不很尖。壳弧后端弯曲呈锐角状。复眼尚大，不靠近头顶。单眼颇小。第一触角短小，绝大部分隐藏于吻内，不能活动。嗅毛束的末端与吻尖并齐。后腹部背侧外凸，无凹陷。有长短不齐的肛刺9～12个。尾爪内面仅有前、后两列栉状刺而无刚毛列。前一列栉刺由9或10个棘刺构成，大部分位于后腹部末端；后一列栉状刺由许多棘刺构成，从靠近尾爪基部开始一直伸到末端，但靠近基部的棘刺较长大，约有13个。卵鞍比较细长，内储冬卵2个。冬卵的排列与大型溞相同。

雄性体长1.02～1.52mm。壳瓣背缘较不弓起。第一触角长，末端宽。前末角具有一根发达的刚毛；后末角有一簇嗅毛，中间还有一根较短小的触毛。第一胸肢具一钩和一长鞭。后腹部背侧平直或微凹。肛门开口处有肛刺7个左右。末背角稍凸出，不形成侧突，也有1或2个细刺。腹突不发达。

生境：广温性。习居于池塘、水坑等小型水域中。个体稀少，不常见。

采集地：浙江各淡水水源地。

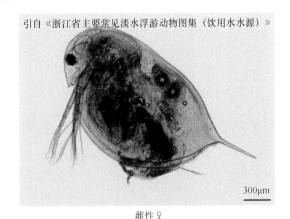

引自《浙江省主要常见淡水浮游动物图集（饮用水水源）》

雌性♀

鹦鹉溞（*Daphnia (Ctenodaphnia) psittacea*）

3）隆线溞（*Daphnia (Ctenodaphnia) carinata*）

形态特征：雌性体长1.30～3.71mm。体呈宽卵圆形。淡黄或稍带红色。壳刺颇长，位于背中线之上，斜向背方。头部扁平而宽阔，吻尖长。壳弧很发达，向后延伸得很长，后端弯曲呈锐角状。复眼不大，靠近前腹缘。单眼小。第一触角短小，嗅毛末端不超过吻尖。第二触角向后伸展时，游泳刚毛达不到壳瓣后缘。后腹部长，末端尖削。背侧微凸或近乎平直。无凹陷。有肛刺10个左右。肛前部背侧有许多细小的刚毛。尾爪短。基部有前、后两列栉刺。前列由7～11个细刺构成，其中一部分细刺着生于后腹部末端；后列由10～19个较大的刺构成。其后还列生细小的刚毛。腹突发达，第一个最长，末端细小。第二个粗而短；最后两个呈叶片状，均被有细毛。卵鞍狭长。鞍面网纹呈多角形。内储冬卵2个。冬卵的长轴与卵鞍背侧大致平行。

雄性体长1.25～1.60mm。壳瓣狭长，背腹两缘均近乎平直。前腹角钝圆，稍微凸出，列生刚毛。壳刺长。吻短钝。第一触角与大型溞的雄性相似，但末背角上的刚毛较短。第一胸肢有钩及长鞭。后腹部背侧在肛门之后稍内陷，但无明显的侧突。肛刺5～9个。尾爪栉状刺的数目较雌性少。腹突只两个，沿缘有稀疏的细毛；相当于雌性的第一、第二腹突已退化。

生境：嗜寒性。习居于富营养型小水域中，但也出现于湖泊、水库以及江河中。

采集地：浙江各淡水水源地。

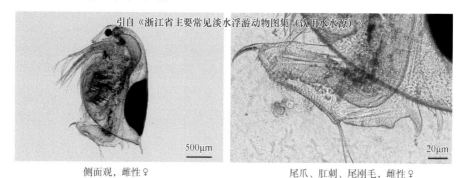

引自《浙江省主要常见淡水浮游动物图集（饮用水水源）》

500μm   20μm

侧面观，雌性♀   尾爪、肛刺、尾刚毛，雌性♀

隆线溞（*Daphnia (Ctenodaphnia) carinata*）

4）蚤状溞（*Daphnia pulex*）

形态特征：雌性体长1.40～3.36mm。体宽卵形或长卵形。半透明，带黄棕色或淡绿色。壳瓣背侧有脊棱。背缘与腹缘弧曲度大致相等；二者后端部分以及壳刺上均被小棘。棘刺数目：背缘20～50个，腹缘25～80个。壳刺在背中线之下，指向后方，长度适中，为壳长的1/5～1/3。壳纹明显。呈菱形或不规则的网状。头部大多低，无盔。头腹侧在复眼之后内凹。壳弧发达，后端部弯曲呈锐角状。复眼大，接近头顶，偏位于腹侧。单眼虽小，但颇明显。吻尚尖，角丘长而低。第一触角短小，大部分被吻部掩盖。第二触角向后伸展时，游泳刚毛末端达不到壳刺的基部。后腹部长，背缘微凸，有肛刺10～14个。肛刺自前向后逐渐增大，此外，后腹部各侧还有许多细小的刚毛列。尾爪弯曲，其长度约为后腹部长度的1/3，内面有前、后两列栉刺以及细小的刚毛。栉状刺的数目以及排列的形式变异很大，通常前一列栉状刺有4～8个较小的刺，后一列有6～10个较粗的刺。腹突4个，基部完全分离。第一个特别长，一般无细毛，即使有细毛也很稀少。其余3个较不发达，但都密被细毛。卵鞍前平后尖，背直腹曲，近乎三角形，内储2个冬卵。冬卵呈肾脏形，其长轴垂直于卵鞍背面。

雄性体长0.91～1.35mm。壳瓣的背、腹两侧都不弓起。壳刺靠近背侧，斜向背方。吻不显著。第一触角长，稍弯曲，靠近末端的前侧有一根细小的触毛，末端有一根长刚毛，其下方为一束嗅毛。长刚毛比触角本身短，其长度约为嗅毛的3倍。第一胸肢有钩和长鞭。后腹部较细，背侧凹陷，肛刺11或12个。无侧突，仅保存第二个腹突，但很长，往往伸出壳外，其余的多数退化，退化的腹突部位无细毛。输精管开孔于左、右尾爪之间。

生境：广温性。在北纬和中纬地带，是水潭、水坑、池塘以及小河等小型水域中的优势种类，尤其在富营养型的小水域中，分布特别普遍。在南纬地带，出现于湖泊或水库等敞水区。不生存在酸性或强碱性以及氯化物含量较高的水域中。除淡水外，也生活于咸淡水中。

采集地：浙江各淡水水源地。

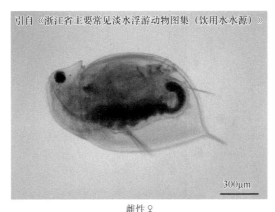

引自《浙江省主要常见淡水浮游动物图集（饮用水水源）》

300μm

雌性♀

蚤状溞（*Daphnia pulex*）

5）盔形透明溞（***Daphnia hyalina* forma *galeata***）

形态特征：透明溞的一种变异类型。壳瓣狭长，其长约为宽的一倍半。壳刺大多长，约为壳长的一半。头部很高，腹内凹。头顶终年都尖，常曲向腹侧。复眼通常大。单眼小，但颇显著。吻短，大多钝。

采集地：浙江各淡水水源地。

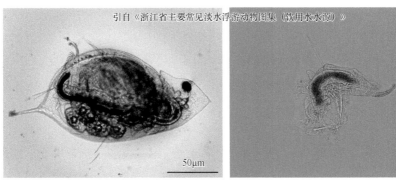

引自《浙江省主要常见淡水浮游动物图集（饮用水水源）》

50μm

20μm

侧面观，雌性♀　　　　　　　　后腹部，雌性♀

盔形透明溞（*Daphnia hyalina* forma *galeata*）

6）僧帽溞（*Daphnia cucullata*）

形态特征： 雌性体长0.8～3.00mm。体呈椭圆形，十分侧扁。壳瓣非常透明，无色。壳宽约为壳长的3/4，背、腹两缘都很凸出。壳刺大多长，从身体的纵轴发出，向后或略向背方。壳上花纹很不明显，不易看清。头型随季节不同而异，或低而圆，或向前隆起，并有高的头盔，以致头长与壳长几乎相等，甚至前者有时大于后者。盔尖向前或略向背方。在头部之后的背侧有一轻微的凹陷。壳弧不发达。吻短钝。复眼小，通常无单眼。第一触角很短，几乎完全为吻部掩盖，角丘较长，触角位于前部，因此嗅毛末端超过吻尖。第二触角较长，游泳刚毛末端达到壳刺基部；其中内肢第一节上的一根比其余各根都长。盲囊一对，较短，位于肠管前部。后腹部短小，背侧微凸，肛刺6～9个。尾爪无栉刺列。腹突4个，前两个发达；基部愈合，其余两个退化，有时第四个完全消失。卵鞍近乎卵圆形，背侧较弧曲，前端圆且凸出，内储冬卵2个。

雄性体长0.70～1.50mm。壳瓣背缘平直或微凸。壳刺很长，显著斜向背方。头盔或低或高。头长显然小于壳长。吻特别钝。第一触角长圆柱形，末端有9根嗅毛、一根短的触毛以及一根略长于嗅毛的刚毛。后腹角部较狭，肛刺6个左右。只有两个短的腹突。

生境： 嗜寒性，但对水温过低的环境并不适应，为湖泊与水库敞水区的浮游种类，有时也出现于流速不大的江河与池塘中。酸性水域和咸淡水水域中无本种出现。有季节变异，特别是头型的变异显著。在温暖季节，头部具有很长的头盔，后来随着秋季的来临，头盔逐渐变短。到冬季，头盔消失，头顶复呈圆形。翌年春末夏初，又重新形成头盔。此外，体长、壳刺长以及吻长等也随季节更替而变化，但这些变化似乎都无一定的准则。

采集地： 丹江口水库、浙江各淡水水源地、湘江流域、滇池流域。

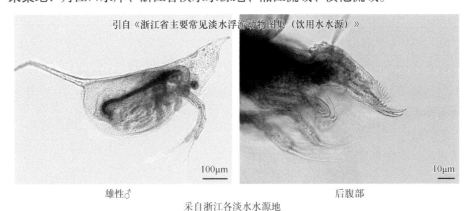

引自《浙江省主要常见淡水浮游动物图集（饮用水水源）》

雄性♂   后腹部
采自浙江各淡水水源地
僧帽溞（*Daphnia cucullata*）

（2）低额溞属（*Simocephalus*）

形态特征： 体大，卵圆形，前狭后宽。壳瓣背缘后半部大多带锯状小棘；腹缘内侧列生刚毛。无壳刺。头部小而低垂。有颈沟。壳弧很宽。吻短小。复眼中等大小。单眼点状或纺锤形。后腹部宽阔，背侧在肛门处向内凹入，肛门前形成一突起。肛刺位于后腹部的后部，偏近尾爪。腹突通常2个，较发达。尾爪直。雄性第一触角的大小与雌性相等，但背侧有2根触毛。第一胸肢只有小钩而无长鞭。无腹突。

采集地：浙江各淡水水源地。

1）老年低额溞（*Simocephalus vetulus*）

形态特征：雌性体长1.23～1.87mm，体呈宽卵形。暗绿色或黄褐色。壳瓣背缘弓起，后半部以及后背角上被有小棘；后缘平直或稍凹，由背方斜向腹前方；腹缘微凸，内侧列生刚毛。后背角稍许凸出，后腹角浑圆，两者均不延伸而形成壳刺。壳纹为平行于后缘的多数横线，横线之间有排列不规则的纵线。

头部小，背侧与前侧均匀弯曲，呈弧形；腹侧平直，在吻部前向内凹入。额顶圆，无锯齿。具颈沟。壳弧发达。吻小而尖。复眼不大。单眼细长，呈纺锤形或菱形。第一触角颇小，呈短棒状，背侧有一突起，生出一根短的触毛，末端有一簇嗅毛。这对触角虽然几乎完全露出于吻外，但只能稍微活动，生活时末端常插入壳瓣之间。第二触角不长，基肢的基部有2根刚毛。内肢与外肢的结构以及游泳刚毛式都和溞属相同，但外肢末节外侧的一根游泳刚毛较粗且短，通常不呈羽状，末端稍尖细，弯曲呈钩状，外侧还有几个细刺。后腹部短而宽，宽度约为长度的2/3。在肛门之前的背侧形成一个直角形的突起，紧接突起骤向内凹，随后却又向外凸出。肛刺8～10个，越近尾爪的肛刺越大，内侧具有细刚毛。腹突2个，前一个大，指向背方或微向后方；后一个小，指向前方。尾爪细长，稍弯曲，无栉刺，仅有篦毛列延伸到爪尖。卵鞍呈半心脏形，表面有密致的多角形网纹，仅储冬卵1个。

雄性体长1.00mm左右。壳瓣背缘平直，缘腹微凹。后背角浑圆，不向外凸出。复眼很大。第一触角粗，背侧靠近基部和中部各有一根触毛。第一胸肢具短小的钩，其外肢有一根大的和3根小的刚毛。后腹部的形状与本属其他种类不同，肛门前的突起较高。肛刺比雌性少，只有5或6个。输精管靠近腹侧，纵行于后腹部的左、右两侧，到达末端弯曲背侧，开孔于突出的肛背角上。腹突很不明显。

生境：广温性。喜生活在水草茂密、底泥较深的湖岸边和池沼里。通常利用其游泳刚毛攀附于水草上而不在湖心飘浮。

采集地：浙江各淡水水源地。

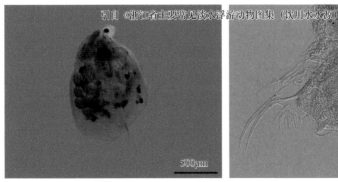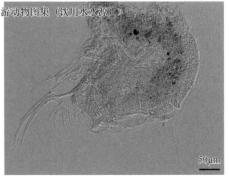

引自《浙江省主要常见淡水浮游动物图集（饮用水水源）》

雌性♀　　　后腹部

老年低额溞（*Simocephalus vetulus*）

（3）网纹溞属（*Ceriodaphnia*）

形态特征：体呈宽卵形或椭圆形。后背角明显向后尖凸。后腹角与前腹角均浑圆。壳瓣大多呈多角形的网纹。头部小，倾垂于腹侧。颈沟很深。无吻。复眼大，充满头顶。单眼小，呈圆点状。第一触角短小，稍能活动。第二触角有9根游泳刚毛。后腹部大，形状随种类不同。多数种类仅有一个或两个发达的腹突。雄体的第一触角长，有2根触毛，一根位于触角前侧，与雌体的生长部位相同，另一根位于末端，非常粗长，而且它的末端弯转如钩。第一胸肢有细小的钩和长的鞭毛。无腹突。

采集地：浙江各淡水水源地、滇池流域、洱海流域、丹江口水库、三峡库区（湖北段）。

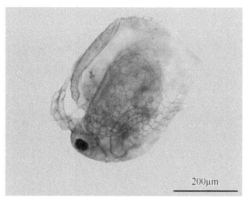

采自丹江口水库、三峡库区（湖北段）

网纹溞（*Ceriodaphnia* sp.）

1）角突网纹溞（*Ceriodaphnia cornuta*）

形态特征：雌性体长0.45～0.51mm。体呈卵圆形，侧扁。无色透明或淡棕色。壳瓣背缘与腹缘弓起；怀冬卵的雌体，背缘后半部平直。后背角显著凸出，很像短的壳刺。后腹角浑圆。壳纹清晰，大部分为六角形或五角形的网纹。头部宽而低，向腹侧倾斜，几乎与躯干部形成1直角。额顶与头部后端通常有1或2个小棘。颈沟深。壳弧不发达，弯曲呈"S"形。无吻，但在吻的部位有一尖而向下的突起，这是本种与同属其余种类最显著的不同之处。复眼大，靠近额背。单眼小，位于复眼与第一触角基部的中间。第一触角着生在尖的突起之下，稍能活动，短而粗，末端有一束比触角略短的嗅毛。此外，在靠近末端的背侧还有一突起，其上生出一根粗的触毛。触毛长约为触角本身的一倍半。第二触角外肢4节，有4根游泳刚毛；内肢3节，有5根游泳刚毛。后腹部长，向后逐渐削细。肛刺5～7个。尾爪长，均匀弯曲，光滑无刺，或者只有非常纤细的梳状刚毛。腹突尚发达。尾刚毛很长。卵鞍背面前部圆而后部直。鞍面有密致的圆圈形和覆瓦形花纹，内储冬卵1个。

雄性体长0.30～0.39mm。壳瓣背缘平直，但前部微凹。第一触角靠近末端的后侧有一束嗅毛。此外，还有两根大小大致相等的触毛，一根位于前侧末半部，另一根位于触角的末端。第一胸肢具有细钩与长鞭毛。长鞭毛的基半部较粗而末半部较细，顶端向前微曲。

生境：嗜暖性。栖息于湖泊、水库、池塘、水沟、泥潭以及水稻田中，经常成为各类水域中的优势种类。数量以9月为最多。

采集地：浙江各淡水水源地、滇池流域、洱海流域。

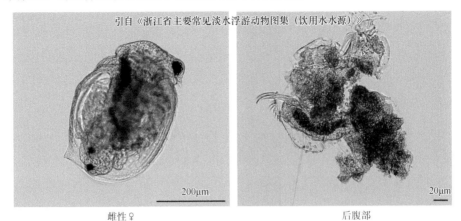

引自《浙江省主要常见淡水浮游动物图集（饮用水水源）》

雌性♀ 后腹部

采自浙江各淡水水源地

角突网纹溞（*Ceriodaphnia cornuta*）

（4）船卵溞属（*Scapholeberis*）

形态特征：体呈长方形，不很侧扁。色较灰暗。壳瓣腹缘平直或稍弧曲。后腹角具有向后延伸的壳刺。头部大而低垂。颈沟虽浅，但很明显。复眼颇大，单眼很小。第一触角短小，在形状上两性几乎没有差异。后腹部短而宽。尾爪短粗，无栉刺或只有篦毛列。腹突不发达，通常只有一个。雄体较小。壳瓣背缘较平。第一胸肢有钩，与溞属相似。无腹突。本属溞类常利用壳瓣腹缘的刚毛使腹面向上，倒悬其身体而漂浮于水面。

采集地：浙江各淡水水源地、丹江口水库、三峡库区（湖北段）。

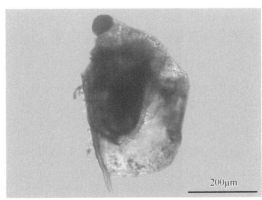

采自丹江口水库、三峡库区（湖北段）

船卵溞（*Scapholeberis* sp.）

1）平突船卵溞（*Scapholeberis mucronata*）

形态特征：雌性体长0.60～1.13mm。体短，近乎长方形。色灰暗或暗褐，尤其在吻部末端以及壳瓣前缘与腹缘的颜色特别深。壳瓣背缘弧状拱起；腹缘与后缘均平直。腹缘前端有一棱角突起，但较不明显，沿缘列生细密的刚毛。后腹角几乎成为直角，并有一根短而壮的壳刺，一直向后方延伸。壳纹网状，较不明显。头部大，占体长的1/3左右。从腹面或背面观察，额顶钝，在幼溞常有角状突起，称为额刺，成体偶尔也有。头腹面内凹。颈沟尚深。壳弧发达。复眼小，呈圆点状，靠近吻部末端。第一触角非常短小，稍微凸出于吻的下方。后腹部短而宽，末端圆，背缘中部略弯曲，其后具肛刺5或6个。只有一个腹突，不很长，向前伸。尾爪短，具不很明显的箆毛列。卵鞍近乎肾形，背侧较平。鞍面有多角形网纹。储圆形冬卵1个。

雄性体长0.40～0.70mm。色较浅。壳瓣状，背缘腹缘以及后缘都很平直。后腹角的壳刺非常长。壳纹粗而清晰。第一触角略大于雌体。第一胸肢有钩和鞭毛。后腹部背缘中部显著凹陷。

生境：广温性。常飘浮于大型水域如湖泊、水库、河流的沿岸以及池沼、水坑和稻田等浅小水域表面。

采集地：浙江各淡水水源地。

雌性♀

平突船卵溞（*Scapholeberis mucronata*）

2）壳纹船卵溞（*Scapholeberis kingi*）

形态特征：雌性体长0.67～1.10mm。外形与平突船卵溞非常近似，体色也呈灰暗或黄棕，但两种存在显著的区别。本种壳瓣的前缘呈圆弧状，后缘也比较隆起。在壳刺上方，不像平突船卵溞那样向内凹陷。腹缘前端的棱角突起显著，刚毛颇长。壳纹粗，呈网状，靠近后缘有数条与之平行的花纹。头部大而短，约为体长的1/4，从腹面或背面观察，头长与头宽几乎相等。额顶宽而圆，幼溞或成体均无额刺。吻比平突船卵溞的略长，稍弯曲。具颈沟。壳弧颇发达，向前延伸，但并不一直伸到头顶。复眼尚大，靠近额顶。单眼呈圆点状，或延长呈椭圆形，离吻端较远。在复眼后方，另有一条横纹，称为吻线，这为本种所特有。后腹部短而宽，背侧不弯曲，有3或4个肛刺和许多簇刚毛。较多的个体常有5或6个肛刺。尾爪短，具箆毛列。只有一个发达的腹突。

雄性体长约0.80mm。壳瓣背缘、腹缘与后缘都近乎平直。腹缘的刚毛非常长，但前、后两端的毛则较短。棱角突起较低。头部形状与平突船卵溞的雄体显然不同，背侧的复眼之后斜向颈沟，并在颈沟之前形成一鹰嘴状突起。

引自《浙江省主要常见淡水浮游动物图集（饮用水水源）》

200μm

壳纹船卵溞（*Scapholeberis kingi*）

生境：嗜暖性。习居于水坑、池沼等小型水域以及水稻田中，也可生活在水温高达35℃的温泉中。

采集地：浙江各淡水水源地。

2. 裸腹溞科（Moinidae）

头大，无吻，有颈沟。第一触角长，呈棒状，能活动。后腹部具一列肛刺，最末一个肛刺分叉，其余的肛刺边缘均有羽状刚毛。雄体较小，壳瓣背侧平直，第一触角远长于雌体的第一触角，常有一弯曲，在弯曲处的前侧着生2根触毛，触毛末端除嗅毛外，有数根钩状刚毛。第二触角刚毛式为0·0·1·3/1·1·3。

（1）裸腹溞属（*Moina*）

形态特征：身体不侧扁。颈沟深。壳瓣圆形或卵圆形。后背角稍外凸，无壳刺。后腹角浑圆。头部大，无吻。壳弧尚发达。第一触角细长，能活动，位于头部腹侧，触角上通常环生细毛。第二触角细毛也较多。后腹部露出于壳瓣之外，基端部较粗，向后稍细；末端部呈圆锥状。腹突不明显，通常仅留存几条褶痕。尾爪短，有些种类有栉刺列，有些则无。尾爪基部的腹侧有一根或多根刺状刚毛。雄性较小。壳瓣狭长，背缘较平直。复眼通常比雌性的更大。第一触角非常长大，前侧有2根触毛，末端有3～6根钩状刚毛和一束嗅毛。第一胸肢有钩，有的还有长鞭毛。卵鞍内储冬卵1或2个。

采集地：浙江各淡水水源地、珠江流域（广州段）、洱海流域。

1）微型裸腹溞（*Moina micrura*）

形态特征：雌性体长0.65～0.83mm，为本属中个体最小的种类。体呈宽卵形。无色透明或带浅红色。壳瓣薄，背缘非常凸起，孵育囊饱满时，凸出更甚；腹缘近乎平直或微向外凸，沿缘前半部列生长刚毛11～25根，刚毛数随个体大小不同而有差异。紧接长刚毛之后有许多短刚毛，并在短刚毛之间列生许多细刚毛。头部与壳面均无细毛。壳纹一般不清晰，似呈颗粒状，但在腹部前端有矩形或菱形的网纹。头部很大，向下倾斜，背侧有较深的眼上凹；腹侧在第一触角着生处凸出颇甚，其后向内凹入。头顶呈圆形，与躯干部连接处有明显的颈沟。复眼很大，位于头顶。第一触角略短于头长的一半，前侧中部有一根触毛，后侧列生无数细微的刚毛，末端有7～9根较长的嗅毛。第二触角在外观上显得比同属其他种类脆弱，内、外肢的末端达到壳长的一半。游泳刚毛末端可达到壳瓣后缘。触角基部的两根刚毛通常较长。后腹部短而瘦，末端锥状部分只占后腹部全长的1/4左右，侧面有羽状肛刺3～6个和叉状肛刺1个。背侧有呈波状排列的短毛列。尾刚毛较长，基节比末节短。尾爪大，基部有微弱的栉刺列，刺列由10～12个细刺构成。其后还有细刚毛，直达尾爪的末端。尾爪基部的腹侧有4～7根刚毛。卵鞍近乎卵圆形，但背缘较平直。全部花纹呈网状，沿缘的刻纹粗而清晰，中央模糊，但凸出较甚，有立体感。发育早期的花纹较清晰。内储冬卵1个。

雄性体长0.53～0.61mm。体呈长卵形。壳瓣背缘平直，腹缘凸出。头部狭长。复眼很大，充满头顶。第一触角非常长，约为体长的一半，靠近基部1/3处略弯。有一根细长的触毛偏位于弯曲部位的旁侧。末端有3或4根钩状刚毛和6或7根嗅毛。第一胸肢具有壮钩，与肢体本身垂直，向外伸出。后腹部与雌性的相同。生殖孔位于尾爪基部之前的腹侧。除非在雄性十分成熟的情况下，生殖孔一般不易察及。精子呈圆球形，周围射出许多轴丝。

生境：嗜暖性。习居于富营养型的浅水湖泊中。在浅的池塘和间歇性水域中也较常见。此外，也是大型淡水和咸淡水湖泊中常见的浮游种类。

采集地：浙江各淡水水源地、珠江流域（广州段）。

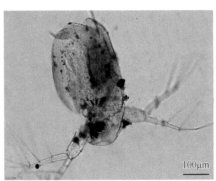

A. 采自珠江流域（广州段）

引自《浙江省主要常见淡水浮游动物图集（饮用水水源）》

雌性♀
B. 采自浙江各淡水水源地

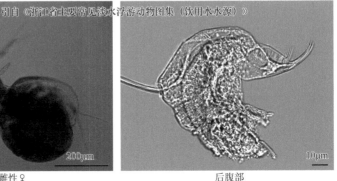

后腹部
C. 采自浙江各淡水水源地

微型裸腹溞（*Moina micrura*）

2）多刺裸腹溞（*Moina macrocopa*）

形态特征：雌性体长0.83～1.20mm。体呈宽卵形。无色，有时带浅红棕色。壳瓣背、腹两缘都不很凸出；腹缘沿边列生55～65根长刚毛，刚毛列从前腹角开始，向后延伸，扩及整个腹缘。靠近前端的刚毛长，往后渐短。随后又为许多短刚毛所替代；短刚毛多数排列成束。后背角浑圆，向外微凸。头部与壳瓣全部覆盖细毛。背侧的细毛长而近腹侧的短；有时细毛稀疏。壳纹大多由平行线交错构成。头部宽阔，不很向下倾斜。无眼上凹。复眼大小适中，位于头顶中央。第一触角强大，呈棒形，中部略粗，环生细毛。在靠近触角中部的旁侧生长触毛，末端有较长的嗅毛束。第二触角很强壮，各节都有几行刚毛。基肢的基部有2根刚毛，其长度超过基肢的一半。第一胸肢易于辨认，因其最末第二节前侧的刚毛的腹面有刺列。其余各胸肢的形状一般。后腹部宽长，末端锥状部占后腹部总长的1/4，背缘有细刚毛多列，斜向背缘。各侧有羽状肛刺7～11个和叉状肛刺1个。叉状刺的前叉与羽状肛刺长度相等，后叉则更长。尾爪基部无栉刺列而只有一列微小的梳状毛。基部腹侧有1或2个刺。此外，在尾爪与叉状肛刺之间还有2或3根短刚毛。

雄性体长0.63～0.82mm。体表覆盖稠密的细毛，头部的毛较稀。壳瓣背面的细毛比腹面的略长。无眼上凹。复眼充满头顶。第一触角长，位于复眼下方，中部弯曲，突起部分生出2根触：正位的一根基部粗；侧位的一根长，位于前者的下方。末端有钩状刚毛5～7根。头部与躯干部之间的颈沟比雌体深。壳面呈网状，覆盖细毛。壳瓣腹缘沿边有长刚毛35～40根。第一胸肢最末第二节有一个大而弯的钩，末端有刚毛3根，其中1根短而呈钩状，其余两根羽状。第一胸肢外的末端有长鞭毛，它的末端也呈钩形。后腹部的外形与雌性相同。有羽状肛刺7～10个。生殖孔位于尾爪的腹侧。

生境：习居于小型水域中，特别在间歇性水域中最为常见。夏季经常大量出现。

采集地：浙江各淡水水源地、洱海流域。

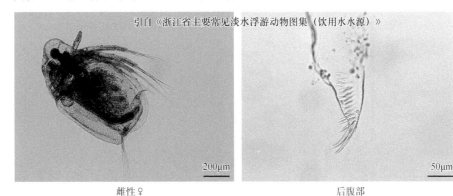

引自《浙江省主要常见淡水浮游动物图集（饮用水水源）》

| 雌性♀ | 后腹部 |

200μm 50μm

采自浙江各淡水水源地

多刺裸腹溞（*Moina macrocopa*）

3. 象鼻溞科（Bosminidae）

体小，短而高，壳腹缘平直，后腹角延伸成棘状壳刺。第一触角长，与吻愈合，尖突状，不能活动。嗅毛不生在第一触角末端，而位于靠近基部的前侧。第二触角短，只达壳瓣的腹缘，外肢4或3节，内肢3节。雄肢6对。壳弧一般短小。肠管不盘曲，无盲囊。雄性第一触角更长，不与吻愈合，能活动。第一胸肢有钩及长鞭毛。输精管开孔于左尾爪之间。

（1）象鼻溞属（*Bosmina*）

形态特征：体形变化甚大。头部与躯干部之间无颈沟。壳瓣后腹角向后延伸成一壳刺，其前方有一根刺毛，称为库尔茨毛，通常呈羽状。第一触角与吻愈合，不能活动。背侧有许多横走的细齿列，基端部与末端部之间有一个三角形的棘齿和一束嗅毛。在复眼与吻端中间的前侧生出一根触毛（又称额毛）。第二触角短小，外肢4节，内肢3节。胸肢6对，前两对变为执握肢，不呈叶片状。最后一对十分退化。后腹部侧扁，颇高，末端呈横截状。末腹角延伸成一圆柱形突起，突起上着生尾爪；末背角有细小的肛刺。尾刚毛短。尾爪有细刺。雄体小而长。壳瓣背缘平直。第一触角不与吻愈合，能动，基部通常有两根触毛。第一胸肢有钩和长鞭。

采集地：丹江口水库、三峡库区（湖北段）、浙江各淡水水源地、湘江流域、滇池流域、洱海流域、珠江流域（广州段）。

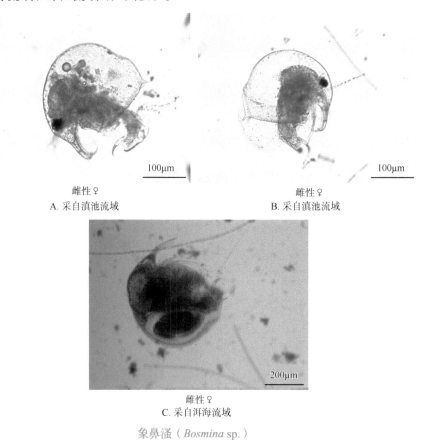

雌性♀　　　　　　　　雌性♀
A. 采自滇池流域　　　　B. 采自滇池流域

雌性♀
C. 采自洱海流域

象鼻溞（*Bosmina* sp.）

1）长额象鼻溞（***Bosmina longirostris***）

形态特征：雌性体长0.40～0.60mm。体形变化很大。体色透明或微带黄色。壳瓣颇高。后腹角延伸成一壳刺。壳刺通常比同属别的种类短，但其长度随个体龄期不同而异。龄期小的个体，壳刺反而长。壳刺末端钝，上缘光滑，下缘有时带锯齿。壳瓣腹缘的前端有10～14根羽状刚毛，前数根较长，后缘内侧列生微细的刚毛，刚毛列一直延伸到壳刺。壳纹不明显，呈六角形或菱形网纹。额毛着生于复眼与吻部末端之间的中央。壳弧为一条隆线。复眼通常较大，晶粒不多。第一触角短或中等长，末端部有时弯曲或呈钩状。三角形的棘齿短而钝，从侧面观察，仅尖端稍微凸出于触角背侧之外。嗅毛束着生的部位到吻端间的距离一般为触角全长的1/3左右。后腹部末端内凹。末背角突起较低。肛刺十分微细，侧面有很多簇刚毛。尾爪弯曲不均匀，往往形成两个膝状弯曲。在尾爪的基部与中部各有一行栉刺。基部一列共4～10个刺，前端几个不在尾爪本身上而位于着生尾爪的突起上。这列栉刺较长大，自前向后逐渐增长。中部一列刺较短，通常约15个，前3或4个较大。

雄性体长0.33～0.45mm。壳瓣狭长，背缘平直。吻钝。无额毛。第一触角不与吻愈合，可以活动。其前侧靠近基部着生两根触毛：一根位于基端的小突起上，另一根在前者的下方。第一胸肢有钩及长鞭。后腹部形状特殊，末端向内深凹，显得尾爪着生的突起特别长。尾爪较短，无明显的栉刺列。输精管开孔于尾爪着生的突起上。

生境：广温性。习居于湖泊与池塘等各种大小不同的水域中，但以湖泊为主。尤其在富营养型的水域中，数量特别多。在大型深水湖泊中，多分布于敞水区，但沿岸区也不少见。昼夜垂直移动幅度不大。可见本种活动只限于上层水中。季节变异显著，夏季身体较小；第一触角较短，大多向后弯曲。冬季身体较大；第一触角较长，且不弯曲。

采集地：丹江口水库、三峡库区（湖北段）、浙江各淡水水源地、湘江流域、滇池流域、洱海流域、珠江流域（广州段）。

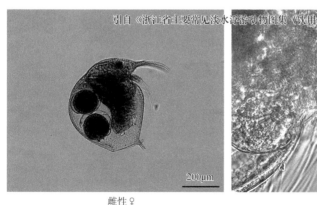

引自《浙江省主要常见淡水浮游动物图集《饮用水水源）》

雌性♀　　　　　　　　　　　额毛位置

采自浙江各淡水水源地

长额象鼻溞（*Bosmina longirostris*）

2）简弧象鼻溞（*Bosmina coregoni*）

形态特征：雌性体长0.34～1.20mm。体形有很大变异。透明无色或带黄褐色。壳瓣背缘隆起，往往比长额象鼻溞高。后腹角的壳刺通常很长，但有时退化或完全消失。壳刺上、下缘多无锯齿；其前方有库尔茨毛，但无壳刺时，库尔茨毛也不可能存在。壳瓣腹缘前端有10～16根羽状刚毛；后缘列生细小的刚毛，但刚毛通常只在靠近壳刺处比较发达。壳刺消失时，刚毛列也不存在。壳面大多光滑无纹。额毛特别靠近吻部末端。壳弧为一条隆线，不分叉。复眼较小。第一触角大多很长，显然超过体长，末端绝对不弯曲呈钩形。三角形棘齿细而尖，从侧面观察，不凸出于触角背侧之外。后腹部末端内凹。末背角比长额象鼻溞更加凸出。有4～8个细小的肛刺，侧面有很多簇刚毛。尾爪均匀弯曲，只有基部有一列栉刺，为5～10个。其后有一列刚毛，为25～40根。

雄性体长0.30～0.70mm。壳刺十分退化或完全消失。后腹部末端削尖。第一触角特别长。其他特征与长额象鼻溞雄性的相似。

生境：嗜寒性。大多栖息在大型湖泊与水库的敞水区，有时也出现在沿岸区。此外，池塘、水潭以及缓流的江河中也有分布。终年可见，数量以春季为最多。通常无周期生殖，有时以单周期生殖。雄体在10～11月出现。

采集地：浙江各淡水水源地、湘江流域。

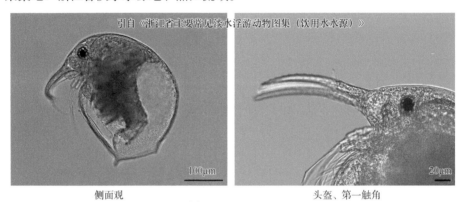

引自《浙江省主要常见淡水浮游动物图集（饮用水水源）》

侧面观   头盔、第一触角

采自浙江各淡水水源地

简弧象鼻溞（*Bosmina coregoni*）

3）脆弱象鼻溞（*Bosmina fatalis*）

形态特征：雌性体长0.25～0.76mm。形态特征一部分如长额象鼻溞，另一部分如简弧象鼻溞；但本种与前者或后者之间均无中间类型。身体透明无色。壳瓣高而背圆。后腹角有壳刺。壳刺通常细长，约为复眼直径的两倍以上，但有时也较短；末端尖锐，上、下缘均无锯齿。库尔茨毛也较粗，周缘有细毛。壳瓣腹缘的前端部分也有十余根羽状刚毛。壳纹多呈不规则的六角形，少数呈五角形。额毛靠近吻部末端不向内凹入，有微细的肛刺3或4个。尾爪均匀弯曲，基部有一列较长的栉刺，共5～9个，自前向后逐渐增大。后面还有一列细小的刚毛。

雄性体长0.30～0.40mm。形态特征与长额象鼻溞的雄性相似，但后腹部宽，且不下陷。尾爪基部的栉刺虽然小，但十分清楚。

生境：嗜暖性。主要栖息于湖泊中，间或也生活在江河以及较小的水域中。一般多生活在敞水区，但也常出现于沿岸区。终年可见，无周期生殖，数量以夏秋两季为最多。

采集地：浙江各淡水水源地。

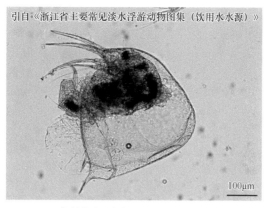

引自《浙江省主要常见淡水浮游动物图集（饮用水水源）》

脆弱象鼻溞（*Bosmina fatalis*）

（2）基合溞属（*Bosminopsis*）

形态特征：有颈沟。身体清楚地分为头与躯干两部分。壳瓣后腹角不延伸成壳刺。腹缘后端部分列生棘刺，棘刺可随个体的成长而逐渐变短，甚至完全消失。雌体第一触角基端左右愈合，共有2根触毛；末端部弯曲。无三角形棘齿，但有许多细齿。嗅毛着生于触角的末端。第二触角内、外肢均分3节。胸肢6对，前两对呈叶片状，最后一对十分退化。后腹部向后削细。肛刺细小。雄体第一触角稍微弯曲，左、右完全分离，且不与吻愈合。第一胸肢有钩和较长的鞭毛。

采集地：三峡库区（湖北段）、浙江各淡水水源地、珠江流域（广州段）。

1）颈沟基合溞（*Bosminopsis deitersi*）

形态特征：雌性体长0.28～0.58mm。体呈宽卵圆形。颈沟颇深，远离身体前端。透明无色或带淡黄色。壳瓣短，背缘弓起，前缘以及与之相连的复缘前端部分列生12～15根羽状刚毛。刚毛之后，腹缘上还列生棘刺。棘刺前短后长，数目因变异类型不同而异，一般4～10根；长度随着龄期的增高反而逐渐变小，完全成长的个体大多已无棘刺。后背角凸出。后腹角浑圆，且不延伸成壳刺。龄期较高的个体往往无库尔茨毛。壳纹不十分明显，大多呈六角形。头部很大，约占体长的1/3。壳弧不发达。复眼很大。靠近复眼的头部前侧显著向外凸出。吻很短，与第一触角基端部完全愈合，两者之间已无明显的界线。第一触角基端部左右愈合，左右两侧共有两根触毛。末端部分离，各向左腹侧和右腹侧弯曲。末端有相当长的嗅毛7～11根（通常为8根）。此外，整个触角上还有许多列细齿。第二触角基部有一个小的突起，其上着生一根刚毛。内肢与外肢均分3节，前者有游泳刚毛5根，后者仅3根。胸肢6对。肠管简单，前端稍膨大，无盲囊。后腹部背侧陡峭，末端变细。在肛门之前的背侧稍内陷，各侧前后列生微细的肛刺。尾刚毛不长。尾爪粗大，稍弯曲，基部有一个强壮的爪刺。

雄性体长0.20～0.50mm。颈沟不显著。壳瓣低，背缘平坦，腹缘列生的棘刺通常比雌性的长，个体成长以后仍然存在。后腹角比较凸出。第一触角特别长大，不仅基部的左右不愈合，而且也不与吻愈合，仍可活动。第一胸肢有钩及较长的鞭毛。后腹部细长。

生境：嗜暖性。草丛化的湖泊中分布尤其普遍。大多生活在沿岸区。单周期生殖，每年夏末秋初或中秋进行两性生殖。

采集地：三峡库区（湖北段）、浙江各淡水水源地、珠江流域（广州段）。

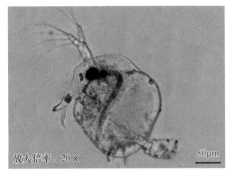

放大倍率：20×

50μm

A.采自珠江流域（广州段）

放大倍率：20×

50μm

B.采自珠江流域（广州段）

引自《浙江省主要常见淡水浮游动物图集（饮用水水源）》

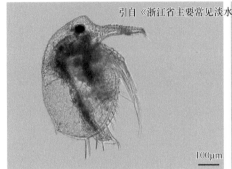

100μm

侧面观

C.采自浙江各淡水水源地

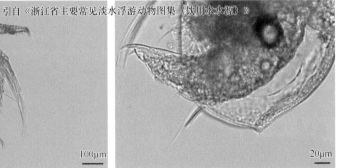

20μm

后腹部

D.采自浙江各淡水水源地

颈沟基合溞（*Bosminopsis deitersi*）

4. 粗毛溞科（**Macrothricidae**）

个体小，卵圆形，侧扁，躯干部及胸肢全为甲壳所包被，后腹部上肛刺周缘无羽状毛，末肛刺不分叉。第一触角发达而能活动，第二触角外肢4节、内肢3节。胸肢5或6对。肠直或盘曲。

（1）泥溞属（*Ilyocryptus*）

形态特征：体近三角形。头部很小，额顶呈锐角。壳瓣由于蜕皮时不脱落，因此重叠而成"年轮"般的壳层。背缘短，后缘高；后腹两缘全部列生刚毛，刚毛的羽状分枝明显，有些刚毛基部还有小刺。吻短。壳弧发达，伸到头顶。有颈沟。复眼不大，单眼小。第一触角分为2节，能动。第二触角短，基肢非常粗壮。胸肢6对。腹突1个。形状很大，具有细毛。后腹部宽而侧扁，背缘圆形，具有许多长长短短的肛刺。尾爪长，有两个细长爪刺。肠管不盘曲。无盲囊。雄性第一触角非常细长，并有长的触毛。第一胸肢无钩。

采集地：浙江各淡水水源地。

1）活泼泥溞（*Ilyocryptus agilis*）

形态特征：雌性体长0.4～0.76mm。体呈三角形，金黄色或黄褐色，较不透明，壳层明显。壳瓣背缘短而平直。后腹两缘浑圆而凸出，并密生羽状刚毛，后缘部分大多数刚毛的基部只有一个棘刺。头部很小，背面稍微弯曲，腹面弯成"S"形。额顶尖而凸出。颈沟清晰。吻虽短，但尖。壳弧伸向头部顶尖。复眼尚大，靠近腹缘。单眼接近吻尖。第一触角分两节，基节短而末节很细长。有时在基节的正前方具有一个细的钝刺。末节顶端有一束嗅毛，其中2或3根较长。第二触角的形状与底栖泥溞类似，但游泳刚毛略短。后腹部强大，侧扁。肛门陷靠近尾刚毛着生点。前肛刺8或9个。后肛刺位于各侧的一列较粗，共8个左右；沿缘的一列较短小，共10～12个。腹突细长而尖，带细毛。尾爪长大，有长的爪刺2个。

雄性体长0.30mm左右。几乎同雌性的幼溞相似。壳瓣背缘平直。后背角明显。第一触角末节的前侧有一根长的触毛。交媾器一对，靠近尾刚毛着生点。

生境：习居于湖泊和池塘的底部。喜在淤泥较厚、水草不多的水域中生活。无周期繁殖，雄溞罕见。

采集地：浙江各淡水水源地。

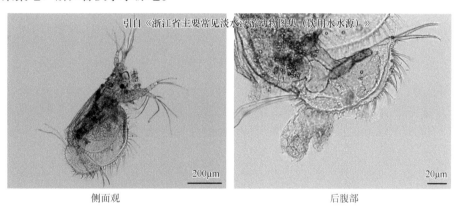

引自《浙江省主要常见淡水浮游动物图集（饮用水水源）》

侧面观　　　　　　　　　　　　　后腹部

活泼泥溞（*Ilyocryptus agilis*）

5. 盘肠溞科（Chydoridae）

壳较厚，身体完全包被在头甲和壳瓣之内。头甲向前延伸，超过第一触角基部，构成吻；其两侧往后延伸，超过第二触角基部，构成壳弧。单、复眼变化很大，复眼小，复眼大于单眼，或单眼大于复眼，或两者同大，或缺复眼只有单眼。第一触角短小，一般不超过吻的末端，稍能动。第二触角内、外肢均为3节。胸肢5或6对。肠管盘曲一圈以上。极少数种类肠前部有1对盲囊，大多数种类只在肠后部有1个盲囊（盲肠）。后腹部极侧扁，无腹突，卵鞍内储冬卵1个。雄体形态近似雌体，但较小，吻较短，第一触角增生一根特殊的触毛，第一胸肢有壮钩。后腹部的刺或棘均较纤弱，或为刚毛所代替。输精管开口于尾爪基部附近。

（1）大尾溞属（*Leydigia*）

形态特征：体呈宽卵形，侧扁。无隆脊。壳瓣背缘短，稍弓起；后缘高，明显外凸。后腹角浑圆。壳纹多呈纵线或不明显。单、复眼尚大。后腹部很宽大，侧扁，几呈半椭圆形，在肛后部沿缘有很多强大的刺束。尾爪粗大，爪刺细小或缺如。肠管盘曲，无盲囊。雄性体小，第一胸肢有钩状突起。在尾爪间的外方有交媾器。

采集地：浙江各淡水水源地、滇池流域。

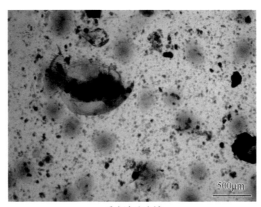

采自滇池流域

大尾溞（*Leydigia* sp.）

1）无刺大尾溞（*Leydigia acanthocercoides*）

形态特征：雌性体长0.65～1.40mm。体呈卵形。浅黄色。壳瓣背缘圆弧形；后缘平截，较高，仅稍低于中部最宽部分；腹缘呈弓形，有较长的刚毛。后背角明显。后腹角浑圆。壳面有十分清晰的纵纹。头部细小。单眼比复眼稍大。吻尖。第一触角后缘下方有触毛1根，末端约有9根嗅毛。第二触角游泳刚毛式为0·0·3/1·1·3。外肢第一节和末节都有一根长刺。内肢第一、第二节均有一横列细刺，末节有一个长刺。胸肢5对。肠管盘曲，无盲囊。唇片前缘有长的纤毛列。后腹部宽大，肛后部背缘呈弧状凸出。肛刺细小，数目不少。肛门部有2或3簇短的刺刚毛，肛后部的侧面有10簇小刺，后半部约有10簇侧肛刺，其中前两簇由长短刺各一个组成，其余8簇由二长一短的刺组成，接近尾爪基部又有2簇细刺。侧刺中最长者超过尾爪长度的1/2，甚至达到爪长的2/3。尾爪基部无爪刺，有一列细刚毛，靠近爪基半列的细刚毛较长。

雄性体长0.51mm左右。壳瓣比较狭长。吻钝。壳纹与雌性相同。第一触角前缘有一根长的触毛，后缘也有一根短触毛，靠近末端；末端有6根以上嗅毛。第一胸肢有壮钩和长鞭毛。后腹部的肛刺很细，往往不易察见。在尾爪之间的腹侧有一交媾器，末端为输精管开孔。

生境：广温性世界种。池沼的底层较多，湖泊沿岸也有。

采集地：浙江各淡水水源地。

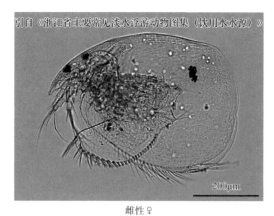

雌性♀

无刺大尾溞（*Leydigia acanthocercoides*）

（2）尖额溞属（*Alona*）

形态特征：体呈长卵形或近矩形，侧扁。无隆脊。壳瓣后缘较高，其高度通常比最高部分的一半还大。后腹角一般浑圆，有的种类具刻齿或棘刺。壳面大多有纵纹。壳弧宽阔。吻部短钝。第二触角外肢有3根游泳刚毛，内肢有4或5根游泳刚毛，如为5根，靠近基部的第一根毛往往十分短小。肠管盘曲，末部大多有一个盲囊。胸肢一般为5对，6对者稀见；且6对中最末一对非常萎缩，仅留肢痕。后腹部短而宽，非常侧扁。肛刺和栉毛簇的构造随种类不同而异。只有一个爪刺。雄性壳瓣的背、腹两缘均较平坦。体色比雌性深，常呈黄褐色或金黄色。吻部更短。第一胸肢有壮钩。有些种类的雄体无爪刺。

采集地：浙江各淡水水源地、湘江流域。

1）方形尖额溞（*Alona quadrangularis*）

形态特征：雌性体长0.60～0.85mm。体近长方形。浅黄色或黄褐色，壳瓣背缘弓起，中部最高；后缘高，稍微向外凸出，其高度仅比壳瓣最高部分略小；腹缘比较平直，全部列生刚毛。后背角几成圆形，但稍微凸起。后腹角浑圆，无刻齿。壳纹明显，为十余条与壳瓣背腹缘几乎平行的纵纹。头部伸向前方。吻部短钝，吻尖低垂，与腹缘差不多位于同一水平线上。复眼比单眼大。第一触角粗短，前侧有一根触毛，末端有一束嗅毛。第二触角共有8根游泳刚毛，刚毛式为0·0·3/1·1·3。其中内肢第一节上的刚毛很短，且不分节。胸肢5对。肠管盘曲一圈以上，末部有一个盲囊。唇片呈方形，转角上稍圆。后腹部很大，末背角浑圆，前、后宽度几乎相等。无腹突。有2根短的尾刚毛。肛凹离后腹部的末端较远，有15～18个肛刺，侧面有节毛簇十余束。尾爪长大，只有一个爪刺，其凹侧无小刺。

雄性体长0.52～0.56mm。壳瓣背缘较直；腹缘中部呈弧状凸出。吻部更短。第一触角前后各侧共有2根触毛。第一胸肢有壮钩。后腹部无肛刺，侧面有节毛簇，靠近末端的毛簇耸出于后腹部的背缘之外。

生境：习居于湖泊沿岸。敞水区的湖泊湖底和池塘内也有。无周期生殖，雄溞9～10月或出现。卵鞍内储冬卵1个。夏卵每胎1或2个。

采集地：浙江各淡水水源地、湘江流域。

方形尖额溞（*Alona quadrangularis*）

2）点滴尖额溞（*Alona guttata*）

形态特征：雌性体长0.38～0.52mm。体型与方形尖额溞相似，但身体小得多。无色或淡黄色，透明。壳瓣背缘稍微拱起，中部最高；后缘显著高于壳高的一半；腹缘平直，列生刚毛。后背角浑圆，但仍可辨认。后腹角圆钝。壳纹纵行或圆点状，或不明显。头部向前伸。吻部钝，吻尖与腹缘几乎在同一水平线上。复眼比单眼大。第一触角末越出吻尖，前侧有一根触毛，末端有一束嗅毛。第二触角共有8根游泳刚毛，内肢第一节的刚毛萎缩，不分节。胸肢5对。肠管盘曲一圈半以上，末部有一个盲囊。唇片舌状，唇脊光滑。后腹部短而宽，末背角呈三角形，背缘有7～9个较粗壮的肛刺，侧面无节毛簇。尾爪基部有一个不大的爪刺。

雄性体长0.30～0.43mm。壳瓣背缘平坦；腹缘前部凸出，后部稍凹或平直。第一触角前后各侧共有2根触毛。第一胸肢有壮钩。后腹部向爪尖稍细，末背角圆，无肛刺，仅在侧面靠近后腹部背缘有少数刚毛簇。无爪刺。输精管开孔于靠近尾爪基部后腹部腹侧的突起上。

生境：习居于湖岸草丛中。池塘和水坑中也能发现。每年5～10月数量较多。

采集地：浙江各淡水水源地。

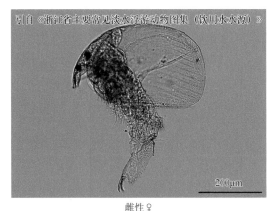

雌性♀

点滴尖额溞（*Alona guttata*）

（3）异尖额溞属（*Disparalona*）

形态特征：体呈长卵形。背侧宽厚，腹侧扁平。壳瓣后腹角通常无刻齿，但有时可有一个小齿。头部小。吻长而尖。头孔属盘肠溞亚科型，位于靠近头甲的后缘。第二触角总共只有7根游泳刚毛。后腹部有肛刺和侧刚毛簇。尾爪有1或2个爪刺。肠管末部有一个盲囊。雄体小。壳瓣背缘比雌性平直。后背角较不明显。吻短钝。第一胸肢有壮钩。

采集地：浙江各淡水水源地。

1）吻状异尖额溞（*Disparalona rostrata*）

形态特征：雌性体长0.38～0.50mm。体呈长卵形。外形与平直溞相似。浅黄色或黄褐色。头甲向后延伸不达到壳瓣中部。壳瓣背缘弓起；后缘稍外凸，其高度比壳瓣最高部位小得多；腹缘近乎平直或稍外凸，全缘列生均匀而较长的刚毛。后背角明显。后腹角通常无刻齿，但有时也出现一个小齿。壳纹非常显著，多为纵纹，其间还有横纹或斜纹，或交叉接成多角形网纹。头部小。头孔属肠溞亚科类型，位于头甲的后缘。吻长而尖，直伸或稍微向后弯曲。但眼较大，比复眼小得有限。单眼到复眼的距离约为后者到吻尖的1/3。第一触角不长，前侧的偏末部有一根触毛，末端有一束嗅毛，只达到吻部的中间。第二触角内外肢各分3节，总共只有7根游泳刚毛，刚毛式为0·0·3/0·1·3。内、外肢的末节和内肢的基节上各有一个小刺。胸肢5对。肠管盘曲一圈半，末部有一个盲囊。唇片尖舌状，唇脊光滑。后腹部较窄，末背角浑圆，前肛角凸出不高，肛门开口处稍凹入，肛刺10个左右。侧面有一列很微弱的刚毛，往往不易察见。尾爪细长，有一个大的爪刺，有时在前方还有一个很细的刺。

雄性体长0.31～0.40mm。体近矩形。壳瓣背缘平坦；后缘弧形；腹缘凸出极微。后背角与后腹角均浑圆。吻短钝。第一触角的嗅毛越过吻尖。触角的前、后侧共有两根触毛。第一胸肢有壮钩，钩呈深棕褐色，十分显眼。后腹部向尾爪削细，无肛刺而只有一行参差的侧刚毛。尾爪弯曲，有时呈"S"形。无爪刺。输精管开孔于靠近尾爪基部的后腹部的腹侧。

生境：习居于湖泊沿岸和小的池沼中。单周期生殖。雄溞产生于夏末秋初。

采集地：浙江各淡水水源地。

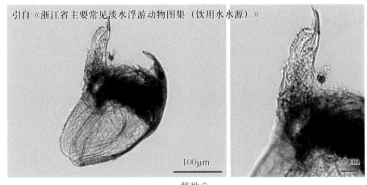

引自《浙江省主要常见淡水浮游动物图集（饮用水水源）》

100μm　　　　10μm

雌性♀

吻状异尖额溞（*Disparalona rostrata*）

（4）平直溞属（*Pleuroxus*）

形态特征：体侧扁，呈长卵形或椭圆形。壳瓣后缘很低，最高也不会超过壳高的一半。后腹角大多具有短小的刺，极个别的种类无刺。壳面大多有明显的纵纹。头部低。吻尖长，向内弯曲。单眼总比复眼小得多。第一触角短小。第二触角内、外肢各3节，共有8根游泳刚毛，但外肢第一节的刚毛短，往往不分节。肠管末部具有盲囊。后腹部狭长，仅背缘有肛刺，侧面通常无刚毛。尾爪基部有2个爪刺。雄性体小。壳瓣背缘后半部直向后缘倾斜。第一触角大多为两根触毛。第一胸肢有壮钩。后腹部随种类不同而异。

采集地：浙江各淡水水源地。

1）光滑平直溞（*Pleuroxus laevis*）

形态特征：雌性体长0.35～0.55mm。体呈长卵形。浅灰色、淡黄色或棕黄色。壳瓣背缘弓形；后缘颇低；腹缘比较平直，全部列生刚毛。后背角尖，但不向后凸出。后腹角有一个小齿。壳面有不很明显的纵纹。头部小而低。吻部尖长，稍微弯曲。单眼到复眼的距离约为前者到吻尖的一半。第一触角前侧下部有一根触毛，末端有一束等长的嗅毛。第二触角游泳刚毛式为0·0·3/1·1·3。胸肢5对。肠管末部有一盲囊。唇片尖舌状，脊上光滑。后腹部略长，背侧在肛门陷后方稍微凹入，而且逐渐收缢变窄。肛前部的宽度略大于尾爪基部处宽度的两倍。肛刺15～18个。尾爪尚长大，基部有2个爪刺。

雄性体长0.45mm左右。壳瓣背缘的后半部平直；腹缘中部向外凸出。第一触角较长，越过吻部的正中。第一胸肢有钩。后腹部背侧中部内凹不明显。肛刺微细，宛如刚毛。尾爪弯曲不均匀，爪刺与雌性的相同。输精管开孔于尾爪之间或后腹部末端的腹侧。

生境：习居于湖泊沿岸、池塘、水潭以及缓流的江河中。种群5月出现，11月消失。有些较大型水域中往往终年出现。

采集地：浙江各淡水水源地。

引自《浙江省主要常见淡水浮游动物图集（饮用水水源）》

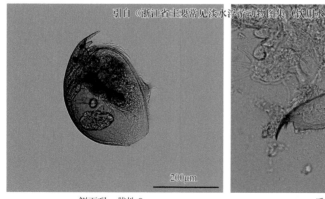

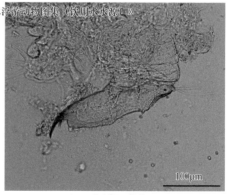

侧面观，雌性♀　　　　　　　后腹部，雌性♀

光滑平直溞（*Pleuroxus laevis*）

2）钩足平直溞（*Pleuroxus hamulatus*）

形态特征：雌性体长0.45～0.55mm。体近长方形。黄褐色。壳瓣背缘弓起；后缘垂直；腹缘近乎平直，中部稍凹，全缘列生刚毛。后背角明显，不向外凸出。后腹角无刻齿。壳面有斜行的纵纹，其间还有许多横纹。头部中等大小。吻长而尖，弯曲均匀，吻尖超过唇片。单眼小。复眼比单眼略大。第一触角前侧靠近中部具有一根触毛；末端为一束等长的嗅毛。第二触角内、外肢各分3节，游泳刚毛式为0·0·3/1·1·3。胸肢5对，第一胸肢具钩，这是区别于近似种的重要特征之一。唇片小而尖，唇脊光滑。后腹部中等大小，相当平直。肛后部向后逐渐削细，具肛刺12～14个。肛门后背缘的长度接近肛凹陷的2倍。尾爪基部有2个爪刺。

雄性体长0.36～0.39mm。壳瓣背缘较平直，在第二触角稍后处最高。第一触角前侧只有一根触毛。第一胸肢具强钩。后腹部狭长，从肛后角开始向后收削，中部凹陷很深。肛刺稀少，仅在末端稍凸部分残留4个，另外转向上方还有细刺与栉毛4或5簇。

生境：生活于湖泊沿岸及池塘中。夏季多，秋末出现雄溞。

采集地：浙江各淡水水源地。

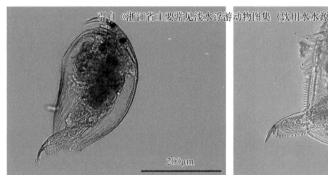

引自《浙江省主要常见淡水浮游动物图集（饮用水水源）》

侧面观，雌性♀　　后腹部，雌性♀

钩足平直溞（*Pleuroxus hamulatus*）

（5）盘肠溞属（*Chydorus*）

形态特征：体呈圆形或卵圆形，稍微侧扁。壳瓣短，长度与高度略等，腹缘浑圆，其后半部大多内褶。头部低。吻长而尖。第一触角短小。第二触角也不长，内肢和外肢各分3节，内肢有4或5根游泳刚毛，外肢仅在末节有3根游泳刚毛。后腹部通常短而宽，背缘仅有肛刺，或带有细的侧栉毛。爪刺2个，内侧的一个很小。肠管末部大多有盲囊。雄体小。吻较短。第一触角稍粗壮。第一胸肢有钩。后腹部较细，肛刺较弱。

采集地：浙江各淡水水源地、滇池流域、洱海流域。

1）圆形盘肠溞（*Chydorus sphaericus*）

形态特征：雌性体长0.25～0.45mm。体呈圆形或宽椭圆形。淡黄色或黄褐色。壳瓣短而高；背缘弓起；后缘很低；腹缘向外凸出，中部尤甚，后半部内褶，并列生刚毛。后背角不明显。后腹角浑圆。壳面有六角形或多角形网纹，但往往不易看出。头部低。吻长且甚尖。单眼小于复眼，两眼间的距离比单眼到吻尖的距离短。第一触角前侧仅有一根触毛，从它着生的部位到末端的长度约为触角全长的1/3，末端有一束嗅毛。第二触角短小，内、外肢均分3节，总共只有7根游泳刚毛。胸肢5对。肠管盘曲一圈半，末部有一个盲囊。唇片尖舌状。脊上光滑。后腹部短，前肛角凸出显著，两侧平滑，背缘有肛刺8～10个。尾爪基部有爪刺2个，前面的一个细小。尾刚毛细而不长。

雄性体长0.23～0.32mm。壳瓣背缘弓起；腹缘比背缘更加凸出，全部列生刚毛；后缘弧曲度极小。后背角非常明显。吻部稍钝，其顶面观可见到2个细小突起。第一触角粗壮，前侧有数根触毛。第一胸肢有壮钩。后腹部在肛门后方收益呈棒状。肛刺和爪刺几乎全缺，或仅有少数刺状刚毛。输精管开孔于后腹部末端。

生境：生活于大小不同的各类水域中。在湖泊或水库中以沿岸区的水草丛内数量最丰富。生殖周期随水域面积大小以及其他环境因子的不同而异。在大的水域中，雄溞罕见。

采集地：浙江各淡水水源地、滇池流域、洱海流域。

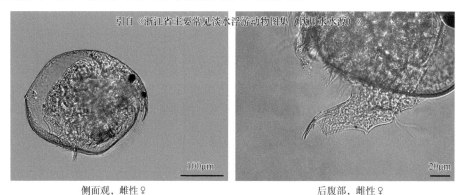

引自《浙江省主要常见淡水浮游动物图集（饮用水水源）》

侧面观，雌性♀	后腹部，雌性♀

采自浙江各淡水水源地

圆形盘肠溞（*Chydorus sphaericus*）

第二十八章

桡足类（Copepoda）

在淡水中营自由生活的桡足类隶属于3个目，即哲水蚤目、猛水蚤目及剑水蚤目。桡足类的身体可分为头胸部与腹部。在身体的中部有一个可动关节，它的位置在哲水蚤及剑水蚤是显著的，而在猛水蚤中则是不明显的。哲水蚤的可动关节位于第5胸节与生殖节之间，而在剑水蚤和猛水蚤，则位于第4、5胸节之间。桡足类的种类鉴定主要根据外部的构造。通常呈两性生殖，无节幼体在水中经过5或6个无节幼体期，则变成桡足幼体，再经过5或6个桡足幼体期，最后蜕皮变成成体。许多种类的桡足幼体，在不良条件下大都可以由分泌的有机物包围而形成包囊，渡过不良环境，一旦环境适宜，再生长繁殖。

桡足类生活于不同类型的水域内，水库、湖泊、池塘、河流等都有它们的分布。除作为某些鱼类和无脊椎动物的良好食料外，还可作为测定水体污染的指示生物。

（一）哲水蚤目（Calanoida）

前体部（即头胸部）显著宽于后体部（腹部），活动关节位于最末胸节与第一腹节之间。头部与第一胸节、第四与第五胸节常愈合。腹部雌体4节，雄体5节。雌体生殖节大，腹面有1对生殖孔。雄体生殖孔1个，位于左侧。第五胸足雌体与前4对不同，退化或全缺；雄性常呈钳状，其结构随种类而异，是鉴定种类的主要依据之一。在胸部1～2节之间有囊状心脏。卵直接产于水中或产于1个卵囊中（许水蚤具有2个卵囊）。在雌体上，有时还可见到由雄体安放在生殖节上的精荚。哲水蚤类多数生活在海洋中，是浮游动物的最重要类群之一。

100μm

采自滇池流域

哲水蚤目一种（Calanoida sp.）

1. 胸刺水蚤科（Centropagidae）

中小型桡足类，大小为1.5～3mm。头与胸部一二节愈合或分开。末胸节后侧角刺状或圆钝。腹部雌性3或4节，生殖节不对称并具刺毛；雄性4或5节。尾叉稍长。雌、雄第五胸足均为双肢型，雄性不对称，左足外肢2节，右足末端有钩状刺，钳状。

（1）华哲水蚤属（Sinocalanus）

形态特征：头胸部通常窄长。第5胸节的后侧角不扩展，左右对称，其顶端多数有细刺。雌性腹部两侧对称，分4节，有的种类的后两腹节的分界不完全。尾叉细长，内缘有细毛。雌性第一触角分25节，雄性执握肢分21节。第二触角分7节，内肢长于外肢。雌性第5胸足的外肢分3节。雄性第5右胸足第1基节的内缘无突起，而第2基节的内缘通常有突出物。左、右足的外肢均分2节，右足第2节的基部膨大，末部呈钩状；左足第2节的末端有一直刺。

采集地：浙江各淡水水源地。

1）汤匙华哲水蚤（Sinocalanus dorrii）

形态特征：雌性体长1.44～1.73mm。体型窄长。头节与第1胸节界线分明。腹部明显可见的仅3节。生殖节近乎圆形。尾叉窄长，长度约为宽度的6倍以上，内、外缘都有细刚毛。第1触角分25节。第2触角的内肢显著长于外肢，内肢分2节，外肢分7节。第4对胸足左右对称，内、外肢皆分3节。外肢第1节的内基角有一半圆形突起，外缘末部有一刺，这根刺的外缘为锯齿状，内缘生一列细毛。又在节的外缘中部和外末角各有一短刺。内肢的第2节有一根羽状刚毛，第3节有6根羽状刚毛。

雄性体长1.30～1.69mm。头胸部似雌体。腹部分5节。执握肢分23节，膝状关节在第18与19节间。第5右胸足第2基节内缘基部伸出一个匙状突起，节的内缘和前面中部有许多细齿，外末角有一细刺。外肢分2节，第1节的外末角有一短刺，第2节基部内侧面

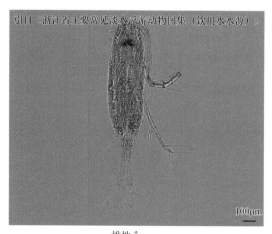

引自《浙江省主要常见淡水浮游动物图集（饮用水水源）》

雄性♂

汤匙华哲水蚤（*Sinocalanus dorrii*）

有数个突起，末部延伸成钩刺状。内肢分3节，第2节有一根羽状刚毛，第3节有6根长刚毛。左胸足第2基节较粗短，内缘中部有两个钝圆的隆起，外末角有一根细刚毛。外肢第1节内缘有一个隆起，外末角有一根短刺；第二节的内缘波纹状，生一列细毛，外缘和末缘共有3根短刺和一根长刺。内肢分3节，第2节的内缘基半部显著突出，内缘末半部附一根长刚毛，第3节也有6根长羽状刚毛。

生境：纯淡水种类，广泛生活于我国亚热带和温带的湖泊、池塘和河流中。终年可见。

采集地：浙江各淡水水源地。

2. 伪镖水蚤科（Pseudodiaptomidae）

额部前端宽圆或狭尖。头节与第1胸节分开或愈合。第4、5胸节愈合。胸部后侧角钝圆或尖锐。雌性腹部分4或5节，生殖节常不对称，有的具毛或刺，节的腹面明显突出。雄性腹部分5节。尾刚毛短。雌性第1触角分21或22节。雄性第1右触角为执握肢。第2触角的外肢较内肢长。第2颚足的基节较短而膨大。第1~4对胸足的内、外肢均分3节。雌性第5胸足单肢型，分4节。雄性第5胸足的结构复杂，分4或5节，内肢退化。卵囊成对。

（1）许水蚤属（Schmackeria）

形态特征：额部前端钝圆或狭尖。头节与第1胸节、第4与第5胸节都愈合。胸部后侧角常钝圆，多数附有数根刺状毛。第一触角较短小。第1~4对胸足的内、外肢都分3节。雌性第5对胸足为单肢，左右对称，最末端的棘刺长而锐。雄性第5对胸足也是单肢型，但左右不对称，左胸足第2基节的内缘向后方伸出一个长而弯的镰刀状突起或较短粗的腿状突起。

采集地：浙江各淡水水源地。

1）球状许水蚤（Schmackeria forbesi）

形态特征：雌性体长1.15~1.40mm。头胸部的后侧角有4或5根刺状刚毛；节的背面在接近生殖节的两侧有一个小突起，突起上有1或2根刺，在接近后缘的部位又各有一新月形片。腹部分4节。生殖节长而大，前半部较宽并向两侧隆起，其外侧面有许多细小的刺状毛。除肛节外，各腹节的后缘都有细锯齿。尾叉的长度约为宽度的3倍，内缘有细刚毛。卵囊一对，各含卵约21个。第1触角较短，向后转时又抵达第2腹节。第5对胸足为单肢型，左右对称。外肢第1节的内末角有一圆钝的突出，外缘的后部有一棘，内缘的中部约3根粗而长的毛；第2节的外缘中部稍后处亦有一棘，节的末端有一棘状长刺，此刺基部的背面和腹面又各有一棘刺。

雄性体长1.06~1.20mm。体形似雌体，只有最后一胸节的背面和后缘无刺及新月形突起。腹部分5节。生殖节基端的两侧略突出，各约有两根小刺，左侧缘还有一鸟啄状突起。第2～4腹节的后缘有锯齿列。尾叉的长度约为宽度的3倍，内缘具细毛。第5对胸足单肢型，左右不对称。右胸足第2基节的长度与宽度约相等，内侧面的基半部有一较大的锥形突起，顶端有一刺；内侧面的中部有一三角形齿突，节外缘的后半部有一列细刺。外肢分两节，第1节的内缘中部有一刺状毛，外末角伸出一强大的刺；第2节较长，其内缘和外缘上各有一刺状毛，末端有一钩状刺，刺的内缘近基部和中部各具一突起，突起上生一细毛，长刺的末端弯曲，内缘和外缘的末端有细刺列。左足第2基节的外末缘有一列短刺，节内缘镰刀状突起的基部向后伸出一个三角形锐刺，它紧靠着外肢第1节的内缘。外肢第1节呈长方形，外末角有数个小刺，内缘近基部处生一根刚毛。第2节的外缘中部有一棘，内缘基半部伸出一球状突起，突起的顶部有数根刚毛。

生境：生活于湖泊、池塘和江河中。湖泊中以沿岸带较多，江河中则多在中、上层水中活动。能生活于淡水或咸淡水中，但主要生活于淡水。春、秋两季带卵的母体较多，个体也较丰满，体内充满着金黄色的油点。

采集地：浙江各淡水水源地。

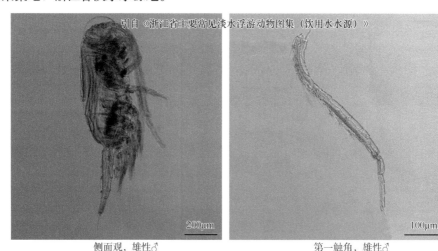

引自《浙江省主要常见淡水浮游动物图集（饮用水水源）》

側面观，雄性♂   第一触角，雄性♂

200μm   100μm

球状许水蚤（*Schmackeria forbesi*）

2）指状许水蚤（*Schmackeria inopinus*）

形态特征：雌性体长1.25～1.40mm。额部前端较狭尖。头胸部后侧缘有刺状刚毛约5根，近生殖节处有一向后的突出。最后一胸节的背部近内侧有一对小刺。生殖节的前半部较宽大，两侧缘各有一根细毛。腹部前三节的后缘有一列锯齿。肛节较小。尾叉的末部较基部宽大，内缘有细长的刚毛；尾刚毛5根，居中的一根显著膨大。卵囊一对。第1触角向后伸展时约达生殖节的中部。第5对胸足的外肢第1节的内末角有一刺状突起，背面近外末角处有一棘刺；第2节的内末角有一膨大的棘，末端有一棘状长刺，此刺基部的背、腹面又各有一较小的棘刺。

雄性体长1.15～1.36mm。额部和头胸部的后侧角较雌体圆钝，后侧角无刺状毛。生殖节较短，左侧缘有1～3根细毛及一指状突出，右侧缘有数根细毛。第2～4腹节的后缘有一列锯齿。尾刚毛不膨大。第5右胸足第2基节的内侧面有两个突起：近基部的突起较大，顶端生一细刺，近中部的突起较小。外肢第1节的外末角伸出一长刺，节的内缘有一细毛；第2节的内缘也有一细毛，末端是一根长而弯曲的钩状刺。左足第2基节内缘的镰刀突起的后缘中部有一三角形锐刺。外肢第1节长方形，内缘近基部处有一细刚毛；第2节的外缘近末部有一短棘，内基角有一列细毛，内缘的中部伸出一个指状突起。

采集地：浙江各淡水水源地。

3）指状许水蚤（袜型）（*Schmackeria inopinus*）

形态特征：雌性体长1.35～1.50mm。最末端一胸节内后缘的突出较显著。生殖节腹面的两个倒钩的末端稍向内弯。雄性体长1.17～1.24mm。第5右胸足第2基节内侧的两个突起的形状与典型的指状许水蚤相同；第5左胸足第2基节内缘镰刀状突起的顶端有一个小节状突起，外肢第2节呈袜筒状。

生境：在淡水、咸淡水和低盐度海水中都有分布。但在淡水中没有球状许水蚤普遍。春夏两季数量不很多，到初秋，数量骤增，个体亦较大，带卵母体较多，体内布满金黄色的油点。入冬后数量极少。

采集地：浙江各淡水水源地。

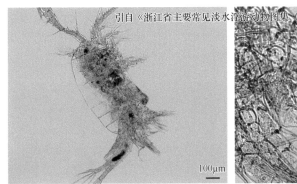 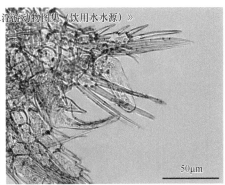

引自《浙江省主要常见淡水浮游动物图集（饮用水水源）》

侧面观，雄性♂　　　　　　　　　　　　　第5对胸足，雄性♂

指状许水蚤（袜型）（*Schmackeria inopinus*）

4）火腿许水蚤（*Schmackeria poplesia*）

形态特征：雌性体长1.20～1.45mm（小型）及2.00～2.20mm（大型）。额部前端狭尖。头胸部后侧缘有数根刺状毛，后缘的中部略突出，背部各有一齿。生殖节前端两侧有两个或数个小刺。第1～3腹节的后缘有锯齿。尾叉的长度约为宽度的3倍，内缘有细长的刚毛，居中的一根尾刚毛膨大。第5对胸足第1、2基节的后缘都有细刺列。外肢第1节外末角有一棘刺，节内缘中部有数根刚毛，内末角伸出一个突起。第2节较短，外末角有一棘，末端有一长的棘状刺，此刺基部的背、腹面又各有一根棘刺。

雄性体长1.20～1.70mm。头胸部两后侧角圆钝，无刺或毛。生殖节短小，左侧缘有数根细刺及一三角形小齿，右侧缘中部有一横列细毛。第2～4腹节的后缘有锯齿列。尾叉内缘有细毛，尾刚毛部膨大。执握肢分20节，第14～18节膨大，第18、19两节的内缘有栉齿，这两节之间可以屈曲，末节细长。第5胸足第2基节内侧面近基部有一锥形突起，其顶端是一个指状尖角；节的内侧中部是一个三角形刺状突起。外肢第1节的内缘有一根细毛，末端有一强大的刺。第2节的内缘也有一细毛，末端是一根长的钩状刺，其基部内缘有两个小突起，顶端各有一小刺，钩状刺末半部的内缘为一列细刺。左胸足第2基节外缘有一斜列短刺，内缘镰刀状突起的末端尖锐。外肢第2节的外缘有一棘状毛，内缘伸出一个火腿状突出，基部狭长，末端膨大。

生境：生活于沿海半咸水或海水中。

采集地：浙江各淡水水源地。

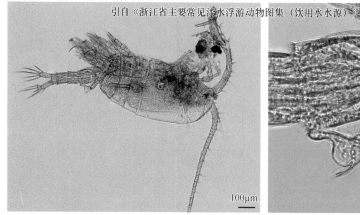
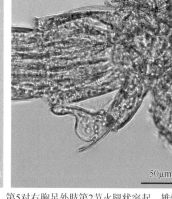

引自《浙江省主要常见淡水浮游动物图集（饮用水水源）》

100μm　　　　　　　50μm

腹面观，雄性♂　　　　　　第5对右胸足外肢第2节火腿状突起，雄性♂

火腿许水蚤（*Schmackeria poplesia*）

3. 镖水蚤科（Diaptomidae）

头节与第1胸节的界线分明。雌体的最后两胸节通常部分愈合，第5胸节两后侧角多少伸展成不同形状的翼状突起。雄体的第4、5胸节在多数种类不愈合，两后侧角亦无翼状突起。雌性腹部分2～4节，雄性腹部分5节。雌性生殖节的前半部通常为对称或不对称扩展。尾叉较短，长度约为宽度的两倍。雌性第1对触角及雄性的第1左触角分25节，雄性第1右触角变成执握肢。雌、雄性的第1～4对胸足的结构基本相同；第1胸足的内肢2节，其余的内、外肢均分3节。雌性第5对胸足左右对称，外肢的第1节发达，第2节较小，末端延伸为一爪状刺，还有一个非常小的或分节不明显的第3小节；内肢较退化，1或2节。雄性第5胸足不对称，右足较左足大。右胸足的外肢分2节，第2节的外缘有一根侧刺，末端有一根长而弯曲的钩状刺；内肢分1或2节，极退化，只生有一些短刺或细毛。左足的外肢分2节，或因愈合而只有1节，内缘有感觉垫，末缘有钳刺和钳板；内肢1或2节，结构与右足的内肢相似。

（1）荡镖水蚤属（*Neutrodiaptomus*）

形态特征：雄性头胸部的两后侧角通常向两侧扩展。生殖节前半部的两侧隆起或突出成乳状，顶端有一小刺。第5对胸足内肢的末端尖锐，除了密布细毛以外，通常还有1或2根较长的刺状刚毛。雄性执握肢倒数第3节的外缘通常有一条窄的透明膜，节的外末角多数有一个小齿状突起。第5右胸足外肢第1节的外末角一般是钝圆的。第2节一般窄

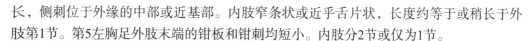

长，侧刺位于外缘的中部或近基部。内肢窄条状或近乎舌片状，长度约等于或稍长于外肢第1节。第5左胸足外肢末端的钳板和钳刺均短小。内肢分2节或仅为1节。

采集地：浙江各淡水水源地。

1）特异荡镖水蚤（*Neutrodiaptomus incongruens*）

形态特征：雌性体长1.47～1.68mm。头胸部的左后侧角的背部向背方呈脊状突起，顶端有一刺，角的后缘背部另有一小圆丘状突出，顶部有一细刺；右角平坦，角顶有一刺，角的后缘和内缘各有一根短的细刺。生殖节前半部左突出的背面有一小刺；右突出较大，并向背方伸出一圆锥状突出，顶端有一锐刺。尾叉的内、外缘都有细毛。第一触角的末3节可超越尾叉的末端。第5胸足第一基节的外末角有一个三角形短刺。外肢第一节窄长，长度约为宽度的3.5倍。第二节的爪刺也窄长，两侧缘都有锯齿。第三小节有刺两根。内肢分两节，末端尖锐，有许多短毛及两根较长的刺状毛。

雄性体长1.27～1.47mm。第4、5胸节的界线分明，后侧角的顶部有一刺，后背缘有一小刺突。生殖节的右侧也有一极小的刺突。第2、3腹节的右后角均突出。尾叉的内缘有细毛。执握肢倒数第三节的外缘有一透明膜，节的外末角有一指头状突起。第5右胸足第一基节的背部有一刺突。第2基节的内缘有一条隆脊。外肢第一节的外末角钝圆。第二节的长度约为宽度的两倍；侧刺通常位于外侧面近中部的一个突起上；钩状刺的内缘有细刺列。内肢条状，末端有细毛。左足外肢第1、2节的内缘有感觉毛；钳刺较钳板长，末端有细毛。内肢分两节。

生境：生活于湖泊、河流和池塘中，通常4、5月开始出现。南方种。

采集地：浙江各淡水水源地。

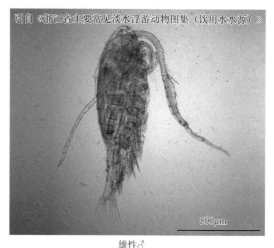

雄性♂

特异荡镖水蚤（*Neutrodiaptomus incongruens*）

（2）新镖水蚤属（*Neodiaptomus*）

形态特征：头节与第1胸节的节线分明；第4、5胸节中部愈合，有的在节间有一列小刺；头胸部两后侧角的顶部和后缘各有一小刺。雌性第5对胸足短小。第1基节背面的粗刺而长。外肢第1节短粗，第2节的爪状刺也粗壮。内肢不分节，条状，内末角有一刺状突出，末缘是一列细刺。雄性执握肢倒数第3节有一个长的指状突出。第5右胸足第1基节的内末角有一片状突出，第2基节的内缘有一丘状透明突起。外肢第一节的外末角尖锐突出。第2节窄长，侧刺位于外缘的中部。内肢发达，基部较粗，整个呈棒槌状。左胸足外肢末端的钳板宽短，钳刺较长。

采集地：浙江各淡水水源地。

1）右突新镖水蚤（*Neodiaptomus schmackeri*）

形态特征：雌性体长1.11～1.48mm。头胸部后侧角的角顶和后缘上各有一刺。腹部分3节。生殖节长而大，前半部的两侧隆起；左侧缘的突起上有一个锐刺；右侧缘的突出较左侧缘的大，在顶端有两个不等长的片状突出，前长后短，另外还有一个刺。第2腹节较短。尾叉的内缘有细毛。卵囊中含卵20～48个。第一触角长，向后转时末端的3～6节通常超越尾刚毛的末端。第5胸足短小。第1基节背部有一壮刺。第2基节近乎三角形，外缘有一细刚毛。外肢第一节宽短。第2节的爪状刺粗壮，内缘有锯齿，外缘有时有1～3个锯齿。第3小节有刺状刚毛两根。内肢仅一节，长度与外肢第1节内缘长度相仿，末端斜截，内末角有一刺状突出，末缘有一列细刺。

雄性体长1.04～1.25mm。体形较雌性瘦削。胸部两后侧角的顶部和后缘各有一小刺。腹部分5节。生殖节的右缘有一刺。尾叉的内缘有细毛。右尾叉的腹面有一齿突。执握肢分22节，第10、11、13～15节上各有一刺，其中以第13节上的刺最大，第15节上的刺有变异，有的甚大，有的极小；第一触角末端倒数第3节的指状突出的长度与末端倒数第2节相仿，突出部的末端向外方弯曲或基本上平直。第5右胸足第1基节的内末角呈片状突出，末端分两小叶，外叶较长，内叶较短或不显著；后缘的外侧另有一半圆形突出。第2基节内缘中部有一丘状突起。外肢第1节短，内侧面和后缘各有一圆丘状突起，外末角成锐角。第2节狭长，外缘中部有一强大的侧刺，节末端的钩状刺长而弯曲。内肢仅一节，棒槌状，末端有细刺。左足第2基节内缘有一透明突起。外肢第1、2节的内缘密布感觉毛，第2节的内缘向内突出成三角状；钳板短，有细毛；钳刺较长，内缘亦有细毛，外缘的末端有数根长刚毛。内肢窄长，末端斜截，有细刺。

引自《浙江省主要常见淡水浮游动物图集（饮用水水源）》

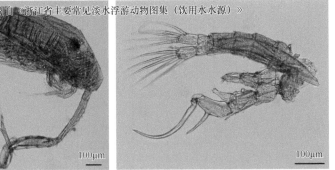

侧面观，雄性♂　　　　　　　　　第5对胸足，雄性♂

右突新镖水蚤（*Neodiaptomus schmackeri*）

生境：多生活于湖泊的近岸带及通湖的小河口，池塘内数量较多，并常与大型中镖水蚤生活于同一水域。

　　采集地：浙江各淡水水源地。

（二）剑水蚤目（Cyclopoida）

　　体呈卵圆形，前体部显著较后体部宽，这两部分之间的活动关节位于第四、第五胸节之间。头与第一胸节愈合。雌体腹部第1～2节愈合成生殖节，中部具纳精囊。尾叉刚毛4根，一般居中两根较长。第一触角雄性对称，与雌性异形，呈执握状；第二触角两性均单肢型，或具退化的外肢。第1～4胸足构造相似，第五胸足退化，很小，各胸足两性的构造几乎完全相同，雄性一般具第六胸足。生殖孔和卵囊常成对，卵产于卵囊中。无心脏。

1. 剑水蚤科（Cyclopidae）

　　额部弯向腹面，第一触角雌性6～21节，雄性17节或少于17节，呈执握状；第二触角4节。上唇末缘具细锯齿。大颚退化成一小突起。附2或3根刚毛。小颚退化成片状。颚足内肢退化。

（1）真剑水蚤属（*Eucyclops*）

　　形态特征：体型较为瘦小，第5胸节的外末角具细刚毛。生殖节的前部较宽，向后侧骤然窄小，尾叉较长，长度为宽度的2.5～11倍，一般均在4倍以上。大部分种类尾叉的外缘均具一列小刺，侧尾毛短小。第一触角分12节，少数为11节，末3节具透明膜或锯齿。第1～4胸足内、外肢均分3节，第5胸足仅1节，具1刺，2根刚毛。本属均为体型较小的剑水蚤，体长0.5～1.7mm，一般为1.0mm左右。

　　采集地：浙江各淡水水源地、珠江流域（广州段）。

1）锯缘真剑水蚤（*Eucyclops serrulatus*）

　　形态特征：雌性体长0.80～1.12mm。体形瘦长，头胸部呈卵形，头节与第2胸节连接处最宽，第4胸节的后侧角包围着第5胸节，第5胸节的后末角突出而呈钝圆形，环抱在生殖节前端的两侧，边缘具短毛。腹部窄长，生殖节的上半部宽，下半部骤窄，储精囊分为前、后两个窄长的横长条形，前、后缘的中部均向内稍凹。卵囊一对，各囊储卵8～14粒。尾节的后缘具细刺。尾叉的长度为宽度的3.5～5倍，但长度常因基节环境的不同而变化，尾叉外缘具细锯齿一列，侧尾毛短小，第1尾毛呈刺状，外缘具小刺，内缘具细刚毛，第2尾毛的长度约为第3尾毛的2/3，第4尾毛的长度较尾叉为短，背尾毛与第4尾毛约等长。第一触角分12节，末端约抵第2胸节的中部，末3节细长，具宽的透明膜。

第1~4胸足外肢第3节刺式为3·4·4·3。第1胸足第2基节的内末角具一羽状刚毛，可达内肢第3节的中部。第4胸足内肢第3节的长度为宽度的2.6~3倍，此节末端的内刺为节本部的1.1~1.3倍，为外刺长度的1.4~1.5倍。第5胸足 一节，末缘的中部具一长羽状刚毛，外末角具一较短而细的羽状刚毛，内末角具一壮刺，为节本部最大长度的1.9~2倍。

雄性体长0.60~0.80mm。体形较雌性瘦削，第4胸节的后侧角向后突出，环抱并超过第5胸节。生殖节的宽度大于长度。尾叉平行，长度为宽度的3~4倍，外缘不具一列锯齿，侧尾毛细小，第1尾毛呈刺状，第2尾毛约为第3尾毛长度的1/2，第4尾毛较第1尾毛为长，背尾毛较第4尾毛为短。第1~5对胸足与雌性相似，第6胸足内缘具一壮刺，与中部的刚毛约等长，外刚毛稍短。

生境：为底栖性种类，生活于湖泊沿岸带及流动性的江、河、沟渠中，行动迅速，很少与浮游性种类同时采获。为广温性种类，对温度变化的适应幅度很广，终年可见，即在冬季冰层下仍能生存。植物食性。

采集地：浙江各淡水水源地、珠江流域（广州段）。

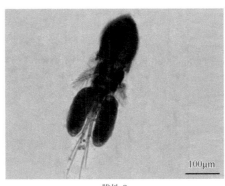

雌性♀
A. 采自珠江流域（广州段）

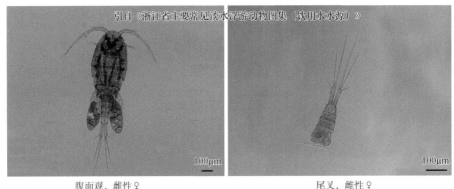

引自《浙江省主要常见淡水浮游动物图集（饮用水水源）》

腹面观，雌性♀   尾叉，雌性♀
B. 采自浙江各淡水水源地

锯缘真剑水蚤（*Eucyclops serrulatus*）

（2）剑水蚤属（*Cyclops*）

形态特征：尾叉的背面有纵行隆线，内缘有一列刚毛。第一触角共分14~17节（很少为18节），末3节侧缘有一列小刺。第1~4胸足内、外肢均分3节，外肢第3节刺式为

2·3·3·3及2·4·3·3或3·4·3·3，甚至同一种类也有混杂的情况，刚毛式为5·5·5·5。第5胸足分两节，基节与第5胸节明显分离，外末角附长羽状刚毛一根，末节较为长大，内缘中部或近末部具一壮刺，末缘附长大的羽状刚毛一根，节本部的表面大多均有小刺。此属为大型的剑水蚤，雌性体长一般在1.5mm左右。

采集地： 浙江各淡水水源地、湘江流域。

1）近邻剑水蚤（*Cyclops vicinus*）

形态特征： 雌性体长1.45～2.63mm。体形粗壮，头节的末部最宽，第4胸节的后侧角呈锐三角形，向后侧方突出，第5胸节的后侧角甚锐，向两侧突出。生殖节的长度大于宽度，向后逐渐趋窄。纳精囊呈椭圆形。卵囊呈卵圆形，本囊储卵12～112粒。尾叉窄长，其长度为宽度的6～8倍，长于腹部最后三节长度的总和，外缘近基部1/4处具一缺刻，背面具一纵行隆线，内缘具短刚毛，侧尾毛位于后末角背面近缘处，第1尾毛短于第4尾毛的1/2，第2短毛略短于第3尾毛，背尾毛细小，短于第1尾毛。第一触角末端约抵第2胸节的中部，共分17节。第1～4胸足外肢第3节刺式为2·3·3·3。第4胸足内肢第3节的基部较末部为宽，其长度约为宽度的2.85倍，末端的外刺细而短，内刺粗而长，短于节本部，约为外刺长度的2.16倍。第5胸足分2节，基节呈斜方形外末角突出具长大的羽状刚毛一根，末节呈长方形，内侧中末缘具一刺，稍短于节本部，末缘具羽状刚毛一根。

雄性体长1.20～1.45mm。体形较雌性瘦小，第4～5胸节的后侧角并不突出呈三角形叶状，生殖节的宽度大于长度。尾叉的长度约为宽度的5倍以上，内缘具短刚毛。第1～3胸足与雌性相似，第4胸足内肢第3节较雌性窄长，末端的内刺长于节本部。第5胸足与雌性相似。第6胸足外侧刚毛最长，约为中间刚毛长度的1.5倍，内侧刺最短，约为中间刚毛长度的一半。

生境： 为湖泊、鱼池中常见的浮游性种类，在沿岸带的数量较敞水带的数量少。也生活于小型的静水中，如池塘、沟渠中以及流速迟缓的河流中。为广温性种类。是一肥水性种类。终年可见，冬季亦能很好地生长繁殖。

采集地： 浙江各淡水水源地、湘江流域。

引自《浙江省主要常见淡水浮游动物图集（饮用水水源）》

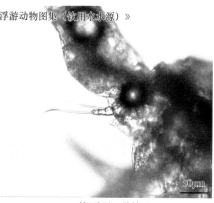

背面观，雌性♀ 　　　　　第5胸足，雌性♀

采自浙江各淡水水源地

近邻剑水蚤（*Cyclops vicinus*）

（3）中剑水蚤属（*Mesocyclops*）

形态特征：头胸部较为粗壮，腹部瘦削，生殖节瘦长，前部较宽，向后趋窄，纳精囊一般呈"T"形，前半部呈长条形，后半部呈长袋状。尾叉一般较短，长度为宽度的2.5～3.5倍，尾叉内缘光滑，少数种类具有短刚毛，末端尾刚毛发达。第一触角共分17节，末两节的内缘有较窄的透明膜，具锯齿。第1～4胸足内、外肢均分3节，外肢第3节刺式为2·3·3·3。第1胸足第2基节的内末角无羽状刚毛。第5胸足分两节，第1节较宽，外末角突出，附羽状刚毛一根，末节窄长，内缘中部及末端各附羽状刚毛一根。个体为中等大小，雌性体长多在1mm左右。

采集地：浙江各淡水水源地、湘江流域、珠江流域（广州段）。

1）广布中剑水蚤（*Mesocyclops leuckarti*）

形态特征：雌性体长0.85～1.20mm。头胸部呈卵圆形，头节中部最宽。生殖节瘦长，纳精囊呈"T"形。卵囊一对，向腹部两侧分离，各囊储卵16～27粒，尾节后缘外侧具细刺。尾叉的长度约为宽度的3.22倍，内缘光滑无刚毛，侧尾毛位于尾叉侧缘近末部1/3处，第1尾毛的长度稍短于尾叉，第2尾毛约为第3尾毛长度的3/4，第4尾毛约为第1尾毛长度的3倍，背尾毛的长度约与第1尾毛相等。第一触角末端约抵第2胸节的末缘，共分17节，第16～17两节具透明膜，第16节的边缘具锯齿，第17节的除锯齿外，接近末端1/3处具一钩状缺刻。第1胸足第2基节的内末角无羽状刚毛。第4胸足连接板的后缘短于外刺，两刺均短于节本部。第5胸足分两节，第1节的外末角具一羽状刚毛，第2节窄长，近内缘中部具一长刺，显著短于末端的羽状刚毛。

雄性体长0.64～0.83mm。体型较雌性瘦小，生殖节的长度稍大于宽度，内含长豆形精荚一对。尾叉平行，较短，长度约为宽度的3.11倍，侧尾毛较雌性为长。第1触角分15节，第13～14节可以弯曲，末节呈爪状。第1～5胸足与雌性相似，只有第4胸足连接板后缘两侧的齿较雌性为突。第6胸足内侧具一较粗的刺，外侧具细刚毛两根，最外侧的一根较长。

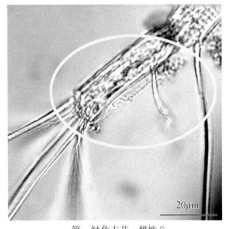

第一触角末节，雌性♀

A

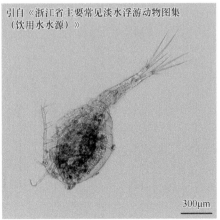

引自《浙江省主要常见淡水浮游动物图集（饮用水水源）》

雌性♀

B. 采自浙江各淡水水源地

广布中剑水蚤（*Mesocyclops leuckarti*）

图片A由中国科学院水生生物研究所冯伟松教授提供

生境：为常见的浮游性种类，分布于各种类型的水域中，是暖水性种类，夏、秋两季繁殖最盛。本种为肉食性种类，以纤毛虫、甲壳类幼体及轮虫等为食。

采集地：浙江各淡水水源地、湘江流域、珠江流域（广州段）。

（4）温剑水蚤属（*Thermocyclops*）

形态特征：头胸部呈卵形，腹部瘦削，生殖节瘦长，纳精囊一般呈"T"形。尾叉较短，长度为宽度的2.5～3倍，尾叉内缘光滑。第一触角共分17节，末两节的内缘有较窄的透明膜。第1胸足第2基节的内末角具羽状刚毛一根。第5胸足分两节，基节短而宽，外末角突出，附羽状刚毛一根；末节窄长，末缘具一刺和一刚毛。个体为中等大小，雌性体长一般为1.00～1.20mm。

采集地：浙江各淡水水源地、湘江流域。

1）台湾温剑水蚤（*Thermocyclops taihokuensis*）

形态特征：雌性体长0.90～1.53mm。头胸部呈椭圆形，第1～3胸节的后侧角均不突出，第4胸节的后侧角稍突出，第5胸节较生殖节稍宽，生殖节前宽后窄，其长度约为后缘宽度的1.5倍，纳精囊呈"T"形，前半部的左、右两翼向后弯曲，后半部呈长带形。卵囊一对，呈卵圆形，每囊储卵9～23个。尾叉向后分展，长度约为宽度的2.5倍，侧尾毛位于尾叉侧缘末部的1/3处，第4尾毛的长度约为第1尾毛的2倍以上，第2尾毛约为第3尾毛的2/3，背尾毛的长度约为第1尾毛的2倍。第一触角末端可达第3胸节的中部，共分17节，最末两节具透明膜。第2触角分4节。第1～4胸足内、外肢均分3节，外肢第3节刺式为2·3·3·3。第1胸足第2基节的内末角具一羽状刚毛，可达内肢第2节的末端。第4胸足内肢第3节窄长，其长度约为宽度的3.22倍，内刺长于节本部，为节本部长的1.0～1.16倍，为外刺长的3.5～4.5倍。第5胸足分两节，基节短宽，外末角具一羽状刚毛，末节窄长，末部较基部稍宽，末端具一内刺及一外刚毛。

雄性体长0.70～0.75mm。体型较雌性瘦小，生殖节的长度约与宽度相当。尾叉向后分展，长度约为宽度的2.5倍。第4胸足内肢第3节末端内刺的长度较雌性稍短，约为节本部长的1.06倍，为外刺长的3.0～3.6倍，第6胸足内刺较长，中刺最短，外刚毛最长，约为内刺长度的2.6倍。

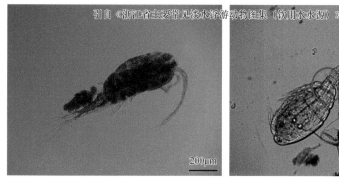

引自《浙江省主要常见淡水浮游动物图集（饮用水水源）》

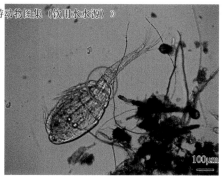

侧面观，雌性♀　　　　　　　　第5胸足，雌性♀

台湾温剑水蚤（*Thermocyclops taihokuensis*）

生境： 为浮游性种类，多分布于湖泊、池塘中，尤以鱼池中最为常见，侵袭鱼卵和鱼苗。

采集地： 浙江各淡水水源地。

2）短尾温剑水蚤（*Thermocyclops brevifurcatus*）

形态特征： 体长0.73～1.02mm。头部呈卵形，第四胸节的后侧角钝圆，稍向后突出。生殖节的长度大于后缘宽度的1.51倍，卵囊一对，各囊含卵10粒。纳精囊呈"T"形，前半部的两翼并不向后弯曲，后半部呈长袋形。尾叉的长度约为宽度的2.00倍，侧尾毛位于尾叉末部1/3处近侧缘的背面，第1尾毛较尾叉较短，第2尾毛较第3尾毛稍短，第4尾毛稍长，约为第1尾毛的4倍，背尾毛的长度约与第1尾毛相当。第1触角的末端约抵第2胸节的末缘，共分17节。第1胸足外肢第3节刺式为2·3·3·3。第1胸足第2基节的内末角具一羽状刚毛，末端超过内肢第2节的末缘。第4胸足内肢第3节的长度大于宽度的3倍，末端的内刺短于节本部，为外刺长的1.96～2.19倍，节本部为内刺长的1.12～1.25倍。第5胸足分两节，第1节的宽度大于长度，外末角具一羽状刚毛；第2节窄长，末端具一内刺及一外刚毛，约等长。

雄性体长0.49mm。体型较雌性瘦小，生殖节的长度与宽度约相等，呈方形，内含豆形精荚一对。尾叉及第1胸足与雌性相似，第6胸足的内刺粗壮，中央刚毛稍短，外刚毛最长，约为内刺长的1.5倍以上。

生境： 分布于不同类型的水域中，为浮游性种类。

采集地： 浙江各淡水水源地、湘江流域。

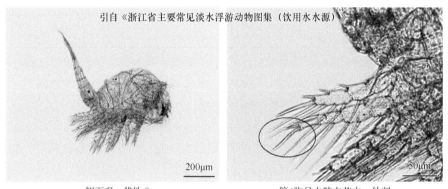

引自《浙江省主要常见淡水浮游动物图集（饮用水水源）》

200μm

50μm

侧面观，雌性♀　　　　　　　　第4胸足内肢末节内、外刺

采自浙江各淡水水源地

短尾温剑水蚤（*Thermocyclops brevifurcatus*）

3）透明温剑水蚤（*Thermocyclops hyalinus*）

形态特征： 雌性体长0.73～0.98mm。头胸部呈椭圆形，第2～3胸节的后侧角并不向后突出，第4胸节的后侧角圆钝稍向后突出，第5胸节较生殖节的前部稍宽。生殖节的长度稍大于宽度。纳精囊呈"T"字形。卵囊一对，各囊储卵10～16粒。尾叉向后分展，长度约为宽度的2.33倍，侧尾毛位于尾叉侧缘的1/3，第1尾毛稍短于第4尾毛的1/3，第2尾毛约为第3尾毛的2/3，背尾毛的长度约与第1尾毛相等。第一触角的末端约抵第2胸节

的中部，共分17节，末两节具广阔的透明膜。第1～4胸足外肢第3节刺式为2·3·3·3。第1胸足第2基节的内末角末端约抵内肢末缘的1/4。第4胸足内肢第3节窄长，其长度约为宽度的3倍，约为内刺长的1.38倍，内刺为外刺长的1.96～2.05倍。第4胸足连接板后缘两侧的乳状突起显著，各具3～5小刺。第5胸足分两节，第1节的外末角具刚毛1根；第2节窄长，末缘内侧具一长刺，较外侧的刚毛稍长。

　　雄性体长0.53～0.74mm。体型较雌性瘦小，生殖节呈方形。尾叉的长度约为宽度的2倍。第1触角分16节，第15～16节可弯曲，末节呈爪状。第4胸足内肢第3节的长度约为外刺的2倍，第5胸足与雌性相似，第6胸足的内刺粗壮，中央刚毛稍短，外刚毛最长，约为内刺长的2倍以上。

　　生境：浮游性种类，多分布于各种富有营养性的水域中。为暖水狭温性种类。

　　采集地：浙江各淡水水源地、湘江流域。

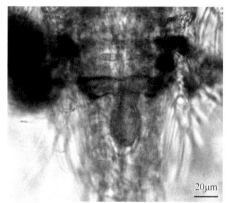

引自《浙江省主要常见淡水浮游动物图集（饮用水水源）》

20μm　　　　　　　　　　　　　　　　100μm

纳精囊，雌性♀　　　　　　　　　　　　雌性♀

A. 采自浙江各淡水水源地　　　　　　　B. 采自浙江各淡水水源地

透明温剑水蚤（*Thermocyclops hyalinus*）

图片A由中国科学院水生生物研究所冯伟松教授提供

主要参考文献

毕列爵, 胡征宇. 2004. 中国淡水藻志 第八卷 绿藻门 绿球藻目 (上) [M]. 北京: 科学出版社.

蔡如星, 黄惟灏, 刘月英, 等. 1991. 浙江动物志软体动物[M]. 杭州: 浙江科学技术出版社.

大连水产学院. 1982. 淡水生物学[M]. 北京: 农业出版社.

董云仙. 1989. 洱海藻类的初步研究[Z]. // 沈仁湘. 云南洱海科学论文集. 昆明: 云南民族出版社.

范亚文, 刘妍. 2016. 兴凯湖的硅藻[M]. 北京: 科学出版社.

侯林, 吴孝兵. 2007. 动物学[M]. 北京: 科学出版社.

侯仲娥. 2002. 中国淡水钩虾的系统学研究[D]. 中国科学院动物研究所博士学位论文.

胡鸿钧. 2011. 水华蓝藻生物学[M]. 北京: 科学出版社.

胡鸿钧. 2015. 中国淡水藻志 第二十卷 绿藻门 绿藻纲 团藻目 (II) 衣藻属[M]. 北京: 科学出版社.

胡鸿钧, 李尧英, 魏印心, 等. 1980. 中国淡水藻类[M]. 上海: 科学技术出版社.

胡鸿钧, 魏印心. 2009. 中国淡水藻类——系统、分类及生态[M]. 北京: 科学出版社.

胡建林, 刘国祥, 蔡庆华, 等. 2006. 三峡库区重庆段主要支流春季浮游植物调查[J]. 水生生物学报, 30 (1): 116-119.

蒋燮治, 堵南山. 1979. 中国动物志 节肢动物门 甲壳纲 淡水枝角类[M]. 北京: 科学出版社.

克拉默, 兰格-贝尔塔洛. 2012. 欧洲硅藻鉴定系统[M]. 广州: 中山大学出版社.

黎尚豪, 毕列爵. 1998. 中国淡水藻志 第五卷 绿藻门 丝藻目 石莼目 胶毛藻目 橘色藻目 环藻目[M]. 北京: 科学出版社.

李 R E. 2016. 藻类学 (原书第四版) [M]. 北京: 科学出版社.

李家英, 齐雨藻. 2010. 中国淡水藻志 第十四卷 硅藻门 舟形藻科 (I) [M]. 北京: 科学出版社.

李家英, 齐雨藻. 2014. 中国淡水藻志 第十九卷 硅藻门 舟形藻科 (II) [M]. 北京: 科学出版社.

李原, 张梅, 王若南. 2005. 滇池的水华蓝藻的时空变化[J]. 云南大学学报 (自然科学版), 27 (3): 272-276.

刘国祥, 胡圣, 储国强, 等. 2008. 中国淡水多甲藻属研究[J]. 植物分类学报, 46 (5): 754-771.

刘国祥, 胡征宇. 2006. 中国淡水甲藻两个新记录属[J]. 植物分类学报, 44 (2): 189-195.

刘国祥, 胡征宇. 2012. 中国淡水藻志 第十五卷 绿藻门 绿球藻目 (下) 四胞藻目 叉管藻目 刚毛藻目[M]. 北京: 科学出版社.

刘静, 韦桂峰, 胡韧, 等. 2013. 珠江水系东江流域底栖硅藻图集[M]. 北京: 中国环境出版社.

刘永定, 范晓, 胡征宇. 2001. 中国藻类学研究[M]. 武汉: 武汉出版社.

刘月英, 张文珍, 王跃先, 等. 1979. 中国经济动物志 淡水软体动物[M]. 北京: 科学出版社.

刘月英, 张文珍, 王跃先. 1993. 医学贝类学[M]. 北京: 海洋出版社.

马沛明, 施练东, 赵先富, 等. 2013. 一种淡水水华硅藻: 链状弯壳藻 (Achnanthidiu mcatenatum) [J]. 湖泊科学, 25 (1): 156-162.

潘双叶, 赵洋甬, 胡建林. 2013. 亭下水库伪鱼腥藻昼夜垂直变化初步研究[J]. 现代科学仪器, (3): 136-138.

裴国凤. 2006. 淡水湖泊底栖藻类的生态学研究[D]. 中国科学院研究生院 (水生生物研究所) 博士学位论文.

齐雨藻. 1995. 中国淡水藻志 第四卷 硅藻门 中心纲[M]. 北京: 科学出版社.

齐雨藻, 李家英. 2004. 中国淡水藻志 第十卷 硅藻门 羽纹纲[M]. 北京: 科学出版社.

饶钦止. 1964. 西藏南部地区的藻类[J]. 海洋与湖沼, 6 (2): 169-193.

饶钦止. 1979. 中国鞘藻目专志[M]. 北京: 科学出版社.

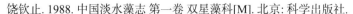

饶钦止. 1988. 中国淡水藻志 第一卷 双星藻科[M]. 北京: 科学出版社.

沈嘉瑞. 1979. 中国动物志 节肢动物门 甲壳纲 淡水桡足类[M]. 北京: 科学出版社.

沈韫芬, 章宗涉, 龚循矩, 等. 1990. 微型生物监测新技术[M]. 北京: 中国建筑工业出版社.

沈韫芬. 1999. 原生动物学[M]. 北京: 科学出版社.

施之新. 1994. 西南地区藻类资源考察专集[M]. 北京: 科学出版社.

施之新. 1999. 中国淡水藻志 第六卷 裸藻门[M]. 北京: 科学出版社.

施之新. 2004. 中国淡水藻志 第十二卷 硅藻门 异极藻科[M]. 北京: 科学出版社.

施之新. 2013. 中国淡水藻志 第十六卷 硅藻门 桥弯藻科[M]. 北京: 科学出版社.

田立新, 杨莲芳. 1996. 中国经济昆虫志 第四十九册 毛翅目 (一) 小石蛾科 角石蛾科 纹石蛾科 长角石蛾科[M]. 北京: 科学出版社.

王洪铸. 2002. 中国小蚓类研究-附中国南极长城站附近地区两新种[M]. 北京: 高等教育出版社.

王嘉揖. 1961. 中国淡水轮虫志[M]. 北京: 科学出版社.

王俊才, 王新华. 2011. 中国北方摇蚊幼虫[M]. 北京: 中国言实出版社.

王全喜, 曹建国, 刘妍, 等. 2008. 上海九段沙湿地自然保护区及其附近水域藻类图集[M]. 北京: 科学出版社.

王全喜. 2007. 中国淡水藻志 第十一卷 黄藻门[M]. 北京: 科学出版社.

魏印心. 2003. 中国淡水藻志 第七卷 绿藻门 双星藻目 中带鼓藻科 鼓藻目 鼓藻科 第1册[M]. 北京: 科学出版社.

魏印心. 2013. 中国淡水藻志 第十七卷 绿藻门 鼓藻目 鼓藻科 第2册 辐射鼓藻属 鼓藻属 胶球鼓藻属[M]. 北京: 科学出版社.

魏印心. 2014. 中国淡水藻志 第十八卷 绿藻门 鼓藻目 第3册 鼓藻科[M]. 北京: 科学出版社.

魏印心. 2018. 中国淡水藻志 第二十一卷 金藻门 (II) [M]. 北京: 科学出版社.

翁建中, 徐恒省. 2010. 中国常见淡水浮游藻类图谱[M]. 上海: 上海科学技术出版社.

吴中兴, 虞功亮, 施军琼, 等. 2009. 我国淡水水华蓝藻——束丝藻属新记录种[J]. 水生生物学报, 33 (6): 1140-1144.

吴忠兴, 曾波, 李仁辉, 等. 2012. 中国淡水水体常见束丝藻种类的形态及生理特性研究[J]. 水生生物学报, 36 (2): 323-328.

吴忠兴, 虞功亮. 2009. 我国淡水水华蓝藻——束丝藻属新记录种[J]. 水生生物学报, 33 (6): 1140-1144.

伍跃辉, 陈威, 刘元海, 等. 2016. 黑龙江省水环境生物监测体系研究[M]. 北京: 中国环境出版社.

杨潼. 1996. 中国动物志 无脊椎动物 第五卷 蛭纲[M]. 北京: 科学出版社.

虞功亮, 宋立荣, 李仁辉. 2007. 中国淡水微囊藻属常见种类的分类学讨论——以滇池为例[J]. 植物分类学报, 45 (5): 727-741.

张浩淼. 2012. 中国差翅亚目稚虫的分类学研究 (昆虫纲: 蜻蜓目) [D]. 华南农业大学博士学位论文.

张琪, 刘国祥, 胡征宇. 2012. 中国淡水拟多甲藻属研究[J]. 水生生物学报, 36 (4): 751-764.

张武昌, 丰美萍. 2012. 砂壳纤毛虫[M]. 北京: 科学出版社.

章宗涉, 黄祥飞. 1995. 淡水浮游生物研究方法[M]. 北京: 科学出版社.

赵文. 2005. 水生生物学[M]. 北京: 中国农业出版社.

浙江省主要常见淡水浮游动物图集 (饮用水水源) 编委会. 2013. 浙江省主要常见淡水浮游动物图集 (饮用水水源) [M]. 北京: 中国环境科学出版社.

中国河湖大典编纂委员会. 2014. 中国河湖大典 (东南诸河、台湾卷) [M]. 北京: 中国水利水电出版社.

中国河湖大典编纂委员会. 2014. 中国河湖大典 (黑龙江、辽河卷) [M]. 北京: 中国水利水电出版社.

中国河湖大典编纂委员会. 2014. 中国河湖大典 (综合卷) [M]. 北京: 中国水利水电出版社.

中国科学院青藏高原综合科学考察队. 1992. 西藏藻类[M]. 北京: 科学出版社.

周凤霞, 陈剑虹. 2011. 淡水微型生物图谱[M]. 北京: 化学工业出版社.

周凤霞, 陈剑虹. 2011. 淡水微型生物与底栖动物图谱. 2版[M]. 北京: 化学工业出版社.

周长发, 苏翠荣, 归鸿. 2015. 中国蜉蝣目概述[M]. 北京: 科学出版社.

周长发. 2003. 中国蜉蝣目稚虫科检索表 (昆虫纲) [J]. 南京师大学报 (自然科学版), 26 (2): 65-68.

朱浩然. 1991. 中国淡水藻志 第二卷 色球藻纲[M]. 北京: 科学出版社.

朱浩然. 2007. 中国淡水藻志 第九卷 蓝藻门 藻殖段纲[M]. 北京: 科学出版社.

朱孔贤, 毕永红, 胡建林, 等. 2012. 三峡水库神农溪2008年夏季铜绿微囊藻 (Microcystis aeruginosa) 水华暴发特性[J]. 湖泊科学, 24 (2): 220-226.

Corliss J O. 1979. The ciliated protozoa. Characterization, classification and guide to the literature[J]. Transactions of the American Microscopical Society, 98 (3): 413-425.

John C M, Yang L F, Tian L X. 1994. Aquatic insects of China useful for monitoring water quality[M]. Nanjing: Hohai University Press.

John H. 2001. Epler, Identification manual for the larval chironomidae (diptera) of north and south carolina[M]. North Carolina Department of Environment and Natural Resources Division of Water Quality Press.

Lynn D H. 2008. The Ciliated Protozoa[M]. Dordrecht: Springer.